HUODIANCHANG DAXING QILUNJI
YOUHUA YUNXING YU JIENENG JISHU GAIZAO

火电厂大型汽轮机
优化运行与节能技术改造

主 编	孙为民	范 鑫		
副主编	初立森	张 旭	程振需	
参 编	谭兴华	常永生	潘富停	张清甫	陈江涛
	关红只	章明富	孙陆湾	王树立	孙首珩
	裴东升	陈长利	王文欢	李晓峰	张宇翼
主 审	杨 宇	刘静宇		

中国电力出版社
CHINA ELECTRIC POWER PRESS

内 容 提 要

本书共分十三章，主要介绍了汽轮机启动、停机及优化与调整，汽轮机运行优化与调整，汽轮机辅机及其系统的优化与调整，汽轮机节能技术改造及实例、节水管理与改造，汽轮机供热技术改造及实例，汽轮机热力性能试验分析，机组节能诊断，汽轮机远程智能诊断、火电灵活性改造，汽轮机节能新技术探讨等方面的知识，分析了火电机组节能管理、热平衡体系及热经济性指标等方面的内容，全面阐述了火电厂大型汽轮机运行优化及节能技术改造的原理、方法等。

本书可供设计院、发电厂、电力试验所、电力建设单位、电力检修公司等从事汽轮机设计、安装、运行、检修的技术人员和管理人员阅读，可作为现场生产、运行、检修人员的培训资料和教材，也可供相关专业的大中专师生学习参考。

图书在版编目（CIP）数据

火电厂大型汽轮机优化运行与节能技术改造/孙为民，范鑫主编．—北京：中国电力出版社，2021.3
（2023.1重印）

ISBN 978-7-5198-4914-6

Ⅰ．①火… Ⅱ．①孙…②范… Ⅲ．①火电厂—汽轮机运行 Ⅳ．①TM621.4

中国版本图书馆 CIP 数据核字（2020）第 163287 号

出版发行：中国电力出版社
地　　址：北京市东城区北京站西街 19 号（邮政编码 100005）
网　　址：http：//www. cepp. sgcc. com. cn
责任编辑：孙　芳（010—63412381）　郑晓萌
责任校对：黄　蓓　于　维
装帧设计：王红柳
责任印制：吴　迪

印　　刷：三河市万龙印装有限公司
版　　次：2021 年 3 月第一版
印　　次：2023 年 1 月北京第二次印刷
开　　本：787 毫米×1092 毫米　16 开本
印　　张：19
字　　数：465 千字
印　　数：1001—1500 册
定　　价：80.00 元

前　言

随着我国经济的健康持续发展，电力工业水平也取得了较大提高。节能环保、低碳高效成为衡量当前电力工业是否健康发展的重要指标之一。2019年年底，火电装机容量占全口径发电装机容量的比例为59.2%，其中燃煤机组占火电总量比例高达98%，燃煤发电消耗了大量资源，还给环境和运输带来了巨大压力。因此，大力提高火电厂节能减排技术就是重中之重。汽轮机是燃煤发电过程当中的关键部件，它能否实现更加低碳高效、节能环保对于充分利用资源、保护环境、提高生产效率等方面具有重要意义。

目前，能源市场竞争非常激烈，我国节能减排工作急需进行更新换代。在保障系统工作能力与工作效率的基础上，需要考虑如何进一步提升能源利用率，从而解决资源供应问题。本书将从电厂汽轮机组运行入手，对节能技术应用方法进行深化研究，希望能够为我国电力行业发展做出贡献。

全书共分十三章，主要介绍了汽轮机启动、停机及优化与调整，汽轮机运行优化与调整，汽轮机辅机及其系统的优化与调整，汽轮机节能技术改造及实例、节水管理与改造，汽轮机供热技术改造及实例，汽轮机热力性能试验分析，机组节能诊断，汽轮机远程智能诊断、火电灵活性改造，汽轮机节能新技术探讨等。

本书编写分工如下：郑州裕中能源有限责任公司高级讲师章明富、国投钦州发电有限公司工程师张旭编写第一章，上海电力大学教师王文欢、国投钦州发电有限公司工程师张旭编写第二章，郑州电力高等专科学校教授孙为民、华润电力投资有限公司中西分公司孙陆湾编写第三章，郑州裕中能源有限责任公司工程师常永生编写第四章和第五、六、七章部分内容，郑州裕中能源有限责任公司工程师程振需编写第五章部分内容，国电投河南电力工程有限公司王树立编写第六章部分内容，郑州电力高等专科学校陈江涛编写第七章部分内容，吉林省电力科学研究院有限公司高工初立森、郑州裕中能源有限责任公司工程师谭兴华编写第八章，河南华润电力焦作有限公司高工关红只、吉林省电力科学研究院有限公司高工孙首珩编写第九章，国家电投集团平顶山热电有限公司高工潘富停编写第十章，国家电投河南电力有限公司技术信息中心陈长利编写第十一章，润电能源科学技术有限公司高工张清甫、国投钦州发电有限公司工程师张旭编写第十二章，西安热工研究院高工裴东升编写第十三章。

本书由孙为民、范鑫担任主编，孙为民负责全书的统稿工作。国网河南省电力公司电力科学研究院高工范鑫为本书的编写也倾尽全力，整体把控本书的编写内容和质量，郑州裕中能源有限责任公司高级讲师章明富、国投钦州发电有限公司工程师张旭在前期的组织和策划过程中付出了很大的心血，国家电投河南电力有限公司技术信息中心尹金亮、郑州裕中能源有限责任公司工程师马涛也对本书的编写提出了宝贵的意见，在此一并表示感谢。

本书由上海发电设备成套设计研究院有限责任公司高工杨宇，国网河南省电力公司电力科学研究院高工刘静宇技术总监担任主审，审稿老师提出的许多宝贵意见使编者受益匪浅。同时，本书在编写过程中参考了有关兄弟院校和企业的诸多文献、资料，并得到有关老师和专家的热情帮助，在此一并表示衷心的感谢。

由于编者水平有限，书中错误和不妥之处在所难免，恳请读者批评指正。

编者

2020 年 3 月

目　录

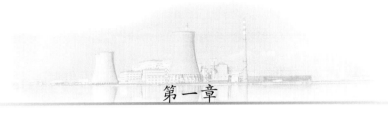

第一章

概　述

近年来随着新能源的飞速发展，传统燃煤发电的比例逐渐下降，这是世界能源发展的大趋势，是保护人类生存环境的需要。作为从事燃煤发电的工作者，应该主动适应这样的变化，去迎接越来越严峻的挑战。

在这样的形势下，有人对燃煤发电节能工作的重视程度有所下降，压缩了节能方面的资金投入。其实有些认识是片面的，虽然受新能源冲击火电机组利用小时数普遍下降，但许多大机组仍然要运行多年，其在役期间的节能工作仍然是电厂降低运营成本的重要手段之一，许多重要设备的节能改造回报率并不低。部分燃煤电厂受经济下行的影响，近年来在设备治理方面的资金投入量明显下降，已经出现了机组带病工作的问题。因此，本章主要对火电厂节能管理方面存在的误区及应对措施、节能监督、节能对标、耗差分析计算方法在对标分析与考核中的应用进行介绍。

第一节　火电厂节能管理方面存在的误区及应对措施

节能管理是火电厂管理工作的重要组成部分。许多火电厂的节能工作中还存在一些误区，应该提高认识，找到应对措施。

一、节能工作应职责清楚，管理有序

节能管理涉及汽轮机、锅炉、电气、燃料、化学、灰硫和热工等各个专业，工作安排跨越运行、检修、维护、生产技术和管理等各个部门。节能管理由于认识不足和管理水平的局限，有些电厂的工作还只是停留在表面上，应该做的工作还没有全部落实到岗位职责中，主要表现为：

（1）总经理对节能工作重视不够。总经理每月应高标准地关心节能项目、指标任务的完成情况，并向有关部门提出量化要求。可以说，总经理的节能意识越强，电厂的节能工作就能够做得越好，技术经济指标标准就会越清晰。

（2）主管节能工作的生产副总经理或总工程师对经济指标水平的优劣负有直接领导责任。每月应安排一定的时间检查节能工作，研究、部署、解决节能工作中的具体问题，并向有关部门提出具体要求或指导。

（3）部门经理、各级专业技术人员、值长、班长、普通员工，要将完成节能指标、节能项目当作己任。作为设备系统的主人，应有主人翁责任感，不能停留在领导布置什么工作，就完成什么任务；积极主动地发现并解决问题，才能够真正地将节能工作落到实处。

（4）技术经济指标标准不清。例如，某机组凝汽器端差正常应在 5～7℃，管理好的全年平均值为 6℃，不注重管理的则高达 10℃以上。凝汽器端差每升高 1℃影响发电煤耗约 0.9g/kWh。有关领导、专业管理人员对重点指标和本岗位责任范围内的指标必须掌握，并

用它作为领导工作、研究工作和制订措施的依据，使各项技术经济指标尽量达到标准，并保持在更好水平。

（5）对热力设备的"跑、冒、滴、漏"问题认识不足，设备检修期间对阀门和风烟道的泄漏治理要求不严。应制订严格的检修验收标准，提高设备管理水平。

（6）技术经济指标标准、完成情况下达基层少，直接责任人看不到，不清楚。节能信息须上下沟通，责任明确到班组或个人。

二、节能工程师职能覆盖面小、管理难

做好节能工程师的专业管理工作，是决定电厂节能工作效果的关键环节。部分电厂节能工程师职能覆盖面小，专业管理工作难以到位，主要表现在：

（1）领导赋予节能工程师的职责不够，工作职能覆盖面小，影响节能工作全面开展。另外，节能工程师人员变动频繁，专业工作、专业资料交接不清，影响了节能工作的延续。

（2）节能管理专业制度不健全，有些工作无据可依。

（3）节能培训不够，专业业务能力不高，影响专业工作深层次地开展。

（4）专业管理人员工作缺乏主动性，缺乏深层次做好工作的意识。

（5）各火电厂节能工程师所处部门不同，有的在生产技术部门，有的在发电部门，有的在设备维护部门，导致有些职能难以发挥。

节能工程师无论在哪个部门，都应该是代表全厂来管理节能工作的，其职权应从岗位职能上充分体现出来。

三、计算标准随意性大，考核管理不到位

例如，有些电厂对补水率，机、炉效率等计算方法重视不够，不规范之处随处可见，其原因是多方面的，应该将一些计算方法统一规范起来。

四、技术经济指标管理、考核不科学

部分电厂对机、炉效率等主要技术经济指标的管理、考核不科学，直接影响了电厂的运行经济性。针对存在的问题，建议：

（1）指标考核纳入绩效工资，采用倒宝塔式结构形式。机组或全厂综合指标所占比例最大，按管理层次、责任逐级降低，操作者直接责任指标比例最小。这样，使直接责任重心放到全厂综合指标上，以个人直接责任的小指标来保障全厂综合指标的好水平。

（2）指标考核标准要实事求是。指标考核目标值不应是设备设计水平，更不是同类型设备的最好水平，应是本厂设备健康状况下的较好水平，让直接责任者有一定的努力空间。

（3）充分考虑每项指标对机组经济性影响的量化关系，指标权重设计要科学，对通过努力能够改善的指标应适当增大考核权重。考核中引入"耗差理论"。

（4）在指标考核奖励中，凡达到考核标准的就应该奖励。

五、节能专项设备作用发挥不够

节能专项设备是指专为确保某设备、某一指标在最佳状态下运行的辅助设备，主要有循环水冷却塔、凝汽器胶球清洗装置、锅炉设备吹灰装置、锅炉排污扩容器等。就部分电厂的

情况来说，这些节能专项设备的管理、利用还未达到设计和应用的效果，其主要问题是认识不高，重视不够，研究不多，管理不严，制度不健全，考核、监督责任人不到位等。如果抓好这些节能专项设备的管理工作，切实发挥其作用，相应的指标就会达到更好的水平。

六、对信息管理系统的应用重视不够

目前，多数电厂都配备了机组信息系统（SIS）。SIS的正常投用和数据的准确性对机组经济运行有很强的指导作用，有些电厂对此项工作重视不够，维护工作和人员安排不到位，系统经常处于带病状态，发挥不了应有的作用。机组信息系统应该等同于机组设备，有问题要及时处理，纳入设备缺陷管理。

第二节 节 能 监 督

节能监督是火电厂技术监督工作的一部分，但与其他专业监督又有很大的区别，主要在于其涵盖几乎所有专业，涉及面广，参与人员多，监督方法上应有一套有别于其他专业监督的管理体系。

一、节能监督总的要求

（1）节能监督是依据国家法律、法规和相关国家、行业标准，采用技术措施或技术手段，对火电厂在规划、设计、制造、建设、运行、检修和技术改造过程中有关能耗的重要参数、性能和指标进行监测、检查、分析、评价和调整，做到合理优化用能，降低资源消耗。

（2）节能监督应贯彻"安全第一，预防为主，综合治理"的方针，涉及与火电厂经济性有关的设备及管理工作，涵盖进出用能单位计量点之间的能量消耗、能量转换、能量输送过程的所有设备、系统，目的是使火电厂的煤、电、油、水、汽等消耗指标达到最佳水平。

（3）火电厂应按照安全生产管理体系的要求和电力技术监督管理标准的要求，结合本厂实际情况，制定节能监督管理标准和实施细则；依据企业和行业有关标准、规程和规范，编制并执行运行规程、检修规程和检验及试验规范等相关支持性文件；以科学、规范的监督管理，保证节能监督工作目标的实现和持续改进。

（4）火电厂应树立全员整体节能意识，建立健全节能监督组织机构，落实节能降耗责任制，将节能工作落实到全厂工作的每个环节。

（5）节能监督应依靠科技进步，采用先进、适用的技术、设备和方法，采用计算机及其网络等现代管理手段，不断提高监督效率和水平。

（6）从事节能监督的人员，应熟悉和掌握监督标准及相关标准和规程中的规定。

二、节能监督管理网络

（1）火电厂应成立由生产副总经理（总工程师）领导下的节能监督领导小组，建立节能监督管理网络体系。第一级为厂级，包括生产副总经理（总工程师）领导下的由相关中层管理人员组织的节能领导小组（具体行使监督职能的为节能专责人）；第二级为部门级，包括生产技术部门、运行部门和检修部门的锅炉专工、汽轮机专工、化学专工、电气专工、灰硫专工和燃料专工等；第三级为班组级，包括各专工领导的班组人员、运行各值，还可以延伸

至外委维护单位。

（2）编制火电厂节能监督管理细则，做到分工、职责明确，责任到人。

（3）火电厂节能监督工作归口职能管理部门，在电厂节能监督领导小组的领导下，负责节能监督的组织建设工作，建立健全技术监督网络，并设节能监督专责人，负责火电厂节能监督日常工作的开展和监督管理。每年年初要根据人员变动情况及时对网络成员进行调整。

三、经济调度监督

（1）火电厂的经济运行和调度应贯彻执行《节能发电调度办法》和相关节能降耗指导性文件的规定。

（2）火电厂应积极与所在地区主管部门进行沟通，在电量争取、所辖机组运行方式、激励与评价机制等方面采取措施，以争取较高的电量，实现内部效益最大化，从而提高整体经济性。

（3）火电厂应加强电量营销力度，通过提高机组出力系数和利用小时数、协调厂内不同性能机组间承担负荷的比例及不同时间段的负荷，以达到较好的节能效益。

（4）火电厂应优化全厂电量结构，提高大容量高效机组的电量权重。宜按照"煤耗等微增率"的原则，根据各台机组效率与负荷的对应关系曲线，制定全厂不同负荷和运行方式下的电量调度策略，实现全厂经济运行。

（5）应优化机组运行方式，在非用电高峰季节适当减少运行机组台数，避免机组长时间低负荷运行。

（6）应合理安排机组检修、备用停机时间，优化年度发电量分配，以提高机组全年整体经济性。

（7）对于采用高峰和低谷分时电价进行结算的电厂，应合理安排日电量调度方式，提高整体上网电价和机组经济性。

（8）应对磨煤机、引风机、循环水泵、脱硫浆液循环泵等重要辅机的运行方式进行优化调整，实现经济调度，避免长时间在低效区运行。

（9）根据各地补贴政策，积极采用灵活性调度方式分配机组负荷，争取经济效益最大化。

四、生产运行监督

1. 运行节能管理

（1）火电厂（或上级主管部门）应依据机组实际情况，结合检修、技术改造计划，制定合理、先进的综合经济指标的年度目标值。

（2）火电厂应根据上级主管部门下达的综合经济指标目标值，制定节能年度实施计划，开展全面、全员的节能管理，按月度将各项经济指标分解到有关部门、班组，开展单项小指标的考核，以单项小指标来保证综合经济指标的完成。

（3）运行人员应不断总结操作经验，并根据机组优化运行试验得出的最佳控制方式和参数对主、辅设备进行调节，使机组各项运行参数达到额定值或不同负荷对应的最佳值，最大限度地降低各项可控损失，从而使机组的供电煤耗率在各负荷下相对较低，以提高全厂经济性。主、辅机经过重大节能技术改造后，应及时进行性能试验和运行优化试验，确定主、辅机的优化运行方式。

（4）应建立健全能耗小指标记录、统计制度，完善统计台账，为能耗指标分析提供可靠依据。

（5）应定期召开月度节能分析会议，对影响节能指标的问题进行讨论并落实整改措施，形成会议纪要。

（6）应积极开展小指标竞赛活动，根据各指标对供电煤耗影响的大小及变化情况、运行调整工作量等因素制定、调整考核权重，并加大奖惩力度，充分调动运行人员的积极性。

（7）应积极采用、开发计算机应用程序，如 SIS、MIS（管理信息系统）、煤耗分析等系统，进行有关参数、指标的统计、计算并指导运行方式的优化，不断保持或提高机组的运行水平。

（8）应加强煤、灰、渣、水、汽、油的化验监督工作，对化验结果异常的应及时分析，并采取措施进行调整。

2. 主要技术经济指标

主要技术经济指标包括综合类指标和运行小指标，均应按部门职责进行统计分析，一般有月统计、季度统计、半年统计和年度统计。综合类指标既要按机组统计也要按全厂统计；运行小指标应该按机组统计。

通过对各个指标的统计和分析可以发现机组经济性方面存在的问题，从而提出提高机组经济性的措施。

火电厂节能监督主要综合类指标包括：

（1）发电量。

（2）供热量。

（3）发电煤耗率。

（4）生产供电煤耗率。

（5）综合供电煤耗率。

（6）发电（生产）厂用电率。

（7）供热厂用电率。

（8）综合厂用电率。

（9）单位发电量取水量（发电水耗率）。

（10）发电用油量。

（11）入厂/入炉煤热值差。

主要运行小指标应纳入值际小指标竞赛制度，汽轮机方面主要包括以下各项：

（1）汽轮机热耗率。

（2）主蒸汽温度（机侧）。

（3）再热蒸汽温度（机侧）。

（4）主蒸汽压力（机侧）。

（5）再热蒸汽压力（机侧）。

（6）给水温度。

（7）加热器端差。

（8）高压加热器投入率。

（9）凝汽器真空度。

（10）排汽压力。

（11）凝汽器端差。

（12）凝结水过冷度。

（13）真空严密性。

（14）胶球清洗装置投入率及胶球清洗装置收球率。

（15）湿式冷却塔冷却幅高。

（16）疏、放水阀门泄漏率。

（17）节水指标，包括机组补水率、自用水率、汽水损失率、循环水浓缩倍率等。

五、检修维护监督

1. 检修维护管理

（1）电厂应坚持"应修必修，修必修好"的原则，科学、适时地安排机组检修，避免机组欠修、失修，通过检修应使机组性能得到恢复。

（2）机组的检修工作应符合《电力检修标准化管理实施导则》的相关要求，应建立健全设备维护、检修管理制度，从计划、方案、措施、备品备件、工艺、质量、过程检查、验收、评价、考核和总结等各个方面进行规范，建立完整、有效的检修质量监督体系，使相应工作实现标准化，确保维护、检修工作能够顺利、按时完成，并且工艺水平高、质量优，以降低机组非计划停运和出力次数，减少启停和助燃用油，为设备的安全、经济运行打好基础。检修过程中应从严控制汽轮机热耗率、锅炉效率、排烟温度等关键指标，确保修后机组的供电煤耗和生产厂用电率等主要指标得到明显改善。

（3）检修前应完成各项有利于提高机组性能的专项检测、评估，如保温测试、锅炉漏风、阀门内漏等，并形成正式的检测、评估报告。

（4）检修前应编制运行分析报告和检修分析报告，并应根据设备状况、同类型机组能耗指标领先水平、优秀型企业标准，提出具体处理措施和要求。

（5）检修后应进行总结和评价，应编制修后运行分析报告和检修总结报告，开展修后性能试验，与修前相同工况下的主要技术经济指标、运行小指标进行对比分析。

（6）设备技术档案、台账、运行和检修规程等应根据检修情况进行动态维护。

2. 汽轮机检修维护中应列入的节能项目

（1）汽轮机通流部分、凝汽器管、加热器、热网换热器、二次滤网、高压变频器滤网、真空泵冷却器等设备的清理或清洗。

（2）汽轮机通流部分间隙调整。

（3）汽封检查、调整。

（4）真空系统查漏、堵漏。

（5）胶球清洗系统检查、调整。

（6）冷却塔填料检查更换，配水槽清理，喷嘴检查更换，循环冷却水系统清淤。

（7）直接空冷机组空冷岛和间接空冷散热器（冷却三角）冲洗。

（8）热力系统内、外漏阀门治理。

（9）高压加热器水室分程隔板的检查、修复。

（10）机组保温治理。

（11）能源计量装置的维护、校验。

（12）辅机变频器的检查、维护。

（13）供热首站及相应设备的检查、维护。

3. 检修后效果评价

机组 A、B 级检修后，应考核的指标有：

（1）供电煤耗、厂用电率应达到目标值。

（2）汽轮机热耗率应达到目标值，汽轮机经通流改造后应达到性能保证值或同类型机组最优值。

（3）真空严密性应符合规定值，即机组容量大于或等于 300MW 时，湿冷机组的真空严密性不大于 200Pa/min；机组容量小于 300MW 时，湿冷机组的真空严密性不大于 270Pa/min；空冷机组的真空严密性不大于 100Pa/min。

（4）给水温度不小于相应负荷设计值。

（5）胶球清洗装置的投入率达到 100%，胶球清洗装置收球率不小于 95%。

（6）在 90% 以上额定热负荷，气象条件正常时，夏季冷却塔出水温度与大气湿球温度的差值不高于 7℃。

（7）凝汽器真空度应达到相应工况下的设计值。

（8）机组不明泄漏率不大于 0.3%。

（9）主蒸汽温度、再热蒸汽温度应达到设计值。

六、技术改造监督

1. 节能技术改造管理

（1）应高度重视技术进步，加强国内外相关节能新技术、新设备、新材料和新工艺的信息收集，掌握节能技术动态，跟踪其应用状况。

（2）根据国内外先进节能技术的应用情况，积极采用成熟、有效的节能技术和设备进行系统优化和设备更新改造，提高机组经济性。

（3）应定期分析评价全厂生产系统、设备的运行状况，根据设备状况、现场条件、改造费用、预期效果、投入产出比等确定节能技术改造项目，编制中长期节能技术改造项目规划和年度节能技术改造项目计划，按年度计划实施节能技术改造项目。

（4）对重大节能技术改造项目应进行技术经济可行性研究，必要时开展改造前的摸底试验，认真制定改造方案，落实施工措施，有计划地结合设备检修进行施工，对改造的效果做出后评估。

2. 汽轮机主机改造

（1）对投产较早、效率较低的汽轮机，宜采用新型高效叶片，更换新型叶轮、新型隔板、新型汽封结构、新型流道主汽阀和调节汽阀等措施进行通流部分改造，条件允许时宜进行供热改造，以提高整个机组的运行效率。

（2）新投产的汽轮机经各类修正后的试验热耗率高于保证值时，应利用首次 A 级检修通过汽轮机揭缸检查，对通流部分存在的缺陷和汽封间隙过大等不合理问题进行整改。试验的一、二类修正量较大时，应对回热系统进行检查并消除缺陷，通过汽轮机和锅炉等主、辅设备的运行调整，使初、终参数达到设计值。

3. 汽轮机部分重要辅机改造

（1）应积极推广先进的节电技术，根据热力系统和设备的优化分析，落实节电技术改造项目。

（2）对运行效率低的抽气器或真空泵，应采取更换新型高效抽气器或真空泵、增加或改造冷却装置等措施，进行有针对性的技术改造，以提高其运行效率。

（3）对汽动给水泵组的前置泵扬程选型偏高而造成实际运行中前置泵耗电率偏高和给水泵入口有效汽蚀余量远高于必需汽蚀余量的机组，可通过叶轮改造（叶轮切削）降低前置泵扬程。

（4）对凝汽器性能较差的机组，可进行凝汽器单纯换管改造或整体优化改造，以提高凝汽器的换热能力和可靠性。

（5）冷却塔填料老化损坏、破损或热力性能达不到要求，冷却塔淋水不均匀、填料损坏等，导致冷却塔冷却性能变差且夏季冷却塔幅高过大，可更换破损填料或整体更换，或对填料进行改型，同时对喷溅装置进行改造。

（6）直接空冷系统宜增加自动冲洗装置，以保持空冷换热管束空气侧的清洁。空冷系统根据技术经济比较结果，可加装尖峰冷却器、蒸发式冷凝器等，以提高夏季机组的运行真空。

4. 汽轮机系统优化改造

（1）应对设计不合理的热力及疏水系统进行改进。热力及疏水系统改进总原则是，机组在各种不同工况下运行时，疏水系统应能防止汽轮机进水和汽轮机本体的不正常积水，并满足系统暖管和热备用的要求。为防止热力及疏水系统泄漏，其改进原则是：

1）运行中相同压力的疏水管路应尽量合并，减少疏水阀门和管道。

2）热力及疏水系统应采用质量可靠、性能有保证、使用业绩优良的阀门。

3）疏水阀门宜采用球阀，不宜采用电动闸阀。

4）为防止疏水阀门泄漏，造成阀芯吹损，各疏水管道应安装手动截止阀，原则上手动截止阀安装在气动或电动阀门前。为不降低机组运行操作的自动化程度，正常工况下手动截止阀应处于全开状态。当气动或电动疏水阀出现内漏，而无处理条件时，可作为临时措施，关闭手动截止阀。

5）对于运行中处于热备用的管道或设备，在用汽设备的入口阀前应能实现暖管，暖管采用组合型自动疏水器方式，禁止采用节流疏水孔板连续疏水方式。

6）由于各电厂所处的地理环境不同，以及设计单位所设计的热力系统的布置方式不同，在进行改进前宜进行诊断试验，根据具体情况进行核算和分析。

（2）对串联式双背压凝汽器抽汽系统，宜改造为并联布置，以改善抽真空系统运行效果。

（3）可结合热力系统实际，通过改造，采用辅助蒸汽等汽源实施冷炉预热、利用辅助蒸汽预暖汽缸及转子，以缩短启动时间和点火用油。

七、节能试验监督

1. 基本要求

（1）节能试验项目可分为性能考核试验、检修前后性能试验与优化调整试验、定期试验（测试）与化验分析三类。

（2）电厂在设计和基建阶段应完成试验测点的安装，对投产后不完善的试验测点应加以补装，对常规的节能试验应有专用试验测点。试验测点应满足开展锅炉热效率、汽轮机热耗率的测试要求，还应满足重要辅助设备，如加热器、凝汽器、冷却塔、大型水泵、磨煤机、风机等性能试验的要求。

（3）节能试验应严格执行有关标准和规程对试验方法、试验数据处理方法、测点数量、测点安装方法和要求、仪表精度、试验持续时间、试验次数等的规定，编制试验措施和程序，确保试验结果可靠。应在认真分析试验数据及结果的基础上，对设备的性能和运行状况进行评价和诊断，必要时提出改进措施和建议，并形成报告。

2. 汽轮机性能考核试验

（1）新投产的火电机组，应尽早（自168h后，一般不宜超过8周）进行汽轮机性能考核试验，考核机组经济性能是否达到制造厂订货合同中的保证值。汽轮机部分主要性能考核试验项目应包括：

1）汽轮机最大出力试验。

2）汽轮机额定出力试验。

3）汽轮机高、中、低压缸效率试验。

4）机组热耗率试验。

5）机组供电煤耗试验。

6）机组厂用电率测试。

7）汽轮发电机组轴系振动试验。

8）真空严密性试验。

9）凝汽器性能试验。

10）泵与风机的效率试验。

11）空冷系统性能试验。

12）冷却塔性能试验。

13）机组RB（负荷快速返回）功能试验。

（2）汽轮机性能考核试验应委托有资质的试验单位开展。火电厂应在工程（初步）设计阶段确定性能试验单位，并要求其对试验采用标准、试验测点的位置、型式及规格尺寸等提出要求和建议，并明确测点制造、安装单位。试验单位在试验前应按相关标准要求编写试验大纲（方案），其内容应包括试验目的、试验应具备的条件及要求、试验标准、试验测点及仪器、试验方法、试验组织、各单位职责及分工等。试验大纲应由项目公司组织讨论后批准执行。

1）汽轮机性能考核试验应按照订货技术协议和GB/T 8117《汽轮机热力性能验收试验规程》的要求进行。汽轮机性能考核试验不能在规定的时间内进行时，应尽量安排进行焓降试验。

2）凝汽器的性能试验应按照 DL/T 244《直接空冷系统性能试验规程》、DL/T 552《火力发电厂空冷凝汽器传热元件性能试验规程》、DL/T 1078《表面式凝汽器运行性能试验规程》的要求进行，加热器的性能试验应按照 JB/T 5862《汽轮机表面式给水加热器性能试验规程》的要求进行，冷却塔的性能测试应按照 DL/T 1027《工业冷却塔测试规程》的要求进行，水泵的性能试验应按照 GB/T 3216《回转动力泵水力性能验收试验 1 级、2 级和 3 级》、DL/T 839《电力可靠性管理信息系统数据接口规范》的要求进行。

3）热力系统设备及管道保温性能测试应按 GB/T 8174《设备及管道绝热效果的测试与评价》、DL/T 934《火力发电厂保温工程热态考核测试与评价规程》的要求进行。

以上各项性能试验项目完成后应分别编写试验报告。

3. 检修前后性能试验与优化调整试验

（1）在机组检修前后、主/辅设备改造前后，应进行相应的效率试验及其他试验项目，主要有：

1）汽轮机性能试验，包括汽轮机热耗率（加热器性能应随汽轮机热耗率试验一起分析评价）、汽轮机汽缸效率（A 级检修前后应做，B、C 级检修前后宜做）等，按照 GB/T 8117 的要求进行。

2）闭式循环冷却塔、空冷塔及空冷凝汽器性能试验（A 级检修前后应做，B、C 级检修前后宜做），按照 DL/T 552、DL/T 1027 的要求进行。

3）水泵效率试验（A 级检修前后应做），按照 GB/T 3216、DL/T 839 的要求进行。

（2）A 级检修前后或汽轮机通流部分改造前后，宜以阀点为基准进行汽轮机热力性能试验，测试并对比检修或改造前后汽轮机汽缸效率和热耗率，以检验汽轮机通流检修或改造的效果。

（3）A 级检修前应进行泵与风机的热态性能试验，根据试验结果决定是否对其进行改造；改造后应再次进行泵与风机的热态性能试验，以检验改造效果。对未改造的主要辅机在每个大修期内均应对其性能进行测试，以确定其不同条件下的合理运行方式。

（4）机组投产后、A 级检修后应进行机组的部分负荷优化运行调整试验，寻求不同负荷下机组的最佳运行方式，主要包括汽轮机定滑压试验（调节汽阀优化试验）、冷端优化运行试验等。

（5）A 级检修后应进行汽轮机组的冷端优化试验，寻求不同负荷、不同循环冷却水温度下的凝汽器最佳真空，得出循环水泵的最佳运行方式。对于直接空冷机组，应根据环境温度、风向变化及负荷情况，及时调整空冷风机的叶片安装角度、风机转速，使机组真空达到最佳值。

4. 汽轮机定期试验（测试）与化验分析

（1）电厂应积极开展定期试验（测试）和化验分析工作。

（2）定期试验（测试）主要有：

1）每月开展真空严密性试验，按照 DL/T 932《凝汽器与真空系统运行维护导则》、DL/T 1290《直接空冷机组真空严密性试验方法》的要求进行。

2）每季度开展冷却塔性能测试，按照 DL/T 552、DL/T 1027 的要求进行。

3）每五年（或新机组投产）开展全厂燃料、汽水、电量、热量等能量平衡的测试，按照 DL/T 606《火力发电厂能量平衡导则》的要求进行，并按照 GB/T 28749《企业能量平衡网络图绘制方法》的要求绘制能量平衡图。

第三节 节 能 对 标

通过开展对标管理工作，可以找出生产管理中存在的差距，制定有效的改进措施，不断完善管理制度及工作程序，坚持以安全生产为基础，以经济效益为中心，全面提升机组安全经济运行管理水平。

一、对标管理工作应遵循的一些原则

（1）对标管理是电厂为提高生产运营管理水平，通过国内、国际同行业先进企业进行对比分析，制定改进措施，从而达到或超过标杆企业指标的实践活动。对标工作要做到：真实准确、量化可比；动态管理、持续改进、闭环控制、循序渐进。

（2）指标应真实准确、量化可比。各项生产指标必须真实，所选定的指标应与同类机组量化可比，数据易获取，能准确反映企业生产管理水平。

（3）动态管理、持续改进。通过不断完善管理标准和指标体系，突出流程管理，突出管理手段的不断创新，逐步达到对标工作的要求。

（4）闭环控制、循序渐进。以指标找差距，以差距查管理，以管理促提高，形成闭环控制，通过生产指标的改善，提高企业的经营业绩。

二、工作目标

（1）按照上级相关文件要求并结合电厂实际情况，制定电厂生产对标的工作目标，通过对标管理，实现持续改进，提高生产管理水平。

（2）加大资金投入力度，从优化运行方式、提高设备维护检修质量、对部分经济性差的设备进行技术改造等各方面，全方位地将对标管理工作落到实处，努力完成电厂制定的目标值。

三、指标体系

1. 指标体系的分类和统计

指标体系可以参照上述运行监督相关内容进行分类和统计。

2. 标杆指标

（1）电厂在开展指标对标活动选定对标标杆时，应注重标杆的可达到性和可操作性，运行小指标宜采用设计值作为对标标杆，综合类指标应根据行业装备技术发展水平和行业先进水平合理选取标杆。

（2）按照标杆的差异性可分为以下几类：

1）设计值：发电机组设计规范和规程上的值。

2）历史最好值：机组投产以来达到的最优值。

3）区域最优值：区域内同等级、同类型机组的最优值。

4）国内平均值：同等级、同类型机组的平均水平。

5）国内标杆先进值：同等级、同类型机组的前40%平均水平。

6）国内标杆值：同等级、同类型机组的前 20％平均水平。

标杆指标是根据本厂机组情况和国内同类机组先进水平综合确定的指标，并随着管理水平的发展进行动态调整。

四、对标工作程序

指标对标工作可分为现状分析、建立对标体系、选定标杆、对标分析、整改提高、效果评估和持续改进七个阶段。

（1）现状分析。现状分析结合内部分析和外部分析进行，内部分析包括对发电机组经济技术指标进行深入分析，充分掌握各指标的真实水平，结合企业当前生产及经营管理现状，梳理管理标准、流程和方法等内容；外部分析包括对区域内、行业内标杆企业进行深入分析，充分掌握标杆企业各项指标的实际水平，分析标杆企业先进的管理标准、流程和方法，总结标杆企业的经验。

（2）建立对标体系。对标体系的建立包括制度的制定、对标指标体系建设、对标标杆的选取与维护、对标工作流程和工作内容等方面。对标指标体系由指标体系和指标说明两部分组成。

（3）选定标杆。标杆是对标活动的方向，选定的对标标杆应是行业中最佳实践的优秀指标，应具有可比性和改进空间。

（4）对标分析。与选定的标杆进行充分对比分析，对照指标说明和标杆企业的改进经验，进行自我剖析，逐项比较，分析差距，查找原因，落实责任。应建立清晰明了、针对性强、责任明确的对标分析表开展技术经济指标对标分析。

（5）整改提高。通过对标分析发现存在的主要问题，研究制定行之有效的措施。通过论证分析，制定技术上可行、经济上合理的改进方案。

（6）效果评估。对阶段技术经济指标对标活动的成效进行评估，编写评估报告，召开对标专题分析会议，分析对标取得的成果、存在的问题与不足，提出下一阶段对标工作计划。

（7）持续改进。对标标杆要进行动态调整，当对标指标达到或优于阶段对标目标后，应动态调整指标标杆，进行更高层面的对标，持续开展技术经济指标对标活动。

第四节　耗差分析计算方法在对标分析与考核中的应用

目前，对标管理已成为电厂运行管理的一项重要内容，一方面电厂采用主要经济指标与先进厂家相对比的方法，找出自身的差距；另一方面制订每个月的目标值，找出主要指标与目标值的差距。对于对标值完成情况的分析与考核，传统的方法是对各个小指标一一对应比较分析，此方法虽然能分析出一些存在的问题，也能进行考核计算，但还存在以下几个方面的不足：

（1）小指标项目繁多，且有重复计算。

（2）锅炉与锅炉、汽轮机与汽轮机，以及锅炉与汽轮机的各小指标之间可比性差，评分无统一的标准。

（3）小指标统计不能对各单项指标对煤耗的影响进行定量分析。

（4）单纯的小指标分析法无法得知机组的整体水平与目标值存在的量化差距。

为弥补小指标法及反平衡法的不足，有些火电厂采用耗差分析法对小指标进行分析和量化考核，该方法简要介绍如下：

1. 对标参数的确定

影响机组经济性的参数非常多，但概括起来可分为两大类，即不可控参数和可控参数。机组在制造、安装过程中会造成一些参数的偏差，这些偏差是无法通过运行调节来消除的，这些偏差对应的参数称为不可控参数。机组在运行中产生的偏差是可以通过提高运行水平来消除的，这些偏差对应的参数称为可控参数。

耗差分析的目的就是深入分析各可控参数对机组性能的影响，找出影响机组供电煤耗的有关参数产生的耗差，通过运行人员对这些参数的调整达到系统的耗差总和最小。

对标分析中所采用的参数就是通过运行人员努力可以改善的参数。表 1-1 列出了包括排烟温度、飞灰含碳量、炉渣含碳量、主蒸汽温度、再热蒸汽温度、主蒸汽压力、凝汽器真空度、给水温度、过热器减温水量、再热器减温水量、发电厂用电率和烟气含氧量 12 项偏差指标，用这些指标来分析各值运行调整情况或者进行量化考核，基本能够反映出真实的运行水平。

表 1-1　　　　　　　　可控参数单位变化对机组供电煤耗的影响

序号	参数名称	单位	参数偏差对供电煤耗的影响值（g/kWh）	
1	排烟温度偏差 θ_{py}	℃	每变化 1℃影响	0.17
2	飞灰含碳量偏差 C_{fh}	%	每变化 1%（绝对值）影响	1.1
3	炉渣含碳量偏差 C_{lz}	%	每变化 1%（绝对值）影响	0.14
4	主蒸汽温度偏差 t_{zhq}	℃	每变化 1℃影响	0.1
5	再热蒸汽温度偏差 t_{zr}	℃	每变化 1℃影响	0.07
6	主蒸汽压力偏差 Δp_{zhq}	MPa	每变化 0.1MPa影响	0.158
7	凝汽器真空度偏差 h_n	kPa	每变化 0.1kPa影响	0.309
8	给水温度偏差 Δt_{gs}	℃	每变化 1℃影响	0.08
9	过热器减温水量偏差 Δg_{gr}	t/h	每变化 1t/h影响	0.015
10	再热器减温水量偏差 Δg_{zr}	t/h	每变化 1t/h影响	0.07
11	发电厂用电率偏差 Δn_{fd}	%	每变化 0.1%（绝对值）影响	0.343
12	烟气含氧量偏差 ΔO_{yq}	%	每变化 1%（绝对值）影响	0.93

2. 参数偏差值对供电煤耗影响值的确定方法

运行参数变化对机组煤耗的影响值可以通过以下几种方法来确定：

（1）排烟温度、烟气含氧量、飞灰和炉渣含碳量等几项指标的影响值可以利用锅炉效率公式推算得出。

（2）主蒸汽压力、主蒸汽温度、再热蒸汽温度、凝汽器真空度等蒸汽参数的影响值可以由厂家热力计算书查出。

（3）给水温度、过热器及再热器减温水量等热力系统参数可以采用等效焓降法确定。

（4）真空度等参数对煤耗的影响还可以通过试验的方法来确定。

近似计算时上述影响值均可以参考同类型机组的数据，这些数据在一些公开的文献上可以查到。

表 1-1 中各影响煤耗值的数据是参照 300MW 同类机组情况确定的，参数偏差对供电煤耗影响值的大小对每台机组而言并不是一个固定的数据，而是与机组负荷有关，例如，主蒸汽温度同样变化 1℃，在不同负荷上对供电煤耗的影响值是不同的。表 1-1 中各参数偏差对供电煤耗的影响值是机组负荷在 200MW 时的数据。鉴于对标分析与考核只针对每月进行，机组的月平均负荷多在 200MW 附近，为了简化计算可以将可控参数单位变化对供电煤耗的影响按定值处理。

3. 总耗差的计算方法

如果已知各可控指标偏差就可以由式（1-1）计算出供电煤耗偏差值 Δb_{gd}。因此，只要确定了合理的基准值，将各值运行参数与基准值进行比较就可以很方便地得到各值的耗差，从而确定各值运行水平的高低。

$$\Delta b_{gd} = 0.17\Delta\theta_{py} + 1.1\Delta C_{fh} + 0.14\Delta C_{lz} + 0.1\Delta t_{zhq} + 0.07\Delta t_{zr}$$
$$+ 0.158\Delta p_{zhq} + 0.309\Delta h_n + 0.08\Delta t_{gs} + 0.015\Delta g_{gr} + 0.07\Delta g_{zr} \qquad (1-1)$$
$$+ 0.343 n_{fd} + 0.93\Delta O_{yq}$$

由于该方法在应用过程中指标偏差不宜过大，否则会产生较大的误差，因此为了准确、直观地反映各值运行水平，可以选取同一基准值对各值耗差进行计算。各参数基准值按以下原则确定：

（1）以机组当月平均负荷为目标负荷，主蒸汽压力、主蒸汽温度、再热蒸汽温度、排烟温差、烟气含氧量及给水温度的基准值为该负荷下的设计值。

（2）对于随季节变化较大的参数（如循环冷却水平均温度和凝汽器真空度）、长期偏离设计值较多的参数（如飞灰含碳量、炉渣含碳量、过热器减温水量、再热器减温水量及发电厂用电率）以机组当月平均值为基准值。

表 1-2、表 1-3 为某厂某个月三、四两个值（运行值）的耗差计算结果。

表 1-2　　　　　　　　　　　　三值主要经济指标耗差分析

名称	单位	基准值制定说明	基准值		实际值		耗差（g/kWh）	
			1 号机组	2 号机组	1 号机组	2 号机组	1 号机组	2 号机组
平均负荷	万 kW	当月平均值	20.50	20.29	20.37	20.26	−0.130	−0.030
入炉煤低位发热量	kJ/kg	设计值	20 448.33		18 219.28		−3.345	−3.345
循环冷却水平均温度	℃	当月平均值	28.32	28.21	28.08	27.97	0.228	0.230
主蒸汽压力偏差值	MPa	压红线	0.000	0.000	0.684	0.534	1.080	0.843
主蒸汽温度	℃		538.034	537.892	531.52	534.79	0.651	0.310
再热蒸汽温度	℃		530.171	529.462	526.71	528.28	0.242	0.083
排烟温差	℃	当月负荷下设计值	98.9	98.0	95.1	95.7	−0.644	−0.387
烟气含氧量	%		4.75	4.83	4.66	4.11	−0.088	−0.667
飞灰可燃物	%	当月平均值	1.01	0.54	0.94	0.59	−0.083	0.051
炉渣可燃物	%	当月平均值	7.161	7.656	4.91	6.17	−0.595	−0.488
凝汽器真空度	%	当月平均值	93.13	93.12	93.17	93.17	−0.124	−0.154

名称	单位	基准值制定说明	基准值		实际值		耗差（g/kWh）	
			1号机组	2号机组	1号机组	2号机组	1号机组	2号机组
给水温度	℃	当月负荷下设计值	248.30	247.80	251.56	250.69	−0.261	−0.232
过热器减温水量	t	当月平均值	14.40	1.41	16.79	1.50	0.036	0.001
再热器减温水量	t	当月平均值	1.14	2.39	0.74	2.67	−0.028	0.020
发电厂用电率	%	当月平均值	6.50		6.43		−0.229	
按耗差分析供电煤耗对标值与当前值差值							0.088	−0.819
经平均负荷、发热量及循环水温修正后							−0.612	−1.417
修正后供电煤耗对标值与当前值之差（两台机组加权平均值）							−1.014	

表 1-3　　　　　　　　　　　　四值主要经济指标耗差分析

名称	单位	基准值制定说明	基准值		实际值		耗差（g/kWh）	
			1号机组	2号机组	1号机组	2号机组	1号机组	2号机组
平均负荷	万 kW	当月平均值	20.50	20.29	20.29	19.95	−0.210	−0.340
入炉煤低位发热量	kJ/kg	设计值	20 448.33		18 219.28		−3.345	−3.345
循环冷却水平均温度	℃	当月平均值	28.32	28.21	28.64	28.43	−0.305	−0.211
主蒸汽压力偏差值	MPa	压红线	0.000	0.000	1.195	0.848	1.887	1.340
主蒸汽温度	℃	当月负荷下设计值	538.034	537.892	532.98	537.236	0.505	0.066
再热蒸汽温度	℃		530.171	529.462	528.398	530.927	0.124	−0.103
排烟温差	℃		98.9	98.0	94.8	93.7	−0.697	−0.729
烟气含氧量	%		4.75	4.83	4.71	4.56	−0.034	−0.247
飞灰可燃物	%	当月平均值	1.01	0.54	1.07	0.56	0.066	0.019
炉渣可燃物	%	当月平均值	7.161	7.656	7.17	7.38	−0.278	−0.319
凝汽器真空度	%	当月平均值	93.13	93.12	93.05	93.02	0.247	0.309
给水温度	℃	当月负荷下设计值	248.30	247.80	251.20	249.63	−0.232	−0.146
过热器减温水量	t	当月平均值	14.40	1.41	13.64	1.69	−0.011	0.004
再热器减温水量	t	当月平均值	1.14	2.39	1.77	2.52	0.044	0.009
发电厂用电率	%	当月平均值	6.50		6.62		0.426	
按耗差分析供电煤耗对标值与当前值差值							2.258	0.969
经平均负荷、发热量及循环水温修正后							0.945	−0.381
修正后供电煤耗对标值与当前值之差（两台机组加权平均值）							0.288	

4. 耗差的修正

对运行各值的指标进行分析与考核的目的是比较各值操作水平的高低，也就是可控参数的调节水平，对于平均负荷、发热量、循环冷却水入口温度等非运行人员可控因素引起的耗差应予以剔除。因此，各机组算出的总耗差减去由上述三项因素引起的耗差。

平均负荷对供电煤耗的影响值大小可以通过统计进行确定；煤的发热量、循环冷却水入口平均温度对供电煤耗的影响大小可以通过统计、推算确定。某一值最终的耗差取两台机组耗差的加权平均值。

5. 分析与考核

按上述方法计算出某厂某月四个值最终的耗差情况，见表1-4。

表 1-4 四个值耗差计算结果

值别	一值	二值	三值	四值
耗差值（g/kWh)	−0.14	0.189	−1.014	0.288

由表 1-4 可知，四值耗差最大，三值耗差最小，两个值耗差相差 1.302g/kWh，说明当月三值运行操作水平较高，供电煤耗比四值小 1.302g/kWh，按每个值当月供电量 7000 万 kWh 计算，当月三值比四值节约 91t 标准煤。由此进行考核，三值得一等奖，四值不得奖，甚至受处罚。

另外，由表 1-2 和表 1-3 可知，运行人员可以很直观地看出各指标的耗差及自己与其他值的差距，从而为提高运行水平指明了方向。

火电厂对标考核可以建立在耗差分析的基础上，将耗差理论简单明了化，把各个参数对煤耗的影响情况，最终按比例用金额的形式体现出来，各指标考核量之间有内在的联系，这样可以指导运行人员按最科学的方式来搭配各种参数。这与传统的小指标考核计算方法有着本质的区别。

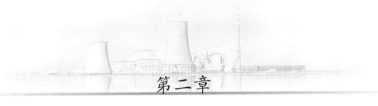

第二章

火电厂热平衡体系及热经济性指标

第一节　热平衡的作用及体系

火电厂热平衡监测过程包含的内容较多，为更好地进行热平衡分析，需要对火电厂热平衡体系进行边界划分。根据 DL/T 606.3—2014《火力发电厂能量平衡导则　第 3 部分：热平衡》的规定，由入炉燃料（煤、油、燃气等）计量点到发电机输出电能计量点、供热输出计量点，作为火电厂热平衡体系的边界。

火电厂热平衡根据热力学定律及火力发电原理，对火电厂能源利用、设备效率及损失分布等进行计算分析，有助于挖掘火电厂节能潜力，分析运行缺陷，查找设备故障，对火电厂实际运行、节能降耗具有实际意义。根据热力发电厂原理，火电厂热平衡体系由三大系统组成，即锅炉热力系统、管道热力系统及汽轮机组热力系统。

在火电厂节能节电工程中，热力系统是有节能潜力可挖的重要方面。从节能的实践及理论发展来看，重视汽轮机的技术完善性为最先，其次是锅炉。有些火电厂对探索热力系统节能潜力的重视还不够。

在火电厂的总效率中，管道热效率是其组成份额之一，而在火电厂热经济性评价中，管道热效率常被忽略或认为是某个固定值。用火电厂管道热效率的反平衡计算表达式，可以全面阐述火电厂管道热力系的范围、内涵及其在节能挖潜中的指导意义，工程实例计算证明，火电厂管道热效率不是固定值，更不能忽略，且有着丰富的内涵。

第二节　锅炉热力系统及热经济性指标

一、锅炉热力系统划分

锅炉热力系统完成燃料化学能与热能的转换，以及不同工质间热能的传递任务。

入炉热量的测量应包括入炉煤、油、燃气完全燃烧放出的热量和入炉油带入的物理显热及空气带入的热量。有分炉计量的电厂，先分炉测试，后统计全厂；无分炉计量的电厂，直接统计全厂。对于带石灰石脱硫装置的循环流化床锅炉，在进行入炉热量测量时，入炉热量中应计入石灰石显热、硫酸盐化过程热量增益。对于有炉内脱硫剂的锅炉，入炉热量应计入炉内脱硫反应带入的热量及其物理显热。

图 2-1 所示为某 600MW 机组锅炉热力系统图。

二、锅炉热经济性指标

（1）锅炉的输出热量 Q_b（kJ/h）。单位时间内锅炉产生的热量的大小，计算公式为

$$Q_b = D_b h_b + D_{rh} q_{rh(b)} + D_{bl} h'_{bl} - D_{fw} h_{fw} \tag{2-1}$$

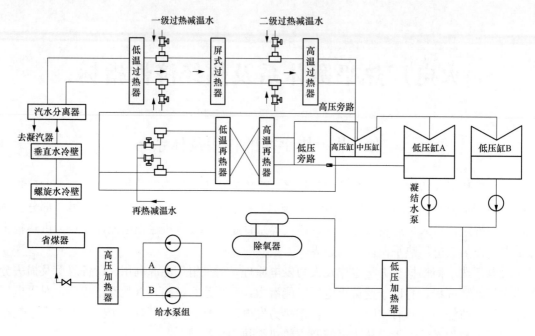

图 2-1 某 600MW 机组锅炉热力系统图

式中 D_b、D_{bl}——锅炉产汽量、排污量，kg/h；

       h_b、h'_{bl}——锅炉过热器出口蒸汽比焓、汽包排污水比焓，kJ/kg；

       $q_{rh(b)}$——1kg 再热蒸汽在锅炉中的吸热量，kJ/kg；

       D_{rh}——再热蒸汽流量，kg/h；

       D_{fw}——给水流量，kg/h；

       h_{fw}——给水比焓，kJ/kg。

（2）锅炉效率 η_b。锅炉的输出热量与输入热量的比值，计算公式为

$$\eta_b = \frac{Q_b}{Q_{rl}} = 1 - \frac{Q_{l2} + Q_{l3} + Q_{l4} + Q_{l5} + Q_{l6}}{Q_{rl}} \tag{2-2}$$

三、锅炉热平衡

锅炉热平衡是指在稳定工况下锅炉的输入热量和输出热量及各项损失之间的平衡。通过热平衡计算锅炉热效率和燃料消耗量。热平衡以 1kg 燃料为基础进行计算。

对应于 1kg 燃料，热平衡方程为

$$Q_{rl} = Q_b + Q_{l2} + Q_{l3} + Q_{l4} + Q_{l5} + Q_{l6} \tag{2-3}$$

式中 Q_{rl}——锅炉的输入热量，GJ/kg；

       Q_b——锅炉的输出热量，GJ/kg；

       Q_{l2}——排烟损失的热量，GJ/kg；

       Q_{l3}——气体不完全燃烧损失的热量，GJ/kg；

       Q_{l4}——固体不完全燃烧损失的热量，GJ/kg；

       Q_{l5}——锅炉散热损失的热量，GJ/kg；

       Q_{l6}——灰渣物理热损失，GJ/kg。

第三节 管道热力系统及热经济性指标

一、管道热力系统划分

根据管道热力系统的定义，如图 2-2 所示为 600MW 机组管道热力系统图。

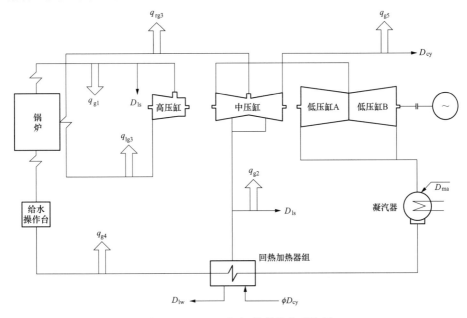

图 2-2 600MW 机组管道热力系统图

D_{ls}—带热量工质汽侧泄漏量，kg/h；D_{lw}—带热量工质水侧泄漏量，kg/h；D_{ma}—化学补充水流量，kg/h；

ϕ—厂用蒸汽的返回水率，%；q_{g1}—新蒸汽管道散热损失率，%；q_{g2}—带热量工质泄漏热损失率，%；

q_{lg3}—再热冷段蒸汽管道散热损失率，%；q_{rg3}—再热热段蒸汽管道散热损失率，%；

q_{g4}—给水管道散热损失率，%；q_{g5}—厂用辅助系统热损失率，%；D_{cy}—厂用蒸汽流量，kg/h

二、管道热平衡

（一）管道正平衡计算方法

按照热力发电厂原理，管道热效率 η_p 正平衡计算一般采用的表达式为

$$\eta_p = \frac{Q_0}{Q_b} \tag{2-4}$$

式中　Q_0——汽轮机热耗，GJ/kg；

　　　Q_b——锅炉的输出热量，GJ/kg。

（二）管道反平衡计算方法

火电厂管道热效率是火电厂在稳定工况下，以锅炉的输出热量为基准进行计算的管道输出热效率，其实质是热流的平衡。根据机组的原则性热力系统，计算各部分的散热损失，从而计算反平衡管道热效率。

管道反平衡热效率的表达式为

$$\eta_{gd} = \left(1 - \frac{\Delta Q_{gd}}{Q_b}\right) \times 100\% \tag{2-5}$$

式中 η_{gd}——管道反平衡热效率，%；

$\quad\quad Q_b$——锅炉的输出热量，GJ/kg；

$\quad\quad \Delta Q_{gd}$——管道各项热损失之和，GJ/kg。

1. 管道总的热损失

$$\Delta Q_{gd} = \Delta Q_{g1} + \Delta Q_{g2} + \Delta Q_{g3} + \Delta Q_{g4} + \Delta Q_{g5} + \Delta Q_{g6} \tag{2-6}$$

式中 $\quad \Delta Q_{g1}$——新蒸汽管道散热损失，GJ/kg；

$\quad\quad \Delta Q_{g2}$——带热量工质泄漏热损失，GJ/kg；

$\quad\quad \Delta Q_{g3}$——再热蒸汽管道散热损失，GJ/kg；

$\quad\quad \Delta Q_{g4}$——给水管道散热损失，GJ/kg；

$\quad\quad \Delta Q_{g5}$——厂用辅助系统热损失，GJ/kg；

$\quad\quad \Delta Q_{g6}$——锅炉连续排污热损失，GJ/kg。

2. 新蒸汽管道散热损失

锅炉产生的蒸汽经过新蒸汽管道向汽轮机输送时，由于管道散热等原因，总存在热量损失，计算公式为

$$\Delta Q_{g1} = D_{qj}(h_{gr} - h_{qj}) \tag{2-7}$$

$$q_{g1} = \frac{\Delta Q_{g1}}{Q_b} \tag{2-8}$$

式中 $\quad D_{qj}$——汽轮机汽耗量，kg/h；

$\quad\quad h_{gr}$——锅炉过热器出口蒸汽焓，kJ/kg；

$\quad\quad h_{qj}$——汽轮机高压缸进汽焓，kJ/kg；

$\quad\quad q_{g1}$——新蒸汽管道散热损失率，%。

3. 带热量工质泄漏热损失

火电厂在实际工作中，不可避免地存在着蒸汽或者凝结水的损失。火电厂汽水损失不仅是工质损失，而且伴随着热量损失。为便于定量计算，将工质泄漏损失视作集中于新蒸汽管道上而一并进行分析计算。其具体计算公式为

$$\Delta Q_{g2} = D_1(h_1 - h_{ma}) \tag{2-9}$$

$$q_{g2} = \frac{\Delta Q_{g2}}{Q_b} \tag{2-10}$$

式中 $\quad D_1$——带热量工质泄漏流量，kg/h；

$\quad\quad h_1$——带热量工质焓，kJ/kg；

$\quad\quad h_{ma}$——化学补水焓，kJ/kg；

$\quad\quad q_{g2}$——带热量工质泄漏热损失，%。

4. 再热蒸汽管道散热损失

再热蒸汽管道存在散热损失，可分为冷段与热段两部分。其热损失具体计算公式为

$$\Delta Q_{g3} = D'_{zr}(h''_{zr(l)} - h''_{zr(j)}) + D_{zr}(h'_{zr(j)} - h'_{zr(l)}) \tag{2-11}$$

$$q_{g3} = \frac{\Delta Q_{g3}}{Q_b} \tag{2-12}$$

式中 $\quad D_{zr}$——冷段再热蒸汽流量，kg/h；

$\quad\quad D'_{zr}$——包括再热减温水流量的热段再热蒸汽流量，kg/h；

$h'_{zr(l)}$、$h''_{zr(l)}$——锅炉再热器进出口蒸汽焓，kJ/kg；

$h'_{zr(j)}$、$h''_{zr(j)}$——汽轮机中压缸进口、高压缸出口蒸汽焓，kJ/kg；

q_{g3}——再热蒸汽管道散热损失率，%。

5. 给水管道散热损失

给水管道散热损失是指给水自汽轮机末台高压加热器出口至锅炉省煤器进口的给水管道系统范围内的散热损失。其计算公式为

$$\Delta Q_{g4} = D_{gs}(h_{gs(j)} - h_{gs(l)}) \tag{2-13}$$

$$q_{g4} = \frac{\Delta Q_{g4}}{Q_b} \tag{2-14}$$

式中 D_{gs}——锅炉给水流量，kg/h；

$h_{gs(j)}$——汽轮机侧高压给水焓，kJ/kg；

$h_{gs(l)}$——锅炉省煤器进口给水焓，kJ/kg；

q_{g4}——给水管道散热损失率，%。

6. 厂用辅助系统热损失

火电厂在正常运行中，都有一定量的厂用蒸汽供有关热力设备使用。从火电厂热力系统的总体热平衡可得厂用蒸汽热损失的大小，它与厂用蒸汽量的大小、厂用蒸汽的参数等级、返回水率和返回水的参数有关。设定返回水率为 0，则热损失计算公式为

$$\Delta Q_{g5} = D_{cy}(h_{cy} - h_{ma}) - \phi D_{cy}(h'_{cy} - h_{ma}) \tag{2-15}$$

$$q_{g5} = \frac{\Delta Q_{g5}}{Q_b} \tag{2-16}$$

$$\phi = D_h/D_{cy}$$

式中 D_{cy}——厂用蒸汽流量，kg/h；

h_{cy}——厂用蒸汽焓，kJ/kg；

h'_{cy}——厂用蒸汽的返回水焓，kJ/kg；

ϕ——厂用蒸汽的返回水率，%；

D_h——厂用蒸汽返回热力系统的流量；

q_{g5}——厂用辅助系统热损失率，%。

7. 锅炉连续排污热损失

汽包锅炉为了保证蒸汽品质，必须进行连续排污。火电厂锅炉连续排污还会引起管道效率的降低。当火电厂无连续排污利用系统，锅炉进行连续排污时，其热损失计算公式如下：

当排污热量无利用时，锅炉连续排污热损失为

$$\Delta Q_{g6} = D_{pw}(h_{pw} - h_{ma}) \tag{2-17}$$

当具有单级连续排污扩容利用系统时，锅炉连续排污热损失为

$$\Delta Q_{g6} = D_{pw}h_{pw}(1 - \eta_f) + D'_{pw}(h'_{pw} - h''_{pw})(1 - \eta_{pwk}) + D'_{pw}(h''_{pw} - h'_{ma}) + D_{ma}(h'_{ma} - h_{ma}) \tag{2-18}$$

$$q_{g6} = \frac{\Delta Q_{g6}}{Q_b} \tag{2-19}$$

式中 D_{pw}——锅炉连续排污水流量，kg/h；

h_{pw}——锅炉连续排污水焓，kJ/kg；

η_{f}——连续排污扩容器热效率，%；

D'_{pw}——排入地沟的排污流量，kg/h；

h'_{pw}——排污扩容器压力下的饱和水焓，kJ/kg；

h''_{pw}——排入地沟的连续排污水焓，kJ/kg；

h'_{ma}——进入热力系统的补充水焓，kJ/kg；

D_{ma}——化学补充水流量，kg/h；

η_{pwk}——排污冷却器的热效率，%；

q_{g6}——锅炉连续排污热损失率，%。

三、管道内外泄漏分析

火电机组热力系统节能工作，已有不少研究，如机组本体改造、辅机改造、回热系统优化等。但热力系统内漏问题有些火电厂重视不够。本节从热力系统完善角度，以国产引进型亚临界 300MW 火电机组热力系统存在的内漏问题为例，分析内漏产生的原因、地点及内漏对热力系统造成的影响，运用考虑管道热效率的等效热降法，计算出重要内漏点工质泄漏对系统所造成的热经济性损失，并进一步从运行监测和检修消缺方面提出改进措施及建议方案。

（一）阀门内漏的影响

火电厂热力系统工质外漏，较易引起运行人员注意，一般在大、小、修中予以消除。而系统中带热量工质内漏发生在热力系统内部，不易被人察觉，但却客观存在。热力系统内漏使机组热经济性下降，煤耗上升，造成大量能源浪费。在不少汽轮机上，内漏所造成的损失占节能潜力的近一半。

一台 300MW 机组，在额定负荷时主蒸汽流量约为 1025t/h，按照美国机械工程师协会（ASME）标准，其不明泄漏量应小于 1.3t/h，要求相当严格。然而，我国火电厂存在着大量的疏放水管道，由于阀门的不严密或者其他原因，工质内漏现象普遍存在，这些内漏工质大多为高品质的蒸汽、饱和水或欠饱和水。内漏工质一般进入冷凝器，会造成大量可用能直接被循环冷却水带走，同时还将使凝汽器真空降低、冷却水循环倍率增高、厂用电耗增加。

阀门是火电厂中最为常见和使用最广泛的热力系统附件，阀门泄漏等直接影响火电厂的经济性。阀门在系统中所处的位置不同，其泄漏的概率和对机组经济性影响的大小也就不同。总之，汽轮机主蒸汽管道、再热蒸汽管道、高压给水管道、汽轮机本体疏水，因工作条件恶劣，泄漏的可能性较大，对机组经济性的影响也大。有些阀门泄漏量虽然较小，但火电厂是长期连续运行的，累计起来也会造成不小的损失。

阀门内漏不仅会造成能源浪费，严重时会使机组带不上高负荷。阀门内、外泄漏同时发生，会造成带热量工质损失，使机组的补充水增加，火电厂发电成本相应增加。

据统计，一台亚临界 300MW 机组中汽水阀门约为 2000 只，不同地点发生内漏对经济性影响的结果也不一样，本节对热力系统中具有代表性的几种主要内漏进行讨论：

（1）主蒸汽、再热蒸汽及各段抽汽管道的疏水阀关闭不严密，使蒸汽漏入凝汽器或排入地沟。

（2）加热器的危急放水阀不严密或直通凝汽器的阀门不严密，使加热器不能按正常的线路疏水，造成疏水泄漏。

（3）机组旁路系统不严密，例如，高压旁路阀不严密使主蒸汽漏入冷段再热蒸汽，或低压旁路阀不严密使热段再热蒸汽漏入凝汽器。

（4）高压加热器给水旁路阀渗漏，造成给水温度降低。

（二）阀门内漏原因分析

1. 手动阀门内漏

在机组实际系统中，存在大量的手动阀门，如机组本体疏水隔离阀、加热器疏水隔离阀。手动阀门内漏通常是阀门密封失效引起的，管内介质的隔断是靠阀芯和阀座表面密封来实现的。然而，由于两密封面平面度欠佳，坚硬粒子在荷载作用下产生冲蚀，泡点状态液体压力变化形成气泡产生汽蚀，以及耐腐蚀材料保护膜的破坏、裸露金属在腐蚀环境的腐蚀等，均可能导致阀芯、阀座密封失效，使阀门出现内漏。

在实际工作中，如要避免普通手动阀门泄漏，应尽量做好如下工作：

（1）规范设计内容。设计选用时出具包括设计温度、压力、介质性质和状态，以及阀门类型、阀体及主要内件材料、接管要求等内容的阀门规格书，这样不仅可以强化设计选用意识，而且还能为阀门采购提供科学依据。

（2）改变不当的操作方式。如用截断用的闸阀去调节管流，必然加速阀座、阀板的磨损；担心阀门关不严，用 F 形扳手强力关闭阀门，这样不仅损伤阀门密封面，而且还会造成阀杆变形。

（3）改变不规范的安装方法。不规范的安装方法，如管道中的焊渣、阀体内的泥沙不清除就安装阀门，必然会给密封面造成损伤；手轮朝下安装造成阀盖处杂物沉积等，都会影响填料密封。

对于现代大型火电厂，做好设计、选型、安装、使用、维护并及时更换出现问题的阀门，对降低泄漏事故频率，保障火电厂的稳定运行是至关重要的。

2. 电动阀门内漏

电动阀门以其控制精度高、安装调试方便等优点在火电厂热力系统中普遍采用；但是，在使用过程中，仍然存在阀门内漏问题。电动阀门的常见内漏原因和解决办法如下：

（1）执行机构零位设定不准确，没有达到阀门的全关位。解决办法：手动将阀门关严（必须确认已经完全关闭），以稍微用力拧不动为准，再往回（开阀方向）拧半圈，然后调节限位。

（2）电动阀门执行机构的推力不够大。电动阀门是向下推关闭形式，当阀门内没有介质时，调试时执行机构推力较小；当阀门内存在介质而承受更大压力时，执行机构提供的推力无法克服液体向上的推力，使阀门关不到位。解决办法：更换更大推力的执行机构，或改为平衡型阀芯以减小介质不平衡力。

（3）电动阀门制造质量引起的内漏。阀门制造厂家在生产过程中对阀门材质、加工工艺、装配工艺等控制不严，致使密封面研磨不合格，对存在麻点、砂眼等缺陷的产品没有彻底剔除，造成电动阀门内漏。解决办法：重新加工密封面。

（4）电动阀门控制方式引起的内漏。电动阀门是采用阀门限位开关、过力矩开关等机械的控制方式，由于这些控制元件受环境温度、压力、湿度的影响，造成阀门定位失准、弹簧疲劳、热膨胀系数不均匀等客观因素，从而造成电动阀门的内漏。解决办法：重新调整限位。

（5）电动阀门调试问题引起的内漏。受加工、装配工艺的影响，电动阀门普遍存在手动关严后电动打不开的现象，如通过上下限位开关的动作位置把电动阀门的行程调整小一些，则出现电动阀门关不严或者阀门开不展的不理想状态；把电动阀门的行程调整大一些，则引起过力矩开关保护动作；如果将过力矩开关的动作值调整大一些，则出现撞坏减速传动机构或者撞坏阀门，甚至将电动机烧毁的事故。为了解决这一问题，通常调试时手动将电动阀门摇到底，再往开阀方向摇一圈，定出电动阀门的下限位开关位置，然后将电动阀门开到全开位置定上限开关位置，这样电动阀门就不会出现手动关严后电动打不开的现象，才能使电动阀门开、关操作自如，但无形中就引起了电动阀门的内漏。即使电动阀门调整得比较理想，由于限位开关的动作位置是相对固定的，阀门控制的介质在运行中对阀门的不断冲刷、磨损，也会造成阀门关闭不严而引起的内漏现象。解决办法：重新调整限位。

（6）汽蚀引起电动阀门的内漏。一般阀门在汽蚀条件下最多运行 3 个月，甚至更短时间，即阀门遭受到严重的汽蚀腐蚀，致使阀座泄漏量可高达额定流量的 30% 以上，这是无法弥补的。因此，不同用途的电动阀门都有不同的具体技术要求，按照系统工艺流程来合理选择电动阀门至关重要。解决办法：进行工艺改进，选用多级降压调节阀门。

（7）介质的冲刷、电动阀门老化引起的内漏。电动阀门调整好后经过一定时间的运行，由于阀门的汽蚀和介质的冲刷、阀芯与阀座产生磨损、内部部件老化等原因，则会出现电动阀门行程偏大、关不严的现象，造成电动阀门泄漏量变大，随着时间的推移，电动阀门内漏现象会越来越严重。解决办法：重新调整执行器，并定期进行维护、校正即可。

（三）阀门内漏热经济性分析

1. 等效热降计算参数

本节针对上海某厂引进型 300MW 机组，采用考虑管道热效率的等效热降计算方法，在额定工况下计算各主要阀门泄漏对火电厂热经济性的影响。其计算可分为以下两步：

（1）根据额定工况下系统各部分的热力参数，求出机组主蒸汽及各个段的新蒸汽等效焓降、抽汽等效焓降和新蒸汽效率、抽汽效率等基本特性参数。

（2）计算在额定工况下不同泄漏点处，每增加 1t/h 的泄漏量使机组发电煤耗率的增加值。

计算时按照火电厂补水是从凝汽器补入，因此同一阀门的内、外漏对热耗量的影响值一样。计算的机组型号是 N300-16.7/538/538，为单轴、双缸双排汽、一次中间再热凝汽式机组，其等效热降计算结果见表 2-1。

表 2-1　　　　　　　　　N300-16.7/538/538 型机组等效热降及相关参数

项目	单位	各段抽汽编号							
		1	2	3	4	5	6	7	8
抽汽等效热降 H_i	kJ/kg	257.7	400.8	442.9	587.8	690.3	866.4	973.9	1011.4
抽汽效率 η_i	%	0.108 091	0.163 114	0.184 244	0.237 804	0.270 561	0.337 207	0.464 173	0.495 529
抽汽份额 α_i	—	0.048 938	0.026 473	0.017 646	0.036 684	0.054 478	0.051 581	0.051 604	0.100 929
给水焓升 τ_i	kJ/kg	165.9	96.1	61.9	122.3	183.2	157.9	126.1	206.0
抽汽放热量 q_i	kJ/kg	2384.1	2457.4	2404.1	2471.79	2551.27	2569.43	2098.19	2041.03
疏水放热量 r_i	kJ/kg	78.3	114.0	94.6	—	216.6	166.3	176.6	—

注　新蒸汽等效热降 $H_0=1146.5$kJ/kg；循环吸热量 $Q_0=2526.2$kJ/kg。

N300-16.7/538/538 型机组热力系统如图 2-3 所示。

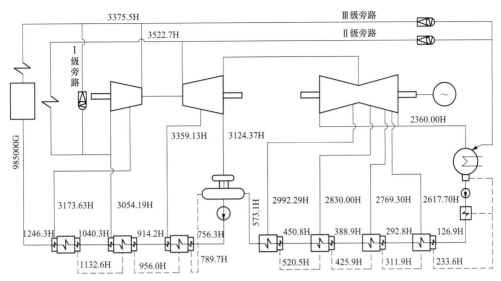

图 2-3　N300-16.7/538/538 型机组热力系统（额定工况）

H—焓值，kJ/kg；G—流量，kg/h

2. 阀门内漏计算分析结果

（1）主蒸汽、再热蒸汽管道疏水阀内漏。如图 2-4 所示，该机组进行热力试验前，发现主蒸汽流量与对应功率汽耗量的比值偏大，检查主蒸汽管道疏水阀，发现该阀门较烫，关闭其隔离阀后，发现功率上升，随之其热耗率也明显减小。这表明部分主蒸汽没有进入汽轮机做功，而是直接经旁路送入了凝汽器，其内漏流量占主蒸汽流量的比例将直接影响发电功率。

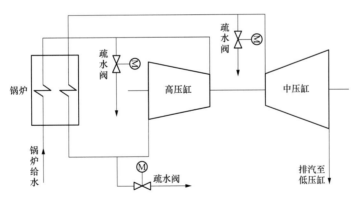

图 2-4　主蒸汽、再热蒸汽管道疏水阀内漏示意图

主蒸汽管道疏水阀内漏，究其原因归纳为下面两点：

1）阀门前后压差较大，约为 16.7MPa，主蒸汽管道疏水阀在高压差下吹损，造成长期漏流。

2）阀门操作机构为电动机构，如调整不当、关闭紧力不够也会发生泄漏。

另外，再热蒸汽初压达 3.5MPa，再热蒸汽管道疏水阀前后的压差也很大，一旦发生泄漏，对机组的功率和热耗率影响也较为直接。

经计算，若发生主蒸汽泄漏，每增加 1t/h 的泄漏量，将增加发电煤耗 0.33g/kWh；若发生冷段再热蒸汽泄漏，每增加 1t/h 的泄漏量，将增加发电煤耗 0.25g/kWh；若发生热段再热蒸汽泄漏，每增加 1t/h 的泄漏量，将增加发电煤耗 0.30g/kWh。

（2）高压、低压旁路疏水阀内漏。如图 2-5 所示，该机组设置有高、低压二级串联旁路系统，旁路系统由蒸汽旁路阀门、旁路阀门控制系统、执行机构和旁路蒸汽管道组成。其作用是将锅炉产生的蒸汽不经过汽轮机而引到下一级蒸汽管道或凝汽器，以保证主、再热蒸汽压力和温度符合机组安全运行要求。当汽轮机正常运行时旁路阀关闭，若旁路阀关闭不严，会造成蒸汽泄漏。

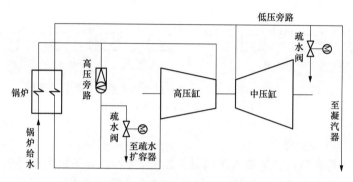

图 2-5　高压、低压旁路疏水阀内漏示意图

经计算，若发生高压旁路泄漏至冷段再热蒸汽，每增加 1t/h 的泄漏量，将增加发电煤耗 0.08g/kWh；若发生低压旁路泄漏至凝汽器，每增加 1t/h 的泄漏量，将增加发电煤耗 0.30g/kWh。

（3）高压加热器危急疏水阀内漏。如图 2-6 所示，在正常运行情况下，高压加热器采用逐级疏水方式。为防止加热器发生满水事故，设置紧急疏水系统，水位超过一定值时危急疏水阀打开，让疏水直接进入凝汽器。为使这套系统可靠动作，操作机构常为电动或气动，系统处于热备用状态时，极易发生泄漏。

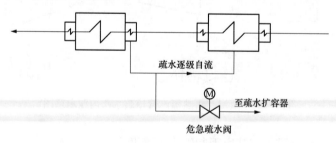

图 2-6　高压加热器危急疏水阀内漏示意图

高压加热器危急疏水阀内漏对系统热经济性的影响分析如下：设该高压加热器为 1 号加热器，在正常运行时疏水流向 2 号加热器，发生漏流时，部分疏水通过危急疏水管直通凝汽器，这样送到 2 号加热器的热量相应减少，为使 2 号加热器的出口给水温度维持不变，相应要增加 2 号加热器的抽汽量，这部分抽汽量原来可用于汽轮机内做功，这样其机组的汽耗率

将增加。另外，疏水直接送入凝汽器后，可增加凝汽器的热负荷，降低凝汽器的真空，影响机组的发电能力。

因此，高压加热器危急疏水阀内漏，是致使机组发电热耗率增加、机组功率减小的原因之一。

经计算，若发生 1 号高压加热器危急疏水阀内漏，每增加 1t/h 的泄漏量，将增加发电煤耗 0.06g/kWh；若发生 2 号高压加热器危急疏水阀内漏，每增加 1t/h 的泄漏量，将增加发电煤耗 0.05g/kWh；若发生 3 号高压加热器危急疏水阀内漏，每增加 1t/h 的泄漏量，将增加发电煤耗 0.03g/kWh。

（4）除氧器内漏。如图 2-7 所示，机组在运行中凝汽器管束循环冷却水泄漏，会造成给水泵故障跳闸或锅炉给水系统阀门误关，水位自动调节阀失灵，机组负荷突然降低，除氧器压力突降引起工质自生沸腾等情况，这些情况都可能导致除氧器的高水位报警。水位过高时，除氧器会自动联锁开启溢流电动阀和放水电动阀，引起大量跑水，造成大量高品质工质的内漏。另外，除氧器底部放水阀、除氧器至凝汽器放水阀或机组事故放水阀多为电动阀

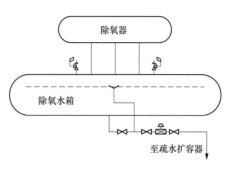

图 2-7　除氧器内漏系统示意图

门，通常关闭紧力不足，会造成阀门的严密性相对下降。由于这类阀门前后压差一般都比较大，在高温高压工质的冲刷下，阀芯易磨损，直接引起系统工质内漏，而且流动背压很低，完全是临界状态，造成大量的有用能损失。

除氧器内漏属于纯热量系统问题，除氧器中热水漏至疏水扩容器后进入凝汽器，由于这部分工质是经过各个低压加热器并加热后送向除氧器的，已经吸收了系统的热量却没有参加做功，而仅是从凝汽器到低压加热器、除氧器，再返回到凝汽器进行循环，从而使整个系统的经济性受到影响。其直接表现为主凝结水流量比设计值偏大，因而各低压加热器的抽汽量相应增加，中、低压缸的功率相应减小，影响整个机组热耗率和功率。

经计算，若发生除氧器水侧泄漏，每增加 1t/h 的泄漏量，将增加发电煤耗 0.03g/kWh。

（5）低压加热器危急疏水阀内漏。如图 2-8 所示，该机组设有 4 个低压加热器，正常情况下低压加热器疏水采用逐级自流，本级的疏水也当作下一级加热器的加热工质。另外，还设置了危急疏水系统直接送入凝汽器，在加热器高水位时自动打开危急疏水阀，以控制加热器的水位。由于这部分危急疏水系统处于热备用状态，运行中难免要动作。虽然阀门的严密性需要时常检查，但机组实际运行时，这些阀门常常处于泄漏状态，由于其管径大，泄漏量也相当可观，造成的后果是致使下一级加热器的抽汽量增加，凝汽器热负荷增加，同样导致功率的损失和热耗率的增加。

经计算，若发生 5 号低压加热器危急疏水阀内漏，每增加 1t/h 的泄漏量，将增加发电煤耗 0.01g/kWh；若发生 6 号低压加热器危急疏水阀内漏，每增加 1t/h 的泄漏量，将增加发电煤耗 0.01g/kWh；若发生 7 号低压加热器危急疏水阀内漏，每增加 1t/h 的泄漏量，将增加发电煤耗 0.003g/kWh。

（6）高压加热器给水旁路泄漏。如图 2-9 所示，高压加热器给水自动旁路阀不严，会使部分给水由旁路给入。由于这部分给水未经过高压加热器，会影响整台机组的回热效果，使

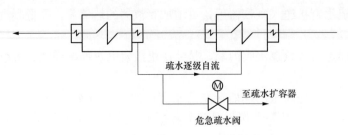

图 2-8　低压加热器危急疏水阀内漏示意图

机组的热经济性降低。另外，高压加热器水室隔板存在泄漏，会造成给水短路，部分未经加热的给水与加热的给水主流混合，可降低给水温度，增大上端差。

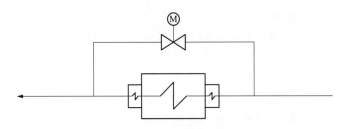

图 2-9　高压加热器给水旁路泄漏示意图

经计算，若发生 1 号高压加热器给水旁路泄漏，每增加 1t/h 的泄漏量，将增加发电煤耗 0.003g/kWh；若发生 2 号高压加热器给水旁路泄漏，每增加 1t/h 的泄漏量，将增加发电煤耗 0.001g/kWh；若发生 3 号高压加热器给水旁路泄漏，每增加 1t/h 的泄漏量，将增加发电煤耗 0.001g/kWh。

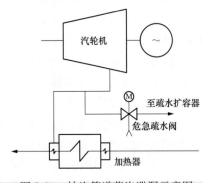

图 2-10　抽汽管道蒸汽泄漏示意图

（7）抽汽管道蒸汽泄漏。如图 2-10 所示，抽汽系统的作用是将汽轮机的抽汽送至低压加热器、除氧器、高压加热器、给水泵汽轮机、厂采暖系统及暖风器，以提高机组效率和满足有关用户用汽。该机组 1～6 号抽汽管道上都设有电动隔离阀和抽汽止回阀，其作用是在汽轮机跳闸后最大限度地避免管道中的蒸汽倒灌，防止汽轮机超速。电动隔离阀的上游和抽汽止回阀的下游均设有疏水管路及疏水阀。抽汽管道上的电动隔离阀作为汽轮机防进水保护措施之一，可防止加热器和除氧器的水意外地倒入汽轮机。

经计算，若发生 1 号抽汽管道蒸汽泄漏，每增加 1t/h 的泄漏量，将增加发电煤耗 0.28g/kWh；若发生 2 号抽汽管道蒸汽泄漏，每增加 1t/h 的泄漏量，将增加发电煤耗 0.25g/kWh；若发生 3 号抽汽管道蒸汽泄漏，每增加 1t/h 的泄漏量，将增加发电煤耗 0.26g/kWh；若发生除氧器抽汽管道蒸汽泄漏，每增加 1t/h 的泄漏量，将增加发电煤耗 0.20g/kWh；若发生 5 号抽汽管道蒸汽泄漏，每增加 1t/h 的泄漏量，将增加发电煤耗 0.16g/kWh；若发生 6 号抽汽管道蒸汽泄漏，每增加 1t/h 的泄漏量，将增加发电煤耗

0.12g/kWh。

（8）过热器、再热器减温水阀泄漏。如图 2-11 所示，主蒸汽与再热蒸汽的温度是机组运行的重要指标，蒸汽温度过高时，将引起过热器、再热器、蒸汽管道，以及汽轮机汽缸、阀门、转子等部分金属强度降低，导致设备使用寿命缩短，严重时会造成设备损坏；蒸汽温度过低时，则会使汽轮机最后几级叶片的蒸汽湿度增加，对机组的安全性和经济性带来不良后果。该机组过热器蒸汽温度主要采用二级喷水减温和摆动燃烧器进行调节，再热蒸汽温度主要采用燃烧器摆动和过量空气系数进行调节。另外，在再热器冷端进口管道装有事故危急喷水减温器。

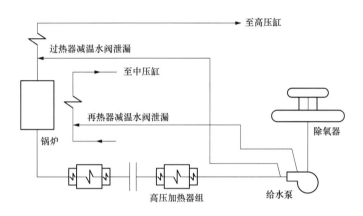

图 2-11　过热器、再热器减温水阀泄漏示意图

过热器、再热器减温水阀泄漏将导致主蒸汽和再热蒸汽的温度偏低，从而使机组经济性降低，尤其是再热器减温水阀泄漏，使中、低压缸工质流量增加，这些蒸汽仅在中、低压缸做功，就整个回热系统而言，当机组负荷不变时，限制了高压缸的出力。

经计算，若发生过热器减温水阀泄漏，按 1t/h 泄漏量计算，将增加发电煤耗 0.01g/kWh；若发生再热器减温水阀泄漏，按 1t/h 泄漏量计算，将增加发电煤耗 0.06g/kWh。

（9）给水泵最小流量阀泄漏。给水泵最小流量阀泄漏会造成泵功的大量浪费，该机组给水泵最小流量阀压差达到 18MPa，最小流量阀在如此大压差下运行，易发生汽蚀、侵蚀及冲刷。

给水泵最小流量阀的主要作用是，当给水泵流量小于一定值时，保证给水泵再循环阀及时打开，防止给水泵内部由于局部过热汽化而产生汽蚀。最小流量控制装置由 5 部分组成，主要包括堵转力矩电动机、齿轮减速箱、杠杆弹簧传动机构、节流控制阀和控制系统。该装置结构复杂，传动环节多，调试比较困难。按照该阀的设计，当给水泵流量小于 145m³/h 时，最小流量阀自动打开；当给水泵流量大于 165m³/h 时，最小流量阀自动关闭。

例如，某厂给水泵最小流量阀存在的主要问题是，最小流量阀及阀内件使用寿命太短，运行中泄漏量太大。该阀运行中，长期处于泄漏状态，阀芯与阀座腐蚀很快，阀座的使用周期只有 1 年左右。该阀阀体被冲刷腐蚀严重，节流件在阀体内的密封面和定位面被冲坏，给水在节流件外短路，使节流件失去节流作用。

（10）锅炉定期排污扩容器。按原设计，锅炉定期排污扩容器在正常运行时，不应出现向空冒汽现象，也即通向定期排污扩容器的各路锅炉疏水均不应出现泄漏，但在机组实际运行中总有部分蒸汽通过炉顶排汽管向空排放。分析其原因，除省煤器放水阀泄漏外，还有部分锅炉疏水阀泄漏，其对系统的影响是不仅损失热量，还损失工质。

3. 机组工质泄漏质流图

引进型亚临界 300MW 机组工质泄漏质流图如图 2-12 所示。

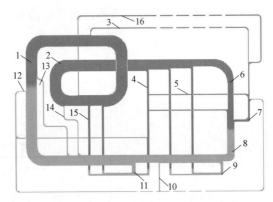

图 2-12　引进型亚临界 300MW 机组工质泄漏质流图

1—主蒸汽工质流，%；2—再热蒸汽工质流，%；3—主蒸汽泄漏工质流，%；4—低压抽汽工质流，%；

5—辅助蒸汽工质流，%；6—凝汽工质流，%；7—化学补充水工质流，%；8—主凝结水工质流，%；

9—低压加热器疏水工质流，%；10—主凝结水泄漏工质流，%；11—高压加热器疏水工质流，%；

12—锅炉连续排污工质流，%；13—过热器减温水工质流，%；14—再热器减温水工质流，%；

15—高压抽汽工质流，%；16—低温再热蒸汽泄漏工质流，%

火电机组工质泄漏质流图真实客观地反映了火电厂动力循环系统中工质的做功循环过程及内外泄漏的分布。

四、工质泄漏量默认值设置及权限

（一）机组工质泄漏原则性热力系统图

引进型亚临界 300MW 机组带热量工质泄漏原则性热力系统图如图 2-13 所示。

火电机组工质泄漏原则性热力系统图真实客观地反映了火电厂动力循环系统中工质泄漏的质量及能量损失分布。

然而，传统热力发电厂计算时，将全厂带热量工质泄漏量全部归结到新蒸汽泄漏量，其热经济性计算结果比实际偏高，有其不合理性。故提出一种改进的计算模型，将全厂带热量工质泄漏量按特定比例分配到汽侧和水侧，汽侧为主蒸汽、低温再热蒸汽泄漏，水侧为主凝结水泄漏，如此计算则更接近全厂泄漏的真实情况，热经济性分析结果则更为准确。

将工质泄漏量按主蒸汽、低温再热蒸汽及主凝结水在 10：0：0（A）、2：2：6（B）、3：3：4（C）、4：4：2（D）四种比例分配方式下进行计算，分别计算出此时的机组管道热效率、循环绝对内效率、全厂热效率及发电标准煤耗率，并将计算结果与无泄漏工况 0：0：0 进行对比，计算结果见表 2-2。

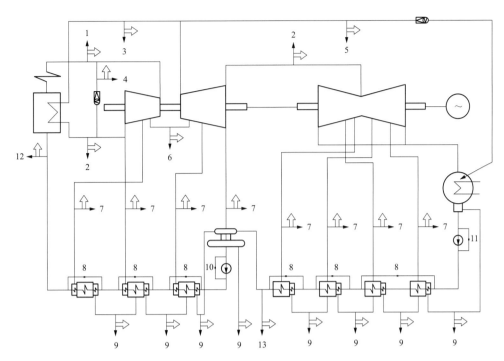

图 2-13　引进型亚临界 300MW 机组带热量工质泄漏原则性热力系统图

1—过热器减温水阀、主蒸汽管道疏水阀内漏；2—再热冷段疏水阀内漏；3—再热器减温水阀、再热热段疏水阀内漏；
4—高压旁路疏水阀内漏、高压旁路减温水阀内漏；5—低压旁路疏水阀内漏；6—高/中压主汽阀、高/中压调节
汽阀疏水阀、高/中压缸本体疏水内漏；7—抽气管道疏水阀内漏；8—加热器给水旁路渗漏；9—加热器危急放水阀内漏；
10—给水泵最小流量阀内漏；11—凝结水泵最小流量阀内漏；12—锅炉本体疏水；13—主凝结水泄漏

表 2-2　　　　　　　　　　　　按比例综合计算对机组效率及经济性影响

比例分配	泄漏量 (t/h)	管道热效率（%）	循环绝对内效率（%）	全厂热效率（%）	全厂热效率变化量（%）	发电标准煤耗率上升（g/kWh）	年标准煤耗量增加（t/a）	年燃料成本增加（万元/a）
0：0：0：0	0	97.00	45.38	41.41	—			
10：0：0：0（A）	5	96.35	45.42	41.17	−0.24	1.68	3535	353
	10	95.69	45.47	40.94	−0.47	3.39	7117	712
2：2：6（B）	5	96.70	45.42	41.32	−0.09	0.64	1353	135
	10	96.40	45.46	41.23	−0.18	1.29	2714	271
3：3：4（C）	5	96.59	45.43	41.28	−0.13	0.92	1930	193
	10	96.18	45.47	41.15	−0.26	1.84	3873	387
4：4：2（D）	5	96.49	45.44	41.24	−0.17	1.19	2507	251
	10	95.97	45.49	41.08	−0.34	2.40	5038	504

由表 2-2 可知，将全厂工质泄漏量按比例分配后，传统算法 A 计算结果明显偏高，不符合现实情况。现实情况应基本介于表 2-2 中 B、C、D 三种水汽侧分配范围，如某厂考虑自身生产一线实际情况，按 C 比例计算分析，结果会更加合理。目前测量手段尚不完善的火电机组，可以通过统计累计补充水量作为机组工质泄漏总量，参照上述泄漏量比例分布情

况，估算管道反平衡效率，提高火电厂管理运行水平。

（二）为运行、检修提出建议

国产 300MW 机组，本体及热力管道疏水系统设计庞大，阀门易发生内漏，而疏水系统作为火电厂生产过程中最为重要的附属热力系统之一，对机组的安全、可靠、经济、环保运行，起着重要的作用。一方面，"常漏常治，常治常漏"是火电厂疏水阀治理过程的通病。另一方面，由于内漏对机组的补水率影响不大，容易使工作人员从思想上产生麻痹，主观上重视不够，走入疏水阀内漏既然"不可避免"，就是"正常"现象的误区。正因为如此，全国每年因疏水系统故障发现不及时，造成机组延时启动、引发机组"非计划停运"的情况时有发生。

大型火电机组发生一次"非计划停运"，除损失的发电量外，启停一次发生的直接费用动辄几十万，甚至上百万元。疏水系统故障的治理已是当前节能降耗、降低机组"非计划停运"次数，保证机组安全、稳定运行的一项重要工作。

第四节　汽轮机组热力系统及热经济性指标

汽轮机组热力系统主要完成热能与机械能，以及机械能与电能之间的转换任务。供热汽轮机组同时还完成热电联合能量生产任务。

在平衡期内单台汽轮机组热效率可分为汽轮机组正平衡热效率和汽轮机组反平衡热效率。确定汽轮机组正平衡热效率的方法是：在测试过程中直接根据汽轮机组输出功率与汽轮机的热耗量计算确定汽轮机组正平衡热效率。确定汽轮机组反平衡热效率的方法是：在测试过程中通过测量和计算得出汽轮机组反平衡热效率。汽轮机组反平衡热效率能得出凝汽器、加热器、锅炉给水泵、汽轮机机械和发电机等各项热损失的具体数值，了解汽轮机组热力系统的实际工作状况。

一、汽轮机组热力系统划分

汽轮机组热力系统图如图 2-14 所示。

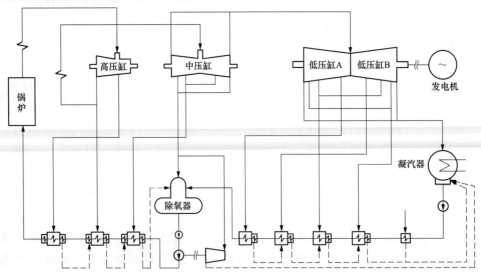

图 2-14　汽轮机组热力系统图（600MW 机组）

二、汽轮机组的热经济性指标

火电厂的生产过程实际上是一系列的能量转换过程，由热力学可知，热能是不可能全部转换成机械能的。因此，在汽轮机装置中，通常用各种效率来表示整个能量转换过程中不同阶段的完善程度。

一个机械或装置的输入能量与输出能量之比称为此机械或装置的效率。在分析整个火电厂的热经济性时，将汽轮机放在整个热力循环中考虑，即把火电厂的热力循环系统作为研究对象，这时输入循环中的能量为每千克蒸汽在锅炉中的吸热量 Q_0，再分别考虑汽轮机组的不同损失后得出不同的能量作为输出能量，这样得到的一组效率称为绝对效率。当分析汽轮机组的热经济性时，将汽轮机组作为研究对象，则输入汽轮机组中的能量为汽轮机的理想焓降 ΔH_t，以此而得到的一组效率称为相对效率。

（一）相对效率

1. 汽轮机的相对内效率 η_{ri}

相对内效率是衡量汽轮机内能量转换完善程度的指标，而对于汽轮机来说，其输入能量为蒸汽在汽轮机中的理想焓降 ΔH_t（或对应的理想功率 P_t），输出能量为汽轮机的内功率 P_i。其中 $P_t=G\Delta H_t$（其 G 为蒸汽流量，kg/s），$P_i=G\Delta H_i$，故相对内效率为

$$\eta_{ri}=\frac{P_i}{P_t}=\frac{\Delta H_i}{\Delta H_t} \tag{2-20}$$

汽轮机的相对内效率越高，说明其内部损失越小。

2. 汽轮机的相对有效效率 η_{re}

由前可知，机械损失包括用来带动主油泵和克服轴承摩擦而消耗的功率。为简化问题，现将全部机械损失看成集中于轴承上，则对于轴承来说，其输入能量为汽轮机输出的内功率 P_i，输出能量 P_e 称为有效功率，$P_i-P_e=\Delta P_m$，即为机械损失，故机械效率为

$$\eta_m=\frac{P_e}{P_i} \tag{2-21}$$

机械效率一般较高，大功率机组可达 99% 以上。

若把汽轮机和轴承看成一个整体，其效率称为相对有效效率 η_{re}，此时该装置的输入能量为蒸汽的理想功率 P_t，输出能量为有效功率 P_e，故相对有效效率 η_{re} 为

$$\eta_{re}=\frac{P_e}{P_t}=\frac{P_e}{P_i}\frac{P_i}{P_t}=\eta_m\eta_{ri} \tag{2-22}$$

3. 汽轮发电机组的相对电效率 η_{rel}

若单独讨论发电机，其输入能量为轴承的输出能量，即为有效功率 P_e，由于发电机内有铜损、铁损和机械损失等，使其输出能量变为 P_{el}，称为电功率，$P_e-P_{el}=\Delta P_{el}$ 称为发电机损失，故发电机的效率 η_g 为

$$\eta_g=\frac{P_{el}}{P_e} \tag{2-23}$$

发电机效率与发电机的容量及冷却方式有关，大功率机组一般可达 97%~99%。将汽轮机、轴承和发电机合在一起看成一个整体，则整个机组的输入能量为理想功率 P_t，输出能量为电功率 P_{el}，而整个机组的效率称为相对电效率 η_{rel}，即

$$\eta_{rel} = \frac{P_{el}}{P_t} = \frac{P_{el}}{P_e} \frac{P_e}{P_i} \frac{P_i}{P_t} = \eta_g \eta_m \eta_{ri} = \eta_g \eta_{re} \tag{2-24}$$

汽轮机组的电功率 P_{el} 是向外输送的功率，在无回热抽汽时（蒸汽流量单位为 kg/s）

$$P_{el} = G \Delta H_t \eta_{ri} \eta_m \eta_g \tag{2-25}$$

若蒸汽流量用 $D(kg/h)$ 表示时，式（2-25）变为

$$P_{el} = \frac{D \Delta H_t \eta_{ri} \eta_m \eta_g}{3600} \tag{2-26}$$

当有回热抽汽时

$$P_{el} = \eta_m \eta_g \sum_{j=1}^{n} G_j \Delta H_{ij} = \frac{\eta_m \eta_g}{3600} \sum_{j=1}^{n} D_j \Delta H_{ij} \tag{2-27}$$

其中 $G_j (D_j)$ 和 ΔH_{ij} 分别表示第 j 段的流量和有效焓降。$j=1$ 时，表示第一个抽汽口上游的那一段。

（二）绝对效率

当考虑火电厂整个热力循环时，若以 Q_0 作为输入能量，以汽轮机组不同的功率作为输出能量所得到的一组效率称为绝对效率。当以汽轮机的理想焓降为输出能量时，所得到的效率称为循环热效率 η_t，即

$$\eta_t = \frac{\Delta H_t}{Q_0} = \frac{\Delta H_t}{h_0 - h_c'} \tag{2-28}$$

其中 h_0 为汽轮机新蒸汽的初焓，h_c' 为凝结水的焓，如果略去水泵的压缩功时，h_c' 与锅炉给水的焓值 h_{fw} 相等。当汽轮机采用抽汽回热循环时，h_c' 应为末级高压加热器出口的给水焓值 h_{fw}。

对加给每千克蒸汽的热量最终转变成电能的份额称为绝对电效率 η_{ael}，则

$$\eta_{ael} = \eta_t \eta_{ri} \eta_m \eta_g \tag{2-29}$$

另外，绝对效率还有绝对内效率 η_{ai} 和绝对有效效率 η_{ae}。任一绝对效率等于同一相对效率与循环效率的乘积。

（三）热经济性指标

火电厂除了用以上的各种效率来表示相应范围内的热经济性外，还常用每发 1kWh 电能所消耗的蒸汽量和热量来表示汽轮机组的热经济性指标。

1. 汽耗率 d

汽轮发电机组每发 1kWh 电能所消耗的蒸汽量称为汽耗率 d，单位为 kg/kWh。每小时消耗的蒸汽量称为汽耗量 D，单位为 kg/h，则

$$d = \frac{D}{P_{el}} = \frac{3600}{\Delta H_t \eta_{rel}} \tag{2-30}$$

参数不同的机组，虽然功率相同，但其消耗的蒸汽量却不同，尤其是供热式机组，由于抽汽量不同，更是如此，因此不同类型的机组一般不用 d 来比较其热经济性，而是采用能反映机组热经济性的另一指标——热耗率。

2. 热耗率 q

汽轮机组每发 1kWh 电能所消耗的热量，称为热耗率 q，单位为 kJ/kWh，即

$$q = d(h_0 - h_{fw}) = \frac{3600(h_0 - h_{fw})}{\Delta H_t \eta_{rel}} = \frac{3600}{\eta_{ael}} \tag{2-31}$$

对于中间再热机组而言

$$q = d\left[(h_0 - h_{\mathrm{fw}}) + \frac{D_{\mathrm{r}}}{D_0}(h_{\mathrm{r}} - h_{\mathrm{r}}')\right] \tag{2-32}$$

式中　h_0——汽轮机新蒸汽初焓，kJ/kg；

　　　h_{fw}——锅炉给水焓，kJ/kg；

　　　D_0——汽轮机总进汽量，kg/h；

　　　D_{r}——再热蒸汽量，kg/h；

　h_{r}、h_{r}'——再热蒸汽热段焓和冷段焓，kJ/kg。

三、汽轮机组反平衡

机组热损失 ΔQ，主要包括凝汽器内的冷源热损失 ΔQ_{c}、加热器散热损失 ΔQ_1、给水泵热损失 ΔQ_2、8 号低压加热器及轴封加热器疏水热损失 ΔQ_3。其计算公式如下：

（1）凝汽器内的冷源热损失 ΔQ_{c}

$$\Delta Q_{\mathrm{c}} = D_0\left[\alpha_{\mathrm{c}}(h_{\mathrm{c}} - h_{\mathrm{wc}}) + \alpha_{\mathrm{XT}}(h_{\mathrm{XT}} - h_{\mathrm{wc}})\right] \tag{2-33}$$

式中　h_{XT}——给水泵汽轮机排汽焓，kJ/kg；

　　　h_{wc}——凝汽器出口水焓，kJ/kg；

　　　α_{XT}——给水泵汽轮机抽汽比率，%；

　　　α_{c}——进入凝汽器凝汽比率，%。

（2）加热器散热损失 ΔQ_1

$$\Delta Q_1 = \frac{D_0(h_{\mathrm{smq}} - h_{\mathrm{wj4}})(1 - \eta_{\mathrm{r}})}{\eta_{\mathrm{r}}} + \frac{D_0\alpha_{\mathrm{fwl}}(h_{\mathrm{wj5}} - h_{\mathrm{wc}})(1 - \eta_{\mathrm{r}})}{\eta_{\mathrm{r}}} \tag{2-34}$$

式中　h_{smq}——进入省煤器的给水焓，kJ/kg；

　　　h_{wj4}——除氧器出口水焓，kJ/kg；

　　　h_{wj5}——第五级加热器出口水焓，kJ/kg；

　　　η_{r}——加热器平均换热效率，取 0.98；

　　　α_{fwl}——进入除氧器的给水比率，%。

（3）给水泵热损失 ΔQ_2

$$\Delta Q_2 = D_{\mathrm{XT}}(h_{\mathrm{j4}} - h_{\mathrm{XT}}) - D_{\mathrm{fw}}(h_{\mathrm{fpc}} - h_{\mathrm{fpj}}) \tag{2-35}$$

式中　h_{fpc}——给水泵出口水焓，kJ/kg；

　　　h_{fpj}——给水泵进口水焓，kJ/kg。

（4）8 号低压加热器及轴封加热器疏水热损失 ΔQ_3

$$\Delta Q_3 = D_0\big[(\alpha_5 + \alpha_6 + \alpha_7 + \alpha_8)(h_{\mathrm{sj8}} - h_{\mathrm{wc}}) + \\ (\alpha_{\mathrm{zqs\_sg}} + \alpha_{\mathrm{lpq\_sg}} + \alpha_{\mathrm{ipq\_sg}} + \alpha_{\mathrm{hpq\_sg}} + \alpha_{\mathrm{hph\_sg}})(h_{\mathrm{szj}} - h_{\mathrm{wc}})\big] \tag{2-36}$$

式中　　　$\alpha_{\mathrm{zqs\_sg}}$——蒸汽室漏至轴封加热器蒸汽的比率，%；

　　　　　$\alpha_{\mathrm{lpq\_sg}}$——低压缸轴封漏至轴封加热器蒸汽的比率，%；

　　　　　$\alpha_{\mathrm{ipq\_sg}}$——中压缸轴封漏至轴封加热器蒸汽的比率，%；

　　　　　$\alpha_{\mathrm{hpq\_sg}}$——高压缸前漏至轴封加热器蒸汽的比率，%；

　　　　　$\alpha_{\mathrm{hph\_sg}}$——高压缸后漏至轴封加热器蒸汽的比率，%；

　α_5、α_6、α_7、α_8——5~8 号低（高）压加热器的抽汽比率，%；

h_{szj}——轴封加热器疏水焓，kJ/kg；

h_{sj8}——8 号低压加热器疏水焓，kJ/kg。

由以上各式，可列反平衡式，得

$$\Delta Q = \Delta Q_c + \Delta Q_1 + \Delta Q_2 + \Delta Q_3 \qquad (2\text{-}37)$$

$$\eta_{ri} = \frac{Q_0 - \Delta Q}{Q_0} \qquad (2\text{-}38)$$

四、影响汽轮机热经济性的主要因素及降耗措施

1. 通流性和汽缸效率

火电厂中汽轮机运行时，通流性对于汽轮机组的蒸汽做功有着直接影响，如果通流性不足，会导致汽缸效率下降。当汽轮机组运行和检修时，能够有效改善其通流面积和蒸汽流量，从而提高汽轮机组汽缸内效率，可以使汽轮机组能耗大大降低。

在大修中做好汽轮机通流部分检查处理，特别是对汽缸接合面进行检查和修复，对保持汽轮机效率非常重要。目前有许多大型汽轮机进行了通流改造，取得了较好的效果。

2. 出力系数

出力系数是汽轮机组运行中的一个关键指标，其直接影响着汽轮机组的能耗。电网运行时，在不同时间段电力负荷会发生较大变化，电力峰谷起伏。而汽轮机组运行过程中需要适应这种波动的电力负荷，过低的出力系数会大大增加汽轮机组的热耗率。

合理调度，保持汽轮机出力是提高机组效率的重要措施。但目前随着调峰任务的加大，机组低出力运行已成常态，需要综合考虑各方面的效益。

3. 蒸汽压力与蒸汽温度

火电厂中汽轮机组运行时，蒸汽压力与蒸汽温度对于其运行效率有着直接影响。一方面蒸汽压力和蒸汽温度影响机组的循环热效率；另一方面蒸汽压力的高低也会影响汽轮机相对内效率及水泵的出力。从经济性角度考虑，汽轮机运行中蒸汽温度越高，机组效率越高，但蒸汽压力并非越高，机组效率就越高，应该通过优化试验确定一条合理的滑压运行曲线。

机组启、停和运行过程中，通过精细调整锅炉燃烧，保持蒸汽压力和蒸汽温度在合理范围内，严格按照优化后的滑压运行曲线操作，对提高机组效率至关重要。

4. 给水温度

机组运行中给水温度越高，机组效率越高。保持给水温度应做好以下两方面工作：

(1) 注意检漏操作。在检查加热器管时，重点检查水室隔板和高压加热器筒体的密封性，特别注意水室隔板的漏点情况，若水室隔板加工焊接质量较差，很容易出现漏点，会影响给水和蒸汽之间的热量交换，使给水温度不能快速提升。若受热面筒体的密封性较差，会导致蒸汽阻塞，大大减少给水热量。为了确保回热系统的稳定、正常运行，应使加热器保持正常水位。

(2) 保持高压加热器的投入率。高压加热器投入率是指汽轮机组滑参数启动和滑参数停机时，对给水温度进行有效、及时地控制。汽轮机组启、停时，及时投入高压加热器，有针对性地进行操作控制，规范操作使用，保持稳定的高压加热器水位。在条件允许的情况下，对高压加热器换热管进行仔细清理，保持干净、清洁，降低换热管积垢区域的热应力和温差热力，防止发生泄漏现象。

5. 凝汽器真空

机组运行中凝汽器真空度越高，机组效率越高。保持凝汽器真空应做好以下几方面工作：

（1）降低冷却水温度。循环水系统运行过程中会受外界因素影响，并且其运行状态对于冷却水温度有着直接影响，若冷却塔设备存在异常问题，使出口温度不断提高，会严重影响其冷却效果。因此为了避免发生这种问题，应安排专门的工作人员定期对冷却塔设备进行维护检查，特别是对水槽填料状态进行准确记录，做好归档登记，一旦出现问题，应做好合理有效的处理。

（2）增强真空系统严密性。为了确保真空系统处于定值状态，应增强真空系统严密性，严格防护真空系统，安排专门工作人员仔细检查凝汽器和真空系统是否存在泄漏问题，一旦发现泄漏问题，及时进行处理解决，确保真空系统的严密性。同时，工作人员应密切注意抽真空系统设备是否正常，结合外部负荷变化情况，合理、及时地调整汽轮机组轴封蒸汽压力，并且严格控制和检验负压系统阀门，防止其发生松动。

真空严密性方面出现问题对机组能耗的影响是直接的，而严密性详细检查治理的投入并不大，火电厂应高度重视此项工作。

（3）清洗冷却面。凝汽器冷却面出现大量污垢时，一方面凝汽器冷却管阻力会大幅度增加，直接影响凝汽器的安全运行；另一方面影响冷却效果，直接影响真空，所以应利用停机的机会仔细清理冷却面。

（4）合理启停循环水泵。汽轮机运行中应保持凝汽器真空处于最佳状态。所谓最佳真空是指在该真空下，机组的经济效益最佳。最佳真空是一个动态变化值，与机组负荷率、环境温度、电价和煤价均有直接关系，可以通过优化试验绘出指导性曲线。机组运行中按指导性曲线合理启、停循环水泵。

为了提高汽轮机组的热经济性，应根据汽轮机组的运行特点和能耗特征，有针对性地采取有效方法和措施，优化汽轮机组的运行方式，并做好设备治理工作。为了提高运行和检修维护人员节能降耗工作的积极性，许多火电厂都开展了行之有效的小指标竞赛。对节能潜力较大的设备还可以进行一些节能改造。

五、全厂热平衡及其热经济指标

（1）机组热损失

$$Q_0 = D_0(h_0 - h_{fw}) + D_{rh}q_{rh} - D_{ma}(h_{fw} - h_{ma}) \tag{2-39}$$

（2）机组电功率

$$P_{el} = P_e \eta_m \eta_g \tag{2-40}$$

（3）机组热耗率

$$q_0 = \frac{Q_0}{P_{el}} \tag{2-41}$$

（4）机组绝对内效率

$$\eta_{ai} = \frac{3600P_e}{Q_0} \tag{2-42}$$

（5）机组热效率

$$\eta_{ael} = \frac{3600}{q_0} \qquad (2\text{-}43)$$

（6）全厂汽轮机热耗率，按平衡期内各台机组发电量加权获得，即

$$q_e = \frac{\sum\limits_{m=1}^{M}(P_{fd} q_{dj})}{\sum\limits_{m=1}^{M} P_{fd}} \qquad (2\text{-}44)$$

式中　q_e——平衡期全厂汽轮机热耗率，kJ/kWh；

　　　M——全厂平衡期内运行汽轮机台数；

　　　P_{fd}——平衡期内某台汽轮机的累计发电量，kWh。

（7）全厂汽轮发电机组热效率，计算公式为

$$\eta_e = \frac{3600}{q_e} \qquad (2\text{-}45)$$

按照火电厂能量平衡导则，火电厂的热经济性指标是用全厂热效率 η_{cp}（或全厂热耗率 q_{cp}）、供电标准煤耗率 b_n^s（g/kWh）来评价的，上述各项指标之间的关系为

$$\eta_{cp} = \eta_{cgl} \eta_{cgd} \eta_{ael} \qquad (2\text{-}46)$$

$$q_{cp} = \frac{3600}{\eta_{cp}} \qquad (2\text{-}47)$$

$$b_n^s = \frac{123}{\eta_{cp}(1 - \lambda_{ap})} \qquad (2\text{-}48)$$

式中　η_{cp}——火电厂全厂热效率；

　　　λ_{ap}——生产厂用电率；

　　　η_{cgl}——火电厂锅炉热效率；

　　　η_{cgd}——火电厂管道热效率。

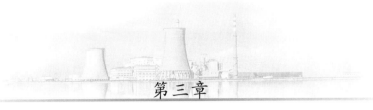

第三章

汽轮机启动、停机及优化与调整

第一节　汽轮机的启动方式及分类

汽轮机的启动和停机是汽轮机运行中的一个重要阶段，它不仅与其本身结构有着密切关系，而且要有一个合理的热力系统与之相配合。根据机组状态的不同，汽轮机的启动可分成不同的启动状态。

研究汽轮机的合理启动方式，就是研究汽轮机合理的加热方式。合理的加热方式就是在汽轮机各部件金属温差、转子与汽缸的相对胀差在允许范围内，不会发生异常振动，不引起摩擦和过大热应力的条件下，以尽可能短的时间完成汽轮机启动的方式。具体地说，根据汽轮机不同的启动状态可决定汽轮机的启动参数、汽轮机启动过程中的暖机时间、汽轮机不同的转速变化率、汽轮机启动过程中应注意的问题。

汽轮机启动方式可按启动过程中新蒸汽参数是否变化、冲转时进汽方式、控制进汽量的阀门，以及启动前汽轮机金属（调节级处高压内缸或转子表面）温度水平或停机小时数进行分类。

一、按启动过程中新蒸汽参数是否变化分类

1. 额定参数启动

在汽轮机启动过程中，电动主汽阀前的新蒸汽参数始终保持额定值。由于冲转参数高，冲转时蒸汽流量小，使汽轮机受热不均，温差大，汽水损失大，启动时间长。因为该启动方式有以上缺点，所以目前只适用于母管制的汽轮机。

2. 滑参数启动

启动过程中电动主汽阀（或自动主汽阀）前的新蒸汽参数随转速、负荷的升高而滑升。对喷嘴配汽的汽轮机，定速后调节阀保持全开，无节流损失；汽轮机启动与锅炉启动同时进行，可以缩短启动时间，且蒸汽与金属的温差较小，流量较大，使汽缸与转子受热均匀，热应力小。因为该启动方式具有以上优点，所以在现代大型机组启动中得到广泛应用。根据冲转前主汽阀前的压力大小，滑参数启动又可分为：

（1）真空法滑参数启动。锅炉点火前，从锅炉出口到汽轮机调节级喷嘴前的所有阀门全部开启，启动抽气器，使整台汽轮机和锅炉汽包都处于真空状态。锅炉点火后，产生的蒸汽冲动转子，此时主汽阀前仍保持真空状态。汽轮机的升速与带负荷，全部由锅炉控制，操作和疏水均困难，蒸汽过热度低，易引起水击现象，安全性较差。因此，该启动方式一般很少采用；但近年来又开始试验，发挥其启动时间短的优势。

（2）压力法滑参数启动。冲转时主汽阀前蒸汽具有一定的压力（$p_0 > 1\text{MPa}$）和一定的过热度（$50℃$以上），在冲转和升速过程中逐渐开大调节汽阀增加进汽量。利用调节汽阀控制转速，并网后，全开调节汽阀，随着新蒸汽参数的提高，逐渐增加负荷。当主蒸汽参数升

到额定值时，汽轮机的功率也随之达到额定值。但从既要减慢升温速度，又能缩短启动时间的角度出发，最好采用在汽轮机达到额定功率之后再使蒸汽温度升到额定值的运行方案。目前热态、冷态滑参数启动广泛采用这种方法。

二、按冲转时进汽方式分类

1. 高、中压缸联合启动

汽轮机启动时，蒸汽同时进入高压缸和中压缸并冲动转子的方式称为高、中压缸联合启动。此种启动方式虽然简单，但因冲转前再热蒸汽参数低于主蒸汽参数，中压缸及转子的温升速度减慢，汽缸膨胀迟缓，故延长了启动时间。对高、中压缸合缸的机组，可使分缸处加热均匀，减少热应力。

2. 中压缸启动

汽轮机启动时，关闭高压调节汽阀，开启中压调节汽阀，利用高、低压旁路系统，先从中压缸进汽冲转，待转速升到一定转速（2000～2500r/min）或升到一定负荷（5%～7%额定负荷）后才逐渐开启高压进汽阀门，使高压缸进汽。这种启动方式可排除高压缸胀差的干扰；启动初期只有中压缸进汽，中压缸可全周进汽；允许负荷变化大而温度变化率与热应力变化较小，故能适应电网调频的要求。为了缩短启动时间，在冷态启动开始时，可打开高压缸排汽止回阀，引入蒸汽进行暖缸；但如果控制不当，高压缸容易产生较大胀差，且高压缸鼓风摩擦损失大，需设旁路阀根据情况进行冷却。

三、按控制进汽量的阀门分类

1. 调节汽阀启动

汽轮机启动时，电动主汽阀和自动主汽阀全部开启，进汽量由调节汽阀控制，可减少蒸汽的节流；但冲转时只有部分调节汽阀开启，蒸汽只通过汽缸某些弧段，易使汽缸受热不均。该启动方式多用于滑参数启动。

2. 自动主汽阀或电动主汽阀（或旁路阀）启动

汽轮机启动前，调节汽阀全开，进汽量由自动主汽阀和电动主汽阀（或旁路阀）控制。该启动方式使汽缸在圆周方向受热均匀；但由于自动主汽阀频繁启动，易造成关闭不严，目前多用于额定参数启动。

四、按启动前汽轮机金属（调节级处高压内缸或转子表面）温度水平或停机小时数分类

（1）冷态启动。金属温度低于150～180℃（或停机一周及以上）。

（2）温态启动。金属温度在180～350℃（或停机48h）。

（3）热态启动。金属温度在350～450℃（或停机8h）。

（4）极热态启动。金属温度在450℃以上（或停机2h）。

高、中压缸联合启动时按调节级处金属温度划分；中压缸启动时按中压第一压力级处金属温度划分。对于不同的机组，具体划分温度有所不同，应按制造厂的规定进行。表3-1为东方汽轮机厂（简称东汽）和上海汽轮机厂（简称上汽）1000MW机组按汽缸温度划分的启动方式。

表 3-1　　　　　　　　东汽和上汽 1000MW 机组按汽缸温度划分的启动方式

生产厂家	测点位置	冷态启动Ⅰ	冷态启动Ⅱ	温态启动	热态启动	极热态启动
东汽	调节级内缸壁温	<50	<320	320~420	420~445	>445
上汽	调节级金属温度	<50	50~150	150~400	400~540	>540
	中压第一级金属温度	<50	50~150	150~260	260~410	>410

表 3-1 中，冷态启动Ⅰ和冷态启动Ⅱ的区别在于冷态启动Ⅰ的汽缸温度更低一些。在实际现场，达到冷态启动Ⅰ条件的一般为机组长期停运后的再次启动，因为汽缸温度更低一些，所以启动参数的选择比冷态启动Ⅱ略有不同，主要为再热蒸汽温度相比冷态启动Ⅱ要低一些，以进一步减小中压缸进汽与汽缸之间的温差，减小热应力；而主蒸汽参数因为考虑转子冲动、过临界及并网等因素，冷态启动Ⅰ和冷态启动Ⅱ相同。

由于各国的汽轮机结构和运行经验不同，其所采用的启动方式也各不相同。例如，日本较多采用中参数启动；德国多采用滑参数高、中压缸联合启动；法国较多采用中参数中压缸启动。一台汽轮机采用何种启动方式，应根据汽轮机的结构和运行经验确定。对于中间再热机组，我国广泛采用滑参数压力法、高/中压缸同时进汽的启动方式，启动控制则采用主汽阀（或旁路阀）、全周进汽方式，但目前 600MW 级以上机组也多有采用中压缸启动方式的。

第二节　汽轮机高、中压缸联合启动

汽轮机转子从静止或盘车状态加速至额定转速，并将负荷逐步地加到额定值的过程称为汽轮机的启动。汽轮机的启动过程是蒸汽向金属传递热量的复杂换热过程。在此过程中，汽轮机各金属部件从室温和大气压的状态转变到与汽轮机额定蒸汽压力和温度所对应的热力状态。

一、冷态启动

冷态启动是汽轮机各种启动中最重要的启动，是汽轮机最大的动态过程。在冷态启动过程中，汽轮机从冷状态到热状态、从静止到额定转速、从空负荷到满负荷，各种参数的变化最大，运行人员的操作最多，需要掌握好很多关键问题，不仅关系到汽轮机组的安全，而且关系到汽轮机组转子的寿命，所以应给予极大的重视。

（一）启动过程

1. 启动前的准备工作

启动前的准备工作是为汽轮机启动冲转准备条件，其主要工作是检查设备和系统、进行必要的试验、测取机组初始状态参数、启动辅助设备、投入各种辅助系统。各种检查应符合操作规程的要求。

（1）检查设备和系统。在接到机组准备启动的命令后，首先要对机组范围内的设备、系统和各种监测仪表进行仔细检查，确认现场一切维护检查工作结束、设备和系统完好、仪表齐全、各阀门开关位置正确。通知热工和电气部门送电，投入监测仪表和自动控制装置，以及保护、联锁和热工信号系统。记录汽轮机转子轴向位移、相对胀差和汽缸膨胀量及各测点金属温度的初始值。证实机组的主、辅设备和各系统均处于备用状态，可以投入运行。

（2）投入冷却水系统。机组的凝汽器、冷油器和发电机的冷却都需要冷却水。对于单元制机组，需要先启动一台循环水泵（另一台处于备用）供水。在向冷却系统通水时，要打开相应设备的排气阀，在充水的同时，排出系统内的空气。排气阀设在系统或冷却器的最高点，当排气阀冒水时，证明系统已充满水，可关闭排气阀，缓开相应的出水阀，冷却水在系统内循环流动。系统排出空气后，一方面在运行中可以利用系统内水流向上和向下流动的虹吸作用，减少静压力产生的流动阻力；另一方面可避免水流带气，改善冷却器的换热条件。

（3）向凝汽器和闭式循环冷却水系统注入化学水补水。要求化学水处理车间提前准备足够的符合要求的化学水补水；启动补水泵向凝汽器补水，使其热井水位达到要求值。对于采用闭式循环冷却水系统的大型机组，同时向闭式循环冷却水系统注入化学水补水，启动闭式循环冷却水泵。向闭式循环冷却水系统注水时，也要打开相应设备的排气阀，排出系统内的空气。

（4）启动供油系统和投入盘车设备。为防止转子受热不均，在蒸汽有可能进入汽轮机的情况下，必须投入盘车设备，进行连续盘车。而为了减小盘车功率，防止轴承磨损，在投入盘车前必须启动润滑油供油系统，向轴承供油。此时启动交流润滑油泵向系统充油，进行油循环并进行低油压保护的联动试验，试验后直流事故油泵处于备用状态。油循环的作用是冲洗油系统，排出空气、调节油温。当油温、油压正常后，启动发电机的密封油泵，向发电机充氢。盘车装置投入后，应测取转子偏心度（晃度）的初始值，其变化应小于 0.02mm，并检查汽轮机动、静部分有无摩擦。

（5）除氧器投入运行。对于单元机组，长时间停机就要停炉，除氧器也要停止运行。因此汽轮机启动之前，要使除氧器投入运行，以便向锅炉供水，保证锅炉点火升压，为冲转准备参数符合要求的蒸汽。

（6）排除启动前机组存在的禁止条件，例如：

1）任一操作子系统失去人机对话功能；

2）火电厂保护系统主要功能失去；

3）DEH（汽轮机数字电液调节系统）控制装置工作不正常，影响机组启动或正常运行；

4）高、低压旁路系统工作不正常，影响机组启动或正常运行；

5）调节装置失灵，影响机组启动或正常运行；

6）TSI（热工仪表检测系统）工作不正常，影响机组启动或正常运行；

7）高/中压主汽阀、调节汽阀或抽汽止回阀卡涩；

8）润滑油系统任一油泵或 EHC（抗燃油）高压油泵不正常；

9）主机转子偏心度大于报警值；

10）汽轮发电机组转动部分有明显摩擦声；

11）润滑油油质不合格或主油箱油位低报警；

12）EHC 油泵油位低或油质不合格；

13）汽轮机汽缸上、下缸温差超限；

14）危急保安器充油试验不合格。

2. 轴封供汽

汽轮机冲转前要在凝汽器内建立比较高的真空度，必须向轴封供汽，以防止空气经轴封漏入汽缸。对于大、中型机组,其轴封漏汽是经轴封冷却器后,由轴封风机抽出,而轴封冷却器采用主凝结水冷却,因此在轴封供汽、启动轴封风机之前,应投入凝结水系统。由于凝汽器热井已注水,可启动凝结水泵,打开凝结水再循环阀,进行凝结水再循环。若轴封冷却器和低压加热器水侧无水,则启动凝结水泵后,先向其水侧注水(同时打开其水侧放气阀)。此时要在压力较高的低压加热器出口取样,对水质进行分析。若水质不合格,则打开低压加热器的冲洗阀,对凝结水系统进行冲洗,直至水质合格。

打开厂用蒸汽母管与轴封供汽联箱的联络阀,逐步升压暖管。待管内压力合格后,投入轴封供汽压力调节器。启动轴封风机,打开供汽阀,向轴封供汽。启动真空泵,使凝汽器建立真空。打开各加热器的空气阀,利用凝汽器的真空度,抽出各加热器汽侧的空气至凝汽器。

有的机组明确规定,在盘车状态下即可通过轴封向汽轮机供汽进行暖机,而有的机组则不允许过早地向轴封供汽,以免在汽轮机冲转前转子与汽缸有过大的胀差,冲动后胀差无法控制。对于大容量机组,由于转子较长,胀差控制复杂,同时为了控制上、下缸的温差,一般不宜过早地向轴封供汽。

3. 盘车预暖

为了避免汽轮机启动时产生热冲击,减少转子的寿命损耗,防止转子脆性断裂,要求进入汽轮机的蒸汽温度与汽缸、转子金属温度相匹配,即温差要合理。为此,有些大容量汽轮机采用盘车预暖的方式,即在盘车状态下通入蒸汽或热空气,预暖汽轮机转子、汽缸金属部件,使金属温度尽量升高到 FATT(脆性转变温度)以上。采用盘车预暖后,金属温度状态得以改善,启动热应力减小,并由于预暖后转子和汽缸的温度都比较高,故根据情况可缩短或取消中速暖机。一般盘车预暖在锅炉点火以前进行,用辅助蒸汽进行预热,因而可以缩短启动时间。

4. 冲转、升速、暖机

(1) 冲转。在蒸汽参数达到汽轮机冲转参数的要求,并满足汽轮机设备冲转的条件下,可以冲动汽轮机转子。当锅炉参数达到要求,汽轮机各项指标符合冲转条件时,准备冲转汽轮机。高压缸冲转时有调节汽阀冲转、自动主汽阀冲转、电动主汽阀旁路阀冲转三种方式。

目前超临界大型机组普遍采用调节汽阀进行冲转,即在自动主汽阀全开的情况下,用调节汽阀来控制冲转、升速、升负荷。这种方式可以减少对蒸汽的节流,但冲转时只有部分调节汽阀开启,易使汽缸受热不均,各部位温差较大。其优点是启动过程中都用调节汽阀控制,操作方便灵活。

转子冲动后,应关闭调节汽阀(转子不能静止),在无蒸汽流动的情况下,用听针或其他专用设备检查汽缸内部有无动、静部分摩擦。摩擦检查的目标转速选定为 200r/min,升速率选定为 100r/min²,高压主汽阀开启。当转速达到约 200r/min 时,按下"关全阀"按钮,关闭除中压主汽阀以外的所有阀门,可避免升速太快,并且蒸汽流动噪声已消失,便于汽轮机运转声音的传出,仔细倾听有无摩擦声。在此期间,机组不允许停转,确认无异常情况后,重新开启调节汽阀,维持在 400~600r/min 转速下,对汽轮机组进行全面检查。

(2) 升速。低速检查结束后,以 100~150r/min² 的升速率,将汽轮机转速升高到中速(1100~1200r/min),在此转速下停留并进行中速暖机。中速暖机时,要注意避开临界转速,防止落入共振区而引起强烈振动。

中速暖机结束后，继续提升转速通过临界转速时，要迅速而平稳地通过，切忌在临界转速下停留，以免造成强烈振动；但也不能升速过快，以致转速失控，造成设备损坏。

升速过程中，由于转子温度的升高和轴瓦的摩擦发热，润滑油温会逐渐升高，当油温达到 45℃时，应开启冷油器水阀，投入冷油器并维持油温在 40～50℃。但在投入冷油器时，要注意油温的变化，切不可造成油温大幅度波动，影响转子转动的稳定性。

在升速过程中，金属的温度和膨胀量均要增加，所以仍需严格控制和监视，应注意以下几个问题：

1）升速率。一般启动过程的升速率是根据蒸汽与金属温度之间的匹配情况来加以区别对待的，也就是说蒸汽与金属的温差不同，所选用的升速率也不同。

2）在升速过程中，应监测各轴承的振动值，并与以往启动时的振动值比较，如有异常应查明原因处理，有问题时严禁硬闯临界转速。

3）对于采用液压调节系统的机组，当转速接近 2800r/min 时，注意调速系统动作是否正常，应对汽轮机调节系统及保安系统进行静特性试验；还应检查主油泵是否投入工作，并进行发电机升压的准备工作。在 3000r/min 时，根据汽轮机各状态参数，决定是否立即并网。

4）定速后，根据金属温度及温差、胀差、振动情况来决定是否进行额定转速暖机。

（3）暖机。暖机的目的是防止材料脆性破坏和过大的热应力。中速暖机主要是提高转子的温度，以防止低温脆性破坏。这时由于蒸汽对转子的放热系数较小，热应力还不是主要问题，在提高转子温度的过程中，若暖机转速控制得太低，则放热系数小，温度上升过慢，延长了启动时间；若暖机转速控制得太高，则会因离心力过大而带来脆性破坏的危险。因此，在确定暖机转速时，要两者兼顾，同时还应考虑避开转子的临界转速。

暖机时应注意如下问题：

1）暖机转速应避开临界转速，大型汽轮机组轴系长、转子较多、临界转速也比较分散，往往找不到合适的高速暖机的转速。所以通常是在中速暖机之后，以 100～150r/min/min 的速率升速至额定转速。

2）在大型反动式汽轮机中暖机的主要目的是提高高、中压转子的温度，防止其脆性破坏。暖机转速一般在 2/3 额定转速，即 2000r/min 左右，其蒸汽流量为额定转速时的 1/3～1/4，应力约为额定转速时的 1/2。如暖机转速太高，则会因离心应力过高而带来危险。

3）暖机结束后，应检查汽缸总膨胀和中压缸膨胀的情况，并检查记录各处的胀差值。如膨胀不足，应查明原因并及时解决，以免在继续升速过程中出现振动。

4）对于自启动的汽轮机，暖机时间应根据实际的热应力和金属温度等情况实时确定。对于没有自启动的汽轮机，暖机时间应根据运行规程的规定执行。图 3-1 给出了某机组根据高压调节级金属初始温度或者中压静叶持环的金属初始温度来决定暖机时间的曲线。

5. 并网、带负荷

（1）并网。汽轮机转速达到额定转速后，经检查确认设备正常，完成了规定的试验项目，即可进行发电机的并网操作。并网操作采用准同期法，要严格防止非同期并列。

发电机与系统并网时的要求有：①主开关合闸时没有冲击电流；②并网后能保持稳定的同步运行。

要满足上述要求，准同期并网时必须满足三个条件，即发电机与系统的电压相等、电压

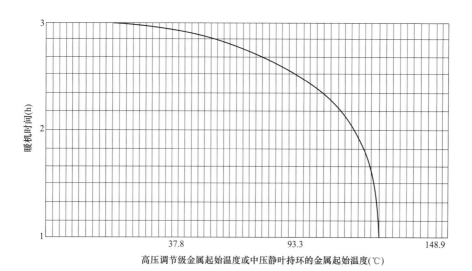

图 3-1 暖机曲线

相位一致、频率相等。如果电压不相等，其后果是并列后发电机与系统间有无功性质的冲击电流出现。如果电压相位不一致，则可能产生很大的冲击电流，使发电机烧毁或发电机端部受到巨大电动力作用而损坏。如频率不相等，则会产生拍振电压和拍振电流，将在发电机轴上产生力矩，从而发生机械振动，甚至使发电机并入电网时不能同步。准同期法并网的优点是发电机没有冲击电流，对电力系统也没有影响。

为了达到并网条件，在发电机并网前要通过调整发电机转子的励磁电流，改变转子的磁场强度，达到调整其输出电压的目的；通过调整汽轮机的转速使发电机输出电压的频率与电网频率相等。而发电机输出电压的相位与电网三相电压相位相对应，则要通过两者频率的微小差值，逐渐缩小对应相位的相位差值来实现。

现代汽轮机组均配有自动同期装置，它根据电网电压自动调整励磁电流，使发电机组与电网之间隔离开关的两侧电压相等；同时向汽轮机发出转速控制信号，使其转速在（3000±10～30）r/min 的范围内周期性变化。当发电机输出三相电压的相位与电网电压的相位相对应时，自动控制隔离开关闭合，实现机组自动同期并网。为了防止机组并网时出现逆功率工况（发电机从电网吸收功率，变为电动机运行），机组并网后应立即带初始负荷。汽轮机冷态启动时，初始负荷通常为机组额定功率的 5% 左右。

（2）初负荷暖机。汽轮机在额定转速时的蒸汽流量为额定负荷下蒸汽流量的 4%～5%。与定速暖机相比，并网后由于蒸汽流量增大，调节级压力也上升；此时蒸汽对转子、汽缸的放热系数比定速暖机时大得多。同时，随着蒸汽流量的增大，锅炉蒸汽温度的上升，传给转子、汽缸的热量也增多。热量增多和放热系数增大使转子、汽缸的温差增加，此时最容易出现较大的金属温差及胀差。所以机组并列后，还需带一段时间的初负荷，进一步进行暖机，称为初负荷暖机。它的作用也是为了防止汽缸、转子热应力过大。初负荷暖机的负荷值是根据蒸汽和金属温度的匹配情况来决定的，失配值越大，暖机负荷值越小，时间越长。

从并网到初负荷暖机，时间要适当控制，锅炉燃烧率尽量保持不变，逐渐开大调节汽阀加负荷。随着调节汽阀的开大，部分进汽量逐渐加大，调节级蒸汽温度上升，高压缸胀差正值增加得很快，因此增加进汽量的操作要缓慢，调节级蒸汽温度上升率控制在 1～1.5℃/

min 为宜。

在初负荷暖机阶段，除严格控制蒸汽温度变化率和金属温差外，还要监视胀差和振动的变化，如发现胀差、振动过大，应延长暖机时间。同时，还可以采取调整真空和增大法兰加热装置的进汽量等方法进行调整。

（3）升负荷。汽轮机冷态启动的升负荷过程，是金属部件被加热的主要阶段。通过控制升负荷率来控制金属部件的温升速度及其内部的温差，从而控制汽缸和转子的热应力和相对胀差。对于冷态启动，在低负荷区，升负荷率控制在每分钟负荷增加额定值的 0.5%～0.8%；在中等负荷区，升负荷率控制在每分钟负荷增加额定值的 0.6%～1.0%；在高负荷区，升负荷率控制在每分钟负荷增加额定值的 0.8%～1.2%。在滑参数升负荷阶段，升负荷率主要取决于主蒸汽的升压速度，通常控制升压速度为每分钟升高额定压力的 1% 左右。金属的温升速度和内部温差，除了取决于升负荷速度之外，还与主蒸汽的温升速度有关。一般在半负荷以下，蒸汽的温升速度为 1～2℃/min；半负荷以上为 0.5～1℃/min，以保证汽缸内、外壁温差不大于 35～50℃，汽缸法兰内、外不大于 80～100℃，相对胀差不大于允许值。根据汽缸内、外壁温差和相对胀差的情况，在低负荷和中负荷阶段适当安排暖机，暖机时间一般为 30～60min，以使金属部件内部温差相应减小。在暖机过程中，若汽缸内、外壁温差和相对胀差基本稳定，可以结束暖机继续升负荷。在保证各项指标都满足要求的条件下，一直把负荷升至满负荷。

（二）滑参数启动的特点

滑参数启动与额定参数启动相比有以下优缺点：

（1）额定参数启动时，锅炉点火升压至蒸汽参数到额定值，一般需要 2～5h，达到额定参数后方可进汽暖管，而后汽轮机冲转并要分阶段暖机，以减小热冲击。而采用滑参数启动时，锅炉点火后，就可以用低参数蒸汽预热汽轮机和锅炉间的管道，锅炉升温、升压至一定值后，汽轮机就可冲转、升速和接带负荷。随着锅炉参数的提高，机组负荷不断增加，直至带到额定负荷，这样可缩短机组启动时间，提高机组的机动性。

（2）滑参数启动时，用较低参数的蒸汽加热管道和汽轮机金属，加热温差小，金属内温度梯度也小，使热应力减小；另外，由于低参数蒸汽在启动时，蒸汽流量大、流速高，放热系数也就大，即滑参数启动可在较小的热冲击下得到较大的金属加热速度，从而改善了机组的加热条件。

（3）滑参数启动时，蒸汽流量大，可较方便地控制和调节汽轮机的转速与负荷，且不致造成金属温差超限。

（4）随着蒸汽参数的提高和机组容量的增大，额定参数启动时，工质和热量的损失相当可观。而滑参数启动时，锅炉排汽、排水少，大大减少了工质的损失，提高了热经济性。

（5）滑参数启动升速和接带负荷时，可做到调节汽阀全开进行全周进汽，使汽轮机加热均匀，缓和了高温区金属部件的温差和热应力。

（6）滑参数启动时，通过汽轮机的蒸汽流量大，可有效地冷却低压段，使排汽温度不致升高，有利于排汽缸的正常工作。

（7）滑参数启动时，可事先做好系统的准备工作，使启动操作大为简化，各项限额指标也容易控制，从而可减小启动中发生事故的可能性，为机组的自动化和程序启动创造了条件。

总之，滑参数启动时，蒸汽参数的变化与金属温升是相对应的，反映了机组启动时金属加热的固有规律，能较好地满足安全和经济两方面的要求。

（三）冷态启动的注意事项

1. 控制热应力

冷态启动时，汽轮机的各部件都从常温逐渐加热到工作温度，在加热过程中，温度变化最大，既要控制好热应力，又要尽可能地缩短启动时间，最大限度地发挥其效益。为了控制热应力，运行人员必须掌握好锅炉出口参数与汽轮机金属温度最佳匹配，严格按照规定的步骤和冲转参数进行启动，如控制好锅炉燃油的流量和时间、磨煤机的投运时间等。另外，应按照规定，严格控制升速率和升负荷率。

在高、中压缸联合启动时，中压转子的热应力比高压转子的热应力更加难以控制。因为在升速过程中所需的蒸汽流量很小，大部分的焓降都落在调节级上，中压缸所需的蒸汽量很小，中压调节汽阀开度也很小。汽轮机冲转以后，随着转速的升高，高压转子的温度上升很快，但中压转子的温度基本上不上升，直到转速升高到大约接近额定转速时，中压转子的温度才开始上升。而发电机并网以后，汽轮机所需的蒸汽量大大增加，中压转子的温度上升很快，此时中压转子的热应力较大，限制了整个机组升负荷的速度，因此应控制好再热蒸汽温度与中压转子温度的匹配并加强低负荷暖机。

2. 控制高压缸排汽温度

大容量、超临界参数、具有旁路系统的汽轮机组，在冷态启动过程中，由于再热器压力高，高压缸排汽止回阀经常打不开，高压缸蒸汽流量很小，大量的鼓风摩擦生热使高压缸排汽温度非常容易升高。据国外资料，采用旁路系统的汽轮机在启动过程中经常会出现高压缸排汽温度高，有的甚至出现高压缸排汽温度大于600℃的故障。调整高压缸的进汽量、限制负荷变化速度等，都可以起到控制高压缸排汽温度的作用。自动控制的机组，当高压缸排汽温度升高到限制值时，将会自动限制负荷变化速度。

3. 冷态启动曲线

冷态启动曲线反映了机组在启动过程中蒸汽初参数、真空度、金属温度、转速、负荷等与启动时间的关系。从该曲线上可以获得启动的很多重要信息，包括冲转参数、启动时间、暖机转速、暖机次数、暖机时间、升速率、升负荷率、临界转速、蒸汽与金属温度的匹配状况等。机组每次启动时都要严格按冷态启动曲线进行，冷态启动曲线的获得一般有制造厂提供、同类机组借鉴、机组运行稳定后的试验三种途径（见图3-2）。

（四）冷态滑参数启动冲转参数的选择

合理的启动参数应使工质所具有的能量，能够使机组迅速通过临界转速，顺利到达暖机转速或暖机负荷；启动参数应使高、中压缸第一级蒸汽温度接近期望值，从而获得较合适的传热系数和传热温差。选择汽轮机冲转参数时主要考虑冲转蒸汽参数与金属温度的匹配情况。启动参数的选择关系到汽轮机的安全，启动温度太高，会使蒸汽与金属部件，尤其是较冷部件（主汽阀、调节汽阀和导汽管）的温差增大，温升率升高。热态启动时，蒸汽温度不当，启动后会使汽缸温度剧烈冷却，转子发生明显负胀差。这些都与蒸汽换热系数有关。

蒸汽参数变化受调节汽阀节流程度的影响，所以主蒸汽参数应该是指进入汽轮机时的参数值。当冷态启动时，开始蒸汽与较冷的壁面接触，发生凝结换热。此时，凝结换热系数较大，约为6000W/(m²·K)，金属被剧烈加热，温升率较大。一旦壁面形成水膜后，因水膜

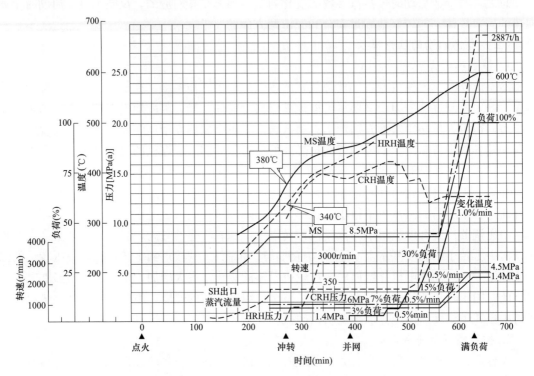

图 3-2　1000MW 机组典型冷态启动曲线

MS—主蒸汽；HRH—热段再热蒸汽；CRH—冷段再热蒸汽；SH—过热器

热阻较大，凝结换热减缓。当蒸汽压力为饱和压力时，在饱和温度下进行对流换热，此时换热系数的大小取决于饱和温度值，在高参数下，换热系数大，热交换较强烈。同等速度的高压过热蒸汽和湿蒸汽的换热系数较大，前者为 $1700\sim2300\text{W}/(\text{m}^2\cdot\text{K})$，后者约为 $3500\text{W}/(\text{m}^2\cdot\text{K})$；而低压稍有过热度的蒸汽，其换热系数较小，在相同条件下，仅为高压过热蒸汽的 $1/10$。可见，低压稍有过热度的蒸汽的温度水平对汽轮机部件的加热较安全。汽轮机启动后，在开始加负荷阶段随着蒸汽流量的增加，温升率也随之增加。新蒸汽参数选择低有利于减少蒸汽对汽轮机部件的热冲击和热应力，同时在保持相同转速下所需的蒸汽流量会增加。这对高、中压缸的均匀加热和带走低压缸内在空负荷运行时因鼓风摩擦损失而产生的热量都是有利的。上述条件确定了选择进入汽轮机前的蒸汽温度的界限。所以，汽轮机冲转时，为了避免过大的热应力，一般采用低压微过热蒸汽。

　　汽轮机启动时应使蒸汽参数与蒸汽温度相匹配，注意转子内部热应力的分布，随时调整升速率，使热应力尽可能地减小，避免过大的热冲击。一般要求，在汽轮机启动时尽量使蒸汽参数与金属温度正匹配，即蒸汽在经过主汽阀、调节阀节流，再经过高压缸的调节级或中压缸第一级温降后的温度仍稍高于当时的转子表面温度。汽轮机转子表面温度在高出一定数值的情况下的启动称为正温度匹配启动。正温度匹配温差一般取 $50℃$。

　　中压缸前再热蒸汽温度较低，但必须有一定的过热度。由于有些机组一、二级旁路的开度有时不一致，再热器压力提高后使蒸汽带水，引起机组振动，因此再热蒸汽温度也不能很低，而且要保持 $50℃$ 的过热度。

在汽轮机启动时要建立真空，启动真空是十分重要的。汽轮机空负荷运行时，要求的真空很高，带上50％的负荷后，要求的真空可以低一些，而且要求的真空与再热蒸汽温度有关。再热蒸汽温度高，要求的真空也高，主要考虑尽量减少低压缸叶片的鼓风摩擦损失及更有利于带走所产生的热量，防止末级及次末级等叶片的过热。真空过低，汽轮机冲转时会有大量蒸汽进入汽轮机，可能使凝汽器内出现正压，造成真空破坏并向大气排出蒸汽，或造成铜管膨胀，严重时使胀口松脱而漏水。如果真空过高，建立真空需要一定的时间，且在相同的转速下，蒸汽流量比低真空时要小，真空过高可延长暖机时间，增加启动时间。因此应选择好冲转时的真空，一般取 $72\sim73.3$ kPa 较为适宜。

二、热态启动

1. 热态启动的条件

热态启动前应满足以下条件：

（1）上、下缸温差应在允许范围内。

（2）大轴晃度不允许超过规定值。大轴晃度是监视转子弯曲的一项重要指标，转子没有残余热挠曲是汽轮机热态启动的关键条件；热态启动时，汽轮机会很快升到额定转速，所以不能期待在升速过程中矫正转子的残余热挠曲。因此，汽轮机热态启动前必须检查确认转子没有热挠曲，即大轴晃度不超限。

（3）主蒸汽温度和再热蒸汽温度，应分别高于对应的汽缸内壁金属温度50℃以上。

（4）润滑油温度不低于30℃，应控制在40℃左右。

（5）胀差应在允许范围内。

2. 热态启动的特点

（1）交变热应力。在热态启动过程中，转子表面热应力可由两个阶段组成，即冷冲击产生的拉应力阶段和加热过程产生的压应力阶段。机组热态启动时，转子金属的初始温度较高，而新蒸汽进入调节级后，蒸汽温度将有一定幅度的降落，因而蒸汽温度低于转子的表面温度会使转子表面受到冷冲击，产生冲击拉应力。当机组启动至一定负荷后，调节级蒸汽温度开始增长至与转子温度同步，此后转子由冷却过程逐渐变为加热过程，表面的热应力由热拉应力转变为热压应力，转变点的工况与转子的初始温度有关。在机组整个热态启、停过程中，转子表面多次承受拉、压应力，在这种交变热应力的作用下，经过一定周次的循环，就会在金属表面出现疲劳裂纹并逐渐扩展，以致断裂。

（2）高温轴封汽源。机组热态启动前，盘车装置连续运行，先向轴封供汽，后抽真空，再通知锅炉点火。因为汽轮机在热态下，高压转子前后轴封和中压转子前轴封金属温度均较高，仅比调节级后温度低 $30\sim50$ ℃。如果不先向轴封供汽就开始抽真空，则大量的冷空气将从轴封段被吸入汽缸内，使轴封段转子受到冷却而收缩，胀差负值增大，甚至超过允许值。另外，还会使轴封套内壁冷却产生松动及变形，缩小了径向间隙。因此，机组热态启动时要先向轴封供汽后再抽真空，以防冷空气漏入汽缸内。轴封汽源投入时要仔细地进行暖管疏水，切换汽源时要缓慢，防止蒸汽温度骤变。

（3）控制热弯曲。在汽轮机运行时，转子旋转带动蒸汽流旋转，保证转子周围受热或冷却均匀；但停机后转子不转（停止盘车），由于上、下缸温差，使缸内热流不对称，或向轴封送汽，使转子产生热弯曲，甚至会造成通流部分动静摩擦。转子的弯曲程度可通过测量其晃度来监测，并作为一个重要监视指标。如启动前转子晃度超过规定值，应延长盘车时间，消除转子热弯曲后才能启动。

机组热态启动时，上、下缸温差也是重要的考虑因素，它会使汽缸发生弯曲、变形翘曲、上、下缸轴向发生不同膨胀等。据估算，上、下缸温差每变化10℃将使汽缸翘曲0.08～0.13mm。

（4）启动速度快。由于热态启动时汽轮机各部分金属温度比较高，因此应掌握好启动的速度。热态启动的原则是尽快地升速、并网、带负荷至汽缸温度对应的负荷，以防止汽轮机出现冷却，所以热态启动的全过程时间应比冷态启动快得多。一般从盘车转速升到3000r/min，只需10min。另外，利用旁路系统，可以在较短的时间内把主蒸汽温度和再热蒸汽温度升高到汽轮机热态启动所需要的温度值，能够较快、较容易地实现锅炉出口蒸汽温度与汽轮机金属温度的匹配。

（5）胀差的变化控制。见本章第五节。

（6）启动曲线。热态启动曲线可以按照冷态启动曲线，根据实际的热状态，找出热态启动的初始负荷，即在冷态启动曲线上找出与之相对应的工况点。例如，有的机组启动工况点定为高压缸上缸内壁的某特定金属温度，与温度相对应的负荷就作为热态启动的初始负荷。与这一点相对应的蒸汽参数，即为冲转参数；也可以采用专门给出的热态启动曲线（见图3-3）。

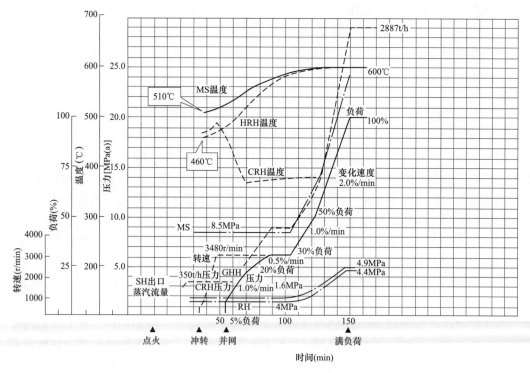

图3-3　1000MW机组典型热态启动曲线（停机8h）
MS—主蒸汽；HRH—热段再热蒸汽；CRH—冷段再热蒸汽；SH—过热器

实际上，可以根据高压缸调节级金属温度在热态启动曲线上确定汽轮机冲转参数、初始负荷（是指高压缸调节级蒸汽温度与其金属温度不匹配度低于精确匹配线以下所确定的最低负荷）、5％额定负荷保持时间、升速率（注意：汽轮机高压缸调节级蒸汽温度与其金属温度

的不匹配度须在 −56～111℃）。

（7）热态启动对于蒸汽参数的要求高。汽轮机热态启动时对主蒸汽参数也有一定的要求，主蒸汽温度应高于金属温度，即高于高压缸调节级汽室和中压缸进汽室的温度，否则蒸汽将对金属起冷却作用，而在升速加负荷时又起加热作用，这将发生低周交变应力，缩短机组寿命。因为再热器布置在低温烟气区，而且烟气流速较低，所以再热蒸汽温度在汽轮机热态启动时其升高速度往往比主蒸汽温度慢。汽轮机热态启动时，要求再热蒸汽温度与金属温度相适应，而且要求有 50℃ 的过热度，这就要求主蒸汽温度更高一些。

确定主蒸汽温度的原则是：进入汽轮机高压主汽阀和高压调节汽阀后的蒸汽温度应该比汽轮机进口处的转子金属温度高至少 20℃，并保证有 20℃ 以上的过热度；进入中压缸的再热蒸汽温度要比中压缸进口处的转子金属温度至少高 20℃ 以上，并保证有 20℃ 以上的过热度，以此来保证蒸汽对高、中压转子进行加热，而不是冷却。

第三节　汽轮机中压缸启动

现代超（超）临界机组为火力发电主力机组，锅炉均采用超（超）临界直流锅炉，该锅炉因为没有汽包且散热面积大，所以热惯性比汽轮机小得多，停炉冷却比汽轮机快。因此，机组短期停机再启动时，锅炉的温度低于汽轮机的金属温度。而机组再次启动时，锅炉升温、升压需要一定的时间，如果等到锅炉升到需要的主蒸汽温度再启动汽轮机，则延长了机组启动时间，影响机组快速启动。虽然利用旁路系统可以提高主蒸汽温度与再热蒸汽温度，但旁路容量限制了机组热态启动的速度。尤其是低压旁路需采用大口径管道与阀门，制造工艺和成本均受限制，因此出现了采用中压缸送汽的启动方式，即中压缸启动。

在汽轮机启动初期高压缸不进汽，由中压缸进汽冲车，机组带到一定负荷后，再切换到常规的高、中压缸联合进汽方式，直到机组带满负荷，这种启动方式称为中压缸启动。中压缸启动过程中，进行切换进汽方式的操作称为切缸或倒缸操作，有些机组不是在带负荷后切换启动方式，而只是在机组中速暖机后，即切换成高、中压缸联合进汽方式，这种方式也称中压缸启动方式，其目的是满足机组快速启动的要求。

在机组启动前、锅炉点火后，再热蒸汽压力达到一定值后开启高压缸倒暖阀（或用辅助蒸汽）对高压缸进行预暖，当再热蒸汽达到预定的启动参数后，关闭高压缸倒暖阀，打开高压缸排汽通风阀（高压缸排汽通风阀与凝汽器连通）使其处于真空状态下；将旁路系统投入定压模式保持再热器压力恒定，然后汽轮机跳闸，开启高、中压主汽阀和中压调节汽阀冲动汽轮机，进行升速、并网、带负荷。一般情况下，机组启动过程由中压调节汽阀控制，并在升负荷过程中，逐渐关小低压旁路，以保持再热器压力恒定，一直升负荷到规定数值。有的机组在进行中压缸启动时也可以根据高压缸温度投入暖机程序，使高压调节汽阀稍微开启进汽，以提高高压缸的温度。当负荷升高到一定值时进行切缸操作，切换到高压缸进汽，直到高压缸内压力增加到稍高于再热器的压力时，高压缸排汽止回阀自动打开。由于高压缸切换操作时间很短（2～3min），因此内部温度场不会发生剧烈变化，当高压缸流量达到一定值时，可通过控制进汽参数和背压来保证高压缸的第一级和排汽室处的蒸汽温度与金属温度相适应。

综上所述，中压缸启动主要步骤是汽轮机进行盘车—锅炉点火—预暖高压缸—投入旁路—提高主蒸汽及再热蒸汽的温度—维持锅炉参数稳定—中压缸冲转、升速、并网和带负荷等一切换到高压缸进汽。

一、中压缸启动要求及措施

1. 控制要求

机组中压缸启动时，其控制系统应保证启动时中压缸进汽，而高压调节汽阀关闭，达到切换负荷时，高压调节汽阀又能迅速平缓地打开。机组中压缸启动时的控制要求主要是：高、中压主汽阀和调节汽阀必须在较短的时间内达到预定开度；在冲转和切缸过程中，高、中压旁路必须配合高、中压调节汽阀的开度变化，以维持主蒸汽和再热蒸汽的基本恒定等。现代机组均采用 DEH 控制，在切缸过程中要对切缸条件进行逻辑判断，这些判断主要是：

（1）机组负荷在切缸负荷限制范围之内。

（2）主蒸汽温度与高压缸内缸金属温度相匹配。

（3）通过高压缸的计算流量大于高压缸的最小流量。

（4）高压旁路流量大于通过高压缸的计算流量。

2. 旁路容量的要求

中压缸冲转和带切缸负荷的蒸汽，通过旁路提供，且维持再热蒸汽压力不变，所以中压缸启动必须由旁路来配合。旁路容量主要取决于切缸负荷和主蒸汽及再热蒸汽在切缸时的参数。适当提高旁路容量，可以为中压缸启动的全自动控制和在保证冲转、带初始负荷、切缸及在主蒸汽压力、再热蒸汽压力和切缸过程中的负荷恒定打下基础。

3. 中压调节汽阀控制冲转

采用中压缸启动的机组，汽轮机冲转时由中压调节汽阀控制，所以中压调节汽阀必须具有冲转前的严密性和小流量的稳定性。

4. 为高压缸设置专用疏水扩容器

当中、低压缸进汽冲转或带在切缸前的初始负荷时，高压缸处于负压状态，高压缸及与之相通的管道阀门疏水集中接入一个专用疏水扩容器，与其他管道和中、低压缸疏水分开，这样可以避免其他疏水倒入高压缸。

5. 设置高压缸倒暖阀、高压缸排汽通风阀

高压缸抽真空阀在汽轮机负荷达到一定水平并切缸之前用于对高压缸抽真空，以防止高压缸末级因鼓风而发热损坏。在冲转及低负荷运行期间切断高压缸进汽以增加中、低压缸的进汽量，这样有利于中压缸的加热和低压缸末级叶片的冷却，同时也有利于提高再热蒸汽压力。因为再热蒸汽压力过低将无法保证锅炉的蒸发量，从而无法达到所需的蒸汽温度参数，应改进高压缸抽真空系统，增强高压缸温度的可控性。

高压缸倒暖阀就是在冷态启动时用于加热高压缸的一个进汽隔离阀。在汽轮机冲转启动的第一阶段，中压缸内的蒸汽压力很低，因此热量的传递也很慢。在这一阶段，中压转子和汽缸的温度上升较慢，尽管蒸汽和金属之间有温差，它们都不会产生过高的应力。汽轮机高压缸的情况则不同，主、再热蒸汽压力调整到一定的数值时，蒸汽一进入汽缸，汽缸内的压力就升高了。因此，高压缸在进汽前必须先经过预热。在机组启动的最初阶段，当锅炉出口蒸汽达到一定温度时，就可以打开高压缸倒暖阀进行汽轮机的预热。为了使蒸汽进入高压缸，就需打开倒暖阀。此时，高压缸内的压力将和再热器的压力同时上升，高压缸金属温度将上升到相应于再热蒸汽压力的饱和温度。对于有些机组，当高压缸内的温度达 190℃时，高压缸倒暖阀自动关

闭，并能同时打开高压缸抽真空阀，使高压缸处于真空状态。因此，应改进高压缸排汽止回阀的可控制性能，高压缸排汽止回阀最好加装旁路，以实现高压缸倒暖。

6. 增加一些必要的监测保护措施

实施中压缸进汽的另一个问题是，高压缸开始未进汽，随着转速升高，叶轮的鼓风摩擦损失使高压缸温度升高，因此应采取一定的冷却措施，防止部件超温。国外有些机组在高压缸排汽止回阀处设置旁路阀，当机组转速超过一定值后，旁路阀打开，从再热器冷端引入一股蒸汽（0.5％额定流量）进入高压缸起冷却作用；也有的机组在机组冲转时，将机组高压调节汽阀稍微开启，引入部分蒸汽冷却高压缸并通过高压缸排汽通风阀将高压缸少量冷却用汽引向凝汽器。图 3-4 所示为某引进型 300MW 汽轮机高压缸通风冷却系统。

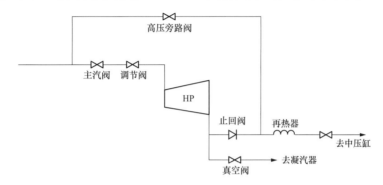

图 3-4　某引进型 300MW 汽轮机高压缸通风冷却系统

另外，高压缸被隔离时，转子轴向推力会较大，这就要求限制高压缸被隔离的最大负荷。采用中压缸启动时，应详细核算轴系轴向推力情况，对于高、中压缸反向布置的机组，中压缸单独进汽时轴向推力比较恶劣的情况是在切换进汽方式之前。

二、中压缸启动的优点

机组中压缸启动的优点如下：

（1）加热均匀，温升合理，减少寿命消耗。机组在启动过程中，高压缸在盘车状态先由高压旁路后的蒸汽倒暖预热，升速过程中闷缸自行加热，达到足够温度后让高压缸内接通真空，使之不会过热，所以整缸加热均匀，温升合理，充分利用锅炉点火后的时间均匀提高汽缸温度。中压缸冲转蒸汽参数低，流量大，又是全周进汽，对汽缸加热均匀，热应力小。机组达到中速暖机 1200r/min 后，高、中压转子就能通过脆性转变温度。传统的高压缸冲转，焓降集中在调节级，使高压转子热应力较大，所以寿命损耗也相对较大。

（2）高、中压缸热膨胀情况得到改善。机组采用中压缸启动后，高压缸冲转前已倒暖预热，并开始热胀。到中速暖机结束，高压缸和中压缸已胀出一定数值。实践证明，由于中压缸启动加热均匀，温升合理，因此克服了高压缸膨胀不畅的问题。

（3）消除低压缸鼓风，防止低压缸排汽温度过高。尽管长时间的低负荷（空负荷）运行，但低压缸排汽温度仍在允许范围以下，不需要低压缸喷水降温，因此启动更为安全。

（4）有利于锅炉控制。锅炉在启动初期就可以保持较高的再热蒸汽压力，使旁路系统中蒸汽流量较大，不仅可以维持锅炉运行稳定，而且可以提高蒸汽温升速度。

（5）缩短锅炉启动时间，减少启动锅炉燃油费用。

（6）允许机组长时间低负荷运行，利于机组调峰。由于在切缸前的低负荷运行时，高压缸处于负压下闷缸、空转，不会鼓风和过热，中、低压缸进汽量相对较大，排汽温度不会升高，因此使机组低负荷运行时间既不受限制，汽缸温度又能保持在一定水平，一旦电网需要加负荷，机组即可以迅速带到满负荷。

综上所述，高、中压缸联合启动时，由于蒸汽流量小，转子往往不能得到有效的加热，尤其是在冷态启动时，转子温度不能很快加热到转子的脆性转变温度以上，延长了中低速暖机时间，影响启动速度。机组在中压缸启动时，由于中、低压转子通过的流量大，再热器的压力就可以提高，从而可以通过提高锅炉的蒸发量来加快再热蒸汽温度的提升速度，使中压转子快速越过脆性转变温度。同时，还可以通过倒暖使高压缸在进汽前转子温度越过脆性转变温度，加快机组的启动速度。高、中压缸联合启动由于蒸汽流量小、压力低、放热系数小，因此高、中压缸不易得到有效的加热，高、中压缸的胀差过大会影响启动速度。在中压缸启动时，中压缸加热速度快，高压缸可以通过倒暖得到均匀地预热，在高压缸进汽以前已经胀出，不存在高压缸膨胀不畅的问题。高、中压缸联合启动同样由于蒸汽流量小，机组在小流量下运行，鼓风摩擦损失较多，而小流量蒸汽所能带走的热量却较少，在某些特殊的工况下，由于等待时间过长，高、低压缸的排汽温度都有可能升得过高。中压缸启动增大了中、低压缸的流量，避免了低压缸末级排汽的超温，通过调高高压缸内的压力和倒流的流量，也可以避免高压缸排汽的超温。这个特点使机组在中压缸启动时，可以较长时间在低负荷、空负荷下运行，给调峰接带负荷提供了相当大的灵活性。另外，机组在高、中压缸联合启动过程中，调节级处受到的热冲击较大，为减小热冲击，往往延长启动时间；中压缸启动时由于高压缸进汽前得到倒暖预热，因此受到的热冲击较小，机组的寿命损耗也相应减少。

三、中压缸启动参数的选择

1. 蒸汽温度的选择

温度的选择主要考虑蒸汽对汽缸、转子等部件的热冲击，既要避免产生过大的热应力，又要保证汽轮机具有合理的加热速度。一般汽轮机冷态冲转时推荐冲转的再热蒸汽温度为 250～280℃，而当时的主蒸汽温度略高于再热蒸汽温度。在汽缸处于温态和热态时，蒸汽温度应高出汽缸金属温度 50～100℃，而且应有 50℃以上的过热度。切缸时主蒸汽温度应高于高压缸内缸温度 70～120℃。

2. 蒸汽压力的选择

在汽轮机中压缸冲转至带切缸负荷的过程中，中、低压缸带一定的负荷，对应一定的流量，此时再热器压力的高低取决于中压调节汽阀的开度。在切缸负荷流量下，中压调节汽阀具有 80%～85% 的开度比较合适。开度过大（再热蒸汽压力偏低造成），调节性能差，开度偏小（再热蒸汽压力偏高造成），使切缸时与中压调节汽阀按比例匹配的高压调节汽阀开度也偏小，不能保证切缸时的高压缸最小流量。另外，再热蒸汽压力越低，要求低压旁路容量就越大；而压力过高，将造成切缸时高压缸排汽止回阀不容易打开，高压缸容易闷缸、鼓风，从而造成叶片损伤。根据以上要求，600MW 超临界机组中压缸启动的再热蒸汽压力选为 0.9～1.1MPa（亚临界机组 0.5MPa）较为合适。主蒸汽压力的选择主要取决于高压旁路容量和切缸负荷流量的要求。在蒸汽温度确定之后，其选定的压力应保证有 50℃以上的过热度。综上所述，冲转时主蒸汽压力选为 5.5～8MPa（亚临界机组 4MPa）较适宜。

3. 切缸负荷的选择

切缸负荷受到两个条件限制：一个是旁路容量的大小，即高压旁路应能通过切缸负荷下的流量；另一个是轴向推力，中压缸启动时，高压缸不进汽，汽轮机轴向推力失去了高压转子的反向推力这一部分，所以中、低压缸的进汽量和负荷就因推力的限制而不宜过大。

第四节　汽 轮 机 停 机

汽轮机停机就是将带负荷的汽轮机卸去全部负荷，发电机从电网中解列，切断进汽使转子静止。汽轮机停机过程是汽轮机部件的冷却过程。汽轮机停机中的主要问题是防止机组各部分冷却过快或冷却不均匀引起的较大的热应力、热变形和胀差等。汽轮机停机时的应力状态与其启动时相反。因此汽轮机停机时也应保持必要的冷却工况，以防止发生事故。

汽轮机停机一般可分为正常停机和故障停机。正常停机根据停机的目的可分为额定参数停机和滑参数停机。额定参数停机是当设备和系统有某种情况需要短时间停机时，很快就要恢复运行，因此要求停机后汽轮机部件金属温度仍保持较高水平。在汽轮机停机过程中，锅炉的蒸汽压力和温度保持额定值或较高值，通过逐渐关小汽轮机调节汽阀，逐步、分段地减负荷。减负荷的速度要根据汽轮机金属允许的温度，一般要求金属降温速度不超过1℃/min，减负荷到空转，发电机解列，跳闸停止进汽，在汽轮机转子停止转动时，投入盘车装置，直到汽轮机冷却为止。

额定参数停机过程中减负荷时，应注意相对胀差的变化，由于随着蒸汽量的减少，高、中压缸前轴封漏汽量也相应减少，轴封温度降低，转子轴封段冷却收缩，引起前几级轴向间隙减小，可能出现较大的负胀差，因此尽量保持向前轴封送入较高温度的蒸汽。负胀差大时应停止减负荷，待胀差减小后，再减负荷。

滑参数停机在调节阀门接近全开的情况下，采用降低新蒸汽压力和温度的方式减负荷，锅炉和汽轮机的金属温度也随之相应下降。此种停机的目的是将机组尽快冷却下来，一般用于计划性大修停机，以求停机后汽缸温度较低，提早开工。如果作为调峰机组，或消除设备缺陷，停机时间不长，为了缩短下次启动时间，停机过程就应与上述情况有所区别。为了使汽轮机下次能尽快启动，不要使机组过分冷却，应尽可能地保持较高的蒸汽温度，利用降低蒸汽压力来减负荷，在减负荷时通流部分的蒸汽温度和金属温度都能保持较高的数值，达到快速减负荷停机。

故障停机包括一般故障停机和紧急故障停机。一般故障停机，即做好联系工作后停机；紧急故障停机，就是严重危及设备的安全而被迫停机。

一、额定参数停机

1. 停机前的准备

对机组设备和系统要进行全面检查，并按规定进行必要的试验，如试验油枪是否做好减负荷时稳定燃烧的准备，试验油泵能否确保汽轮机惰走及盘车过程中轴承润滑冷却用油，空转盘车电动机检查等，使设备处于随时可用的良好状态等。

2. 减负荷

降低蒸汽压力或关小调节汽阀，机组所带的有功负荷相应下降；在有功负荷下降过程中应注意调节无功负荷，维持发电机机端电压不变。减负荷后发电机定子和转子电流相应减小，绕组和铁芯温度降低，应及时减少通入气体冷却器的冷却水量。氢冷发电机的轴端密封油压可能因发电机温度降低改变了轴端密封结构的间隙而发生波动，应及时调整。

在减负荷过程中，要注意调整汽轮机轴封供汽，以调节胀差和保持真空；减负荷速度应满足汽轮机金属温度下降速度不超过 $1\sim1.5℃/min$ 的要求；为使汽缸、转子的热应力、热变形和胀差都在允许的范围内，当每减去一定负荷后，要停留一段时间，使转子和汽缸的温度均匀地下降，减小各部件间的温差。在减负荷时，通过汽轮机内部蒸汽流量的减少，机组内部逐渐冷却，这时汽缸和法兰内壁将产生热拉应力，并且汽缸内蒸汽压力也将在内壁造成附加的拉应力，使总的拉应力变大。实际运行经验表明，汽轮机在快速减去全部负荷后迅速停机，汽缸和转子并未很快冷却，汽缸和法兰间未出现很大温差，但汽轮机在减去部分负荷后使机组维持在较低负荷下运行，会产生过大的热应力，这是十分危险的。

3. 发电机解列及转子惰走

解列发电机前，带厂用电的机组应将厂用电切换到备用电源供电。

当有功负荷降到接近零值时，拉开发电机断路器，发电机解列，同时应将励磁电流减至零，断开励磁开关。检查自动主汽阀和调速汽阀，使之处于关闭位置；发电机解列后，所有抽汽管道止回阀应自动关闭，同时密切注意汽轮机的转速变化，防止超速。

汽轮机跳闸断汽后，转子惰走，转速逐渐降到零。随着转速的下降，汽轮机的高压缸出现负胀差，其原因是高压缸转子比汽缸收缩得快；而中、低压缸出现正胀差。产生这个现象的主要原因是转子受泊松效应和鼓风摩擦的影响而突然伸长。所以，在汽轮机跳闸前要检查各部分的胀差，应把降速过程中各部分可能出现的胀差变化量考虑进去。如果汽轮机跳闸前低压缸胀差比较大，则应采取措施（如适当降低真空等），以避免汽轮机跳闸后出现动、静部分间隙消失而导致动、静部分摩擦事故的发生。

二、滑参数停机

大容量汽轮机的停机是分段进行的。从满负荷到 90% 负荷阶段，汽轮机处于定压运行阶段，主蒸汽参数均为额定，当关闭调节汽阀时，会产生较大的节流温降，即调节汽阀后的温度降低幅度较大，为避免产生过大的热应力，应控制减负荷的速度。从 90% 负荷到 30% 负荷，汽轮机处于滑压运行阶段，主蒸汽压力随着负荷的降低而成比例地降低，主蒸汽温度和再热蒸汽温度基本保持不变。从 35% 负荷到机组与电网解列阶段，汽轮机又维持在定压运行。

在滑参数停机过程中，新蒸汽温度应始终保持 50℃ 的过热度，以避免蒸汽带水。

滑参数停机过程容易出现较大的负胀差，因此在新蒸汽温度低于法兰内壁金属温度时，应投入法兰加热装置以冷却法兰，冷却法兰汽源来自滑参数新蒸汽或其他低温汽源。滑参数停机过程中严禁进行汽轮机超速试验，因为主汽阀前蒸汽参数已很低，做超速试验就要提高压力。这样在原有压力相应的饱和温度下，当蒸汽压力提高时就会出现蒸汽带水现象。

三、故障停机

1. 紧急故障停机

紧急故障停机是指汽轮机出现了重大事故，不论机组当时处于什么状态、带多少负荷，必须立即紧急跳闸，在破坏真空的情况下尽快停机。

运行规程中规定了紧急故障停机的条件，不同的机组有不同的规定。一般汽轮机组在运行过程中，如发生以下严重故障，必须紧急故障停机：

(1) 汽轮机组发生强烈振动。

(2) 汽轮机发生断叶片或明显的内部撞击声音。

(3) 汽轮机组任一个轴承发生烧瓦。

(4) 汽轮机油系统着大火。

(5) 发电机氢密封系统发生氢气爆炸。

(6) 凝汽器真空急剧下降，真空无法维持。

(7) 汽轮机严重进冷水、冷汽。

(8) 汽轮机超速到危急保安器的动作转速而保护没有动作。

(9) 汽机房发生火灾，严重威胁机组安全。

(10) 发电机空气侧密封油系统中断。

(11) 主油箱油位低到保护动作值而保护没有动作。

(12) 汽轮机轴向位置突然超限，而保护没有动作。

一旦发生事故，只能采取紧急安全措施，打掉危急保安器解列发电机停机。在危急情况下，为加速汽轮机停机，可以打开真空破坏阀破坏汽轮机的真空。这样使冷空气进入汽缸，使叶轮的鼓风摩擦损失增大，对转子增加制动力，减少转子惰走时间，可加速汽轮机停机。但一般不宜在高速时破坏汽轮机的真空，以免叶片突然受到制动而损伤，进入汽轮机的冷空气会引起转子表面和汽缸的内表面急剧冷却，产生较大的热应力，一般不希望采取这种措施。

2. 一般故障停机

一般故障停机是指汽轮机已经出现了故障，不能继续维持正常运行，应采用快速减负荷的方式，使汽轮机停下来进行处理。一般故障停机，原则上是不破坏汽轮机真空的停机。运行规程中也规定了一般故障停机的条件，不同的机组有不同的规定。一般汽轮机组在运行过程中，如发生以下故障，应采取一般故障停机方式：

(1) 蒸汽管道发生严重漏汽，不能维持运行。

(2) 汽轮机油系统发生漏油，影响到油压和油位。

(3) 蒸汽温度、蒸汽压力不能维持规定值，出现大幅度降低。

(4) 汽轮机热应力达到限值，仍向增加方向发展。

(5) 汽轮机调节汽阀控制故障。

(6) 凝汽器真空下降，背压上升至 25kPa。

(7) 发电机氢气系统故障。

(8) 双流环的发电机密封油系统，仅有空气侧密封油泵在运行。

(9) 发电机检漏装置报警，并出现大量漏水。

(10) 汽轮机辅助系统故障，影响到主汽轮机的运行。

四、停机注意事项

1. 严密监视机组的参数

在停机过程中应严密监视主蒸汽压力、主蒸汽温度、再热蒸汽温度，以及汽轮机的胀差、绝对膨胀、轴向位移、转子的振动、轴承金属温度及汽轮机转子的热应力等。在减负荷过程中，应控制好减负荷的速度。减负荷的速度是否合适，以高、中压转子的热应力不超过允许值为标准。

2. 停盘车

汽轮机停机后，必须保持盘车连续运行。因为停机后，汽轮机汽缸和转子的温度还很高，需要有一个逐步的冷却过程。在这个过程中，必须由盘车保持转子连续旋转，一直到高、中压转子温度小于150℃，才可停止盘车。

汽轮机因故障停止盘车再次启动时，应先手动盘车180°并停留因故障停运时间的一半后可投入连续盘车，也可以先记下盘车停止的位置，再手动盘车180°，记录大轴挠度最大的部位并记录此挠度值，然后将转子静止在挠度最大的部位，观察挠度值下降到记录的最大值的一半时投入连续盘车。故障停止盘车的同时，必须破坏汽轮机的真空并停止轴封供汽。如果停止轴封供汽仍保持真空，就会把冷空气抽进汽轮机，造成汽轮机局部收缩，同时，外面的灰尘也会抽进汽轮机，这都是不允许的。

汽轮机停机就某种意义上讲，也是汽轮机下次启动的准备，所以应当为汽轮机下次启动做好准备工作。为防止汽轮机转子在停机中的热弯曲，保证其挠度在一定范围内，必须在转子静止瞬间投入盘车装置，连续盘车可以防止转子热弯曲和减少上、下缸的温差，达到随时可以启动的条件。一般情况下，盘车一直进行到汽轮机金属温度达到250℃以下才停止，然后进行定期盘车，直到汽缸内壁温度达到150℃以下为止。在机组重新启动前，盘车装置还应连续运行4h。如果转子必须在很热的状态下停止转动，则必须保证轴承润滑油的供应，以免烧坏轴承金属，此时，轴承润滑油泵不能立即停止。实践证明，轴承金属的温度超过149℃时极易损坏，因此当汽缸温度为260℃或更低时，如果停止轴承润滑油的供应，则轴承温度不应超149℃。

在机组跳闸后要控制汽轮机真空的变化，记录转子惰走时间，即从主汽阀和调节汽阀关闭时刻开始，记录到转子完全静止所需的时间，以便与原始惰走曲线相比较，判断转子是否处于最佳状态。转子惰走时，轴封供汽不可过早停止，以防止大量冷空气从轴封处漏入汽缸，而发生局部冷却。转子惰走结束投入盘车后可停止轴封供汽，否则进汽漏入汽缸而使上、下缸温差增大，造成热变形。

3. 盘车时润滑油系统运行

汽轮机停机后在盘车运行时，润滑油系统必须维持运行。当汽轮机调节级温度达到150℃以下，盘车停止后，润滑油系统（包括顶轴油泵）才可以停止运行。

4. 转子惰走曲线

发电机从电网解列，去掉励磁，自动主汽阀和调速汽阀关闭，到转子完全静止的一段时间，称为汽轮机转子的惰走时间。新机组投入运行一段时间，待各部件工作正常后即可在停机时测绘汽轮机转子转速降低与时间的关系曲线，可称该机组的标准惰走曲线，如图3-5所示，该曲线表示转子的惰走时间与转速的关系。其形状主要取决于转子的转动惯量及其他环境因素，即转动过程中的阻力条件。如转子叶轮的鼓风摩擦损失，轴承、辅助机构等的机械摩擦损耗；鼓风摩擦损失又与叶轮所在周围的介质的特性有关。绘制转子惰走曲线要在汽轮机停机过程中控制凝汽器真空以一定速度降低，或者在凝汽器真空一定的情况下进行。惰走曲线可分为三个阶段：第1段（a-b 段），转速下降最快，因为在此期间，鼓风摩擦损失的功率与转速成三次方关系，与蒸汽密度成正比，与真空度成反比；第 2 段（b-c 段），转速下降缓慢，因转速较低，而轴承润滑仍良好，摩擦阻力小，阻止转动的功率小；第 3 段（c-d 段），轴承油膜开始破坏，轴承机械摩擦损耗大，所以转速下降较快。

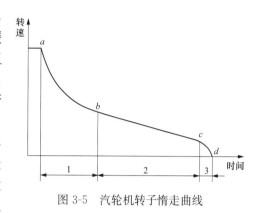

图 3-5　汽轮机转子惰走曲线

每次停机都应记录转子的惰走时间，并尽量检查转子惰走情况，通过把惰走时间、惰走情况与该机组的标准惰走曲线相比较，可以发现机组惰走时间的问题。如果转子惰走时间急剧减少，可能是轴承磨损或机组动、静部分发生摩擦；如果惰走时间显著增加，则可能说明汽轮机主蒸汽管道上阀门关闭不严或抽汽管道止回阀不严密，致使有压力的蒸汽有少量进入了汽轮机。

五、汽轮机停机后的快速冷却

随着汽轮机参数、容量及其保温性能的提高，汽轮机停机后，自然冷却时间大大加长。汽缸温度在停机一天内温降可达 4℃/h，但到后期平均温降不足 1℃/h。当汽轮机正常或紧急停机时，依靠自然冷却，汽缸温度降至 150℃以下，对于 200MW 机组需要 90～120h；对于 300MW 机组需要 100～130h；对于 600MW 机组大概需要 170h。冷却时间的增长，增加了火电厂的能量损耗，包括盘车损耗、润滑油损耗和滑参数停机时的锅炉燃油消耗等。为了缩短机组停运时间以缩短检修工期，提高机组可用系数，采用快速冷却是非常必要的。

快速冷却方法一般有两种：一种是蒸汽快速冷却，即在停机前降低锅炉出口蒸汽参数，利用低参数的蒸汽来冷却汽轮机；另一种是空气快速冷却，即在汽轮机停机后，用强制通风代替蒸汽来冷却。目前在我国这两种方式均有采用。

1. 蒸汽快速冷却

因为蒸汽比热容大，强制对流放热系数也大，所以用低温、低压的蒸汽冷却汽轮机可获得较高的冷却速度。冷却用汽源可以有三种：取自邻炉或邻机的抽汽；取自除氧器平衡管；利用锅炉余热或投锅炉底部加热产生微量蒸汽。

图 3-6 所示为国产 200MW 汽轮机蒸汽快速冷却系统图。在该系统中，冷却蒸汽由邻机二段或四段抽汽供给，也可由除氧器平衡管供给。部分冷却蒸汽经高压缸排汽管进入高压缸夹层，通过高压缸前轴封一段抽汽阀流出；另一部分冷却蒸汽经高压缸导汽管、电动主汽阀阀后的疏水阀排至扩容器。中压缸的冷却蒸汽从蒸汽快速冷却阀，经止回阀、再热蒸汽冷段管进入再热器，通过中压主汽阀进入中压缸，再经低压缸排至凝汽器。高压缸的冷却蒸汽为逆流，中压缸的冷却蒸汽为顺流。实践证明，采用这种冷却方式可在 15h 内将汽缸温度从 412℃降至 150℃左右，而自然冷却从 375℃降至 215℃需要 54h。

在蒸汽快速冷却过程中，必须详细规定并严格控制以下指标：①法兰沿宽度方向的逆温差；②蒸汽恒温时的降负荷率；③主蒸汽和再热蒸汽的降温速度；④高、中压缸的负胀差；⑤高、中压缸的上、下缸温差。

采用蒸汽快速冷却的后期，冷却蒸汽流量小，温度低，锅炉控制困难，并且小流量冷却效果不明显，还要防止汽轮机进水，因此该方法不可能将汽轮机的汽缸温度降得很低，需采用其他方法继续降温。

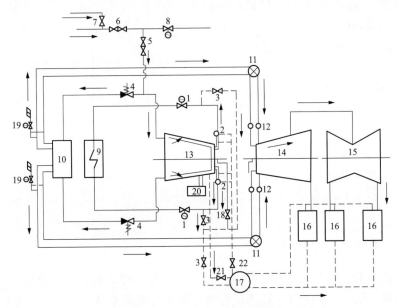

图 3-6　国产 200MW 汽轮机蒸汽快速冷却系统图

1—电动主汽阀；2—高压调节汽阀；3—疏水阀；4—高压缸排汽止回阀；5—蒸汽快速冷却进汽阀；
6—邻机二、四段抽汽至快速冷却阀；7—除氧器平衡汽至快速冷却阀；8—本机四段抽汽电动阀；
9—过热器；10—再热器；11—中压主汽阀；12—中压调节汽阀；13—高压缸；14—中压缸；
15—低压缸；16—凝汽器；17—疏水扩容器；18—高压缸前轴封一段抽汽阀；19—再热器向空排汽阀；
20—法兰螺栓加热装置；21—调节级疏水至扩容器；22—调节汽阀及导管疏水阀

2. 空气快速冷却

空气快速冷却时，空气量及放热系数均远小于蒸汽，因而热应力小，且容易控制。空气冷却因属于无相变换热，对汽轮机本身安全有利。

空气快速冷却按引入方式的不同可分为两类，即压缩空气冷却和抽真空吸入环境空气冷却。这两种方式可以单独或联合使用，且联合使用效果更佳。

（1）压缩空气冷却。采用压缩空气经电加热（防止冷却开始阶段在空气引入口产生热冲击）后送入汽缸，对汽轮机通流部分进行冷却。一般预先将空气加热至 250℃ 左右，随着汽缸温度的降低，空气温度也随之下降，同时流量不断增大。

根据空气引入的位置不同，压缩空气冷却方式可分为顺流冷却和逆流冷却两种。顺流冷却是目前普遍采用的一种冷却方式。图 3-7 所示为 300MW 机组压缩空气顺流快速冷却系统图。

厂用压缩空气母管来压缩空气经阀 1 进入汽水分离器，两个电加热器可根据空气温度要求串联或并联，串、并联方式及空气量由阀 2、3、4、5 调节，加热后的空气分 3 路进入汽缸：一路由阀 10、11 控制分别进入法兰螺栓混温联箱、夹层混温联箱；一路经阀 15 串联联络阀或阀 16 并联联络阀和阀 6、7 进入高压缸，从阀 12 排掉；另外一路经阀 8、9 进入中压缸，从低压缸进汽管上的排气阀排出。

采用压缩空气冷却方式时，汽缸降温速度可达 20～30℃/h，正常情况下，机组停运 40h

左右，可达到盘车要求；结合滑参数停机，效果更佳，可在 30h 以内将机组冷却，大大缩短机组停运时间。

（2）抽真空吸入环境空气冷却。汽轮机在停机后连续盘车的状态下，继续对凝汽器抽真空，使系统处于微负压（一般真空为 10～20kPa）状态，从而引入环境空气对汽轮机进行冷却。该方式既安全又经济，且系统的改造工作量少，运行操作也较方便。

抽真空吸入环境空气冷却一般为逆流式，高压缸的冷却空气从再热蒸汽冷段的安全阀吸入，经主汽阀前后的疏水管排向凝汽器，最后由抽气器引出。冷却过程中，通过控制真空达到调整汽缸降温速度的目的，一般降温速度可达到 8～12℃/h，可比自然冷却缩短 30～40h。

总之，无论采用什么方式实现快速冷却，缩短大、小修工期，都应在保证汽轮机安全的前提下进行。通过控制高、中压缸和转子的降温速度，使其热应力、热变形、胀差和上、下缸温差等控制在允许范围内。

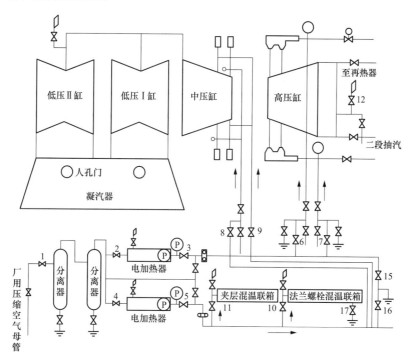

图 3-7　300MW 机组压缩空气顺流快速冷却系统图

第五节　汽轮机启停过程优化及调整

一、启动方式的优化与调整

火电机组在启停过程中，需要消耗大量的能源，虽然启停时间占机组运行时间的比例较低，但在机组启停过程中适时地进行运行方式优化仍有潜力可挖。为了降低机组启停过程中能源的消耗，采用合理的启停技术，可以节省不少能源。

对汽轮机侧优化相对成熟的技术在上水阶段，以节约厂用电为主要衡量指标。

1. 机组启停时全程使用汽动给水泵上水

目前，国内 600MW 机组给水系统的典型配置为 $2×50\%$ 容量汽动给水泵和 $1×30\%$ 容量电动给水泵，这种配置正常运行时是两台汽动给水泵投入，电动给水泵只有在启停过程中或者汽动给水泵故障时及机组低负荷阶段才投入使用。按照设计运行方式，机组从锅炉上水到带负荷后第一台汽动给水泵投入运行的冷态启动过程中，电动给水泵至少运行 16h；机组停机过程中，也需要运行 6h 左右。机组冷态启动一次，电动给水泵耗电能量约为 8 万 kWh；因此机组启停时全程使用汽动给水泵上水，能大大降低启停机组的厂用电消耗。

（1）汽源切换问题。给水泵汽轮机的汽源通常设置有正常工作汽源、高压备用汽源及辅助蒸汽汽源三路。机组启停时全程使用汽动给水泵上水，首先应确保给水泵汽轮机的汽源压力、温度、过热度、流量满足给水泵汽轮机启动和运行的需要。

机组冷态启动前，使用汽动给水泵前置泵给锅炉上水，维持锅炉水位或满足机组启动流量要求。机组建立真空时，提前进行管道疏水，充分暖管，用辅助蒸汽汽源冲转一台汽动给水泵满足锅炉启动需求。机组并网带负荷后，待机组四段抽汽压力满足给水泵供汽条件时，将给水泵汽轮机切换至四段抽汽供给。

机组停运前，辅助蒸汽汽源转由邻机供给，及时进行汽动给水泵辅助蒸汽汽源的疏水暖管工作。随着机组负荷的下降，缓慢切换一台给水泵汽轮机汽源为辅助蒸汽汽源供汽。

给水泵汽轮机汽源切换过程中，如果控制不当，很可能造成汽动给水泵转速的大幅度摆动，引起给水流量、压力的大幅度波动，严重时造成锅炉满水、缺水事故。因此，在给水泵汽轮机汽源切换时应缓慢进行，注意保持给水泵汽轮机进汽压力和转速的稳定，同时密切监视给水泵汽轮机金属部件的温度场及振动的变化，直至汽源切换完成。

（2）给水流量调节与控制问题。无论是机组启动还是停运，采用汽动给水泵全程上水，都存在给水流量调节与控制问题。由于在机组启动初期及停机前的低负荷阶段，给水流量小、变化幅度大，且给水泵汽轮机转速受临界转速及排汽温度等因素的限制，单纯的汽动给水泵转速调节可能无法完全满足锅炉给水流量、压力的要求，因此要求有可靠和灵活的调节手段，以顺利实现机组启停时全程使用汽动给水泵给水。

机组真空建立后，待汽动给水泵前置泵无法满足锅炉上水需要时，采用控制汽动给水泵再循环阀开度、锅炉主给水电动阀或锅炉给水旁路阀开度的方式，调节汽动给水泵的出力满足锅炉上水需要。因此，需要进行以下几方面的运行优化：

1）优化机组汽动给水泵再循环阀的开、关逻辑，以防止再循环阀开关引起给水流量的大幅度突增、突减。

2）可根据机组实际情况，在给水管路增加上水调节阀，保障可靠给水调节手段。

3）随着锅炉上水的需要，可采用改变汽动给水泵转速，调整再循环阀及给水调整阀的开度相结合的方式调节给水流量，调节中注意给水流量的稳定。

（3）排汽温度及振动的控制。给水泵汽轮机在低转速、低负荷工况下，由于进入给水泵汽轮机的蒸汽流量小，无法及时带走转子鼓风摩擦所产生的热量，给水泵汽轮机排汽温度升高，将引起轴承中心高度发生变化，并可能造成轴承振动增大；给水泵汽轮机在临界转速区域，也会出现振动突增。为了确保给水泵汽轮机在低转速、低负荷工况下的运行安全，可采取以下控制措施：

1）密切监视给水泵汽轮机的排汽温度，应及时投入排汽管减温水或增加进汽量提高给水泵汽轮机的转速。

2）尽可能维持汽轮机凝汽器较高的真空。

3）给水泵汽轮机冲转升速过程中，应迅速平稳地通过临界转速，不应使给水泵汽轮机在临界转速附近停留。在过临界转速时，汽动给水泵转速变化快，给水流量、压力波动大，应提前做好给水流量的调节控制。

2. 汽轮机启停过程的优化

机组启停过程中除了采用新型节能技术外，还应该从合理组织辅机设备和系统的投退时机、顺序等运行方式上进行优化，达到缩短启停时间、合理优化启停操作的目的。

（1）启动过程的优化。

1）机组辅机启动时间的合理安排。大型机组由于启动时间较长，合理安排好各有关辅机的启动时间可以节约相当多的厂用电量，避免由于辅机长时间空转而耗费厂用电量，节约启动能耗。

2）机组启动过程中尽量减少汽水排放。机组启动过程中由于种种原因避免不了地会对外排放汽水，超临界大型机组设置了启动旁路系统，以及疏水系统集中通往凝汽器，大大减少了机组启动过程中的汽水排放。在不得不进行汽水排放时，应当根据投入收益的对比来考虑对这些排放汽水的回收利用，以提高经济性。

3）缩短机组的启动时间，是提高机组启动经济性的一个有效措施。大型机组启动过程中，常常出现一些不正常或意外因素造成的启动时间延长。例如，常见的机组在启动暖管期间，由于迟迟达不到冲转参数而延长启动时间，完全可以通过优化疏水系统设计（增大启动疏水管径、增加疏水点或合理分布疏水点）解决此问题；在汽轮机冲转过程中，常出于机组胀差或金属温差问题延长暖机时间，可以通过投入汽缸夹层加热装置或预先投入汽缸预暖系统，尽量避免由于这些问题造成的机组启动时间延长；对于机组启动中随时可能出现的设备问题，除了预先进行详细的设备检查或试验外，应当安排足够的检修人员在现场随时处理；在机组并网以后，应按照要求尽量快速使机组接带负荷等。

（2）停机过程的优化。

1）机组滑参数停机过程中应合理安排、调整循环水泵、凝结水泵、真空泵和汽动给水泵等辅机的运行方式。机组跳闸后即可停运所有真空泵。汽轮机盘车投入后对可能进入凝汽器的热源进行可靠隔绝，对于机组辅机冷却水为开式循环的系统，由于系统与循环冷却水分离，停机 1h 后确认循环冷却水无用户后可及时停运循环水泵。以海水作为凝汽器冷却水源的机组，辅机冷却水多为闭式循环冷却水系统，由于闭式循环冷却水的水源取自海水，对于扩大单元制的循环冷却水系统（机组间配置有循环冷却水联络阀），可以通过机组间循环冷却水联络阀为本机供水。对于循环冷却水为闭式循环带冷却塔的系统，在机组停运前应降低冷却塔水位，采取临时措施将停运机组冷却塔的水排至运行机组，杜绝冷却塔溢流。

2）闭式循环冷却水系统在单元机组之间设计有公用管路能实现互连的，当一台机组停运时，可通过公用管路由邻机向停运机组供水。对于至公用系统闭式循环冷却水管管径较小的机组，不能满足另一台机组冷却用水的需要，建议增加闭式循环冷却水联络管道。

3）对于凝结水泵的优化运行，机组停运凝汽器的热负荷已经隔绝，排汽缸温度降至 50℃以下时，凝结水杂用母管没有用户后即可停运。

二、胀差变化与控制

大型汽轮机启动时，往往会遇到胀差接近允许极限值，严重威胁机组的安全，限制机组启动或工况变动的顺利进行。机组胀差的影响因素很多，也很复杂，例如，汽轮机组的启动工况、轴封的供汽温度、排汽室的真空、通流部分的鼓风摩擦损失、汽缸和法兰的加热及主蒸汽参数等都明显地影响了汽轮机的胀差变化，其影响规律对每种类型的机组是不尽相同的，下面介绍一些机组胀差的一般变化情况，供实际运行工作中参考。

1. 冷态启动胀差的变化与控制

根据冷态启动工况的若干阶段介绍其胀差的变化情况。

（1）端部轴封供汽。端部轴封供汽开始，各胀差值一直是正向增大变化。轴封供汽后，相应的汽封套和转子轴段首先被加热，汽封套受热后自由地向两端膨胀，对汽缸的膨胀位移几乎无影响，而转子轴段受热后转子即膨胀伸长。轴封供汽对转子的膨胀伸长值的影响是由供汽温度和供汽时间确定的。汽封段主轴被加热的越充分，胀差正向增值就越大。

（2）暖机升速阶段。汽轮机冲转到定速期间、高压缸胀差正向向上是增大的趋势。中、低压缸胀差在升速过程的不同阶段其变化是有较大差别的。在低速暖机时，中、低压缸胀差都是正向增大的，而低压缸胀差向正向有较明显的增长；低速暖机后至中速暖机结束期间，因为汽轮机冲转时再热蒸汽温度往往比主蒸汽温度低 $100\sim150℃$，随着转速的提升，再热蒸汽温度上升速度也较快，于是中压缸胀差在这个阶段正向有较明显的增大，低压缸胀差相应地在正向也有较大的增大。中速暖机后在升速过程中，中、低压缸胀差都是减小的趋势，低压缸胀差大幅度下降。

（3）定速和并列带负荷阶段。机组定速后，高压缸胀差正向增长的幅度较大，同时中、低压缸胀差正向值也逐渐增大。

（4）滑参数启动加负荷阶段。高压缸胀差正向的增长幅度取决于主蒸汽温度的提升速度、温升幅度及与其相关调节级的蒸汽温度的增长速度和幅度，这里涉及机组定速后机组并网采取的方式和由启动阀门控制转换为调速汽阀控制的工况及速度。

汽缸的滑销系统须保持清洁、无卡涩，不应影响汽缸的自由膨胀和位移，否则，将使机组的膨胀和胀差发生异常变化，严重威胁机组的安全运行。

2. 热态启动胀差的变化与控制

热态启动汽缸金属初始温度水平差别较大，不同的汽缸金属温度胀差的变化规律是不同的，并且受轴封系统的影响很大，当汽缸金属温度比较高时（如 $350℃$ 以上），在端部轴封供汽后，高、中、低压缸胀差均是往负方向变化。在轴封使用高温主蒸汽时，因其使用方式的不同，胀差变化也不同。当轴封不投用高温蒸汽，至汽轮机冲转时，高压缸胀差正值减小，中压缸胀差正值也是减小的。而轴封投用高温主蒸汽时，高、中压缸胀差基本保持不变或正向略有增加。当汽缸金属温度比较低（如 $200\sim250℃$）时，端部轴封供汽后，高、中压缸胀差基本不变或正向略有减小。

汽轮机冲转到定速，各胀差仍为减小趋势。汽缸温度高时减小的幅度大些，汽缸温度低时减小的幅度小些。汽轮机在达到中速以后的升速过程中，中、低压缸胀差减小的趋势与冷态启动的变化规律相同。

汽轮机热态启动时，定速后应尽快并网并接带负荷，在监测、操作等满足的条件下，尽快达到与汽缸初始温度对应的负荷水平。如果空负荷时间拖长又带负荷速度较慢，特别是当汽缸温度较高时，胀差将继续往负值变化，即由于转子较快的冷却收缩，使高、中压缸胀差负值过大，往往造成高、中压缸前数级动叶入口汽封的首先磨损，甚至出现严重的磨损、振动、弯轴等事故。如果汽缸温度水平较低，热态启动低负荷暖机后，高压缸胀差又往正向增长较快，应提前投入法兰螺栓加热装置。

3. 滑参数停机胀差的变化及控制

停机方式不同，胀差的变化规律是有较大差别的，其中滑参数停机方式胀差的变化幅度最大。滑参数停机高压缸胀差的变化规律与冷态滑参数启动时相反，随着负荷的降低、主蒸汽温度的降低，相应于调节级蒸汽温度的降低，高压缸转子的收缩快于外缸，高压缸胀差向负向变化。为了控制高压缸胀差负值不超限等原因，主蒸汽温度滑降速度须严格控制。

中压缸胀差和低压缸胀差随着再热蒸汽温度的降低向负向变化。当排汽温度升高时，中、低压缸胀差向负向变化幅度更大，应投入排汽缸喷水，降低排汽室温度，以保持中、低压缸胀差负值不超限或保持为正值。

4. 跳闸停机胀差的变化与控制

汽轮机跳闸停机转子惰走阶段，由于转子回转离心力变化的作用和转子金属材料的泊松效应等因素，使得各胀差向正向均有不同程度的增加。遇有故障紧急停机时，如果汽轮机跳闸前低压缸胀差值比较大，而又未及时调整，往往会使低压缸胀差超过允许的极限值，这时很可能造成通流部分的磨损。对于正常停机，汽轮机跳闸前务须监测各胀差值并进行适当调整，防止胀差超限。

另外，在汽轮机跳闸停机时，通流部分的蒸汽流量被截断为零，转子惰走过程中，动叶与汽缸内残存气体的鼓风摩擦热量将直接加热转子，以及转子与汽缸散热条件的不同，都是转子伸长、胀差正值增大的因素。

对于汽轮机停机跳闸后低压缸胀差值可能超限的问题，制造厂须考虑制定合理的通流部分的间隙，运行操作上可采取若干措施，例如，关闭排汽缸喷水或降低真空，适当提高排汽缸温度使低压缸胀差向负向变化。

第四章

汽轮机运行优化与调整

第一节　汽轮机运行方式与运行监督

一、汽轮机的运行方式

汽轮机的运行方式按汽轮机调节汽阀的阀位配汽方式可分为节流配汽（也称节流调节）和喷嘴配汽（也称喷嘴调节）两种方式；按汽轮机负荷与主蒸汽压力控制方式可分为定压运行（也称定压调节）方式和滑压运行（也称滑压调节）方式。随着机组控制水平的提高，汽轮机已融入整个机组的控制系统中，其负荷控制（或称调节）方式受锅炉、发电机及电网运行方式的影响，常见的控制方式有机跟炉控制方式、炉跟机控制方式、机炉协调控制方式、自动发电控制（automatic generation control，AGC）方式。

（一）汽轮机阀位配汽方式

1. 节流调节方式

汽轮机的节流调节是指汽轮机的几个调节汽阀同时开启或关闭，通过调节汽阀的节流作用调节进入汽轮机的蒸汽量，从而改变汽轮机的负荷，对应于汽轮机调节汽阀的单阀阀位。

节流调节时锅炉保持主蒸汽压力不变，仅通过调节汽阀开度对汽轮机进汽量和负荷进行调节；或者主蒸汽压力随着负荷的改变，通过调节汽阀和主蒸汽压力同时对汽轮机进汽量和负荷进行调节。当汽轮机发出额定功率时调节汽阀全开；当汽轮机低于额定功率时，调节汽阀开度减小，通过其节流作用对汽轮机功率进行调节。节流调节在低于额定负荷调节时，调节汽阀开度小，蒸汽节流损失大，节流阀后蒸汽压力降低，进入汽轮机的蒸汽可用焓损失大。节流调节适用于汽轮机带基本负荷，在负荷较高的情况下，有较好的经济性。随着电网结构的变化，现在大型机组也参与调峰，机组带额定负荷时间短。节流调节只限于 100MW 以下的母管制运行的机组或一些经常带满负荷运行自备电厂的机组，参与电网调峰的大型机组已不采用节流调节方式。

节流调节时，汽轮机采用单阀配汽方式，全周进汽，汽轮机进汽部分受热均匀，使汽缸体、转子应力变化平稳。所以在机组启动冲转到低负荷暖机阶段一般采用单阀阀位，在负荷升至 30%额定负荷及以上或机组运行 24h 后切为顺序阀阀位。

2. 喷嘴调节方式

喷嘴调节是汽轮机通过依次启闭的调节汽阀调节进入汽轮机的蒸汽量，通过开启的喷嘴组的数量和部分开启调节汽阀的节流作用对负荷进行调节，对应于汽轮机调节汽阀的顺序阀阀位。喷嘴调节时，每个调节汽阀控制一组喷嘴，根据负荷的大小确定调节汽阀的开启数量和开度，由于蒸汽经过全开的调节汽阀基本上不产生节流，只有经过未全开的调节汽阀才产生节流，因此在低负荷运行时，其运行的经济性高于节流调节。顺序阀配汽时，调节汽阀开启逻辑往往设计成在不同负荷下至少有两个高压调节汽阀同时开启，再根据负荷情况依次启闭第三、第四个调节汽阀。采用顺序阀时，只有部分开启的高压调节汽阀存在较大的蒸汽节流，全开的调节汽阀蒸汽节流很小，与单阀相比，顺序阀方式下高压缸进汽节流损失较小。当汽轮机组达到最大负荷时，所有高压调节汽阀全开，此时单阀与顺序阀方式的热力特性和经济性差别不大。

对于有四个调节汽阀的汽轮机，顺序阀的开启顺序一般为：1、2 号调节汽阀先开启，在达到一定开度后，根据调节的重叠度开启 3 号调节汽阀，3 号调节汽阀达到一定开度时，再开启 4 号调节汽阀。为保证阀门开启重叠度的合理性，阀门开启的重叠度一般不大于 10%。研究表明，在滑参数区顺序阀运行比单阀运行的发电煤耗率可下降 4g/kWh 左右。但采用顺序阀运行会因机组轴系、通流结构及配汽特性调整不良等原因，在运行中产生蒸汽流激振等问题，一般通过调节汽阀的开启顺序会有所改善。例如，一台东方汽轮机厂生产的 1000MW 机组因蒸汽流激振，将先开启 1、2 号调节汽阀改为先开启 1、4 号调节汽阀后，振动情况有所改善。

通过比较机组单阀与顺序阀两种配汽方式经济性的试验，在 50% 以上负荷单阀运行的热耗均大于顺序阀运行。由于顺序阀对应的调节级温度低于单阀对应的调节级温度，因此在汽轮机滑参数停机时为了获得较低的汽缸温度，一般采用顺序阀方式滑参数停机。对应现代大型汽轮机组，正常运行时均采用顺序阀方式，这种顺序阀实际上是一种"喷嘴＋节流"的复合配汽方式。

（二）负荷与主蒸汽压力的控制方式

1. 定压运行方式

定压运行方式是指汽轮机组在正常运行时保持额定主蒸汽压力、主蒸汽温度，仅通过调节汽阀调节汽轮机的进汽量和负荷。定压运行的汽轮机可根据调节汽阀的阀位采用单阀和顺序阀运行方式。汽轮机定压低负荷运行时，由于调节汽阀的节流，调节级压力比有明显的变化，导致效率降低，因此汽轮机定压低负荷运行时的相对内效率低于滑压运行。虽然定压运行时机组的循环热效率比滑压运行时高，但综合汽轮机相对内效率的降低，使定压运行的经济性低于滑压运行。以前带基本负荷的母管制机组，采用定压运行方式有较好的经济性和灵活性。现代大型机组均采用单元制，且参与调峰，因此现在已很少有定压运行的机组。

2. 滑压运行方式

为了保持节流调节在设计工况下效率较高的优点，同时又避免节流调节在部分负荷下损失大的缺点，大功率汽轮机往往采用滑压运行（调节）。所谓滑压运行（调节）是指汽轮机所有调节汽阀全开或保持一定开度，随着负荷的改变，调节锅炉的燃料量、空气量和给水量，使锅炉出口蒸汽压力（蒸汽温度保持不变）随负荷升降而增减，以适应汽轮机负荷的变化。因汽轮机压力随外界负荷增减而改变压力，故也称滑压运行为变压运行。

大容量汽轮机调峰时，采用滑压运行方式在安全性和负荷变化灵活性上都优于定压运行，一定条件下的经济性也优于定压运行。在部分负荷时采用滑压运行方式，使超临界机组在 50%～30% 额定负荷范围内的经济性提高 1%～3%。滑压运行还可根据调节汽阀的阀位采用单阀滑压运行方式或顺序阀滑压运行方式。在生产实践中，滑压运行方式又分为纯滑压运行方式、节流滑压运行方式、复合滑压运行方式三种。

（1）纯滑压运行方式。不论采用节流调节还是喷嘴调节设计的机组，采用纯滑压运行方式时，在整个负荷变化范围内，所有调节汽阀均处于全开位置，完全依靠锅炉调节燃料改变出口蒸汽压力和流量,以适应负荷变化。这种滑压运行方式能提高机组低负荷下的热效率,具有较高的热经济性。但由于调节汽阀全开,无调节余地,锅炉从输入空气、燃料到蒸汽压力、流量的变化存在着一个时滞,在负荷变化时,功率出现滞后现象,负荷的适应性变差,因此大型机组调峰运行一般不采用此运行方式。在一些参与调峰,但负荷变化不大的自备电厂晚上低负荷运行时还采用此运行方式。

(2)节流滑压运行方式。为了弥补机组纯滑压运行时负荷适应性差的缺点,采用节流滑压运行方式。节流滑压运行方式是在正常运行情况下,汽轮机调节汽阀不全开,留 5%～15%的开度。当负荷突然升高时开大调节汽阀,以适应负荷变化的需要,待负荷增加后,蒸汽压力上升,调节汽阀重新恢复原来的开度。当负荷突然降低时,关小调节汽阀进行调节,这就可避免锅炉热惯性对负荷迅速变化的限制。显然,这种运行方式由于调节汽阀经常处于节流状态,存在一定的节流损失,降低了机组经济性。

(3)复合滑压运行方式。这是将滑压运行与定压运行相结合的一种运行方式。在高负荷范围内进行定压运行,用调节汽阀来调节负荷。此时汽轮机组初压较高,机组循环热效率高,且与设计值偏离不远,汽轮机相对内效率也较高;低负荷区域内仅关闭 1～2 个调节汽阀,其余调节汽阀全开进行滑压运行,负荷突然增减时可通过调节汽阀进行调节。在滑压运行到最低负荷点以下(如 25%～50%额定负荷)又进行初压水平较低的定压运行,以免经济性降低太多。复合滑压运行是目前机组调峰最常用的运行方式,它使机组在变负荷区域内有较高的经济性。例如,国产 200、300MW 机组一般在 90%额定负荷以上采用额定压力的定压运行;在 40%～90%额定负荷运行时锅炉进入滑压运行,主蒸汽温度保持额定值,主蒸汽压力随负荷的降低而降低;在 40%额定负荷以下运行时采用定压运行方式。国产 600MW 超临界机组(增容后的 630MW 及 660MW 机组)一般滑压运行区间为 30%～90%额定负荷;1000MW 超超临界机组的滑压运行区间为 37%～88%额定负荷。一般机组正常运行都在 50%负荷以上,机组正常运行方式也可综合为:50%～90%负荷区间采用滑压运行方式,90%～100%负荷区间采用额定参数的定压运行方式,即大型汽轮机在正常运行工况下多采用"滑一定"的运行方式;50%负荷以下的运行一般在机组启动阶段或机组深度调峰时才能遇到。

(三)汽轮机组的负荷控制方式

随着电网的扩容、电网结构的变化,对并网机组的灵活性、可靠性、负荷控制水平有了新的要求。现代大型汽轮机的运行方式受锅炉、发电机及电网运行方式的影响,其负荷的控制方式已提高到一个全新的水平。现在的 1000、600MW 机组大多采用自动发电量控制 AGC(自动发电控制)系统,调度的 EMS(能量管理系统)根据电网频率、机组出力、省际交换功率等实时信息计算出受控机组的出力指令,经远动通道下发到机组中。在 AGC 运行方式下,机组接受调度的 AGC 指令直接作为机组协调控制系统(coordination control system,CCS)的负荷指令,CCS 根据机组给定的滑压运行曲线,自动给定主蒸汽压力定值,锅炉根据此压力与实际压力的偏差对锅炉的风量、燃料量、给水量进行调整,从而适应汽轮机对主蒸汽压力和负荷的要求。

单元机组负荷的控制一般有四种方式,即基本控制(base)方式、机跟炉(turbine follow,TF)控制方式、炉跟机(boiler follow,BF)控制方式和机炉协调控制方式、AGC 方式。除以上控制方式之外,还有一种功率闭环控制系统(digital electric hydraulic control system，DEH），仅通过 DEH 功率回路，负荷低时开大调节汽阀，负荷高时关小调节汽阀，保持汽轮机负荷的稳定。

（1）基本控制方式是汽轮机、锅炉都在手动控制方式。锅炉的燃料量、风量依靠运行人员手动增减，汽轮机依靠手动启闭调节汽阀来控制负荷的一种方式。基本控制方式，大大增加了运行人员的工作量，对运行人员的操作水平有较高的要求，且难度较大，因此，该控制方式在大型机组中已不多见，仅在锅炉煤质差、CCS 故障或事故处理情况下采用。

（2）机跟炉（TF）控制方式是锅炉主控在手动方式、汽轮机主控在自动方式。机组运行在机跟炉控制方式下，汽轮机主控根据主蒸汽压力设定值与主蒸汽压力的偏差，改变汽轮机高压调节汽阀的开度，维持汽轮机侧主蒸汽压力等于设定值。机跟炉控制方式，能保持锅炉蒸汽压力的稳定，但负荷响应慢，负荷波动大，仅用于基本负荷机组或刚投入运行的机组，采用这种控制方式可保持机组有稳定的蒸汽压力，为机组稳定运行创造条件。

（3）炉跟机（BF）控制方式是汽轮机主控在手动方式、锅炉主控在自动方式。机组运行在炉跟机控制方式下，负荷变化时汽轮机手动启闭调节汽阀以适应负荷的变化，锅炉主控根据主蒸汽压力设定值与主蒸汽压力偏差，改变燃料量和给水流量，使蒸汽压力变化。由于汽轮机动态特性反应速度快，且能充分利用锅炉的蓄能，故这种控制方式的负荷适应性好，对负荷要求指令可做出快速响应，但蒸汽压力动态偏差大，锅炉受到的扰动大。炉跟机控制方式一般适应带变动负荷的调峰机组，或当汽轮机侧有故障时采用这种控制方式。

（4）机炉协调控制方式是机组正常运行时锅炉、汽轮机主控均在自动控制方式。协调控制系统一般以炉跟机为基础，目标负荷指令由运行人员手动设定，主蒸汽压力指令由运行人员手动设定或由 CCS 根据滑压运行曲线自动给出。汽轮机主控控制负荷，锅炉主控控制主蒸汽压力，当主蒸汽压力偏差过大时，汽轮机主控协助锅炉控制压力。采用机炉协调控制方式，可以在调节过程中保持蒸汽压力稳定，且能利用锅炉蓄热，使单元机组能较快地适应负荷的变化，因而使机组的运行工况比较稳定，且负荷适应性好，是目前大型汽轮机普遍采用的控制方式。

（5）AGC 方式是指调度下达的指令经远动通道下发到机组 CCS，作为 CCS 的负荷控制指令，通过 CCS 直接调整汽轮机负荷。采用 AGC 方式时，机组的目标负荷指令由调度控制系统给定，值班员不能进行干预。主蒸汽压力的指令则是根据负荷指令及与机组滑压运行曲线对应的主蒸汽压力直接给出或由运行人员手动给出，通过调整锅炉的燃料量、给水量、风量，协调汽轮机 DEH 保证主蒸汽压力与当时的负荷相对应，从而保证负荷在调度要求的范围内，按照滑压运行曲线运行在最经济工况下。

现代大功率汽轮机正常运行采用顺序阀下的"喷嘴＋节流"的复合滑压运行方式，负荷控制方式采用机炉协调控制方式或 AGC 方式。

二、汽轮机运行中的监督

汽轮机运行中需监督的参数较多，除对日常设备运行的基本参数进行监督外，还应对机组经济运行影响较大的参数进行重点监督。正常运行中汽轮机的监督项目应该是对机组的经济性影响大，且能看得见、可调整的项目。例如，汽轮机热耗率及高、中压缸效率虽然是应该监督的项目，但这些参数需通过热力试验才能获得，且热耗率是建立在机组其他参数的基础上的，而高、中压缸效率除了进汽参数可控外尚无其他可控手段。结合生产实际，机组正常运行监督的主要参数有主蒸汽温度、再热蒸汽温度、主蒸汽压力、汽轮机监视段压力、给水温度、加热器端差、凝汽器真空，以及真空严密性、凝汽器端差、循环水温升、凝结水过冷度、真空泵电流、冷却塔性能、疏放水系统阀门内漏等。这些参数和项目对机组的安全及经济运行有着直接影响，因此其成为运行人员和管理人员节能监督的重点。

（一）主、再热蒸汽温度的监督

汽轮机主、再热蒸汽温度是决定汽轮机安全、经济运行的主要参数之一，由于主、再热蒸汽温度对汽轮机的影响基本一致，因此将两者放到一起讨论。任何负荷下汽轮机都应尽可能在设计的主、再热蒸汽温度下运行，以使汽轮机效率最高。在实际运行中，主、再热蒸汽温度的影响因素较多，且对汽轮机的安全运行有较大影响，对主、再热蒸汽温度的监控应引起足够重视。如果主、再热蒸汽温度升高超过允许范围，将使工作在高温区域的调节级处或中压缸进汽处的金属材料强度下降，缩短汽轮机的使用寿命，甚至会出现隔板超温变形现象。如果主、再热蒸汽温度降低，不但会引起煤耗增加，机组效率降低，而且因汽轮机末几级叶片的湿汽损失增加，会对叶片的水蚀作用加剧。如果主、再热蒸汽温度降低过快，还会使汽轮机进汽部分受到急剧冷却，而引起汽轮机动、静部分间隙消失，造成汽轮机磨损、振动。

正常运行中，主、再热蒸汽温度对机组的经济性影响较大。例如，引进型 300MW 机组，主蒸汽温度每降低 1℃，热耗约增加 2.513kJ/kWh；再热蒸汽温度每降低 1℃，热耗约增加 2.116kJ/kWh；660MW 超超临界机组，主蒸汽温度每降低 1℃，热耗约增加 2.346kJ/kWh；再热蒸汽温度每降低 1℃，热耗约增加 1.26kJ/kWh。不同型号的机组其影响差别不大，应根据制造厂给出的主蒸汽及再热蒸汽的修正曲线进行计算后确定。

主、再热蒸汽温度的监督标准：300MW 机组主、再热蒸汽温度要求分别为 535℃（东汽日立）和 538℃（哈汽、上汽西屋机组）；600MW 超临界机组的主、再热蒸汽温度要求分别为 566℃（东方日立）；600MW 超超临界机组的主、再热蒸汽温度要求分别为 600℃（上汽西门子）；1000MW 超超临界机组的主、再热蒸汽温度要求分别为 600℃（东汽日立）。主、再热蒸汽的允许偏差对应高压及超（超）临界机组均为 5、—10℃。

对于主、再热蒸汽的控制，除与锅炉的特性、蒸汽温度控制系统有关外，还与运行人员的操作水平及积极性有极大的关系。所以，主、再热蒸汽温度成为运行人员班组耗差和小指标竞赛的主要内容。

（二）主蒸汽压力的监督

汽轮机的主蒸汽压力是指靠近主汽阀前的蒸汽压力，主蒸汽压力是决定汽轮机运行经济性的主要参数之一。如果主蒸汽压力降低，蒸汽比体积将增大，此时即使调速汽阀的开度不变，主蒸汽流量也要减小，机组带负荷能力下降。主蒸汽压力降低过多，会使汽轮机不能保持额定出力，汽轮机的出力受到限制，且使机组的循环热效率降低，影响机组的整体经济性。主蒸汽压力增加，可使机组的热耗和煤耗减少，对机组运行的经济性有利。如果主蒸汽压力升高超过允许范围，将引起调节级叶片过负荷，造成汽轮机主蒸汽管道、蒸汽室、主汽阀、汽缸法兰及螺栓等部件的应力增加，对管道和阀门的安全不利；主蒸汽压力升高还会使汽轮机末几级叶片蒸汽的干度降低，湿汽损失增加，并影响叶片寿命。滑压运行的机组，主蒸汽压力偏离滑压运行曲线，也会造成经济性降低。因此，主蒸汽压力不能太高和太低，必须在一定范围内才能保证机组运行的安全和经济性。

定压运行中，主蒸汽压力对机组的经济性影响较大。例如，300MW 引进型机组，主蒸汽压力每降低 0.1MPa，煤耗约增加 2.853kJ/kWh；660MW 超超临界机组，主蒸汽压力每降低 0.1MPa，煤耗约增加 2.526kJ/kWh，不同型号的机组根据制造厂给定的修正曲线计算获得。

主蒸汽压力的监督标准：对于高压、超高压和超临界机组，定压运行机组的主蒸汽压力平均值不低于额定压力 0.2MPa；滑压运行机组的主蒸汽压力可按设计或试验确定的滑压运行曲线（或经济阀位）确定，一般不超过对应曲线最佳值的±0.1MPa。

现代大型机组随着自动控制水平的提高，主蒸汽压力控制一般采用自动控制方式，运行人员只需在协调控制系统上设定锅炉压力，或者根据机组滑压运行曲线和机组的设定负荷，协调控制系统自动给出主蒸汽压力设定值，并由协调控制系统自动根据负荷或主蒸汽压力偏差给锅炉发出燃料量、风量的控制指令，保证机组滑压运行时负荷与主蒸汽压力的对应关系。一些老型的 600、300MW 机组仍采用手动控制，这与运行人员的操作水平和积极性有很大关系，因此需要在节能管理中进行耗差或小指标竞赛，以保证运行参数的经济性。

（三）汽轮机监视段压力的监督

根据弗留格尔公式，在凝汽式汽轮机中，调节级汽室压力和各段抽汽压力与蒸汽流量成正比，因此汽轮机在运行过程中可根据调节级汽室和各段抽汽压力的变化来监视通流部分工作是否正常，习惯上把汽轮机调节级压力及各段抽汽压力称为监视段压力。

当主蒸汽压力、再热蒸汽压力和排汽压力正常时，调节级压力和汽轮机负荷近似成正比关系。根据这一正比关系，可以近似核对汽轮机功率和限制负荷。一般情况下，制造厂根据热力计算结果，给出额定负荷、75%负荷、50%负荷时蒸汽流量与各监视段的蒸汽压力值。汽轮机正常运行时，根据制造厂提供的热力数据和在安装或大修后通流部分在各负荷段实测的监视段压力，求得负荷、主蒸汽流量与监视段压力的关系，以此作为监督标准。表 4-1 为国产 200～1000MW 汽轮机在 TRL（铭牌工况）或 THA（热耗验证工况）工况时的各监视段压力。

表 4-1　　　　　国产 200～1000MW 汽轮机在 TRL 或 THA 工况时各监视段压力

工况	功率（MW）及厂家	调节级压力（MPa）	各段抽汽压力（MPa）							
			1	2	3	4	5	6	7	8
THA	200（东汽供热）	9.858	3.85	2.55	0.686	0.422	0.235	0.146	0.048	无
THA	300（东汽日立）	11.738	5.65	3.47	1.64	0.83	0.485	0.269	0.141	0.066
THA	300（哈汽西屋）	11.4	5.82	3.58	1.65	0.829	0.352	0.13	0.059	0.022
TRL	660（上汽西门子）	全周进汽	7.91	5.95	2.78	1.31	0.593	0.261	0.044	0.021
THA	630（东汽日立）	19.2	7.04	4.66	2.25	1.13	0.383	0.207	0.105	0.047
THA	1000（东汽日立）	20.11	8.17	4.69	2.26	1.105	0.637	0.358	0.167	0.076

汽轮机监视段压力可用于检查其通流部分有无部件损坏或者结垢等故障。如通流部分严重结垢，则通流面积减小，其前面监视段压力增大，而后面各监视段压力减小。如果通流部件损坏（如叶片损失变形或脱落等），也会使监视段压力升高。现代大型汽轮机，对蒸汽品质要求严格，很少出现通流部分结垢现象，监督监视段压力的主要目的是看通流部分工作是否正常。例如，某电厂 300MW 汽轮机运行中发现高压缸排汽压力升高 0.2MPa，停机揭缸

后发现为高压缸最后一级动叶叶片脱落所致。

对于易结垢的机组，应注意监视段压力增长率 Δp，其表达式为

$$\Delta p = \frac{(p_2 - p_1)}{p_1} \times 100\%$$

式中　p_1、p_2——某监视段在某一定负荷下通流部分安装或大修后的监视段压力和现在的监视段压力。

汽轮机监视段压力的监督标准：由于汽轮机监视段压力变化较慢，需要每周或每旬在固定负荷下进行记录，通过长期对比，发现机组通流部分的运行是否异常。一般规定，冲动式汽轮机的允许监视段压力增长率 Δp 为 5%，反动式汽轮机的允许监视段压力增长率 Δp 为 3%。若汽轮机运行过程中，监视段压力增长率 Δp 超过规定值，则应采取措施进行处理。如果分析后认为是通流部分结垢引起的，应进行清洗；如果是通流部分损坏引起的，应当及时申请停机并检查修复，暂时不能停机修复时，应把机组负荷限制到与监视段压力相应的允许范围内，以保证机组安全运行。

（四）给水温度的监督

给水温度是指汽轮机最后一个高压加热器的出口水温，也叫最终给水温度，一般以装在锅炉给水母管上的给水温度为准。各个加热器出口均有一个对应于该加热器的给水温度，在正常运行中也应该监督各个加热器出口的给水温度，以确定各个加热器的给水温升。随着负荷的变化，加热器出口的给水温度可以改变，但加热器的温升在不同负荷时变化不大，是反映该加热器运行是否正常的一个参数。例如，某电厂曾出现过 2 号高压加热器温升不足，仅有 7℃左右，比其他加热器少 15℃左右，而 1 号高压加热器出口的最终给水温度与设计温度差别不大（这是因为 1 号高压加热器抽汽量增加的结果），最终经检查发现为 2 号高压加热器到除氧器的空气阀的节流孔堵塞所造成。

给水温度的监督标准：汽轮机额定负荷时对应的给水温度一般称为额定给水温度。由于机组调峰，汽轮机采用滑压运行方式，给水温度在不同负荷时应有一个对应值。应根据制造厂热力计算书查出部分负荷下的给水温度，或根据机组移交后热力试验得到不同负荷对应的给水温度值，绘制出给水温度与负荷的关系曲线，作为机组不同负荷的给水温度标准。机组带额定负荷时，给水温度、各个加热器的给水温升应接近额定值，否则应分析其原因，在检修时解决。

锅炉给水温度改变时，不仅会引起燃煤量的改变，还会引起锅炉排烟温度的改变，从而影响锅炉效率，最终导致煤耗率的改变。国产亚临界 300MW 机组给水温度每下降 10℃，煤耗会增加 0.95g/kWh。给水温度降低最极端的情况是高压加热器退出，所以保证高压加热器的投入率是提高给水温度的前提。

（五）加热器端差的监督

大型机组的高、低压加热器疏水采用逐级自流方式，高压加热器疏水逐级自流至除氧器，低压加热器疏水逐级自流至凝汽器，因此高、低压加热器基本都有过热蒸汽冷却段、凝结段和疏水冷却段。加热器端差是指加热器进口压力下的饱和温度与水侧出口温度的差值，即加热器的给水端差，也称上端差；加热器的疏水端差是指加热器疏水温度与水侧进口温度的差值，也称下端差。

加热器端差的监督标准：由于有过热蒸汽冷却段，高压加热器的上端差一般为 -2～

0℃，下端差一般为 2～5℃；低压加热器的上端差一般为 2～3℃，下端差为 3～5℃。如果超出此范围过多应查找原因，调整解决或在停机后处理。加热器上下端差变化 10℃ 对汽轮机热耗的影响见表 4-2 和表 4-3。

表 4-2　　　　　　　　加热器上端差变化 10℃ 对汽轮机热耗的影响

机组	单位	1 号高压加热器上端差	2 号高压加热器上端差	3 号高压加热器上端差	5 号低压加热器上端差	6 号低压加热器上端差	7 号低压加热器上端差	8 号低压加热器上端差
哈汽 300MW	kJ/kWh	13.54	8.83	11.72	11.04	11.8	8.31	9.24
上汽 300MW	kJ/kWh	16.79	12.01	8.75	11.8	12.1	8.2	9.79
	%	0.211	0.151	0.11	0.149	0.1528	0.1039	0.123
上汽 600MW	kJ/kWh	18.5	9.7	9.9	11.3	9.7	7.3	10.9
	%	0.2375	0.125	0.1277	0.1456	0.1243	0.0934	0.1405
东汽 1000MW	kJ/kWh	17.0	9.7	7.3	6.4	7.3	6.0	9.5
	%	0.2312	0.1319	0.0993	0.087	0.0993	0.0815	0.1292

表 4-3　　加热器下端差变化 10℃ 对热耗的影响

机组	单位	1 号高压加热器下端差	2 号高压加热器下端差	3 号高压加热器下端差	5 号低压加热器下端差	6 号低压加热器下端差	7 号低压加热器下端差	8 号低压加热器下端差
哈汽 300MW	kJ/kWh	0.77	2.32	2.93	0.72	0.84	1.37	2.42
上汽 300MW	kJ/kWh	0.8	2.3	2.9	0.7	0.8	1.4	1.7
	%	0.0103	0.0287	0.0371	0.0093	0.0105	0.0177	0.0218
上汽 600MW	kJ/kWh	0.9	2.0	3.3	0.5	0.6	2.7	0
	%	0.0112	0.0263	0.0422	0.0063	0.0079	0.00348	0
东汽 1000MW	kJ/kWh	1.2	1.7	3.0	0.3	0.8	1.2	1.2
	%	0.0163	0.0231	0.0408	0.00408	0.00108	0.0159	0.0299

按端差产生的原因，加热器端差可分为两种：一种是因为表面式加热器金属的性质及换热面积限制，而存在固有的端差，根据加热器设计制造时确定，称为设计端差。另一种是因为加热器的加热及换热条件改变造成的端差，如加热器内部存在的不凝结气体、给水温度、加热器管束脏污、加热器水室管板或给水旁路存在漏流造成的端差，称为实际端差，实际端差明显要大于设计端差。

加热器端差受加热器的换热面积、换热系数和给水流量的影响，换热面积减小，端差增大；换热系数增大，端差减小；给水流量增大，端差增大。给水流量以满足锅炉需要为前提，所以给水流量不能作为端差的控制手段。通过加热器管束表面脏污、加热器水室管板泄漏、加热器排空气不畅、加热器管束部分因泄漏被堵、加热器抽汽存在节流、加热器旁路阀泄漏等影响加热器的因素，来判断加热器工作是否正常，以便为加热器检修提供依据，但不能作为控制加热器正常运行时的手段。加热器水位是影响加热器端差的最主要因素，也是加热器投入正常运行后有效可靠的控制手段。加热器水位过高，淹没一部分有效换热面积，减小了给水温升，加大了加热器端差；如果水位太低，疏水冷却段被淹没的管排就少，使疏水冷却面积不足，加热器出口疏水温度升高，下端差增大；如果水位继续降低，还会使加热器疏水冷却段的水封被破坏，疏水会在此处汽化，产生汽液两相流，从而使疏水冷却段的管束和疏水管道的弯头损坏。因此，运行中加热器水位应控制在一个稳定的范围内，使加热器上、下端差都较小。加热器水位一般采用平衡容器测量原理，有时会存在显示不准的现象，加热器疏水阀依据水位进行控制，容易造成加热器下端差较大，此时应以加热器下端差来判断水位是否准确。

（六）凝汽器真空及真空度的监督

凝汽器真空是凝汽式电厂热力循环的终参数，真空的高低对汽轮机的运行经济性有直接的影响。真空高，排汽压力低，有效焓降大，被循环水带走的热量越少，机组效率越高。排汽背压是凝汽器喉部排汽的绝对压力，是真空的一种表现形式。安装于不同地理位置的汽轮机的真空应根据当地大气压折算为绝对压力即背压后才具有比较性。真空度是指汽轮机凝汽器的真空与当地大气压的百分数，也是比较不同地理位置汽轮机的真空的一个参数。

国产亚临界 300MW 机组，真空每降低 1kPa，热耗约增加 98.32kJ/kWh，煤耗约增加 3.68g/kWh，这说明真空对汽轮机热耗和煤耗的影响不容小觑。对应不同的机组可根据制造厂给定的真空与热耗的修正曲线或修正公式求得。一般情况下，真空每降低 1kPa，或者近似地，真空每下降一个百分点，热耗增加 0.6%～0.7%，发电煤耗增加 0.6%～0.7%，功率降低约为 1%。

真空的测量：通常在每个凝汽器喉部四个方位安装一次测量元件，一次测量元件一般采用网笼探头，将测量的一次表管并联，以测定平均真空值。对于双背压式凝汽器，先求出各凝汽器排汽压力对应下的饱和温度的平均值，再根据饱和温度对应的排汽压力折算成真空值。

真空的监督标准：真空值应不小于相应设计循环水温度对应下真空的 0.8kPa。例如，国产某 300MW 汽轮机在设计循环水温度 20℃ 下的背压为 5.39kPa，按当地大气压（101kPa）计算，汽轮机设计真空为－95.61kPa，如果真空低于－94.81kPa，就认为汽轮机真空低于标准。

真空度的监督标准：对于闭式循环冷却水系统，统计期内凝汽器真空度平均值不低于 92%；对于开式循环冷却水系统，统计期内凝汽器真空度平均值不低于 94%。

夏季循环水温度往往高于设计温度（20℃），真空达不到设计值，此时应多启动循环水泵增加循环水量，根据最佳真空来确定循环水泵的运行方式；冬季循环水温度低时，应根据机组的极限真空来调整机组的真空。所谓极限真空是指汽轮机做功达到最大值的排汽压力对应的真空，此时如果真空再升高，蒸汽将会在末级叶片排汽口处自由膨胀形成汽阻，反而影响到经济性。汽轮机的极限真空一般在做热力试验时给出，例如国产某 300MW 机组的经济真空对应的背压为 5.39kPa，热力试验确定的极限真空对应的背压为 3.4kPa。冬季在循环水量已是最小的情况下，可通过开启防冻水阀将两个冷却塔合并等方式提高循环水温度，从而降低真空。

（七）真空严密性的监督

真空系统严密性是指真空系统的严密程度，以真空下降的速度表示。真空下降的速度是指凝汽器真空系统在抽气设备停止抽气的情况下凝汽器真空的下降速度，单位为 Pa/min 或 kPa/min。真空下降的速度是衡量不凝结气体漏入真空系统多少的参数。如果真空严密性差，有不凝结气体进入凝汽器，则降低了凝汽器的传热系数，增加了凝汽器端差和过冷度，增加了抽气设备的负担，最终会使机组的真空降低，从而影响机组的经济性。另外，真空系统漏入空气后，由于空气的分压力升高，将会使凝结水中的溶解氧量增加，加快了机炉设备的腐蚀速度。

真空严密性试验是验证汽轮机真空严密性的试验，试验时，汽轮机应稳定在 80％额定负荷以上，停运真空泵，30s 后开始记录，记录 8min，取其中后 5min 内的真空下降值，计算每分钟的真空平均下降值。

真空严密性的监督标准：对湿冷机组，100MW 及以上容量的机组真空下降速度不超过 270Pa/min 为合格。100MW 以下容量的机组真空下降速度不高于 400Pa/min。根据《塔式炉超临界机组运行导则　第 2 部分：汽轮机运行导则》（DL/T 332.2—2010），真空平均下降速度 100Pa/min 为优秀，200Pa/min 为良好，400Pa/min 为合格。真空严密性试验至少每月进行一次，机组大小修后也要进行真空严密性试验；停机时间超过 15 天时，机组投运后 3 天内应进行真空严密性试验。

通过对国产引进型 300MW 机组进行真空严密性试验及计算，真空下降速度每增加 0.1kPa/min，凝汽器真空降低约 0.116kPa，发电煤耗会增大 0.23g/kWh。

真空系统检漏方法：一般采用停机后真空系统灌水查漏和运行中氦质谱、卤素等查漏方法解决，随着汽轮机及系统制造、安装质量的提高，大型机组很少出现真空严密性不合格的现象，但也应该每月做一次真空严密性试验，监督真空系统是否正常。发现真空严密性不合格或与上一次相比漏气量有所增加，应分析原因，找出真空系统的漏点，以提高机组的真空严密性。

正常运行中，真空系统漏入的空气量与真空泵的抽吸量平衡。如果真空严密性合格，增启一台备用真空泵，真空不会提高；如果真空严密性不合格，有大量空气漏入真空系统，增启备用真空泵，真空会有较大程度的升高。如果夏季真空低，做真空严密性试验有风险，可通过增启备用真空泵的方法对真空严密性进行检验，不过此方法仅作为检验真空严密性的一种经验快捷手段，不作为真空严密性试验的考核标准。根据多年运行经验，如果启动备用真空泵真空能提高 0.2kPa，此时真空严密性试验结果接近 650kPa/min；如果启动备用真空泵真空能提高 0.5kPa/min，此时真空严密性试验结果接近 800kPa/min；如果启动备用真空泵真空能提高 0.8～1kPa/min，此时真空严密性试验结果接近 900～1100kPa/min。

（八）凝汽器端差、循环水温升、凝结水过冷度、真空泵电流的监督

凝汽器端差、循环水温升、凝结水过冷度、真空泵电流这四个参数反映凝汽器及抽真空设备的运行情况，将最终影响汽轮机的真空，通过这四个参数的相互对比能判断真空系统存在的故障。

1. 循环水温升的监督

循环水温升是循环水出水温度与进水温度的差值，即循环水流经凝汽器后温度的升高值，表明循环水在凝汽器的加热程度。闭式循环冷却水系统中的循环水温升与冷却塔的冷却温差相对应，在循环水进水温度不变的情况下，循环水温升与机组负荷成正比，与循环水量成反比。在实际运行中，常用循环水温升综合判断循环水量在对应负荷下是否充足。循环水温升大说明循环水量相对于负荷偏小，应通过启动循环水泵、提高循环水泵转速等方法来增加循环水量；循环水温升小说明循环水量相对于负荷充足，此时应根据确定的最佳真空，停运循环水泵或降低循环水泵转速来减少循环水量，以提高机组运行的经济性。

循环水温升的监督标准：循环水温升没有一个统一的监督标准，设计值一般为 8.5～10℃，运行中一般为 9～16℃。在机组运行实践中，循环水温升超过 11℃，可认为循环水量相对不足；循环水温升低于 7℃，就可认为循环水量相对充足。冬季在循环水进水温度偏低的情况下，为保持最佳真空及机组运行的经济性，循环水温升有时达到 16℃ 以上，这时应根据最佳真空度来确定循环水量。

循环水温升对机组经济性的影响，最终会体现在真空对机组耗差的影响上。循环水温升变化影响热耗的幅度与循环水进水温度变化完全相同，因此循环水温升每变化 1℃，发电煤耗会升高 0.5～1g/kWh。

2. 凝汽器端差的监督

凝汽器端差是指汽轮机排汽压力下的饱和温度与凝汽器冷却水出口温度之差。对于双背压式凝汽器，应分别计算各凝汽器的端差。

由于凝汽器端差与冷却水进口温度成线形关系，因此凝汽器端差每变化 1℃，相当于冷却水进口温度变化 1℃，凝汽器传热端差每增加 1℃，凝汽器真空下降 0.33kPa，热耗变化 0.2%，发电煤耗变化 0.53g/kWh。

凝汽器端差的监督标准：现代大型凝汽器在设计负荷下所能达到的最小传热端差为 1～5℃，一般为 3～10℃，双流程或多流程凝汽器可取 3～6℃，单流程可取 4～9℃。凝汽器端差因受循环水进水温度、机组运行负荷、真空系统的严密性，以及凝汽器冷却管的脏污程度等因素的影响，其控制范围较大。可根据循环水温度制定不同的考核标准：当循环水温度不超过 14℃ 时，凝汽器端差不大于 9℃；当循环水温度大于 14℃，且小于 30℃ 时，凝汽器端差不大于 7℃；当循环水温度大于或等于 30℃ 时，凝汽器端差不大于 5℃；背压供热机组对端差不要求。

3. 凝结水过冷度的监督

汽轮机排汽从低压缸排汽到抽气口的流动过程中，不可避免地会产生流动阻力，常常使抽气口的绝对压力小于凝汽器入口的绝对压力，从而形成凝汽器的汽阻，凝汽器汽阻的存在是凝结水产生过冷现象的原因；凝汽器中不凝结气体的分压力会使凝汽器蒸汽凝结时的饱和温度低于实际压力对应的饱和温度，也会产生凝结水的过冷现象。另外，上面凝汽器冷却水管的凝结水流到下面凝汽器冷却水管上，会再次被冷却，也会产生凝结水过冷现象。现代凝汽器通过采用合理的管束布置，减少凝汽器的汽阻和凝结水再冷却，同时采用回热蒸汽加热凝结水，能使凝结水过冷度减小，甚至没有过冷度。由于凝汽器运行时不凝结气体的增多或凝汽器水位过高，淹没一部分冷却水管，也会造成凝结水过冷度的增大，因此汽轮机运行中应监督凝结水的过冷度。凝结水过冷度是指凝汽器入口平均压力对应的饱和温度与凝汽器热水井出口水温之差，一般为 -1～2℃。

凝结水过冷度的存在，使凝结水温度低于凝汽器对应压力下的饱和温度，循环冷却水会带走更多的冷源损失，同时加热凝结水需更多的抽汽量，从而降低了回热系统的经济性及整个热力循环的经济性。凝结水过冷度还会使凝结水的含氧量增加，不但增加了除氧器的负担，还会使凝汽器等设备管道产生腐蚀，一般控制凝结水出口含氧量小于 30μg/L。通过《美国汽轮机性能试验规程》（ASME PTC6—2004）中凝结水过冷度修正曲线的计算，凝结水过冷度每变化 1℃，发电煤耗变化 0.037g/kWh。

凝结水过冷度的监督标准：凝结水过冷度采用凝汽器喉部温度而不是低压缸排汽温度与

凝汽器出水温度的差值来计算，因低压缸排汽到凝汽器喉部有一定的流动阻力，其温度也相差 2～3℃，而凝汽器喉部温度为真空测点的位置，能代表凝汽器对应压力下的饱和温度。在现代大型凝汽器中，凝结水过冷度一般不超过 0.5～3℃，回热式凝汽器为 0.5～1℃，非回热式凝汽器为 1～3℃。监督考核时要求统计期内凝结水过冷度平均值不大于 2℃。

正常投产运行的凝汽器，影响其凝结水过冷度的主要因素为不凝结气体及凝汽器水位，除此之外还有循环水进水温度、负荷变化、凝汽器补水等。现代大型凝汽器的补水一般通过喷嘴雾化后补入凝汽器喉部，一方面会降低排汽温度和容积有利于提高真空；另一方面会对新补入的除盐水进行加热、除氧，这种方式对凝结水过冷度影响很小。

4. 水环真空泵电流的监督

大型机组普遍采用水环真空泵作为抽真空设备，水环真空泵设计转速一般为 590r/min，水环真空泵的工作原理是利用真空泵叶轮旋转时，工作液在离心力的作用下形成旋转水环，水环在椭圆形泵壳内被压缩、抽吸、排气的周期过程而形成真空，在此过程中真空泵分配器上的阀片起关键作用，真空泵每运行一个周期，阀片开启关闭一次，所以也称真空泵的"呼吸阀片"。真空泵阀片为便于密封应采用软质材料，同时要求有一定的强度，不能被吸变形，一般采用聚四氟乙烯板。聚四氟乙烯板虽然有足够的强度和密封性，但在真空泵长期运行中也容易受交变应力而损坏，其损坏的直接结果是真空泵的抽吸能力降低，同时真空泵电流增加，刚损坏时会伴随着真空泵噪声的增大，阀片损坏严重时噪声也会消失。实际运行中，真空泵阀片损坏的现象比较常见，且往往是真空出现了较大程度的下降才会引起运行人员的注意，而电流是在此之前已增加，所以真空泵电流是比较直观的监视手段。另外，根据真空泵的运行特性，如果系统漏入较多的空气也会使真空泵电流增加。因此真空泵电流可以用来判断真空泵阀片是否损坏和真空系统严密性的变化，判断是否有大量空气漏入真空系统，这在生产实践中有十分重要的意义。

真空泵电流的监督标准：不同类型的机组，真空泵电流没有一个统一的监督标准。一般以不同类型机组真空泵正常运行的电流为基准，在此基础上，如果机组运行条件变化不大，真空泵电流增加 10～20A，就可判断为真空泵电流不正常。再根据一些辅助判断手段对真空系统进行诊断。如果伴随真空下降，真空泵噪声增大，真空泵工作液温度升高，启动备用真空泵真空升高 1～2kPa，就应该对真空泵阀片进行检查，确认真空泵阀片是否损坏；如果真空下降，没有出现真空泵噪声增大、真空泵工作液温度升高的现象，启动备用真空泵真空升高 1～2kPa，就可判断真空严密性变差。例如，国产 300MW 机组真空泵电流一般在 220A 左右，如果真空泵电流增加至 230A，同时凝汽器真空下降，工作液温度不正常地升高，可以判断为真空泵阀片故障。

实际运行中，凝汽器端差、循环水温升、凝结水过冷度、真空泵电流相互影响，常用这几个参数快捷地分析真空泵故障。在循环水进水温度一定的情况下，循环水温升是判断循环水量是否充足的依据，也用来判断循环冷却水系统工作是否正常。凝汽器端差和过冷度是判断真空严密性及真空泵运行是否正常的主要参数。如果凝汽器端差大，过冷度在正常范围内，真空严密性合格，可判断为凝汽器水管脏污或结垢；如果凝汽器端差大，同时过冷度也大，可认为凝汽器严密性不好或真空泵工作不正常。如果真空严密性合格，可通过真空泵电流与正常运行时的电流对比确定是否为真空泵阀片故障或冷却器脏污所致。凝汽器过冷度大，而端差无明显变化，其常见原因为凝汽器热水井水位高，淹没一部分冷却水管造成。

5. 冷却塔性能的监督

冷却塔的冷却效果决定着循环水进水温度的高低，也决定着机组真空的高低，直接决定着机组的经济性，循环水温度每升高 1℃，凝汽器真空约下降 0.34kPa，增加供电煤耗 0.82g/kWh。因此冷却塔的冷却效果不容忽视。

冷却塔的冷却幅宽是指循环水进入冷却塔的热水温度与被冷却后的出水温度之差，也称冷却塔的冷却温差，它是反映冷却塔冷却效果的一项指标。在冷却塔入口温度一定时，冷却温差越大，冷却塔冷却效果越好，冷却水温度越低。环境温度、空气湿度，以及冷却塔周围的风力、风向等自然条件都会影响冷却塔的冷却效果。如果能使冷却水温度降低 1℃，将使一台 300MW 机组（按利用小时数 5000h 计算）全年节约标准煤 1230t，其经济效益可观。

影响冷却塔冷却效果的因素除自然条件外，还与至冷却塔的循环水量有关，循环水量越大，淋水密度就越大，导致冷却塔冷却效果越差，冷却温差越小。冷却塔冷却温差与凝汽器的循环水温升相对应，循环水温升是在循环水进水温度不变的情况下，循环水进出水温度的差值，它与机组负荷、循环水量有关。冷却塔冷却温差，冬季一般为 9～15℃，夏季一般为 7～13℃。

衡量冷却塔冷却效果比较客观的指标是冷却塔的冷却幅高。在冷端系统管理好的发电厂，冷却塔周围四个方位应安装湿球温度计。湿球温度计测点布置在被测冷却塔的上风向，距冷却塔或塔群的进风口 30～50m 处，距地面 1.5～2m，并避免阳光直射。根据湿球温度计及冷却塔出水温度来判断冷却塔是否工作正常。在冷却塔中，由于平衡温度的存在，冷却水温度不可能达到空气的湿球温度，往往比湿球温度高。冷却塔出水温度与湿球温度的差值称冷却幅高，在逆流式冷却塔设计时一般取 3～5℃，所以冷却水温度应比湿球温度计高出 3～5℃为合格，它是监督冷却塔冷却效果的一个依据。

冷却塔的监督标准：在冷却塔热负荷大于 90％额定负荷，气象条件正常时，夏季测试的冷却塔出水温度不应大于大气湿球温度 7℃。一般情况下，应监视冷却塔出水温度比湿球温度高 5℃左右。

冬季应监督冷却塔是否结冰，必要时开启防冻水阀或采取其他防冻措施。平时应监督冷却塔是否有大股水流下，若冷却水成股流下，则减小了水流与空气的换热面积，严重影响了冷却塔的冷却效率。

6. 疏放水系统及阀门泄漏的监督

系统阀门泄漏是指阀门存在的外漏和内漏，外漏是指系统介质（蒸汽、水）通过阀门法兰、盘根及焊口等位置，漏到热力系统外。内漏是指介质通过阀门阀芯漏过，如果疏放水至疏水联箱或凝汽器，则介质仍在热力系统内；如果疏放水至地沟，则和外漏一样会造成介质流出热力系统。

疏放水系统阀门泄漏对机组的经济性影响较大，内漏仅存在能量的损失，外漏不仅存在介质的流失，还存在能量的损失。高参数的疏水阀内漏，如主汽阀前疏水阀、高压导管疏水阀、主汽阀阀壳疏水阀，以及高压缸排汽止回阀前后疏水阀、中压联合调节汽阀前疏水阀、中压联合调节汽阀阀壳疏水阀及抽汽止回阀前后疏水阀等的内漏，使高品位蒸汽直接进入凝汽器，不仅造成高位能的损失，而且造成凝汽器的热负荷增加，降低汽轮机真空；疏水扩容器喷水降温时还会造成凝结水泵电流的增加。在实际运行中，高、低压旁路系统阀门也同样存在内漏现象，但由于高、低压旁路为保证热备用，往往未受到重视。凝结水系统、给水系统阀门的内漏会造成凝结水泵、给水泵耗电量及耗汽量的增加。凝结水泵常见的内漏阀门是凝结水再循环旁路电动阀、低压缸喷水电动阀、低压旁路减温水阀等，给水系统常见的内漏阀门是给水泵的最小流量阀。凝结水系统的阀门内漏不仅会造成凝结水泵电流的增加，还会造成凝结水系统出力不足，在夏季高负荷时，凝结水量满足不了机组带满负荷的要求。高、低压加热器水侧旁路阀的内漏，会造成加热器出口水温降低，加大加热器的端差，影响回热循环的经济性。

疏放水系统阀门内漏时对系统经济性的影响，应根据其泄漏量确定。凝结水、给水系统阀门内漏容易通过泄漏前后的对比确定其对经济性的影响。例如，凝结水泵再循环阀门内漏，在关闭其手动阀后，凝结流量减小值及凝结水泵电流的降低值都可定量进行分析。

疏放水系统阀门内漏的监督关键是应该建立查漏机制，每月定期对阀门进行测温，利用红外线技术对阀门的泄漏情况进行检查。确定阀门泄漏后应在不影响机组安全的情况下，关闭其手动阀或一次阀，如果确认阀门阀芯损坏，应待停机后对阀门进行解体检修或更换新的阀门。阀门在操作之后容易出现泄漏，应在机组启动后或停机前集中对阀门的内漏进行检查，以确定阀门的泄漏情况。疏放水系统阀门如果在没有关到位的情况下，其阀门阀芯在蒸汽的冲刷下，几个小时就会使阀门阀芯损坏，容易造成阀门永久泄漏，所以机组启动后应检查系统，将没有关到位的阀门关闭到位，是减少阀门泄漏的措施之一。

第二节　汽轮机滑压运行优化与调整

一、汽轮机滑压运行的优点

1. 提高机组的经济性

滑压运行时，汽轮机调节汽阀全开或保持一定阀位，减少了调节汽阀的节流损失，同时低负荷时，因蒸汽温度不变，蒸汽体积流量基本不变，调节级前后压力比在变工况时与设计工况差不多，其他各级（末级除外）压力也基本不变，所以蒸汽流在叶片内流动偏离设计值小；变工况时，汽缸效率变化不大，同时高、中压缸的漏汽损失、末几级叶片的湿汽损失小，也有利于汽缸效率的提高，所以汽轮机的相对内效率提高。通过热力试验，滑压运行的高、中压缸效率随着主蒸汽压力的降低而提高。虽然滑压运行会使机组的循环热效率下降，但只要选择合适的主蒸汽压力，仍会使机组的整体经济性得到提高。滑压运行时，给水泵的功耗及采用变频调节的凝结水泵功耗也降低，与定压运行相比，大大节省了厂用电和厂用蒸汽，降低了供电煤耗。

2. 适应负荷变动和调峰

滑压运行时，主、再热蒸汽温度基本不变，汽轮机高温部件的温度变化较小，不会引起汽缸和转子过大的热应力、热变形。负荷变动时，通过改变主蒸汽压力或主蒸汽压力和调节汽阀同时对负荷进行调节，所以负荷适应性好，更有利于机组调峰运行。

3. 提高机组的可靠性，延长使用寿命

滑压运行时，主蒸汽温度基本不变，再热蒸汽温度变化较小，使机组各部件的温差和热应力也相应减小。低负荷时，承压部件压力降低，也降低了机械应力。随着负荷和主蒸汽压力的降低，汽轮机的排汽湿度也会降低，不仅提高了末级叶片的效率，也减少了对末级叶片的水蚀。这些因素使机组的安全可靠性得以提高，延长了机组的使用寿命。

二、滑压运行优化的分析

在机组带部分负荷时，滑压运行的经济性好于定压运行。滑压运行时，主、再热蒸汽温度基本保持不变，主蒸汽压力和调节汽阀阀位随负荷而变化，不同的主蒸汽压力和调节汽阀阀位决定着滑压运行的经济性，滑压运行优化的目的就是找出不同负荷时最经济的主蒸汽压力或调节汽阀阀位。在负荷一定时，主蒸汽压力决定着调节汽阀的开度，所以滑压运行的优化主要是主蒸汽压力的优化，不需进行设备投入和改造，仅通过主蒸汽压力的优化就能取得的节能效果，是节能的努力方向。随着大型机组自动控制水平的提高，主蒸汽压力控制由以前运行人员手动控制变为 CCS 自动控制，更容易实现。

机组滑压运行时，循环热效率将随主蒸汽压力的下降而下降，而汽轮机的相对内效率随着主蒸汽压力的降低而升高。滑压运行优化就是要找出在两者的变化中，使汽轮机热耗最小的主蒸汽压力。汽轮机的滑压运行优化一般通过热力试验进行，根据热力试验计算的结果来指导实际运行工况。

滑压运行优化研究最早是在国产 200MW 机组上进行的，以后的滑压运行优化在此基础上进行。200MW 机组在不同运行方式下的热耗值见表 4-4。

表 4-4　　　　　　　200MW 机组在不同运行方式下的热耗值　　　　　kJ/kWh

运动方式	负荷（MW）				
	190	169	140	125	106
定压	8415.8	8466.7	8487	8545.7	8650.3
三阀滑压	8440.9	8478.7	8641	8604.3	8734
二阀滑压	—	—	8549.8	8470	8625

注　二阀滑压是指对于四个调节汽阀的机组，两个调节汽阀全开，第三个调节汽阀根据阀门的重叠度微开的滑压方式；三阀滑压是指三个调节汽阀全开，第四个调节汽阀根据阀门的重叠度微开的滑压方式。

由表 4-4 可知，当负荷低于 65% 时，二阀滑压运行热耗最小，三阀滑压运行的经济性低于二阀滑压运行。其主要原因为三阀滑压运行时蒸汽初压低，循环热效率比二阀滑压运行低。以后在四个调节汽阀运行的机组中，以二阀滑压运行作为滑压运行优化的基础。

三、汽轮机滑压运行优化的实例

1. 依据滑压运行曲线进行优化

滑压运行曲线是汽轮机制造厂根据机型的设计值，通过试验获得的，具有一定的科学性。因此，没有经过滑压运行优化试验的机组采用制造厂给定的滑压运行曲线进行滑压运行，其经济性明显高于不采用制造厂给定滑压运行曲线的机组。据统计，大多数电厂都采用了制造厂提供的滑压运行曲线，只有少数电厂进行了滑压运行优化试验。如图 4-1 所示为某 N300-16.7/537/537 型汽轮机在 182MW 时按照制造厂给定的滑压运行曲线，在主蒸汽压力为 11.3MPa 时调节汽阀的开度。由图 4-1 可知，此时的调节汽阀对应二阀全开工况。

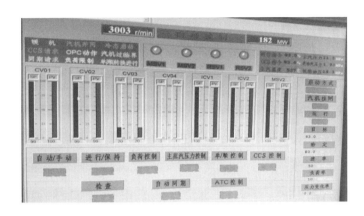

图 4-1　某 N300-16.7/537/537 型汽轮机 182MW 时的调节汽阀阀位

某 N660-25/600/600 型汽轮机采用制造厂设计的滑压运行曲线运行负荷与主蒸汽压力的对应关系，见表 4-5。

表 4-5　　　　　某 N660-25/600/600 型汽轮机采用制造厂设计的滑压运行
曲线运行负荷与主蒸汽压力的对应关系

负荷（MW）	660	630	600	580	550	500	450	400	380	350
主蒸汽压力（MPa）	25	25	23.86	23.16	21.8	19.8	17.9	15.6	14.5	13.7

2. 根据经济阀位的思路进行优化

对应有四个调节汽阀的汽轮机，按照二阀滑压运行热耗最小，同时本着减少调节汽阀节流损失的思路，对机组滑压运行曲线进行优化，这种优化是按照调整阀序的方法进行的。例如，某 N630－24.2/566/566 型 630MW（600MW 扩容）汽轮机，喷嘴汽室的喷嘴共分 4 个弧段，由 4 个调节汽阀控制，其中第 Ⅱ、Ⅲ 喷嘴组共有 34 个喷嘴，为小调节汽阀，第 Ⅰ、Ⅳ 喷嘴组共有 58 个喷嘴，为大调节汽阀，从汽轮机向发电机方向看，喷嘴组顺序如图 4-2 所示。

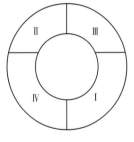

图 4-2　汽轮机喷嘴组顺序

调节汽阀的开启顺序为 Ⅰ、Ⅱ 调节汽阀首先开启，当达到一定开度后，Ⅲ、Ⅳ 调节汽阀再顺序开启。为了减少调节汽阀的节流损失，阀序改为 Ⅰ、Ⅳ 两个大调节汽阀首先开启，当达到一定开度后，Ⅱ、Ⅲ 调节汽阀再顺序开启。为了保证运行中Ⅰ、Ⅳ 调节汽阀全部开启，机组滑压运行压力也做了相应改动，见表 4-6。

表 4-6　　　　　　　　　调节汽阀阀序优化后负荷对应的主蒸汽压力

负荷（MW）	300	350	380	420	450	500	550	630
设计主蒸汽压力（MPa）	13.63	15.29	16.73	18.2	19.43	21.57	23.66	24.18
阀序优化后的压力（MPa）	12.21	14.01	16.6	20.49	19.19	20.42	23.56	23.53

由表 4-6 可知，阀序优化后主蒸汽压力比设计值低，此种优化方式经热力试验验证，有一定的科学性。

3. 供热改造机组采用滑压运行的优化

供热机组可分为工业供汽和采暖供热两种形式，采暖供热又分为高背压供热和可调整抽汽供热。为了适应国家能源政策，提高机组的经济性，许多电厂都对机组进行了供热改造，基本形式为高背压改造和调整抽汽进行供热两种形式。高背压改造一般在供热期较长的地方适用，在供热期较短的地区一般采用调整抽汽的工业供汽和采暖供汽。高背压改造机组一般需更换一套低压转子，整个机组的热力工况发生了较大变化，所以机组滑压运行时需按照制造厂提供新的滑压运行曲线，或按照热力试验重新确定的新滑压曲线运行。对应通过调整抽汽供热的机组有两种思路可以参考：

（1）通过汽轮机负荷与主蒸汽流量或者调节级压力的对应关系确定主蒸汽压力。例如，以采用可调整抽汽供热的 300MW 机组为例，机组不带供热负荷时，按照制造厂给出的滑压运行曲线 170MW 对应的主蒸汽压力为 10.5MPa，调节级压力为 6.52MPa，主蒸汽流量为 482t/h；带供热负荷后其调节级压力为 8.12MPa，主蒸汽流量为 605t/h，在调节级压力和主蒸汽流量下不供热时对应的电负荷为 203MW，此时按照 203MW 负荷的滑压运行曲线，对应的主蒸汽压力应为 12.6MPa。因此，需要做各种主蒸汽流量或调节级压力对应的主蒸汽压力试验，与制造厂给出的滑压运行曲线对比，做出不同供热量下新的滑压运行曲线，供运行人员进行滑压控制。

（2）对于工业供汽机组，可将工业用汽量折算为电负荷，按折算后总的电负荷进行滑压运行优化。例如，某 300MW 机组改为工业用汽后，工业用汽经高压缸排汽进行减温减压后供给，按照等效热焓降的原理，将工业用汽量折算为电负荷。按照高压缸排汽的供汽参数，折算量为 30t/10MW，在机组工业供汽为 60t/h 时，对应的电负荷要加上 20MW，再对照相应的滑压运行曲线，找出对应的主蒸汽压力，进行滑压控制。

4. 根据热力试验进行滑压运行优化

制造厂提供的滑压运行曲线有一定的可行性，然而机组从制造、安装、运行后的实际情况与设计时存在一定的差别，且同种型号的不同机组，其锅炉、汽轮机特性不尽一致；同时，汽轮机制造厂给出的设计滑压运行曲线，侧重于汽轮机汽缸效率的提高，往往比机组优化后滑压运行曲线的压力低。因此，有些电厂通过热力试验找出机组在设计背压下负荷与主蒸汽压力的最佳对应关系，在同一负荷下选定不同的压力计算出机组热耗率，确定该负荷下最佳主蒸汽压力，从而确定最优滑压运行曲线。如果在现场 DCS 测点布置完全的情况下，也可通过数据采集系统直接采集现场数据，经计算机算出汽轮机的热耗率，通过不同负荷、不同主蒸汽压力下的热耗率再修正到同样设计的真空下，也可得到机组最优滑压运行曲线。

例如，某电厂对两台 1000MW 超超临界机组通过热力试验进行滑压运行优化。试验汽轮机为某 N1000-25.0/600/600 型超超临界，一次中间再热、单轴、四缸四排汽、双背压凝汽式汽轮机，有四个调节阀控制汽轮机进汽量，正常运行采用"喷嘴＋节流"顺序阀配汽方式。经过滑压运行曲线优化后，每台机组热耗降低 20kJ/kWh，煤耗降低 0.8～1g/kWh。两台机组试验结果的部分数据见表 4-7 和表 4-8。

表 4-7　　　　　　　　　　　　　3 号汽轮机在热耗最经济工况下的参数

试验负荷及修正后负荷（MW）	最佳主蒸汽压力（MPa）	主蒸汽流量（t/h）	高压缸效率（%）	中压缸效率（%）	修正后热耗（kJ/kWh）	调节汽阀开度（%）			
						1 号	2 号	3 号	4 号
800（823）	24.31	2269.4	82.04	92.13	7614.59	100	14	3	100
700（718）	20.8	1982	81.97	91.4	7809.14	100	19	3	100
600（614）	18.1	1660.6	81.87	92.41	7741.80	100	11	3	100
510（528）	15.7	1409.2	81.97	92.46	7879.32	79	3	3	79

注　3 号机组因满负荷汽轮机振动大将阀序进行了调整。

表 4-8　　　　　　　　　　　　　4 号汽轮机在热耗最经济工况下的参数

试验负荷及修正后负荷（MW）	最佳主蒸汽压力（MPa）	主蒸汽流量（t/h）	高压缸效率（%）	中压缸效率（%）	修正后热耗（kJ/kWh）	调节汽阀开度（%）			
						1 号	2 号	3 号	4 号
1000（1000.9）	25	2726.3	87.79	92.34	7325	100	100	100	48.6
850（856）	25	2445.5	81.96	89.12	7791.07	100	100	35.9	4.7
700（708）	21.5	1997.3	80.29	89.98	7897.52	100	100	30.7	4.6
600（611）	18.9	1715.3	79.73	89.74	8014.58	100	100	29.2	5.1
500（513）	16.5	1409.2	79.92	89.72	8091.98	100	100	25.1	4.7

由表 4-7 和表 4-8 可知，同种型号的机组，在相同负荷下对应的最佳主蒸汽压力也不一样；机组在不同负荷下最佳主蒸汽压力运行时，都是二阀全开，三阀部分开启的阀序工况，这也佐证了二阀滑压运行是最经济的结论。

4 号机组负荷在 500、600、700、850MW 时对应不同主蒸汽压力下的高压缸效率和汽轮机热耗率修正后曲线，如图 4-3～图 4-6 所示。

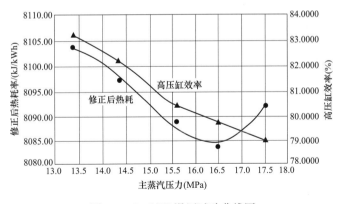

图 4-3　500MW 滑压试验曲线图

由图 4-3～图 4-6 可知，随着主蒸汽压力的升高，高压缸效率不断降低；随着主蒸汽压力和机组循环热效率的提高，汽轮机热耗有一个转折点，此转折点对应最佳主蒸汽压力。图 4-7 所示为 1000MW 机组优化后的滑压运行曲线与制造厂设计滑压运行曲线的对比，可见，设计滑压运行曲线对应的主蒸汽压力比优化后的主蒸汽压力平均要低 2MPa 左右，这就说明了滑压运行优化试验的必要性。

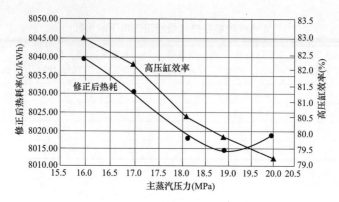

图 4-4　600MW 滑压试验曲线

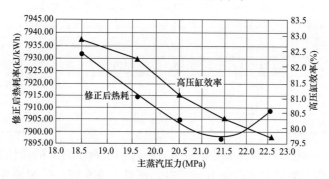

图 4-5　700MW 滑压试验曲线图

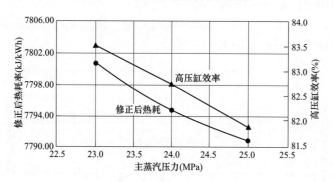

图 4-6　850MW 滑压试验曲线

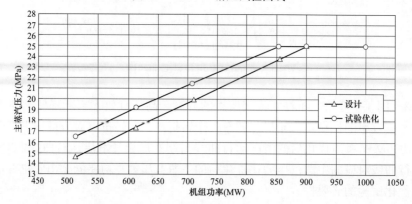

图 4-7　1000MW 机组优化后的滑压运行曲线与制造厂设计滑压运行曲线的对比

第三节　汽轮机非正常运行工况与调整

汽轮机组偏离正常运行方式的各种工作状态统称为非正常运行工况，如高/低压加热器退出运行、汽轮机低频率运行、汽轮机低真空运行、深度调峰等。汽轮机非正常运行工况对机组的安全、经济性影响较大，如果控制不好，有可能造成设备的损坏，进一步影响机组的经济性。因此汽轮机非正常运行工况虽然短暂，但是对机组的安全及经济性影响很大，更应该引起重视。

一、汽轮机高、低压加热器退出运行

1. 高、低压加热器退出运行的主要原因

机组正常运行中高、低压加热器退出对机组的经济性影响较大，特别是高压加热器退出运行，将使机组煤耗增加 12g/kWh 左右。随着现代制造工艺的提高，高、低压加热器因为制造原因造成的泄漏正在减少。高、低压加热器退出运行的主要原因有：

（1）高压加热器水侧承受热力系统最大的给水压力，管束和管板承受的压差大，高压加热器除管束、管板容易泄漏外，其水侧附件如安全阀、放空气阀、放水阀、疏水阀也容易泄漏。

（2）高、低压加热器疏水水位控制不好，会出现汽液两相流，对高、低压加热器疏水管道，特别是弯头部位造成冲击，长期运行容易造成弯头减薄，甚至泄漏；同时，也会造成疏水冷却区管束的泄漏。正常运行中，3 号高压加热器（三段抽汽对应的高压加热器）泄漏多是由此造成。

（3）高、低压加热器管板较厚，在投退过程中容易产生较大的热应力，特别是高、低压加热器在事故情况下的跳闸，更容易造成高、低压加热器泄漏。

2. 防止高、低压加热器退出泄漏的措施

高、低压加热器泄漏对机组经济性的影响较大，因此防止高、低压加热器泄漏，提高投入率的主要措施有：

（1）高、低压加热器尽量随机组滑启、滑停，这样可使高压加热器受热缓慢、均匀，不会造成管板处较大的热应力，可减少高压加热器的泄漏。

（2）高、低压加热器投退应缓慢进行，按照高压加热器投退时出水温升率小于 1℃/min，低压加热器出口水温变化率不超过 2℃/min 进行控制。

（3）正常运行中应监视控制高、低压加热器水位，高、低压加热器的疏水端差，以及高、低压加热器疏水调节阀与负荷的对应关系，确保在高、低压加热器泄漏时能及早发现，以防高、低压加热器保护动作而造成对高、低压加热器的冲击。

3. 高、低压加热器停运的方式

现代大型 1000、600MW 及 300MW 汽轮机组的高压加热器给水侧大多采用大旁路设计，低压加热器水侧以 5、6 号低压加热器，7、8 号低压加热器为一组采用大旁路设计。高、低压加热器疏水均采用逐级自流方式，3 号高压加热器疏水自流入除氧器，8 号低压加热器疏水自流入凝汽器，只有 200、125MW 和一些老型号的 600MW 机组设计的低压加热器有疏水泵。

高压加热器停运可分为依次停运和中间停运两种方式。依次停运是指从压力最高的高压

加热器开始，只停运 1 号高压加热器（一段抽汽对应的高压加热器）；或停运 1、2 号高压加热器；或三台高压加热器全部停运。若停运的高压加热器的压力不是最高的，如保留 1、3 号高压加热器，停运 2 号高压加热器；或保留 1 号高压加热器，停运 2、3 号高压加热器；或保留 1、2 号高压加热器，停运 3 号高压加热器，则属中间停运。对于给水小旁路的机组，高压加热器切除可以灵活地采用依次停运或中间停运方式。如采用给水大旁路，若高压加热器给水侧发生故障，则全部高压加热器需停运；若高压加热器汽侧或疏水侧发生故障，则高压加热器不需全部停运，可采取中间停运或依次停运方式。采用疏水逐级自流方式的高压加热器，其中间停运方式破坏了疏水逐级自流方式，未停运高压加热器的疏水需通过危急疏水排放到凝汽器。如果高压加热器疏水不能有效隔离，停运 2 号高压加热器汽侧，必须同时停运 1、3 号高压加热器汽侧，即三台高压加热器汽侧必须全部停运。

低压加热器的停运：5、6 号低压加热器任一水侧发生故障时，需同时停运 5、6 号低压加热器；汽侧发生故障时可保持水侧运行，低压加热器可单独停运，疏水需通过危急疏水排至凝汽器。7、8 号低压加热器正常运行中由于进汽压力、温度低，没有设计进汽电动阀，故汽侧无法停运；水侧发生故障时，可将 7、8 号低压加热器同时停运。

4. 高、低压加热器退出运行对经济性的影响

高、低压加热器退出运行对机组经济性的影响是显而易见的，首先降低了回热循环的经济性，增加了冷源损失。另外，高压加热器退出运行将使给水温度降低，相同负荷下的过热器、再热器吸热量增加，总的循环吸热量增加，从而导致机组热耗增加，煤耗增加。同时，高压加热器停运可能会造成锅炉主、再热蒸汽超温，减温水量增加，降低机组的运行经济性；现代大型机组普遍采用脱硝技术，加热器停运后虽然会使排烟温度降低，提高了锅炉效率，但在低负荷时，有可能使脱硝催化剂入口温度低于反应温度而使脱硝系统退出运行。其次，任何一台高、低压加热器停运，均会破坏回热循环焓增的合理分配，使整个回热循环的经济性降低。如果加热器疏水不能按逐级自流方式运行，需通过危急疏水排至凝汽器，其经济性更会大大降低。

不同的高压加热器停运方式对汽轮机运行经济性的影响是不同的。采用依次停运方式，被保留的加热器焓升、端差、抽汽管道流速及压力损失都基本保持不变。如果此时汽轮机主蒸汽流量不变，则从停运的高压加热器抽汽口开始，下游通流级蒸汽流量及各监视段压力都将增加，通流级蒸汽流量的增加近似等于停运高压加热器的原抽汽量。一方面，由于被保留的各高压加热器热负荷并不增加，会造成给水温度降低较多，偏离最佳值较大；另一方面，由于下游通流级蒸汽流量增加，会使冷源损失增加。这两方面原因造成的机组经济性下降十分明显。

高压加热器中间停运方式对汽轮机经济性影响的实质主要表现在，停运的高压加热器的原低压抽汽大部分被保留的高压加热器的较高压力抽汽所取代。在高压加热器切除台数相同的情况下，与依次停运方式相比，给水温度下降不多，经济性下降相对较小。

值得一提的是，1000MW 机组的高压加热器采用双列运行方式，同一抽汽口对应两台并列的高压加热器，在一侧高压加热器停运后，另一侧高压加热器的抽汽量会有所增加，所以一侧高压加热器停运对机组的经济性影响较小。

5. 高、低压加热器退出运行对机组安全性的影响

不同的高压加热器停运方式对汽轮机运行的安全性影响不尽相同。对于依次停运方式，

在主蒸汽流量不变的情况下，因从停运的高压加热器抽汽口开始，下游各通流级蒸汽流量增大，静叶压差、动叶轮周功率及轴向推力都将增加。中间停运方式的不安全因素在于：保留的较高压力的高压加热器，如1号高压加热器，抽汽口压力的降低使抽汽口前面的级动叶过负荷；抽汽管道流速的大幅度提高，有可能引起管道的振动并产生过大的噪声。为确保机组安全运行，必须对机组负荷加以限制，使其不超过额定功率。例如：

（1）国产某300MW引进日立技术生产的汽轮机对高、低压加热器退出运行有如下限制：

1）一台或两台加热器运行时，可以保证机组发额定功率，但不允许超负荷。

2）三台加热器停运时，要保证额定负荷，且必须按抽汽压力从高到低依次停运，并注意监视段压力、轴向位移及推力瓦温度不超限，机组负荷不准超过300MW。

3）三台高压加热器停运时，每退出一台低压加热器，发电机出力减少5％，如机组负荷超过300MW，则再退出一台低压加热器后应减负荷至285MW。

4）当三台高压加热器停运，相邻的两台低压加热器停运时，发电机出力为额定出力的90％（270MW）。

5）当三台高压加热器停运，相邻的三台低压加热器停运时，发电机出力为额定出力的80％（240MW）。

（2）国产某600MW汽轮机组高、低压加热器停运时对负荷的限制，见表4-9。

表4-9　　　　国产某600MW汽轮机组高、低压加热器停运时对负荷的限制

序号	停用加热器的编号	限制后负荷（MW）
1	1、2号高压加热器	600
2	1、2、3号高压加热器	600
3	2、3号高压加热器	540
4	5、6号低压加热器	540
5	6、7号低压加热器	540
6	7、8号低压加热器	540
7	5、6、8号低压加热器	480
8	6、7、8号低压加热器	480
9	5、6、7、8号低压加热器	420

（3）1000MW汽轮机组高压加热器为双列高压加热器，没有明确规定高压加热器退出运行的负荷限制，但要求高、低压加热器退出运行时监视段压力不超限。

二、汽轮机低真空运行

1. 汽轮机低真空运行的危害

汽轮机的凝汽器真空降低后，低压缸排汽温度增加，低压缸末级和次末级叶片温度也会升高，甚至会造成叶片的损坏；在负荷不变时，蒸汽流量将增加，造成机组过负荷，轴向推力增加；如果蒸汽流量不变，则功率相应减小，此时轴向推力变化主要取决于反动度的改变，提高排汽压力会使末几级叶片的反动度增加，故引起轴向推力增加。汽轮机的低真空保护主要为防止低压缸末级叶片过热和过负荷而设计，所以真空降低到汽轮机制造厂要求的规

定值时应果断停机，以防止低压缸末级叶片的损坏。汽轮机低真空运行使机组经济性大幅度下降，也是夏季影响机组带不满负荷的主要原因。

2. 汽轮机低真空运行的形式

汽轮机低真空运行有两种情况，一种是因为环境温度及设备原因造成的真空低问题；另一种是近几年随着供热机组的改造，将原来的凝汽式机组变为高背压式供热机组。对于凝汽式汽轮机改为高背压式供热机组，原来凝汽式的汽轮机转子已不能适应高背压的需求，其低压转子要进行更换，凝汽器变为一个加热器，循环冷却水系统也要进行大的改动。在供热期长的地区，国产300MW机组已有成功改动的实例，供热期更换低压转子，改为高背压式供热机组运行方式；供热期结束后，更换低压转子，改为凝汽式机组运行方式，高背压运行供热是一种正常的运行方式。本书所讨论的低真空运行是凝汽式机组因凝汽器真空低而造成的一种不正常的运行方式，这种运行方式在机组运行中比较常见。国产300MW汽轮机一般在真空低于−87kPa时开始减负荷，也常常把真空低于−87kPa作为一种非正常运行状态。引起汽轮机低真空运行的主要原因有：凝汽器半侧清洗或查漏时，半侧凝汽器运行；夏季循环水温在30℃以上，机组带高负荷运行时；机组真空系统存在较大的漏点或缺陷等。

3. 汽轮机低真空运行的负荷限制及注意事项

（1）当汽轮机出现真空低的情况需要限制负荷时，应首先按照真空情况降低机组负荷，保证末级叶片安全，同时注意倾听机组声音，注意机组振动、胀差、轴向位移、推力轴承金属温度、回油温度的变化。国产300MW机组规定了真空与负荷的对应值（见表4-10），而600、1000MW机组均未明确规定真空与负荷的对应值，但要求减负荷至真空不再下降为止，且要求严格按真空保护停机。

表4-10 国产300MW机组真空与负荷的对应值

真空（kPa）	87	86	85	84
负荷（MW）	300	200	100	0

（2）当凝汽器半侧清洗或查漏时，除按规定操作外，还需注意以下事项，以保证机组的安全：

1）随着清洗侧凝汽器抽空气阀门的关闭，进入凝汽器的蒸汽量不断减少，应开启清洗侧凝汽器的低压缸喷水进行降温，特别是600、1000MW双背压式机组的高压侧凝汽器，无论是否达到低压缸喷水的动作值，均应开启低压缸喷水，以降低排汽温度。有凝汽器水幕保护的机组，应开启水幕保护电动阀。水幕保护是在凝汽器喉部布置一组喷嘴，水源为凝结水，目的是保护凝汽器冷却水管不过热。实践证明，这样对保护清洗侧的凝汽器冷却水管及提高真空有一定效果。

2）清洗侧凝汽器所带的疏水扩容器喷水也应开启，以防内漏的疏水进入凝汽器后对冷却水管造成过热损坏。

3）凝汽器半侧查漏在开启凝汽器水侧人孔时应注意真空的变化，必要时启动备用真空泵，防止真空下降影响机组的运行。

（3）夏季高温天气循环水温度会超过30℃，甚至会超过35℃，且夏季机组迎峰度夏，负荷较高，真空低而使机组不能带满负荷现象并不少见。此时应尽一切努力提高机组真空，循环冷却水系统保持最大运行方式。如果机组真空严密性不好，启动备用真空泵能提高机组真空。真空泵冷却器冷却水源有条件时应倒为低温水源，因为真空泵往往因冷却水温度达到对应压力下的饱和温度，而使真空泵抽吸能力大大下降。检查汽轮机本体及管道疏水，如果内漏应暂时关闭其手动阀，这样既能减小凝汽器的热负荷，提高机组真空，同时机侧主蒸汽、再热器疏水内漏量的减少也有利于机组带负荷。

三、汽轮机低频率运行

汽轮机组正常运行的频率在（50±0.2）Hz 以内，电网频率低于 49.5Hz 时的运行称为低频率运行。由于现代电网结构的完善及保护、控制水平的提高，电网频率很少运行到49.5Hz 以下，只有在电网事故情况时，才会短时运行到此频率以下。因此，低频率运行对机组的危害不容小觑，应做好应对措施。

1. 低频率运行的危害

现代大型汽轮机均采用电液调节系统，适应电网需求，均有一次调频功能，所以汽轮机组在低频率运行时，负荷会超出原设定负荷而出现突然升高的现象，甚至会超过额定负荷。

电网频率改变时，某些部件的振动特性会受到影响，特别对汽轮机的低压缸末级叶片影响最大，大型汽轮机的末级叶片较长，汽轮机低频率运行有使这些长叶片陷入共振区的可能性，加之负荷突然增加，所以汽轮机低频率运行是一种极其危险的运行工况。频率下降的程度不同对机组的危害性也不同。图 4-8 所示为频率变化时机组的允许运行时间，机组在48.5～50.5Hz 之间可长期运行，而频率超出这个范围后，允许运行时间急剧减少。

根据国外机组低频率运行的大量统计资料分析，频率下降对汽轮机叶片的破坏有一定的时间规律，见表 4-11。

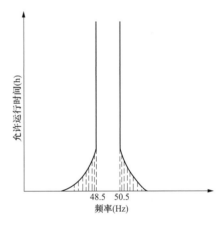

图 4-8　频率变化时机组的允许运行时间

表 4-11　　　　　　　　　　低频率运行对汽轮机叶片的影响

频率下降值	1%	2%	3%	4%
对叶片的影响	无影响	90min 破坏	10～15min 破坏	1min 破坏

2. 低频率运行的规定

在机组寿命期内，为了减少低频率运行对汽轮机叶片的危害，有的制造厂做出了一些规定，如美国 GE 公司建议：

（1）偏离设计频率±0.6Hz，机组可长期运行。

（2）偏离设计频率±0.6～1.4Hz，机组可运行 90min。

（3）偏离设计频率±1.4～1.9Hz，机组可运行 12min。

（4）偏离设计频率±1.9～2.4Hz，机组可运行 1min。

汽轮机组保护系统中也设置了低频率保护，频率变化超过规定范围后，保护装置立即使汽轮机停机。

3. 低频率运行的注意事项

汽轮机组低频率运行若因电网事故造成，此时机组的经济性是次要的，保障电网及机组安全是首要的，运行中应注意以下事项：

（1）机组在允许情况下尽量增加有功出力，同时注意机组不能超额定负荷运行。注意监视段压力、蒸汽温度、蒸汽压力不超限。

（2）因汽轮机转速降低而使厂用电压降低，应检查各运行动力设备是否过负荷发热。

（3）检查各油系统油压是否降低，做好事故预想。

（4）倾听汽轮机内声音，监视各部分振动，防止汽轮机掉叶片事故发生。

（5）供热机组为防止汽轮机过负荷，必要时应减少或切除供热负荷。

四、汽轮机的深度调峰

深度调峰是低负荷调峰的一种特殊形式，调峰负荷一般低于50％额定负荷，以30％～45％额定负荷比较常见。深度调峰作为电网调峰的一种形式，对锅炉、汽轮机都有较大的影响，是电网调度部门根据后夜用电负荷临时决定的调峰方式，深度调峰一般维持2～4h。深度调峰负荷低于锅炉的最低稳燃负荷，锅炉要么投油枪稳燃，要么开启汽轮机旁路，且此时主、再热蒸汽温度低于额定值，各种参数偏离设计值较多，经济性大大降低。虽然电网给深度调峰电厂有一定的经济补助，但仍是得不偿失。深度调峰会影响机组的安全运行，锅炉要面临着燃烧稳定，直流锅炉还有水冷壁热应力及直流锅炉水动力循环问题；汽轮机要面临主、再热蒸汽温度降低后汽轮机的负胀差及末级叶片颤振问题。因此，1000MW超超临界机组、600MW超临界及超超临界机组一般不参与深度调峰，一些600MW及300MW亚临界机组成为深度调峰的主力。根据电厂实际情况，有的电厂每年会进行1～2次深度调峰，如果操作不当将造成一些安全事故，所以电网调度部门从节能调度的角度应减少深度调峰；电厂对深度调峰也应引起足够重视，以减少深度调峰的损失，提高深度调峰的安全性。

1. 深度调峰的主要形式

深度调峰有两种形式：一种是深度调峰时锅炉投油稳燃，汽轮机侧仍保持低负荷运行。这种情况下要求锅炉有较好的稳燃特性，且燃油消耗较少。另一种是锅炉保持不投油稳燃负荷以上，汽轮机侧开启高、低压旁路，保持要求的负荷。这种情况一般适应直流锅炉，且要求汽轮机高、低压旁路系统有较好的调节特性。具体采用哪种调峰方式，根据锅炉、汽轮机的特性，经安全、经济性比较后确定。

2. 深度调峰的经济性分析及应对措施

深度调峰负荷低于50％额定负荷时，主蒸汽压力按照滑压运行曲线而降低，主、再热蒸汽温度要低于额定值，特别是再热蒸汽温度降低得更多。此时汽轮机的热耗也因负荷系数、主蒸汽温度、主蒸汽压力的降低而升高。当深度调峰负荷为30％～50％额定负荷时，采用滑压运行，滑压压力根据制造厂给出的滑压运行曲线进行；当深度调峰负荷为30％及以下额定负荷时按定压运行。

如果采用锅炉投油稳燃的方式进行深度调峰，此时锅炉燃油费用是对机组经济性最直接的影响因素。采用锅炉投油稳燃的方式进行深度调峰，在亚临界汽包锅炉中比较多见。国产某300MW引进型机组在深度调峰时，锅炉采取集中燃烧、停止制粉系统后，可保持135MW不投油稳燃的调峰纪录。这样经过4h的深度调峰，节约燃油15t左右，节能效果明显。不过采用这种方式进行深度调峰，应根据锅炉的燃烧特性，经过试验并制定相应的措施后实行。

对于锅炉保持稳燃负荷，汽轮机开启旁路深度调峰运行的方式，高温、高压主蒸汽经过旁路系统节流降压最终排往凝汽器，这也是最直接的损失。对超临界或超超临界的直流锅炉，采用开启高、低压旁路深度调峰的方式比较合适。根据国产 600MW 超临界直流锅炉机组调峰的实例，负荷最低可至 150MW，炉侧燃烧和给水负荷维持在 250MW，保证分离器出口 7℃左右的过热度，高压旁路开启 30%，低压旁路 A、B 侧均开启 30%，锅炉保持干态直流运行，可以不启动炉水循环泵，可不投油。可见，通过开高、低压旁路来进行深度调峰是可行的。

机组正常运行时，凝结水泵采用变频运行方式，开启高、低压旁路进行深度调峰时，凝结水压力不能低于低压旁路喷水的压力。所以凝结水泵变频运行时可节流凝结水至除氧器的调整阀，保证投入低压旁路的凝结水压力，这会造成凝结水泵变频节能效果的降低。

亚临界汽包锅炉，汽动给水泵调节时水位波动大，必要时需开启给水泵最小流量阀以保证汽动给水泵的安全运行和汽包水位的稳定。据 300MW 亚临界汽包锅炉深度调峰的实践，深度调峰负荷至 140MW 时，为了保证汽动给水泵转速在 3000r/min 以上或保证汽包水位的调整，必须开启给水泵最小流量阀，且给水泵汽轮机的汽源倒为高压辅助蒸汽汽源。

3. 深度调峰的注意事项

（1）深度调峰时主、再热蒸汽温度及蒸汽流量也有较大幅度的降低，汽轮机转子及汽缸处于冷却状态，有时会出现负胀差问题。由于主、再热蒸汽温度降低，湿汽损失会增加，末级叶片工作环境变差。例如，国产某 300MW 机组在主、再热蒸汽温度降至 490℃以下时，出现 3、4 号轴瓦的轴振增大现象，实际上是因为末级叶片受到水滴冲击引起的。此时应严密监视机组的胀差、轴向位移，以及推力瓦温度、轴承振动等参数，出现异常及时进行处理。如果末级叶片出现颤振现象，应立即改变负荷避开颤振负荷。主、再热蒸汽温度低于 500℃时，开启高、中压主汽阀前及汽缸本体疏水，防止一些凝结的疏水进入汽轮机。

（2）深度调峰时轴封自密封不能满足压力要求，切为辅助蒸汽或冷段再热蒸汽供汽，轴封温度控制在 260℃左右，以防止负胀差出现。

（3）四段抽汽压力不能满足给水泵汽轮机供汽要求时，汽源切为高压辅助蒸汽供汽。为保证给水泵汽轮机的转速不低于 3000r/min，同时保证给水泵的安全，给水泵最小流量阀应开启 20%～50%。开启高压旁路调峰的机组，还应保证给水满足高压旁路喷水减温的要求。

（4）采用凝结水为密封水的给水泵，如果凝结水泵变频运行，为保证给水泵汽轮机的密封要求，同时开启旁路调峰的机组，为保证低压旁路喷水的良好雾化，凝结水泵压力不能降得太低，此时可节流至除氧器的上水调整阀，但凝结水泵的变频节能效果会有所降低。

（5）不采用开启高、低压旁路运行的机组，凝汽器热负荷会大大降低，因此可降低转速或切为低速泵运行减少循环水量，节省厂用电，提高深度调峰的经济性。

（6）如果亚临界机组采用开启高、低压旁路参与深度调峰，则电动给水泵要良好备用或启动电动给水泵时保持汽动给水泵旋转备用，防止锅炉汽包水位波动大。开启或关闭高、低压旁路时，还应注意锅炉汽包水位的变化，操作应缓慢，防止汽包水位突然变化而造成锅炉灭火事件。

第四节　汽轮机调峰运行的优化与调整

随着电网峰谷差的增大，电网运行的火电主力机组如300、600、1000MW等机组普遍参与电网调峰，一些机组甚至在后夜时段还参与负荷低于50%以下的深度调峰。因此，大型机组的调峰问题不仅影响机组的安全性，还直接影响机组的经济性，成为火电厂的研究课题。

一、汽轮机的调峰方式

汽轮机的调峰方式包括两班制运行、少蒸汽运行、低速旋转热备用、停机备用、低负荷运行等，我国目前最常见的调峰方式是低负荷运行调峰和停机备用调峰。

（1）两班制运行调峰。就是夜里机组短时间停运，早上再启动的方式，是电网中调峰的有效手段。国外已制造出专门用于调峰的大容量汽轮机，设计带基本负荷的机组经过灵活性改造，也可实行两班制运行。据资料介绍，西欧国家机组调峰大多采用两班制运行方式，而日本的两班制运行机组占61%，以450MW以下机组为主。我国可实行两班制运行的机组很少，只在100MW机组上进行过相关试验，还缺少这方面的运行和改进经验。

（2）少蒸汽运行调峰。就是停炉不停机，发电机不解列，用电动机带动汽轮机以额定转速转动，以克服汽轮机的机械损失和摩擦损失。我国只在200MW机组上进行过相关试验，没有投入实际应用。

（3）低速旋转热备用调峰。就是将汽轮机负荷降到零，发电机解列，汽轮机以低于第一临界转速的某一转速下低速转动，处于热备用状态。这种方式实质上就是以最少的蒸汽量，维持机组旋转热备用状态，并保持汽轮机主要部件有较高的温度水平。试验证明，这种方式下的汽缸金属温度水平高于两班制运行工况，低于低负荷运行工况；在机动性方面，高于两班制运行工况，低于低负荷运行工况；在经济性方面，燃料消耗量较大，且需连续监视机组状态，防止进入临界转速范围。鉴于以上特点，这种方式的应用受到限制，我国大型机组也没有采用这种调峰方式的先例。目前国内电网的调峰方式普遍为低负荷运行调峰和停机备用调峰两种。

（4）停机备用调峰。就是机组停机保持备用状态，是目前大型机组调峰的一种方式，我国300MW以上大型机组广泛采用。在电网用电负荷低时，根据电网运行机组的数量和最大出力、最小出力及最近用电负荷趋势，在保证电网安全的前提下，确定一些机组停机备用。停机备用期间，在不影响机组启动的情况下，还可以对一些重要辅机进行消缺工作。停机备用调峰一般时间为2~7天，停机备用调峰的主要能源消耗来自机组启停过程中，所以减少机组启停的消耗是停机备用调峰经济性的关键。

（5）低负荷运行调峰。是我国目前大型机组普遍采用的调峰方式，也是最简单、最常见的一种调峰方式，电网上运行的火电机组几乎每天都面临着低负荷调峰问题。一般情况下，机组低负荷调峰的最低负荷为50%额定负荷，如果负荷低于50%额定负荷，定义为深度调峰。为了应对低负荷调峰，火电厂从设计、施工和改造各阶段都会考虑调峰面临的问题，一些老机组还进行了适应调峰的灵活性改造。

二、各种调峰方式的比较

1. 调峰幅度

两班制和少蒸汽运行方式调峰幅度可达 100%；而低负荷运行方式在锅炉不投油的情况下，一般只能调至 45%～50%；停机备用调峰的调峰幅度可达 100%，但这种方式一般不会立即启动，一般需停机 2～7 天。

2. 安全性

不论从设备寿命还是从安全操作方面来看，控制负荷变化率于一定范围的低负荷运行方式最好，两班制运行方式涉及的安全问题最多，操作量大，因此事故概率高，安全性差。少蒸汽运行方式介于两者之间。

低负荷运行时，采用定压运行方式，汽轮机调节级蒸汽温度变化小，机组寿命损耗仅为两班制运行方式的 1/2。如果采用滑压运行方式，蒸汽温度基本不变，承压部件应力降低，相对较安全。少蒸汽运行时，汽轮机调节级后蒸汽温度比两班制运行要高，机组寿命损耗比两班制运行要小，然而和低负荷运行方式一样，存在着汽轮机末级叶片的安全问题。原来带基本负荷的机组改为两班制运行后，由于原设计汽轮机轴向间隙较小，所以胀差问题突出。另外，汽缸温差、轴向位移、辅机阀门等均影响机组运行的安全性。但低负荷和少蒸汽运行方式，由于机组处于旋转热备用状态，这些安全指标变化不大。

3. 经济性

一般机组当负荷低于 70% 额定负荷时，效率下降较多，采用低负荷运行方式，当夜间负荷到最低值时，效率很低，所以长时间低负荷运行是不经济的。两班制和少蒸汽运行方式虽然无机组低负荷、低效率运行问题，但机组损失较大。若低谷时间不长，采用两班制和少蒸汽运行方式就不经济。所以要比较运行经济性，首先要提高负荷低谷持续时间这个先决条件，然后根据试验数据进行比较，求出一种方式对另一种方式的临界时间。

对应单台机组，调峰时若低负荷运行，与带额定负荷相比，其多耗煤量为

$$B_L = (b_L - b_N)Pt$$

式中 B_L——低负荷运行时附加的燃料损失，g；

b_L、b_N——低负荷运行和额定负荷时的供电煤耗，g/kWh；

P——机组负荷，kW；

t——调峰时间，h。

如果已知机组的调峰启停损失为 B_S，当 $B_S = B_L$ 时则采用两班制或低负荷运行方式的临界时间 $t_{cr} = \dfrac{P(b_L - b_N)}{B_S}$。当机组低负荷运行时间超过临界时间 t_{cr} 时则是不经济的，应该采用两班制运行。

4. 灵活性

低负荷运行方式的灵活性最好，大型机组负荷变化率一般为 3～5MW/min，则 30min 内就可调整 150MW 的负荷。两班制运行方式灵活性最差，无再热机组从点火到带满负荷一般需 100～120min，有中间再热的机组启动时间可达 3～6h。少蒸汽运行方式由于启动时省去了抽真空、冲转升速、并网等操作，而且汽轮机温度水平较高可较快带负荷，所以灵活性比两班制运行方式好。停机备用调峰方式由于停机时间长，汽轮机汽缸温度低于两班制运行

方式，所以其灵活性低于两班制运行机组。

5. 操作量

低负荷运行方式操作量最小，两班制运行方式操作量最大，一台 600MW 机组启停一次就有 200 项操作，少蒸汽运行方式操作介于两者之间。停机备用调峰方式单次启停操作量比两班制运行方式操作量大，但停机备用调峰一般为 2～7 天，从平均时间上来算，其操作量也小于两班制运行方式。

综合以上调峰方式的比较，我国大多采用低负荷运行方式及停机备用调峰方式。停机备用调峰根据省网的开机方式，结合当前省网用电负荷，留出备用容量后安排部分机组停机备用。其余机组采用低负荷运行方式，低于 50% 额定负荷的深度调峰是在用电负荷发生较大变化时采取的临时调峰方式，深度调峰的时间一般为 2～4h。

为了提高低负荷运行方式的经济性，调峰机组均采用滑压运行方式，并且对滑压运行进行优化。一些重要的辅机，如凝结水泵、一次风机等进行变频改造，循环水泵进行高低速改造，以提高机组低负荷运行的经济性。低负荷运行时多台机组之间负荷的合理分配及经济调度对机组运行的整体经济性至关重要，是运行人员和管理人员应该重视的问题。

三、负荷的合理分配及经济调度

并列运行机组满负荷运行时存在负荷分配问题，在调峰机组中更应该重视负荷的合理分配问题。在电网负荷变化时，各台机组由于热力特性不同，承担的负荷也会不同。并列运行机组负荷分配的目的就是在整个运行期内，在满足机组总出力的条件下，根据各机组的具体特性，合理地分配各个运行机组的负荷，使整个电厂的经济性最高。因此，对于并列运行机组，负荷的合理分配与机组的经济运行密切相关。这种不进行设备投资，仅通过运行方式的合理改变，是提高机组经济性的有效途径。

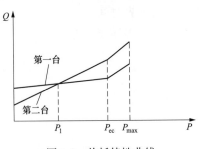

图 4-9 热耗特性曲线

并列运行机组的负荷分配取决于各机组的动力过程特性，也就是在不同的负荷变化值下对应的热耗变化值，即热耗的变化率（热耗的微分值），在热耗特性曲线上为切线的斜率，用微增热耗率来表示。其意义为机组负荷每变化 1kW 的热耗的变化量，机组的动力热耗特性曲线可由试验得出。机组负荷分配的原则可采用等微增热耗负荷分配法，而一般使用尽量接近等微增热耗负荷原则的方法，即按照微增热耗率的大小，从小到大依次分配负荷。例如，两台汽轮机，其热耗特性曲线如图 4-9 所示，两条特性曲线相交于负荷 P_1 处，根据各段每台机组的微增热耗率大小来合理分配机组负荷。当负荷小于 P_1 时，在这个负荷范围内，尽管第一台汽轮机的微增热耗率比第二台小，但是却处于热耗较高的范围内，因此当减负荷时应降低第一台汽轮机的负荷或停机；同理，当 $P_1 < P < P_{ec}$ 时，若需停机，则应停第二台汽轮机，使第一台汽轮机运行。当并列运行时，在 $P_1 < P < P_{ec}$ 范围内，由于第一台汽轮机的微增热耗率小，故应先增加第一台汽轮机的负荷，然后增加第二台汽轮机的负荷。当负荷达到额定负荷后，超负荷阶段应先增加第二台汽轮机的负荷，然后增加第一台汽轮机的负荷。

上述以汽轮机的微增热耗率进行负荷分配，适用于并列运行机组，即非单元制机组。对于单元制机组，负荷分配还应考虑锅炉的动力特性，即用锅炉的微增能耗率和汽轮机的微增热耗率相乘求得。

现代大型汽轮机组多根据实际热耗率特性进行负荷分配，并根据汽轮机、锅炉的综合经济性灵活地进行负荷分配，下面以两台 300MW 汽轮机组经济调度的实例来说明（两台汽轮机的考核热耗率差别不大）。例如，1 号锅炉在 150MW 负荷时，主、再热蒸汽温度高，而 1 号机组真空低于 2 号机组 1～2kPa；2 号机组在 150MW 负荷时，主、再热蒸汽温度较低，在负荷大于 170MW 时，主、再热蒸汽温度较高，而在高负荷时真空比 1 号机组好。因此，在总负荷为 350MW 时，就让 1 号机组带 160MW 负荷，2 号机组带 190MW 负荷；在总负荷为 500MW 左右时，就让 2 号机组多带负荷，1 号机组少带负荷；这样 1、2 号机组都能保持较高的真空。对机组进行负荷分配时，应根据机组的实际热耗率值进行分配。机组的考核热耗率是经过了初、终参数修正后的结果，反映汽轮机组通流部分的热耗情况，而机组运行时因为锅炉、汽轮机的特性不同，在同一负荷时蒸汽温度特性、真空特性都有所不同，在进行节能调度时，也应该根据每台机组的实际参数进行合理调度。

现代大型火电厂都采用 MIS（管理信息系统）、SIS（厂级监控信息系统），有些电厂已通过 MIS 的数据采集系统或者直接通过 DAS 采集机组运行的实际数据，经过计算机对经济指标及参数偏差引起的耗差进行连续地监测分析，计算出机组的实际热耗率值、锅炉效率、汽轮机效率、煤耗率等指标供现场运行人员的节能调度参考。

未来的一种发展方向是采用节能调度决策系统，根据机组的实际参数计算的热耗率等指标参数，结合当前电价、煤价，以及调度下发的总负荷对机组的负荷分配自动做出决策，通过机组协调控制系统直接对机组的负荷做出分配调整，这样不仅有利于机组经济性的提高，而且适应于未来机组的竞价上网。

第五章

汽轮机辅机及其系统的优化与调整

汽轮机辅机及其系统是保证汽轮机安全稳定经济运行的基础，每年辅机消耗厂用电及厂用蒸汽数量可观。对汽轮机辅机及其系统进行运行方式优化及灵活性改造，不仅有利于节约厂用电和厂用蒸汽，而且对汽轮机辅机的安全稳定运行有利，可减少故障率，也间接地起到节能效果。

第一节　抽真空系统优化与调整

抽真空系统的主要功能是连续、及时地将凝汽器中的不凝结气体抽出，以保证凝汽器有良好的换热条件，形成高度真空。抽气设备有射汽抽气器、射水抽气器、水环真空泵等，由于水环真空泵具有抽吸压力低、抽吸干空气量大、功耗小、系统布置简单、控制方便、工作稳定可靠、维护方便的优点，被大型机组广泛应用；而射汽抽气器、射水抽气器已不在大型机组中采用。单背压式凝汽器抽真空系统的布置相对简单，双背压式凝汽器抽真空系统的布置有串联和并联两种方式。

对于现在运行的 300～1000MW 机组，300MW 机组采用单背压式凝汽器，每台机组配备 2 台 100% 容量的真空泵，一运一备；600MW 及 1000MW 机组采用双背压式凝汽器，每台机组配置 3 台 50% 容量的真空泵，两运一备。真空泵应能满足汽轮机在各种工况下，抽出凝汽器内的空气及不凝结气体，维持凝汽器一定的真空。如果水环真空泵性能变差，则直接导致空气在凝汽器汽侧聚集，影响凝汽器换热及其真空，增加凝汽器端差和凝结水过冷度，从而影响机组的整体经济性。

电厂使用的水环真空泵一般为定速泵，转速一般为 590r/min，其特性曲线如图 5-1 所示，此特性曲线是在大气压为 0.1MPa，空气温度为 20℃，空气相对湿度为 70% 和工作液温度为 15℃ 条件下的吸气量 q_s、泵轴功率 P_p、等温总效率 η_{is}、空气量 q 与抽吸压力 p_c 之间的关系曲线。如果实际条件与曲线的规定不符，应进行相应的换算和修正，其中影响最大的是工作液温度。图 5-2 所示为工作液温度对水环真空泵吸气量的修正系数与抽吸压力之间的关系曲线。水环真空泵的实际吸气量 $q_s=\lambda q_{s(15)}$，其中 $q_{s(15)}$ 为 15℃ 时的吸气量，λ 为修正系数。图 5-2 中，在其他条件不变的情况下，当工作液温度大于 15℃ 时，真空泵实际抽吸能力相对于设计值下降较大。假定抽吸压力为 70×133.32Pa 时，工作液进口温度从设计值 15℃ 升高到 30℃，真空泵的抽吸能力将下降到 15℃ 的 60%。如果工作液温度升高到水环真空泵对应压力下的饱和温度，工作液汽化不仅使真空泵的抽吸能力大幅度下降，还会对真空泵叶轮造成汽蚀危害。

对真空泵的运行优化应该从降低真空泵工作液温度方面考虑，通常采取的措施有：

（1）夏季采用低温冷却水作为真空泵冷却器的冷却水源，采用这种运行方式的电厂较多。例如，有的电厂夏季采用深井水，有的电厂采用水库水，这些水源在夏季比循环水温度低 10～15℃，一般能使机组真空提高 0.2～0.6kPa。由于深井水、水库水未经处理直接作为冷却水，存在真空泵冷却器结垢的可能，可通过增加真空泵冷却清理次数来解决。

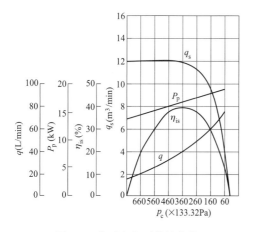

图 5-1　水环真空泵特性曲线

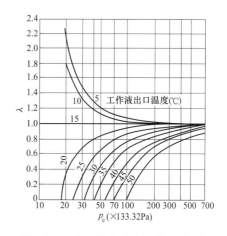

图 5-2　工作液温度对水环真空泵吸气量的修正系数与抽吸压力之间的关系曲线

（2）在无深井水及水库水等低温水源的电厂，可采用制冷装置对真空泵冷却液进行冷却，以提高真空泵的抽吸能力。一般采用空调的室外机，加上部分冷却管道就能解决，目前有两种改造方案：一种是用制冷蒸发器直接冷却真空泵的工作液（改造方案 1），见图 5-3；另一种是用制冷蒸发器冷却真空泵的冷却水（改造方案 2），见图 5-4。改造方案 2 存在制冷蒸发器冷却液与真空泵冷却水之间的换热端差，以及真空泵冷却器出水与真空泵工作液之间的换热端差；改造方案 1 仅存在制冷蒸发器与真空泵工作液之间的换热端差，任何表面式冷却器的换热端差不可能为零，在同样冷却量的情况下，显然改造方案 1 的冷却效果更好。通过改造，在夏季冷却水温度高于 30℃ 的情况下，能使真空提高 0.5～1kPa。

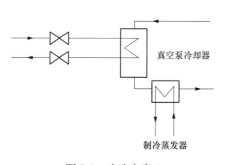

图 5-3　改造方案 1

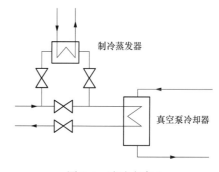

图 5-4　改造方案 2

（3）真空泵冷却器增加反冲洗装置，增加真空泵冷却器的清洗次数。真空泵冷却器大多采用板式冷却器（见图 5-5），板式冷却器相邻两板之间的距离（板缝）为 2～3mm。冷却水通过进水口板缝分配到各个冷却板，这样冷却水进水口处相当于一道"滤网"，冷却水的杂质容易在进水口板缝处集聚，减少了冷却器的冷却水量，从而影响机组的真空。如图 5-6 所示为真空泵冷却器增加反冲洗装置系统，此系统操作简便，能在很短的时间内提高冷却器的冷却水量。实践证明，在冷却器效果不佳的情况下，通过反冲洗装置系统能使汽轮机真空提高 0.3～0.5kPa。

冷却器如果长时间运行会在板式冷却器板面上沉积黏泥和硬垢,这对冷却器的冷却效果有较大影响,且通过反冲洗装置系统无法清除,所以必须采用人工清理的方法。人工清洗需切换为备用真空泵,冷却器解备,时间一般为 2～3h。夏季增加冷却器的清洗次数,也是提高汽轮机真空的一种手段。

图 5-5 板式冷却器外形图

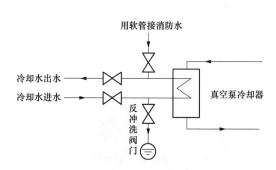

图 5-6 真空泵冷却器增加反冲洗装置系统图

(4) 真空系统抽空气管路的优化。由于抽空气管路的流动阻力和凝汽器汽阻的存在,低压排汽缸→凝汽器喉部→空气冷却区→真空泵入口的真空值会存在从小到大的关系,对应的温度也存在由高到低的关系。如果抽空气管路流动不畅或双背压式凝汽器高、低压侧空气流动相互影响,不仅会影响机组真空,还会造成凝结水过冷,凝结水过冷会使冷却水带走的热量增多,降低了循环热效率。

抽空气管路的流动不畅一般由安装时产生,可在机组停运后,对抽空气管路进行检查,特别是凝汽器内部空气冷却区的管路。

双背压式凝汽器抽空气管路有串联和并联两种方式,串联方式是高压凝汽器中的不凝结气体连通到低压凝汽器抽空气管路,与低压凝汽器中的不凝结气体混合后经真空泵抽出,该方式的优点是系统简单;缺点是高、低压凝汽器相互干扰,易造成抽气不均匀,影响凝汽器换热。并联方式是高、低压凝汽器中不凝结气体各自由单独真空泵抽出,其优点是高、低压凝汽器抽气不相互干扰。一些电厂对串联布置的凝汽器进行优化,改造为并联布置,取得了较好效果,一些新建机组直接设计为并联方式。

对真空系统改造的两种形式是:一种是在凝汽器抽空气管路上增加喷水降温装置。另一种是在排汽至凝汽器入口(凝汽器喉部)增加喷水降温装置。排汽至凝汽器喉部增加的喷水降温装置,称为"水幕保护"。因凝汽器喉部有疏水扩容器的排汽,以及 BDV(紧急排放阀)、VV(通风阀)、低压旁路的排汽进入,"水幕保护"设计的初衷是保护凝汽器入口冷却水管免受高温蒸汽的危害。实践证明,开启"水幕保护"对提高凝汽器真空有一定的效果。"水幕保护"的冷却水源采用凝结水。凝结水温度低于凝汽器喉部的温度,如果疏水系统阀门及 BDV、VV、低压旁路有内漏将有一些高温蒸汽进入,喷水能使这些高温蒸汽的温度降低或使蒸汽凝结,其容积大大减小,这样对减少凝汽器的热负荷有很大作用。有些电厂还将凝汽器补水水源直接引进改入"水幕保护",凝汽器补水为除盐水,其温度低于凝结水,这样不仅通过补水提高了凝汽器真空,还对补入凝汽器的除盐水进行除氧,从而提高了机组运行的经济性。在真空泵入口管道上增加喷水降温装置，其冷却水也采用除盐水，但效果不理想。真空泵入口管道的真空在抽空气管路中最高，且此时汽气混合物经过凝汽器冷却水管、空气冷却区的冷却，蒸汽已凝结，体积大大减小，因此在此处加减温装置效果不明显。

第二节　凝结水系统优化与调整

凝结水系统的主要作用是将热水井的凝结水输送到低压加热器和除氧器，完成对凝结水的回热加热，保证凝汽器、除氧器水位正常；同时，还向低压旁路、疏水扩容器、低压缸、轴封减温器等提供减温水，以及向汽动给水泵、凝结水泵提供密封水。凝结水系统包括凝汽器、凝结水泵、凝结水精处理装置、轴封加热器、5～8号低压加热器。目前300～1000MW机组的凝结水系统差别不大，300、600MW机组的凝结水系统设置2台100%容量的凝结水泵，一运一备，1000MW机组设置3台50%容量的凝结水泵，两运一备。5、6号低压加热器设有一公用凝结水旁路。7、8（A、B）号低压加热器布置在凝汽器喉部，2台低压加热器设有一公用的凝结水旁路。7、8号低压加热器入口管道上设有调节阀，用以调节除氧器水位。凝汽器补水采用除盐水，设计有一凝结水补水箱和一台凝结水补水泵。

凝结水系统的优化应从降低凝结水泵的耗电量和提高低压加热器的运行效率，减少除氧器抽汽量，以及改善补水方式和节省除盐水补水方面着手。常见的优化技术有凝结水泵变频技术、凝结水补水箱应用技术和广义回热应用技术三种。

一、凝结水泵变频技术

凝结水泵变频技术是一项成熟的节能技术，其改造投资回收年限一般在1年左右，新建机组在设计时已采用变频技术。设有2台凝结水泵的机组一般采用一台变频运行，一台工频备用的运行方式；设有3台凝结水泵的机组，一般采用2台变频运行，一台工频备用的方式。凝结水泵变频运行后，凝结水流量、除氧器水位完全靠凝结水泵转速进行控制，在这种情况下，尽量全开凝结水管道上的阀门，减少节流损失，是发挥凝结水泵变频效果的关键。例如，300MW机组在0～100%负荷段凝结水泵变频运行时，在0～130MW机组启动阶段，为保证凝结水用户对凝结水的压力需求，凝结水至除氧器的上水调节阀参与调节；正常运行150MW以上负荷时，全开除氧器上水调节阀；负荷为180MW时，开启除氧器上水调节阀旁路电动阀。试验证明，凝结水泵变频运行负荷为180MW时，开启除氧器上水调节阀旁路电动阀能使凝结水泵电流降低2A。在夏季高温季节，机组带满负荷时，会存在凝结水泵变频运行，除氧器上水调节阀全开，凝结水流量仍满足不了要求的现象，此时开启除氧器上水旁路电动阀，能使凝结水流量升高80～120t/h。国产1000MW机组的凝结水至除氧器的上水调节阀采用主、副调节阀，虽然调节方式灵活，但增加了节流损失。在一定的负荷段，凝结水泵变频运行时开启主、副调节阀及其旁路阀的运行方式是可行的，其节能效果会更加明显。

二、凝结水补水箱应用技术

现在运行的300～1000MW机组大部分设计有凝结水补水箱。其初步设计的思路是：启动时，除盐水可通过凝结水补水箱启动凝结水补水泵向凝汽器补水；正常运行时，通过凝结水补水箱并利用凝汽器真空，采用"真空法"向凝汽器补水，除盐水泵采用间断运行方式。而实际运行中，由于除盐水要供真空泵补水、闭式循环冷却水箱补水、定子冷却水箱补水，且存在着凝结水补水箱水位低，影响机组真空的风险，因此这种补水方式很少被采用，而采用除盐水泵直接补水至凝汽器的"有压补水"方式。随着电厂节能力度的加大，弃之不用的凝结水补水箱及凝结水补水泵也发挥了新的作用。正常运行时，将厂区采暖加热器疏水、闭式循环冷却水溢流管接入凝结水补水箱。在凝结水补水箱水位高时可关闭除盐水补水阀，开启凝结水补水箱补水阀并利用凝汽器真空向凝汽器无压补水。实践证明，在机组正常运行负荷范围内，凝结水补水箱可供凝汽器补水 3h 左右。在凝结水补水箱水位低时，通过联锁联关至凝汽器补水电动阀，可保证机组安全。在机组停运后可将凝汽器合格的凝结水打至凝结水补水箱储存，在机组启动时，通过凝结水补水泵向热力系统补水，减少启动初期除盐水的消耗。

三、广义回热应用技术

广义回热理论是对传统热力学理论的一种突破，其要点是从以凝结水为回热媒介的回热循环，拓展到锅炉侧的风、烟等均作为回热介质的广义回热循环。目前该技术在电厂的具体应用为：①用汽轮机抽汽（一般为五段抽汽），通过暖风器加热锅炉的进风，可提高空气预热器入口温度，提高二次风温，改善锅炉燃烧，减少空气预热器的低温腐蚀；②在锅炉脱硫入口水平烟道处布置低温省煤器用来加热凝结水；③用热一次风加热凝结水。广义回热应用技术应该综合起来看，首先采用锅炉尾部烟道加热凝结水，可回收一部分锅炉余热，降低排入脱硫系统的烟气温度，也间接降低了脱硫的耗水率。其次凝结水温度的提高，使加热后凝结水的传热温差降低，回热系统的抽汽量减少；再用多余的抽汽量来加热锅炉空气预热器入口风温，空气预热器风温的提高又会使锅炉排烟温度升高，升高后的排烟温度再加热凝结水，这是一个热力循环。用热一次风加热凝结水，既可降低一次风温，满足煤质对一次风的要求，又继续对凝结水进行加热，提高了能量的利用率。

例如，某电厂 600MW 机组采用广义回热应用技术对凝结水系统进行了相应的改造：①在送风机出口至空气预热器之间的冷风管道上安装旋转式暖风器，汽源取自五段抽汽；暖风器疏水排至新增疏水箱，经疏水泵排至凝汽器。②增设低温省煤器＋一次风冷却器，在引风机后脱硫入口烟道上布置单级低温省煤器，凝结水增压、混温后经低温省煤器加热至 95℃，低温省煤器出水再经一次风冷却器加热至 103℃，之后进入 5 号低压加热器系统。该电厂经综合改造后，可使锅炉效率提高 0.15 个百分点，汽轮机热耗降低 60kJ/kWh。某电厂凝结水系统改造图如图 5-7 所示。

又如，某电厂也在两台 630MW 机组上采用低温省煤器技术，其系统简单，没有凝结水升压泵，低温省煤器冷却水取至 8 号低压加热器进口和 7 号低压加热器出口，两路水汇合后作为低温省煤器的进水，凝结水加热后回至 6 号低压加热器进口。正常运行中，通过调整 8 号低压加热器入口至低温省煤器调节阀、7 号低压加热器出口至低温省煤器调节阀及低温省煤器旁路电动阀，保证低温省煤器入口凝结水温度不低于 65℃，低温省煤器出口烟气温度不低于 93℃，低温省煤器出口凝结水温度达 95℃，这样使凝结水经过低温省煤器后，温升达 25℃ 左右。这种单独采用低温省煤器的广义回热应用技术，在凝结水温度升高后，会使其后面的加热抽汽量减少，增加了冷源损失，但总体提高机组的经济性，其改造后使汽轮机热耗降低 43kJ/kWh。

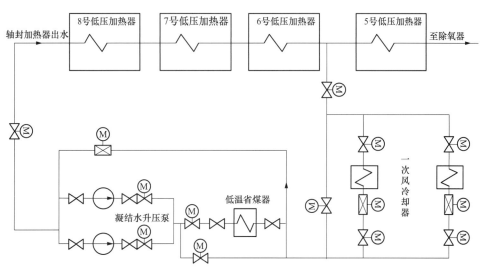

图 5-7　某电厂凝结水系统改造图

第三节　给水除氧系统优化与调整

给水除氧系统的主要功能是将进入除氧器中的凝结水进行加热、除氧并通过给水泵升压，经高压加热器之后，输送到锅炉的省煤器入口，作为锅炉的给水，提高机组循环热效率；同时，通过调整和改变锅炉的给水量，以满足机组负荷的需要。另外，给水系统还向锅炉过热器、再热器及汽轮机高压旁路装置提供减温水。300MW 机组给水系统布置 2 台 50% 容量的汽动给水泵和 1 台 50% 容量的电动给水泵；600MW 和 1000MW 机组给水系统一般布置 2 台 50% 容量的汽动给水泵和 1 台 30% 容量的电动给水泵；有些扩建的 1000MW 机组不布置电动给水泵，启动时利用老机组的辅助蒸汽作为汽动给水泵的汽源，采用无电动给水泵启动方式。

300～600MW 机组均设有 3 台全容量、卧式、双流程高压加热器，3 台高压加热器的进出口采用三通阀大旁路系统；1000MW 机组的 3 台高压加热器为双列布置。

给水除氧系统各设置一台卧式喷雾或旋膜除氧器。正常运行时，除氧器采用滑压运行方式，滑压范围为 0.147～1.241MPa，汽源来自四段抽汽；在低负荷阶段，汽源来自辅助蒸汽系统，蒸汽压力保持在 0.147MPa。启动时，蒸汽压力根据锅炉上水要求的除氧水温确定。

给水泵汽轮机为单缸凝汽式汽轮机，设置了高压和低压两路汽源，高压汽源为再热器冷段再热蒸汽，低压汽源为四段抽汽，两路汽源可通过给水泵汽轮机控制系统（MEH）切换。另外，汽轮机还有高压辅助汽源作为汽轮机启动和低负荷时的备用汽源。

给水除氧系统优化的思路应该从提高给水泵汽轮机的效率，减少给水系统的节流损失，提高高压加热器的利用率上考虑。在运行方式上有以下方面需注意：

（1）有些发电厂进行了低负荷下单台汽动给水泵最大出力运行试验，试验结果表明，单台汽动给水泵运行经济上并不可行。低负荷时（以50％额定负荷为例），停运一台汽动给水泵，另一台汽动结水泵需输送到锅炉的给水量增加为原来的2倍左右；而此时四段抽汽压力低，给水泵汽轮机的高压辅助汽源调节阀开启，相当于利用了冷段再热蒸汽的高位能，而四段抽汽的用汽量减少，减少了低位能的利用。这种方式还存在着一台汽动给水泵启停操作带来的风险和启动消耗，目前电厂没有进行单台汽动给水泵运行的先例。

（2）给水泵汽轮机在正常运行时，因四段抽汽压力随主机滑压运行而改变，给水泵汽轮机也为滑压方式，这有利于汽缸效率的提高。随着节能的深入，给水泵汽轮机的运行方式也应该在不同负荷时，通过优化调整试验，确定给水泵组的效率和耗汽量，并通过技术经济比较，找出给水泵组的最佳运行方式。例如，在低负荷时高压辅助汽源由冷段再热蒸汽经调节阀节流后供给，冷段再热蒸汽还作为给水泵汽轮机的高压辅助汽源，目前有的电厂将冷段再热蒸汽到给水泵汽轮机的高压辅助汽源去掉，在负荷降至60％额定负荷时，将给水泵汽轮机汽源切为高压辅助汽源供汽。实际上，这是一个不经济的运行方式，高压辅助汽源供汽经过了冷段再热蒸汽到高压辅助汽源调节阀的节流和低压进汽调节阀两次节流，冷段再热蒸汽通过高压进汽阀的供汽仅经过高压进汽调节阀的节流。从理论上讲，在低负荷运行时，通过冷段再热蒸汽高压进汽阀的供汽方式更经济。

（3）高压给水在进入锅炉的给水管道上布置有给水旁路调节阀和给水电动阀，在正常运行时给水电动阀全开，给水旁路调节阀关闭。在运行实践中，开启给水管道上的给水旁路调节阀，能使汽动给水泵转速降低200～300r/min，进汽量减少0.5t/h左右，有一定的节能效果。

（4）高压除氧器运行。大型机组目前运行的高压除氧有喷雾填料式和旋膜式两种，高压除氧器对凝结水进行加热、除氧，正常运行时除氧器根据四段抽汽压力滑压运行。除氧器目前有以下两项改进措施：

1）增加排氧阀至凝汽器管道和阀门，在机组正常运行时将外排的排氧阀关闭，开启至凝汽器的阀门，回收排出的蒸汽。实践证明，该措施对凝汽器真空及给水含氧量无影响，且减少了除氧器的排汽噪声，回收了工质。

2）在机组启动时，除氧器担任加热锅炉给水的作用，根据锅炉汽包或储水箱的壁温，向锅炉上水。为了节省厂用电，在机组热态启动时，调整开大辅助蒸汽供除氧器的调整阀，提高除氧器的运行压力，采用不启动电动给水泵上水，或仅启动前置泵上水方式。这样既节省了厂用电，又给锅炉上温度较高的炉水，在锅炉点火后很快就可以启动，缩短了启动时间。

（5）为了使加热给水的效果发挥到极致，某电厂还采用了将邻机的冷段再热蒸汽引入启动机组的2号高压加热器，对给水进一步加热，达到改善锅炉启动条件、加强锅炉热态冲洗，减少汽轮机固体颗粒侵蚀，降低启动费用等综合目的。改造后新增低温再热蒸汽联络管道（PN10、$\phi 159 \times 9mm$），增加了2号高压加热器正常疏水通过新增疏水管道排至除氧器，加热蒸汽管道上新增调节阀以准确地控制出口给水温度，防止汽轮机抽汽量超过设计值，减少对高压加热器过热段的不利影响。采用邻机蒸汽加热后，从锅炉点火到汽轮机冲转的时间可缩短50min～1.5h，节省了锅炉启动燃油，且经过热态冲洗后，锅炉水质很快到达合格值，减少了启动后的排污损失；对于直流锅炉，还减少了蒸汽中固体颗粒对汽轮机的侵蚀。

机组启动时，邻机蒸汽加热系统主要应用在两个阶段，即锅炉热态冲洗阶段、锅炉升温升压至汽轮机组并网且本机抽汽系统投入运行阶段。锅炉热态冲洗时，通过辅助蒸汽将除氧器里的水从常态加热到150℃的饱和水，并通过邻机冷段再热蒸汽经减压阀减压后将2号高压加热器内的给水加热到210℃，利用给水泵对锅炉上水（排放量约为200t/h），2号高压加热器的疏水依靠压力差自流至除氧器，疏水水位利用水位调节阀控制。锅炉热态冲洗结束后开始点火，在汽轮机冲转后将1、3号高压加热器投入，进一步加热给水。机组负荷为140~160MW时，二段抽汽饱和温度与2号高压加热器出口水温基本一致，此时将2号高压加热器进汽切为本机接带。

采用邻机蒸汽加热的注意事项：①邻机加热系统投运时，应确认汽动给水泵、锅炉炉水循环泵运行正常。②邻机加热系统疏水阀开启时，先全开一次阀，再用二次阀控制疏水量，关闭时顺序与之相反。③邻机加热母管暖管及邻机加热系统投入和退出时，加强与邻机的沟通，有异常时及时通知邻机。④邻机加热母管暖管时，邻机冷段再热蒸汽至邻机加热母管电动阀需就地手动开启，禁止就地电动开启及远方开启，防止温升过快。⑤操作2号高压加热器邻机加热进汽调节阀时应缓慢进行，控制2号高压加热器出口水温变化率不超过1℃/min。⑥开启2号高压加热器邻机加热进汽电动阀后疏水时，应在电动阀开启，调节阀部分开启后进行，防止本机凝汽器真空下降。

第四节　加热器疏水系统优化与调整

高、低压加热器是回热系统的基本组成部分，高、低压加热器对给水、凝结水进行加热提高了机组的循环热效率，高、低压加热器疏水系统运行的好坏不仅关系到加热器的经济性，还与高、低压加热器的安全运行息息相关。高、低压加热器均有内置式疏水冷却器，按照"简单可靠、投资小"的原则，300~1000MW大型机组的疏水系统均采用逐级自流方式，高压加热器疏水逐级自流至除氧器，低压加热器疏水逐级自流至凝汽器。高压加热器疏水逐级自流至除氧器，其疏水仍在回热系统内，低压加热器疏水逐级自流至凝汽器直接增加了冷源损失。以前的125、200MW机组采用疏水泵将6号低压加热器疏水打至6号低压加热器入口管道，避免了5、6号低压加热器的冷源损失。如果高、低压加热器运行时水位控制不好，疏水口处水封被破坏，不仅使加热器的疏水端差增大排挤下一级抽汽，降低经济性，还会造成水位低的高、低压加热器疏水冷却区处产生汽液两相流，对疏水冷却区的冷却水管和高压加热器疏水弯头造成损坏，这也是高压加热器钢管泄漏及高压加热器疏水弯头磨损泄漏的主要原因。

加热器端差有给水端差（上端差）和疏水端差（下端差），加热器上端差对机组经济性的影响大于下端差。加热器上端差除与加热器的抽汽管压力损失、旁路阀门及管板的严密情况，以及管束的脏污程度有关外，还与加热器水位有关。加热器投入正常后，除加热器水位外可调整的手段不多。加热器的过热蒸汽冷却段位置较高，加热器水位高时淹没的钢管为凝结段，对加热器的上端差影响较小。而在实际运行中加热器水位高时有报警（液位开关控制），能引起运行人员的足够重视。加热器水位低往往被忽视，其对加热器的疏水端差影响较大，如果控制不好，下端差有时往往达到20~30℃。加热器下端差每变化1℃对经济性的影响小于上端差，但在运行中如果不控制，下端差比较大时，其实际影响要大于上端差。

高、低压加热器疏水系统运行中有以下优化措施及注意事项：

（1）监视加热器的疏水端差，高、低压加热器的疏水端差一般应在 2～5℃，端差增大应及时调整加热器水位。加热器水位的测量一般采用平衡容器测量原理，有时加热器水位显示与实际偏差较大，所以实际运行时应以加热器下端差来判断加热器水位。有些电厂专门增加了加热器疏水端差的报警，加热器疏水端差大于 5℃时报警，及时提醒运行人员调整。

（2）在机组正常运行时，注意核对机组负荷与加热器疏水调节阀开度的关系，若疏水调节阀有不正常的开度增大时，加热器钢管可能有泄漏或疏水调节阀有问题。加热器疏水调节阀根据加热器水位进行调整，加热器水位显示如果不准，也会造成疏水调节阀开度不正常，此时应根据加热器下端差来综合判断加热器水位。在排除加热器疏水调节阀故障后就可以及早判断高、低压加热器的泄漏情况，这样对加热器特别是高压加热器有重要意义。如果能及早发现高压加热器泄漏，就能防止因一根管道泄漏将其他管道吹破而造成大量高压加热器管道泄漏的情况。

低压加热器疏水系统因其压差小存在疏水不畅现象，特别是 7、8 号低压加热器，由于正常疏水不畅，造成危急疏水开启。危急疏水开启，增加了凝汽器的热负荷和冷源损失，同时造成 7、8 号低压加热器出口温度低于设计值，使加热器上端差增大，从而使上一级加热器的抽汽量增加，总体降低了机组的经济性。许多电厂对管道进行了重新布局和改造，其改造的基本思路是减少管道的弯头、简化布局，减少管道高低不同造成的水封等影响或增加调节阀旁路阀来解决。随着现代制造工艺的提高，低压加热器疏水泵容易汽蚀、振动大、机械密封漏水及设备维护费用高的问题得到了解决。有些电厂对低压加热器疏水系统进行了改造，增加了管道式低压加热器疏水泵，将 6 号低压加热器疏水通过低压加热器疏水泵打至 6 号低压加热器凝结水出口。这样可减少低压加热器疏水对七段抽汽量的排挤，减少排往凝汽器的冷源损失。低压加热器疏水泵设计为变频运行，这样低压加热器的水位通过疏水泵的转速进行控制，低压加热器疏水不经过疏水调节阀的节流，节约了厂用电。低压加热器疏水泵的改造在 600、1000MW 机组上均有成功案例，有一定的推广价值。

第五节　循环冷却水系统的优化与调整

一、循环冷却水系统的优化与调整

循环冷却水系统向凝汽器提供冷却水，有开式循环和闭式循环两种。开式循环冷却水系统从江、河、湖泊、海洋中取水，经凝汽器冷却后排水至江河的下游或湖泊、海洋的不同位置。闭式循环冷却水系统是循环冷却水经过凝汽器后回到冷却塔进行冷却，冷却后的冷却水再到凝汽器中冷却汽轮机排汽。按照循环冷却水是否为 2 台机组相互联络，循环冷却水系统可分为两种形式：一种是单元制循环冷却水系统；另一种是扩大单元制循环冷却水系统。单元制循环冷却水系统，每台机组对应 2 台或 3 台循环水泵，机组之间的循环冷却水相互独立；扩大单元制循环冷却水系统是两台机组的循环冷却水可以联络，循环冷却水进回水都有联络阀。目前，125～300MW 机组基本都采用扩大单元制循环冷却水系统；600MW 机组有的采用扩大单元制循环冷却水系统，有的采用单元制循环冷却水系统；1000MW 机组采用 1 台机组对应 3 台循环水泵的单元制循环冷却水系统。扩大单元制循环冷却水系统的优点是，运行灵活，2 台机组循环水泵可以相互备用，相对于单元制循环冷却水系统可靠性提高。

1. 循环冷却水系统运行优化的原则

对循环冷却水系统的优化，就是通过循环冷却水量的合理调配使凝汽器维持在最佳真空下运行。最佳真空是指使汽轮机功率因真空提高所获得的增量与因循环冷却水量的增加而引起的循环水泵耗功量之差为最大时的凝汽器真空，如图 5-8 中 b 点对应的真空值。图 5-8 中的横坐标为循环冷却水流量 D_w，纵坐标为凝汽器真空 p_c 和功率差值 ΔP，曲线 p_c 为凝汽器压力随 D_w 的变化曲线。在同样的蒸汽负荷和冷却水温度下，假设使循环冷却水流量增加 ΔD_w，真空因此而提高（压力降低）并导致汽轮机功率增大 ΔP_T。与此同时，循环水泵的耗电量也增大

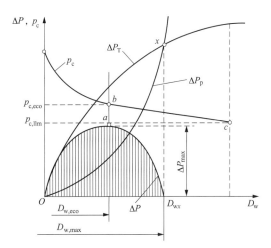

图 5-8　极限真空与最佳真空

了 ΔP_p，两者之差 $\Delta P = \Delta P_T - \Delta P_p$ 在循环冷却水流量比较小时随循环冷却水流量的增大而增加，到 a 点时达到最大。进一步增大循环冷却水流量，ΔP 开始减小，到 x 点，$\Delta P = 0$。这时如果继续增加循环冷却水流量，真空还可继续提高，ΔP_T 也继续增大，但到达 c 点时所对应的真空称为极限真空。图 5-8 中与 a 点对应的循环冷却水流量 $D_{w,eco}$ 就是最佳循环冷却水流量。由 a 点引等水量线与凝汽器压力线相交的 b 点对应的真空便是最佳真空。

循环冷却水系统优化原则是"冬季按极限真空控制，其他季节按最佳真空运行"，冬季在循环冷却水流量为最小的情况下，如果循环冷却水温度降低能使真空进一步提高，此时按极限真空控制。因为此时循环冷却水流量不增加，循环冷却水温度的降低是非成本因素。机组真空提高会使机组功率无成本增加，称为"无煤负荷"。如图 5-8 所示，从最佳真空 b 点到极限真空 c 点，汽轮机功率仍能增加较多，所以冬季在循环冷却水温度足够低的情况下，按极限真空控制。做汽轮机热力性能试验时一般给出极限背压值，例如，一台 300MW 机组的极限背压为 3.4kPa，冬季大气压在 101kPa 时，极限真空为 −97.6kPa。随着循环冷却水温度的增加，而循环冷却水系统需要启动循环水泵或改变循环水泵转速时，应按照最佳真空的原则进行优化，机组的最佳真空不仅因循环冷却水温度、机组运行的负荷不同而变化，还与当时的煤价、电价有关。循环冷却水流量依靠启停循环水泵或循环水泵高低速的切换而变化，所以实际运行中循环冷却水流量按阶梯式变化，而不是连续变化。最佳真空就是在机组负荷改变时，循环水泵的最佳运行方式。

在一定的负荷及循环冷却水进水温度的条件下，采取何种循环水泵运行方式可使机组的经济性最高，取决于循环冷却水进水温度、机组负荷、凝汽器换热系数、循环水泵特性参数，以及锅炉、汽轮机热力特性等多个因素的相互作用。增加循环水泵的运行台数，循环冷却水流量及循环水泵耗功均会增加，这就造成两个方面的影响：①循环冷却水流量增加，会使凝汽器循环冷却水温升降低，提高机组真空，汽轮机发电功率随之上升、热耗率随之下降；②循环水泵耗功增加，会使厂用电功率增加，机组供电量减少。因此，在一定的循环冷却水进水温度及机组负荷的条件下，何种循环水泵运行方式能够使整机效益最大，需要通过优化比较确定。

2. 循环冷却水系统优化

(1) 对循环水泵进行高低速改造。循环水泵高低速改造是一种成熟的节约厂用电措施，同时高低速改造丰富了循环水泵的运行方式，为循环水泵最佳运行方式提供了更多选项。

(2) 循环冷却水温升是循环冷却水出水温度与进水温度的差值，即循环冷却水流经凝汽器后温度的升高值，循环冷却水温升是判断循环冷却水流量在对应负荷下是否充足的主要参数。循环冷却水温升大，说明循环冷却水流量相对于负荷偏小，应通过启动循环水泵、提高循环水泵转速等方法增加循环冷却水流量；循环冷却水温升小，说明循环冷却水流量相对于负荷充足，此时应根据确定的最佳真空，停运循环水泵或降低循环水泵转速等方法减少循环冷却水流量，以提高机组运行的经济性。机组在正常运行中，循环冷却水温升超过 12℃时，可认为循环冷却水流量相对不足；循环冷却水温升低于 7℃时，就可认为循环冷却水流量相对充足，有的电厂采用循环冷却水温升作为启停循环水泵的依据。

例如，XQ 电厂 2 台 200MW 机组，循环冷却水系统为扩大单元制系统，正常运行时 1 台机组对应 1 台循环水泵运行，另一台循环水泵作为备用，由于机组夏季为工业供汽，冬季供热，排往凝汽器的热负荷和电负荷不成比例，因此循环冷却水温升作为启停循环水泵的依据。循环水泵运行方式见表 5-1。

表 5-1　　　　　　　　　　　　循环水泵运行方式

序号	循环冷却水温度 t（℃）	循环冷却水温升 Δt（℃）	循环水泵运行方式
1	$t \leqslant 10$		1 台机组对应 1 台循环水泵
2	$10 \leqslant t < 20$	$7 < \Delta t < 12$	1 台机组对应 1 台循环水泵
3	$20 \leqslant t < 30$	$\Delta t \geqslant 12$	2 台机组对应 3 台循环水泵或 1 台机组对应 2 台循环水泵
4	$t \geqslant 30$	$\Delta t \geqslant 13$	2 台机组对应 4 台循环水泵或 1 台机组对应 2 台循环水泵

冬季在循环冷却水进口温度偏低的情况下，为保持机组运行的经济性，循环冷却水温升有时达到 16℃以上，这时应根据最佳真空或极限真空来确定循环冷却水流量，循环冷却水温升作为参考。

(3) 通过启停循环水泵试验，根据机组真空的变化量、负荷变化量及机组的背压修正曲线来确定循环冷却水最佳运行方式。

例如，DF 电厂 2 台 600MW 机组，每台机组配备 2 台循环水泵和 1 座冷却面积为 9000m² 的双曲线形自然通风冷却塔，采用扩大单元制循环冷却水系统，2 台机组循环冷却水进回水都有联络阀。单台循环水泵流量为 34 920t/h，夏季 2 台循环水泵并联运行，4 台循环水泵均进行了高低速改造。该电厂在不同负荷、循环冷却水温度工况下对循环水泵做启停试验，试验时保持锅炉燃烧工况稳定，启动 1 台循环水泵，看真空的提高值及发电机负荷的增加值。确定启动 1 台循环水泵或将循环水泵转速改变后发电机功率的增加值，再根据循环水泵电流的变化算出循环水泵的功率，两者相减，差值最大的工况为循环水泵最佳运行方式。这种试验方法简单，由电厂技术人员完成，由于循环冷却水温度不能控制，因此该次试验进行时间较长。最后确定单机及双机同时运行时循环水泵的运行方式，分别见表 5-2 和表 5-3。

表 5-2　　　　　　　　　　　　单机运行时循环水泵的最佳运行方式

序号	单机负荷（MW）	循环冷却水入口水温 t（℃）	循环水泵最佳运行方式
1	≥600	$t<14$	单台低速泵
2	≥550	$t<16$	单台低速泵
3	≥500	$t<17$	单台低速泵
4	≥450	$t<18$	单台低速泵
5	≥400	$t<19$	单台低速泵
6	≥350	$t<20$	单台低速泵
7	≥300	$t<21$	单台低速泵
8	≥600	$14\leqslant t<20$	单台高速泵
9	≥550	$15\leqslant t<21$	单台高速泵
10	≥500	$16\leqslant t<22$	单台高速泵
11	≥450	$17\leqslant t<23$	单台高速泵
12	≥400	$18\leqslant t<24$	单台高速泵
13	≥350	$19\leqslant t<25$	单台高速泵
14	≥300	$20\leqslant t<26$	单台高速泵
15	≥600	$t\geqslant20$	1 台高速泵，1 台低速泵
16	≥550	$t\geqslant21$	1 台高速泵，1 台低速泵
17	≥500	$t\geqslant22$	1 台高速泵，1 台低速泵
18	≥450	$t\geqslant23$	1 台高速泵，1 台低速泵
19	≥400	$t\geqslant24$	1 台高速泵，1 台低速泵
20	≥350	$t\geqslant25$	1 台高速泵，1 台低速泵
21	≥300	$t\geqslant26$	1 台高速泵，1 台低速泵

表 5-3　　　　　　　　　　　　双机运行时循环水泵的最佳运行方式

序号	双机负荷（MW）	循环冷却水入口水温 t（℃）	循环水泵最佳运行方式
1	≥1200	$t<14$	2 台低速泵
2	≥1100	$t<16$	2 台低速泵
3	≥1000	$t<17$	2 台低速泵
4	≥900	$t<18$	2 台低速泵
5	≥800	$t<19$	2 台低速泵
6	≥700	$t<20$	2 台低速泵
7	≥600	$t<21$	2 台低速泵
8	≥1200	$14\leqslant t<22$	1 台高速泵，1 台低速泵
9	≥1100	$15\leqslant t<23$	1 台高速泵，1 台低速泵
10	≥1000	$16\leqslant t<24$	1 台高速泵，1 台低速泵
11	≥900	$18\leqslant t<25$	1 台高速泵，1 台低速泵
12	≥800	$19\leqslant t<26$	1 台高速泵，1 台低速泵
13	≥700	$20\leqslant t<32$	1 台高速泵，1 台低速泵
14	≥600	$t\geqslant20$	1 台高速泵，1 台低速泵
15	≥1200	$22\leqslant t<26$	2 台高速泵，1 台低速泵
16	≥1100	$23\leqslant t<27$	2 台高速泵，1 台低速泵
17	≥1000	$24\leqslant t<32$	2 台高速泵，1 台低速泵

序号	双机负荷（MW）	循环冷却水入口水温 t（℃）	循环水泵最佳运行方式
18	≥900	25≤t<34	2 台高速泵，1 台低速泵
19	≥800	t≥26	2 台高速泵，1 台低速泵
20	≥700	t≥32	2 台高速泵，1 台低速泵
21	≥1200	t≥26	3 台高速泵，1 台低速泵
22	≥1100	t≥27	3 台高速泵，1 台低速泵
23	≥1000	t≥32	3 台高速泵，1 台低速泵
24	≥900	t≥34	3 台高速泵，1 台低速泵

（4）结合当前煤价、电价对循环冷却水系统进行优化的实例。机组的煤价、电价不同，在同样的循环水泵运行方式下，将产生不同的效益。以 1 台 1000MW 机组在满负荷启动 1 台低速泵的试验为例：启动 1 台低速泵之后，真空升高约 1kPa，按照制造厂给出的背压修正曲线计算出煤耗约增加 1.51g/kWh，对于 1 台 1000MW 机组每小时少耗煤 1510kg，标准煤价按 600 元/t 计算，期间节省的煤价为 906 元；此时由于多启动循环水泵多耗电 2200kWh，按电价为 0.41 元计算多耗电为 902 元，启动 1 台循环水泵的净利润为 4 元。如果电价为 0.435 元，启动 1 台循环水泵将多耗电价为 957 元，亏损 51 元。所以不同的电价、煤价决定着循环水泵的运行方式。

为寻求在各种负荷及循环冷却水温度条件下的循环水泵最优运行方式，YZ 电厂对 2 台 1000MW 机组进行循环水泵运行优化试验。2 台机组的循环冷却水系统为单元制系统，每台机组配备 3 台可进行高低速切换的循环水泵，型号为 2200HLBK-26.6，其额定功率：高速泵为 3150kW、低速泵为 2235kW，循环水泵高速额定流量为 37 260t/h。配套的凝汽器为双背压、双壳体、单流程、表面式，型号为 N54800，设计循环冷却水流量为 94 788m³/h。

试验采用以实测与凝汽器变工况计算相结合的方法来确定不同的循环冷却水流量、循环冷却水进水温度及机组负荷条件下的排汽压力。以机组实际热力特性关系曲线及实测凝汽器总体换热系数为基准，考虑凝汽器进水温度、凝汽器热负荷等因素对凝汽器总体换热系数的影响，进行凝汽器变工况计算，得到不同循环水泵运行方式（循环冷却水量不同）下的凝汽器特性数据。

通过各种工况下启停循环水泵进行试验，为减少运行人员的调整工作量，从 8 种运行方式中筛选出"1 台高速泵""2 台低速泵""1 台高速泵＋1 台低速泵""1 台高速泵＋2 台低速泵""3 台高速泵"作为循环水泵的正常运行方式，并用"燃料费用变化与供电收入变化的差值"作为"发电利润"，以"发电利润"最大为优化标准。根据设定的负荷点、循环冷却水温度点、上网电价（0.4352 元/kWh）及各种标准煤单价进行计算，求取在一定的机组负荷、凝汽器循环冷却水进水温度、标准煤单价、上网电价时，满足筛选条件的最佳循环水泵运行方式。以标准煤单价为 600 元/t 时，不同环境温度、不同负荷下循环水泵最佳运行方式如图 5-9 所示（其中 G 代表循环水泵高速运行，D 代表循环水泵低速运行）。

3. 特殊工况下循环冷却水系统的节能优化

扩大单元制循环冷却水系统可比单元制循环冷却水系统有更多的运行方式，2 台机组的循环冷却水系统可相互备用，可采取 2 台机组对应 3 台循环水泵的运行方式，冬季也可尝试采用 2 台机组对应 1 台循环水泵的运行方式，特别是在机组启停时，能起到一定的节能

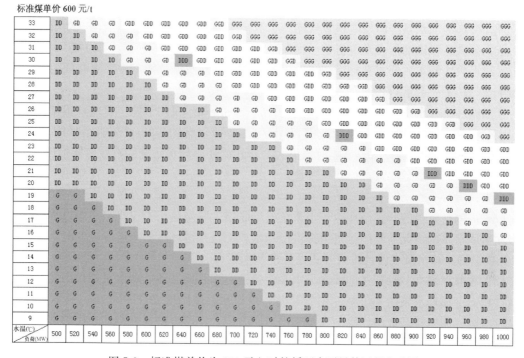

图 5-9　标准煤单价为 600 元/t 时的循环水泵最佳运行方式图

效果。

（1）合理地控制循环冷却水流量。在 1 台机组停机后，待排汽缸温度降至 50℃，且没有用户时才能停运循环冷却水系统，在循环冷却水联络阀开启的情况下，可将循环冷却水进水阀节流至 5% 左右，有少量循环冷却水通过停运机组凝汽器即可。运行机组如果负荷较高，关小停运机组凝汽器的进水阀门，可使运行机组真空提高 1~2kPa；如果运行机组负荷较低，可将停运机组的循环水泵停运，由运行机组供停运机组少量的循环冷却水，这是一项有效的节电措施。一般大型机组停运后循环水泵需在 2 天后停运，如果按 300MW 机组循环水泵低速运行，可节省厂用电 5.9 万 kWh，经济效益也相当可观。在机组启动初期，启动机组需循环冷却水时，也可将启动机组循环冷却水进水阀节流至 5% 左右，用运行机组供启动机组循环冷却水或启动循环水泵增加运行机组的循环冷却水流量，待启动机组并网后，再全开凝汽器进水阀，这样也有 4~5h 的节能时间。

（2）对应两台机组运行，负荷差别较大时（调度原因或设备原因），如果循环采用两机三泵的运行方式，可关闭循环冷却水联络阀，使负荷低的机组一台循环水泵运行，负荷高的机组两台循环水泵运行。这样同样在三台循环水泵运行的前提下，可使机组总真空升高 0.3kPa 左右。

（3）对应扩大单元制循环冷却水系统，如果一台机组停运，冷却塔无检修工作，停机后可保持两个冷却塔运行；冷却塔有检修工作，在工作结束后应尽早投入运行。在夏季循环冷却水温度高，单机两台循环水泵高速运行时效果更明显，此时循环冷却水温度比一个冷却塔运行时降低 3~5℃，真空能提高 1~1.5kPa。

二、开式循环冷却水系统的优化与调整

开式循环冷却水系统向发电机氢气系统、真空泵、主机润滑油冷油器、电动给水泵冷油器、给水泵汽轮机冷油器、发电机定子冷却水冷却器，以及锅炉侧送、引风机、一次风机、制粉系统提供冷却水，开式循环冷却水回水至冷却塔。开式循环冷却水系统有两台开式循环冷却水泵，正常一台运行，一台备用。

开式循环冷却水系统优化的主要方向是开式循环冷却水泵的节能。目前，根据开式循环冷却水泵容量，300、600MW 机组采用 380V 电压等级，有的 1000MW 机组采用 6kV 电压等级，采用 6kV 电压等级后其节能潜力更大。开式循环冷却水系统的有效节能措施有：

（1）开式循环冷却水泵进行双速改造，在春、秋、冬三季低速运行，在夏季三个月高温时采用高速运行。

（2）将两台机组的开式循环冷却水系统进行联络。联络后，不仅机组启停过程中可以在不启动循环水泵的情况下向停运机组提供冷却水；而且在循环冷却水温度较低时，可考虑用 1 台开式循环冷却水泵供两台机组开式循环冷却水运行。

（3）在非高温季节时开式循环冷却水泵停运。由于开式循环冷却水泵均是串联在循环水泵后，相当于循环水泵的升压泵。在冬天循环冷却水温度降低 20℃ 以上时，开式循环冷却水泵可停运，而保持开式循环冷却水泵进出口阀开启，即可维持各被冷却介质的温度在允许范围内。

（4）在两台开式循环冷却水泵中，将一台设为变频开式循环冷却水泵，另一台设为工频开式循环冷却水泵，正常运行时，保持变频开式循环冷却水泵长期运行，工频开式循环冷却水泵备用，仅在变频开式循环冷却水泵故障检修期间，才运行工频开式循环冷却水泵。根据 1 台 660MW 机组对开式循环冷却水泵变频改造的效果统计，变频开式循环冷却水泵的运行电流为 142A，工频开式循环冷却水泵的运行电流为 238A，电流相差 96A。而冬天在环境温度较低时，开式循环冷却水泵转速仍有下降的余地。这样每年节省的厂用电为 $\sqrt{3} \times 380 \times 96 \times 0.85 \times 6000 = 322\,235$ kWh，按 0.4 元/kWh 计算，每年节约费用 128 894 元，应该能在一年内回收投资成本，经济效益明显。实践证明，开式循环冷却水泵变频改造后转速降低，可减少轴承等机械部分的磨损，降低故障率，从而减少维护费用。1000MW 机组的开式循环冷却水泵采用 6kV 电压等级，如果采用变频运行，其经济性更加明显。

停机后，可将开式循环冷却水泵停运，开启出口阀用循环冷却水供给用户，已是成熟的节能措施。

三、闭式循环冷却水系统优化调整

闭式循环冷却水系统主要向需要清洁冷却水的用户供水，主要用户有 EH 油（抗燃油）冷却器、凝结水泵水封及轴承冷却、汽动给水泵前置泵机械密封、电动前置泵机械密封、化学汽水取样冷却等。闭式循环冷却水系统是一套闭式循环系统，由闭式循环冷却水箱、闭式循环冷却水泵、闭式循环冷却水冷却器组成，有些机组还设计有闭式循环冷却水处理装置。

闭式循环冷却水系统的优化调整应从闭式循环冷却水泵节电和系统节水方面着手，目前主要有以下两种优化措施：

（1）闭式循环冷却水泵采用变频运行。设置 1 台变频闭式循环冷却水泵，或 2 台闭式循

环冷却水泵采用一台变频器，是目前闭式循环冷却水系统的一项优化措施。正常运行时，保持变频闭式循环冷却水泵长期运行，工频闭式循环冷却水泵备用，仅在变频闭式循环冷却水泵故障检修期间，才运行工频闭式循环冷却水泵。据 1 台 660MW 机组闭式循环冷却水泵变频改造后的效果统计，变频闭式循环冷却水泵的运行电流为 151A，而工频闭式循环冷却水泵的运行电流为 195A，电流相差 44A，每年可节约厂用电 14 万 kWh，电经济效益显著。实践证明，闭式循环冷却水泵变频改造后转速降低，可减少轴承等机械部分的磨损，降低故障率，从而减少维护费用。

（2）闭式循环冷却水箱溢流管由原来的排地沟改为排至机房外除盐水补水箱，再通过补水箱作为凝汽器补水，避免了闭式循环冷却水箱水位高时溢流造成除盐水的流失。

第六章

汽轮机节能技术改造及实例

第一节　汽轮机通流部分改造

汽轮机通流部分是指工质在汽轮机本体中流动做功经过所有部件的总称。流通部件主要包括静止部件和转动部件两大部分。静止部件包括汽缸、喷嘴、隔板、隔板套（或静叶持环）、汽封及有关紧固件等。转动部件包括主轴、动叶栅、叶轮（或转鼓）、拉筋、平衡活塞、围带及必要的紧固件等。

汽轮机通流部分改造主要是指采用先进技术，对早期制造的或长期运行已经老化的经济性、可靠性较低的在役机组的通流部分进行改造，以提高汽轮机运行的经济性、可靠性和灵活性，并延长机组的服役寿命。

一、汽轮机通流部分改造的必要性

火电机组的设计寿命通常为 30~40 年，当机组接近设计寿命时，其可靠性、可用率和效率会迅速降低。另外，原来许多大型火电机组是按基本负荷设计的，随着老机组台数逐年增加和新型高效机组的不断投运及电网结构的变化，致使昼夜用电量的峰谷差不断扩大，迫使现有汽轮机组转带周期性负荷或中间负荷；这种与原设计不符的运行方式，对机组的使用寿命有较大影响。

目前，在我国火电机组中，性能较好的大型新机组约占 1/3，现役的大部分 300MW 机组和部分 600MW 机组由于设计年代早，主机方面普遍存在叶型落后（采用 20 世纪六七十年代老型线，二次流损失大），热力性能差（级间漏汽量大，机组设计热耗率和考核试验热效率与国际先进汽轮机热耗率存在较大差距），热膨胀不畅（滑销系统设计不合理），启动和运行灵活性差等问题；同时，还有不少应淘汰的 100、135、200MW 小火电机组仍在服役。这导致我国目前火电机组平均煤耗比发达国家水平高约 1/4，每年多消耗标准煤约 5500 多万吨，造成能源的巨大浪费和环境污染的加剧。

此外，我国所有燃煤火电厂都面临三方面压力：①节能和减排已成为燃煤火电厂发展的约束性指标；②燃煤火电厂的电量调度已经由铭牌调度逐步向节能调度调整；③随着国内外煤炭价格的持续上涨，燃煤火电厂经营压力陡增。因此，为了适应新的形势，各火电厂只有对外不断争取市场份额，对内强化管理并积极创造条件，采用先进、成熟的技术对经济性及安全性较差的低效高耗主、辅设备进行技术改造，努力挖掘内部潜力，最大限度地降低消耗成本，减轻对环境的污染，才能在激烈的市场竞争中生存和发展。

20 世纪 90 年代中期，以全三维气动热力设计体系为核心的第三代新技术已经成为世界范围内汽轮机先进技术的主流；采用当代计算流体力学的最新成就，即全三维黏性 N-S 方程数值来分析级内全三维流场，气动热力设计从一维、二维（准三维）进入全三维阶段；机组通流部分气动热力设计概念的进步使汽轮机热效率有了显著提高，汽轮机热耗比以前设计的老机型下降 3％～4％。传统典型冲动式汽轮机级的叶型损失占流道总损失的 1/3，二次流损失约占 1/3；新一代汽轮机叶型的基本特征是作用于叶型表面气动负荷的最大值位于叶型后部，因此称为"后加载"叶型，此叶型突出的特点是：叶片表面最大气动负荷在叶栅流道的后部（早期传统叶片在前部）；吸力面、压力面均由连续光滑曲线构成；叶片前缘小圆半径较小，且有更好的流线型，在来流大范围变化时仍能保持叶栅低损失特性；叶片尾缘小圆半径也较小，可以减少尾缘损失，从而提高叶型效率；后加载气动布局的作用主要不是减少叶型损失，而是减少叶栅流道的二次流损失，试验表明，后加载叶型可使叶栅总损失降低20％～30％。

近些年，随着对国外大型汽轮机组的引进、消化、吸收，加上国内制造技术、加工工艺水平及计算机技术的更新，大量新技术、新成果、新材料的逐步应用，从而使汽轮机制造质量得到保障；加之国内各汽轮机制造厂与国外制造公司深入合作，各方面水平都有了长足进步，为火电厂对机组进行技术改造提供了技术支撑。因此，用现代的设计技术分析我国早期设计制造的汽轮机，进而找出存在的问题，并通过更换具有先进通流特性的转子、动叶、静叶、汽封等通流部件，仅保留起支撑作用的汽轮机外缸，使早期性能落后的机组接近当前较为先进的汽轮机性能，不仅使汽轮机提高了效率，增加了出力，而且还大大节省了基建投资。

二、汽轮机通流部分改造的目标和原则

1. 通流部分改造的总体目标

（1）通过对汽轮机通流部分的技术改造，可提高通流部分的效率，使机组的热耗率降低，效率达到同类机组的先进水平，实现节能降耗。

（2）通过对汽轮机通流部分的技术改造，可提高机组的安全可靠性，消除机组影响安全可靠运行的缺陷。

（3）通过对汽轮机通流部分的改造，使汽轮机具备良好的运行灵活性和调峰能力。

（4）提高对汽轮机通流部分的改造，并在锅炉主辅设备、汽轮机辅机及系统、发电机及电气系统不进行大的改造的前提下，实现机组增容，提高机组的铭牌出力。

（5）提高对汽轮机通流部分的改造，可满足用户某些特殊要求，如工业抽汽或供热抽汽等。

2. 通流部分改造应该遵循的原则

（1）改造安全可靠性第一，兼顾收益，优先考虑煤耗。

（2）改造工作以提高汽轮机通流部分的效率、降低热耗率、提高机组可用率为主要目的。

（3）改造方案和技术措施应结合机组具体情况，"量体裁衣"进行改造方案设计。

（4）改造涉及范围尽可能最小，对外围系统影响最小。

（5）改造后机组外形尺寸基本不变，旋转方向不变。

（6）改造后机组与发电机、轴承箱、主油泵等接口不变，汽轮机基础位置不变，汽缸支撑方式不变。

（7）改造后机组必须保持现有热力系统不变，热力系统参数基本保持不变；保持各抽汽、排汽等管道接口位置不变。

(8) 改造后机组应能适应低负荷调峰要求。

(9) 采用先进的通流部分改造技术,如三元流技术、自主开发的先进叶型、工艺技术等。

(10) 改造后汽轮机大多数部件(不包括易损部件)的使用寿命不应小于30年;汽轮机大修周期不少于4~5年,在全生命周期内不得出现由于改造原因而导致的机组停运事件。

实践证明,经过通流部分改造后的汽轮机,可以使通流部分效率普遍提高5%,出力提高10%,整机煤耗下降15~18g/kWh。根据统计,各类型机组通流部分改造后的技术指标见表6-1。

表6-1　　　　　　　　　　　各类型机组通流部分改造后的技术指标

机组容量(MW)	高压缸效率(%)	中压缸效率(%)	低压缸效率(%)	热耗率(kJ/kWh)
630	84.6	92.7	89.5	7531
330	83.8	91.2	88.2	7946
220	86	92.9	88	8148
135	83	92	85.5	8173
110	88.7	—	83	8834

三、汽轮机通流部分改造技术

1. 提高汽轮机通流部分效率的技术措施

(1) 采用成熟高效的"后加载"叶型,可以使级效率提高1.5%。"后加载"叶型在来流方向上-30°~30°范围内可以保持低损失,而传统叶型的这一范围为-20°~20°,使新改造后的机组通流部分在负荷变化范围很大时仍有较高的效率,尤其是对调峰机组运行更加有利。

(2) 采用三维设计方式构造弯扭联合成型叶片(简称弯扭叶片),可以使级效率提高1.5%。20世纪70年代以前,叶型设计是以一维流场的手工计算为主,动、静叶广泛采用直叶片和简单扭曲叶片;20世纪80年代,二维流场计算气动力学逐步代替传统设计,开始大量采用较为复杂的扭曲叶片,汽轮机效率提高1.5%。进入20世纪90年代,完全三维设计概念开始应用,其突出代表是弯扭联合成型叶片。全三维设计概念的叶型及其优越性已被世界公认,几乎所有知名汽轮机制造厂都在大力开发和应用,但此叶型加工困难,成本较高;不过,随着制造业工艺水平的提高,加工成本的逐渐降低,弯扭叶片得到越来越广泛的应用。

(3) 取消隔板的加强筋,采用分流叶片弱化二次流,可以使级效率提高1%。传统的高压隔板多采用在进汽方向安装加强筋以满足隔板的结构强度、刚度要求。由于加强筋结构本身的流动效率就低,加上在加工、安装环节累计误差的影响,往往导致高压级效率偏低。

(4) 静叶采用薄出汽边(厚度为0.3~0.6mm),可以使级效率提高0.7%。

(5) 调节级采用子午收缩喷嘴,可以使级效率提高0.5%。

(6) 高、中压缸通流部分动叶采用内斜外平的自带冠围带设计,叶顶汽封齿数可增多至4片以上,可以减少叶顶漏汽损失20%。

(7) 改进汽封结构,围带汽封尽量采用可调整间隙的退让汽封,可以使级效率提高 1.5%。

(8) 汽道采用光滑子午面通道，可以使级效率提高 0.5%。

2. 提高机组调峰能力的技术措施

过去，机组在设计时，一般重点考虑机组带基本负荷的经济性，基本不考虑调峰能力，这是我国以往大部分机组设计的一个致命缺陷，因此，在汽轮机通流部分改造中，应把机组改造后的调峰能力作为重点提出。为满足两班制调峰要求，汽轮机通流部分改造中至少要采用以下技术措施：

(1) 主轴采用无中心孔的实心轴，高、中压汽缸采用高窄法兰，在强度允许的情况下尽量减小汽缸的壁厚。

(2) 高、中压缸动、静叶栅之间尽量杜绝轴向密封，多采用径向密封，增加机组轴向间隙，减少汽缸胀差对快速启动的影响。

(3) 低压汽封尽量采用斜平齿结构，少用镶嵌到主轴上的 J 形梳齿，从而增加低压缸胀差允许值。

(4) 减少调节级处主轴上的沟槽或增加过渡圆角，改善机组变工况时的应力集中状况。

(5) 高、中压缸与轴承座之间采用 H 形定中心梁结构，保证变工况时汽缸与轴承座的同心度和改善膨胀不畅的影响。

(6) 高、中压外缸（或内缸）接合面螺栓采取加热措施。

四、汽轮机通流部分改造注意事项

1. 汽轮机通流部分改造前应进行的工作

汽轮机通流部分改造属于火电厂重大技术改造项目，投资巨大，因此，在对汽轮机进行通流部分改造前，应进行充分的前期准备工作，切忌跟风，不可盲目地确定改造目标、改造范围及改造方案，以免导致改造失败。

国内汽轮机通流部分改造工作虽然已经大量开展，但不少机组改造后的效果并不十分理想，这并非偶然。根据在汽轮机改造领域的工作经验来看，失败的原因有：

(1) 改造前期做的工作并不充分，未能全面掌握机组的真实热力性能水平及经济性差的症结所在。

(2) 在没有全面掌握机组真实热力性能水平及未对机组进行确切的经济性诊断研究的同时，未能广泛调研和征询各汽轮机制造厂的建议方案并科学决策，从而未能获得有针对性的科学合理的通流部分改造技术方案。因此，建议对汽轮机通流部分进行改造前，对机组进行全面的经济性诊断，并在精确的机组经济性诊断的基础上，进行深入、充分的改造可行性研究，制定科学合理的改造原则、改造目标及改造范围。

2. 汽轮机通流部分改造前应进行的相关试验

(1) 汽轮机各汽缸效率试验及热耗率试验。

(2) 凝汽器热力性能试验。

(3) 冷却塔热力性能试验。

(4) 循环冷却水系统效率试验。

(5) 给水系统效率试验。

若试验中发现不足之处，应进行相应的完善改进。在汽轮机通流部分改造前，对机组状态特别是热力系统、给水系统（给水泵及给水泵汽轮机）、冷端系统（凝汽器、循环水泵、冷却塔）进行诊断与评价，提出优化改进措施是必需的，可使机组所能达到的经济效益充分发挥。

此外，如准备通过汽轮机通流部分改造增加机组出力，则应考虑锅炉、汽轮机、发电机及附属系统的限制，需对锅炉及其辅机系统、发电机及电气系统进行最大出力试验，以确定汽轮机外围设备对机组增容的适应性，并且需要对凝汽器、冷却塔及回热系统进行校核，统筹考虑。

3. 汽轮机通流部分改造的可行性研究

在汽轮机通流部分改造项目的前期工作中，必须对汽轮机制造厂目前的通流部分改造技术手段及业绩、已实施改造机组的改造效果进行调研，对拟改造的汽轮机技术特点、运行经济性、安全性，以及存在的问题有充分的了解和认识，并在此基础上提出初步建议的改造技术方案。

可行性研究是汽轮机通流部分改造前期工作的重要步骤，对汽轮机通流部分改造进行可行性研究主要内容包括改造目的、改造原则、改造范围、改造技术、改造方案及改造的安全性、经济性指标、技术可行性、实施可行性、技术经济预估等。

4. 汽轮机通流部分改造的程序

（1）汽轮机通流部分改造的可行性研究。

（2）进行评审及项目立项，确定改造的目的、原则和范围。

（3）依程序进行招标准备、项目招标、确定中标单位，与中标制造厂签订项目合同及技术协议。

（4）汽轮机通流部分改造项目的设计、加工制造阶段。

汽轮机通流部分改造项目工期环环衔接，任何一环的延误都将导致整个改造工期计划的变更。

5. 汽轮机通流部分改造应关注的问题

（1）高压缸结构。20世纪80年代初，限于当时火电厂的设备材料及汽轮机设计水平，超临界汽轮机及部分大功率亚临界汽轮机多采用高压缸反流设计；但根据目前的材料和汽轮机设计水平，汽轮机高压缸通流部分已不需要采用反流结构，所以，将汽轮机以往的高压缸反流结构改为顺流结构极为必要。

（2）现场测绘。现场测绘应结合机组的检修计划和通流部分改造计划提前安排完成。

（3）抽汽改造。非调整抽汽改造简单易行，费用也低，但供汽量小，热能利用率不高；调整抽汽改造以热定电，经济价值较高，综合效益及社会效益明显。所以，准确地确定热负荷是保证机组改造成功及提高经济性的关键。

五、几种典型机组通流部分改造效果

1. 100MW 机组通流部分改造效果

早期的国产100MW非再热汽轮机组，存在的主要问题是高压缸调节级、低压缸通流部分效率低，叶型损失大。这种机型高压缸调节级均为双列调节级，运行时其焓降特别大（250kJ/kg），占高压缸总焓降的23%，结果使汽缸效率降低2%～3%，机组热耗增加84～125kJ/kWh；而低压缸又全部处于湿蒸汽区，末级排汽湿度（94%）比国产200MW机组（86%）约大8%（排汽湿度每增加1%，级效率就下降1%）。

国产 100MW 汽轮机组改造前主要设计参数见表 6-2。改造后，试验额定工况为 110MW 时，热耗率为 8834～9050kJ/kWh，高压缸效率平均为 85%，低压缸效率平均为 81%。

表 6-2　　　　　　　　　　　　100MW 汽轮机改造前的主要技术参数

制造厂	哈尔滨汽轮机厂（简称哈汽）		北京重型电机厂（简称北重）
型号	51-100-2	N100-90/535	N100-90/535
主蒸汽压力（MPa）	8.82	8.82	8.82
主蒸汽温度（℃）	535	535	535
调节级形式	双列	双列	双列
高压缸压力级数	14	14	14
低压缸压力级数	2×5	2×5	2×5
回热级数	6	7	7
设计热耗率（kJ/kWh）	9201	9251	9254
试验热耗率（kJ/kWh）	9335～9460	9435～9520	9420～9504
实测低压缸效率（%）	73～76		
实测高压缸效率（%）	83～85		

案例 6-1　某电厂 10 号机组是哈尔滨汽轮机厂生产的 N100-90/535 型双缸双排汽凝汽式汽轮机，于 1978 年投产，改造前存在的主要问题：由于当时设计水平及加工工艺限制，以及机组年久老化等原因，试验热耗率修正值高达 9676.64kJ/kWh，比机组设计热耗率 9254.1kJ/kWh 高 422.54kJ/kWh，高压缸效率仅为 82.2%，比设计值 86.16% 低 3.96%；热耗率高的主要原因：叶型设计不合理（气动热力性能差，叶型损失大，某些级的速度比和焓降分配不合理，导致热力特性参数偏离最佳值），通流子午面不光滑（特别是高压缸后段和整个低压缸呈明显的阶梯形通道，容易产生脱流），部分级动叶顶部无围带或有拉筋（增加了级间漏汽损失），并且机组最大出力只有 98.6MW。

改造方案：更换高压缸、高压转子、高压隔板、低压转子，高压缸调节级改为单列压力级，增加级数；调节级喷嘴采用子午面收缩喷嘴，高、低压缸隔板静叶全部采用新型"后加载"叶型，高压缸第 2～3 级隔板静叶采用分流叶栅结构，高压缸 8～15 级和低压缸全部 5 级隔板静叶采用弯扭叶片，全部动叶顶采用自带冠结构，取消低压缸末级叶片拉筋。汽轮机通流部分改造前后的主要技术参数见表 6-3；改造后，高压缸效率为 87.75%，低压缸效率为 84%，热耗率为 8895.63kJ/kWh，比保证值低了 55.77kJ/kWh，同时机组连续出力可达 111MW。

表 6-3　　　　　　　　　　　100MW 汽轮机通流部分改造后的主要技术参数

项目	改造前设计值	改造后设计值	改造后试验值
型号	N100-90/535	N（C）100-90/535	N（C）100-90/535
额定功率（MW）	100	116.32	112.84
额定蒸汽压力（MPa）	8.82	8.826	8.83
额定蒸汽温度（℃）	535	535	535
低压缸排汽压力（kPa）	4.9	4.9	5.0
额定蒸汽流量（t/h）	370	420	404
汽轮机内效率（%）	86.1	86.72	87.45
热耗率（kJ/kWh）	9254.1	8951.4（保证值）	8895.63

2.125MW 机组通流部分改造效果

早期的国产 125MW 汽轮机于 1966 年自行完成设计并开始制造，第一台机组于 1969 年 9 月在上海吴泾热电厂投运，型号为 N125-13.24/550/550，存在高压缸通流部分效率低、叶型损失大、热耗率高、启停灵活性差等缺点；通流部分改造前试验热耗率统计为 8623kJ/kWh，改造后经参数修正，热耗率为 8196kJ/kWh，比改造前降低了 427kJ/kWh。125MW 汽轮机通流部分改造后的主要技术参数见表 6-4。

表 6-4   **125MW 汽轮机通流部分改造后的主要技术参数**

项目	改造前设计值	改造前试验值	改造后设计值	改造后试验值
额定功率（MW）	125	125	137.5	137.5
额定蒸汽压力（MPa）	13.24	13.24	13.24	13.24
额定蒸汽温度（℃）	550	550	535	535
低压缸排汽压力（kPa）	4.9	4.9	4.9	4.9
额定蒸汽流量（t/h）	380	380	398	398
高压缸通流部分效率（%）	80.0	76.0	83.7	81.3
中压缸通流部分效率（%）	89.0	85.5	93.1	92.5
低压缸通流部分效率（%）	82.4	80.0	88.0	88.4
热耗率（kJ/kWh）	8500	8623（修正后）	8114（保证值）	8196（修正后）

案例 6-2   某电厂有 5 台上海汽轮机厂于 20 世纪 70 年代自行设计制造的超高压中间再热凝汽式 125MW 机组，改造前存在的主要问题：叶型损失大、效率低，通流子午面不光滑顺畅，特别是中压缸后段和整个低压缸呈明显的阶梯通道，容易产生脱流，加大了通流损失，部分级动叶顶部无围带，增加了泄漏损失，动、静叶匹配不佳，叶片来流功角偏大等，平均实测热耗率高达 8706.6kJ/kWh，具体参数见表 6-5。改造目标是机组额定出力为 137.5MW，最大连续出力为 145.8MW，额定给水温度为 239℃，汽轮机在额定工况下的热耗率不大于 8164.35kJ/kWh，在高压加热器全部切除的工况下，保证热耗率为 8350.4kJ/kWh，消除机组存在的缺陷，如汽缸跑偏、高、中压缸外缸变形、严密性差，隔板变形，通流面积不均匀，末级叶片水蚀严重等问题，提高机组的安全性和可靠性，并能适应调峰要求。

表 6-5   **某厂 5 台 125MW 汽轮机通流部分改造前后的主要技术参数**

项目	改造前设计值	改造前试验值	改造后设计值	改造后试验值
额定功率（MW）	125	125	137.5	137.5
额定蒸汽压力（MPa）	13.24	13.24	13.24	13.24
额定蒸汽温度（℃）	550	550	535	535
低压缸排汽压力（kPa）	4.9	4.9	4.9	4.9
额定蒸汽流量（t/h）	380	380	396.2	398
高压缸通流部分效率（%）	78.49	74.76	83.7	83.3
中压缸通流部分效率（%）	88.58	87.01	93.1	90.5
低压缸通流部分效率（%）	84.59	80.0	88.0	88.39
热耗率（kJ/kWh）	8538	8862.78（修正后）	8164.35（保证值）	8189.4（修正后）

改造方案:

(1) 高、中压缸通流部分,低压缸通流部分(除保留低压缸内外缸外),所有部件(包括高、中压缸内外缸,高、中压转子,低压转子,隔板,汽封等)全部更换。

(2) 叶型采用三元流设计技术,以减小叶型损失,高压缸 5~8 级、中压缸 1~10 级叶片为扭曲叶片,静叶全部采用斜置叶片。

(3) 采用日本东芝技术的高效斜置喷嘴,以减少二次流损失。

(4) 低压缸前 4 级为自带冠叶片,末级叶片采用马刀静叶,提高根部的反动度,次末级叶片采用蜂窝汽封,加强去湿效果,减少叶片水蚀。

(5) 顶部采用多重汽封齿,以减少漏汽,高压缸隔板围带处由原来 2 道平齿改为 4~6 道高低齿,调节级增加一道径向汽封以减少漏汽。

(6) 高、中压缸外缸法兰采用高窄法兰结构,取消了法兰加热装置。

(7) 机组滑销系统进行改进,1、2 号轴承座与外缸连接采取 H 形定中心梁结构,彻底解决机组汽缸膨胀不畅和汽缸跑偏的问题。

(8) 低压缸隔板全部采用内外环焊接隔板,解决变形问题。

(9) 更换高、中压缸导汽管和中、低压缸连通管。

(10) 整体更换 1~5 段抽汽止回阀,加装各抽汽管道补偿器。

(11) 配合汽轮机本体通流部分改造,同时将汽轮机调节系统改为电液调节系统(DEH)。

试验结果表明,机组额定出力达到 137.5MW,蒸汽流量为 398t/h(设计值为 396.2t/h),并在此工况下能够安全稳定运行。

3. 200MW 机组通流部分改造效果

国产三排汽 200MW 汽轮机设计于 20 世纪 60 年代初期,哈尔滨汽轮机厂、东方汽轮机厂和北京重型电机厂都制造过这种机型,国产首台 200MW 汽轮机由哈尔滨汽轮机厂制造并于 1972 年 5 月投运;设计主蒸汽压力和再热蒸汽压力分别是 12.75MPa 和 2.1MPa,主蒸汽温度和再热蒸汽温度均为 535℃。机组运行的主要问题是:通流效率低,汽动热力性能差,效率低;通流子午面不光滑,特别是中压缸后段和整个低压缸呈明显的阶梯通道,加大了通流损失;动、静叶匹配不佳,叶片来流功角偏大;隔板汽封间隙偏大,端部汽封漏汽量大;启动灵活性差,主油泵推力瓦磨损,高、中压缸膨胀不畅等。机组通流部分改造后,平均热耗率为 8540~8790kJ/kWh,热耗率降低 4.5%,煤耗率降低 12~14g/kWh,具体参数见表 6-6。

表 6-6　　　　　　　　三排汽 200MW 汽轮机通流部分改造前后的主要技术参数

项目	改造前设计值	国内实测值	国际水平	与国际的差值	改造后目标值
高压缸通流部分效率(%)	86.65	80~82	89~90	7~10	85
中压缸通流部分效率(%)	91.26	89~91.8	90~93	2~3	91.5
低压缸通流部分效率(%)	84.91	76~81.5	89.6	8~13	85
热耗率(kJ/kWh)	8358.5	8540~8790	8100	440~690	8156

案例 6-3　某电厂 4 号汽轮机是北京重型电机厂制造的 N200-12.75/535/535 型超高压、中间再热、三缸三排汽型汽轮机。机组改造的主要方案是不更换转子,只改造高、中压缸及低压缸通流部分,更换高、中压缸动叶、叶轮、隔板和喷嘴组,更换低压缸动叶、隔板和导

流环。机组改造后热耗率为8183.16kJ/kWh，比保证值高27.27kJ/kWh，3个汽缸效率虽然低于保证值，但接近于设计值，具体参数见表6-7。

表6-7　　　　　　　　　200MW汽轮机通流部分改造前后的主要技术参数

项目	改造前设计值	改造后设计值	改造后试验值
额定功率（MW）	200	220	220
主蒸汽额定压力（MPa）	12.75	12.749	12.749
再热蒸汽额定压力（MPa）	2.1	2.39	2.39
主蒸汽额定温度（℃）	535	535	535
再热蒸汽额定温度（℃）	535	535	535
低压缸排汽压力（kPa）	5.21	5.3	5.3
额定蒸汽流量（t/h）	610	626	626
高压缸通流部分效率（%）	86.65	85.46	85.09
中压缸通流部分效率（%）	91.26	92.84	91.43
低压缸通流部分效率（%）	84.91	87.03	86.33
热耗率（kJ/kWh）	8358.91	8155.89（保证值）	8183.16

4. 300MW机组通流部分改造效果

早期的国产四排汽300MW汽轮机于20世纪60年代末期设计，70年代中期开始投产。由于技术水平的限制和缺乏大型机组设计、制造和安装经验，其存在的主要问题是叶片损失较大，通流子午面不光滑，各类汽封间隙过大，汽封齿数较少，结构不合理，通流效率低，热耗率高（比国外同类机组热耗率高400～500kJ/kWh），膨胀不畅，启停灵活性差等。300MW机组改造前，实测高压缸效率为76%～83%，中压缸效率为86%～89%，低压缸效率为75%～80%，热耗率为8500～8750kJ/kWh；3个汽缸改造后热耗率降低7%左右，具体参数见表6-8。

表6-8　　　　　　　国产四排汽300MW汽轮机改造前后的主要技术参数

项目	改造前设计值	改造前试验值	改造后设计值	改造后试验值
额定功率（MW）	300	300	330	330
主蒸汽额定压力（MPa）	16.17	16.17	16.17	16.17
再热蒸汽额定压力（MPa）	3.11	3.11	3.17	3.17
主蒸汽额定温度（℃）	550或535	550或535	535	535
再热蒸汽额定温度（℃）	550或535	550或535	535	535
额定蒸汽流量（t/h）	960	960	990	990
高压缸通流部分效率（%）	82.3或83.4	76～83	85.6～87	79.5～80
中压缸通流部分效率（%）	88.9或89.7	85.6～88.6	92.5～93	86～89.5
低压缸通流部分效率（%）	83.8或83.1	75～80	88.0	78～81
热耗率（kJ/kWh）	8331或8432	8500～8750	7953（保证值）	8270～8487

案例6-4　河南某电厂6号机组为东方汽轮机有限责任公司（简称东汽公司）生产的C300/273-16.7/0.4/537/537型亚临界中间再热、两缸两排汽、一次调整抽汽式汽轮机。属于东汽公司D300P机型（设计研发于20世纪90年代末），虽然当时采用了先进技术，但受

当时的总体水平限制，与目前国内外先进技术仍存在一定的差距；改造前，机组修正热耗率比设计值高 352.2kJ/kWh，高、中压缸效率分别比设计值低 4.61% 和 2.71%。

改造方案：更换采用整段实心轴加工的新型高、中压转子，更换高压内缸、低压内缸，更换高、中压缸及低压缸 1～26 级全部动叶、叶轮、隔板和喷嘴组，更换高、中压缸及低压缸轴端汽封、隔板汽封和叶顶汽封，更换 1～4 号支持轴承和推力轴承。改造后，机组热耗率降低了 358kJ/kWh，具体参数见表 6-9。

表 6-9　　　　　　　　某电厂 300MW 汽轮机通流部分改造前后的主要技术参数

项目	改造前设计值	改造前试验值	改造后设计值	改造后试验值
高压缸通流部分效率（%）	84.21	79.6	85.8	86.0
中压缸通流部分效率（%）	92.75	90.4	92.8	93.5
低压缸通流部分效率（%）	90.91	88.79	89.5	89.6
一类修正后热耗率（kJ/kWh）	—	8298.63	—	8017.16
二类修正后热耗率（kJ/kWh）	7915	8267.2	7910	7909.21

5.600MW 机组通流部分改造效果

600MW 机组根据蒸汽参数的不同可分为亚临界机组、超临界机组、超超临界机组，我国自 1985 年和 1989 年分别投运了法国阿尔斯通 600MW 机组和我国自行制造的 600MW 机组以来，截至 2015 年，共有 380 台 600MW 机组在役，是当今燃煤火电机组的主力机型。哈尔滨、东方、上海电气三大动力集团公司和北重阿尔斯通（北京）电气装备有限公司（ABP）都把 600MW 机组作为主力机型进行生产，但由于各自引进技术源有所不同，因此各制造厂推出的产品中主设备结构和主要技术特点等也不尽相同，具体特征见表 6-10。早期投运的 600MW 机组由于受设计技术、制造工艺、加工精度等方面的制约，与现代 600MW 机组在安全可靠性、经济性和启停灵活性方面的差距逐步显现出来，具体表现在多台机组低压转子末级或次末级叶片出汽边顶部出现局部断裂脱落和中压缸排汽口导流叶片断裂脱落，且多数机组热耗率考核值与设计保证值存在 80～140kJ/kWh（个别机组最大可达 200～300kJ/kWh）的偏差；同时，汽轮机实际汽缸效率偏低，主要原因是高压调节汽阀开度引起的节流损失大、推力间隙及汽封间隙较大、设备老化，以及制造加工与安装精度不高等。

表 6-10　　　　　　　　早期的国产 600MW 机组汽轮机的主要结构特点

项目	哈汽	上汽	东汽	北重
技术来源	三菱	西门子-西屋	日立	阿尔斯通
通流部分形式	反动式：单阀及顺序阀进汽	反动式	冲动式：单阀及顺序阀进汽	反动式：节流调节全周进汽、无调节级
通流部分级数	44（1+9+6+2×2×7）	48（1+11+8+2×2×7）	42（1+7+6+2×2×7）	55（16+2×15+2×2×6）
末级叶片尺寸	1029mm	905mm 及 1050mm	1016mm	1075mm
高、中压缸形式	合缸、三缸四排汽	合缸、三缸四排	合缸、三缸四排	合缸、四缸四排
转子	均为整锻转子	高中压为整锻转子	均为整锻转子	均为焊接转子
轴承支撑方式	双轴承（8个）	双轴承（8个）	双轴承（8个）	单轴承（6个）
汽轮机总长	27.2m（包括罩壳）	27.7m（包括罩壳）	27.5m（包括罩壳）	25.9m（包括罩壳）

案例 6-5 某电厂 2 号汽轮机是引进美国西屋公司设计和制造技术，由哈尔滨汽轮机厂制造的 N600-17.0/537/537 型亚临界、一次中间再热、四缸四排汽反动式汽轮机。改造前，机组通流部分存在的主要问题是高、中压缸通流部分面积在设计负偏差边缘，通流能力不足（在高压调节汽阀全开的工况下，发电功率为 577.866MW 时，主蒸汽压力已经超过额定值，且各级抽汽压力均高于设计值），高、中压缸效率平均低于设计标准 5%，汽缸和轴承座跑偏引起机组膨胀不畅的情况经常发生，检修中多次发现低压缸反向次末级叶片的叶根和对应轮槽出现裂纹；发电煤耗率为 328g/kWh（标准煤），与其他国产 600MW 机组经济性比较，相差甚远。

改造方案：采用哈汽 75B 技术，将自由涡流型改为可控涡流型，并将铭牌发电功率提高至 630MW；高压调节级动叶采用等截面直叶片自带冠围带，并在顶部加装 3 道高低齿汽封，静叶采用扭叶片，通流子午面收缩静叶栅，并将喷嘴组做氧化处理；高压缸 1～10 级动叶采用变截面平衡扭曲叶片，静叶采用扭叶片，自带冠结构由线形改为菱形，隔板汽封由直通式改为迷宫镶片式；中压缸 1～9 级动叶采用扭曲叶片，取消动叶内拉筋，静叶采用扭叶片，自带冠围带结构为菱形，汽封采用迷宫式弧段汽封；低压缸 1～5 级动叶采用扭曲变截面叶片自带冠围带，静叶采用扭曲叶片，汽封采用迷宫式弧段汽封，低压 6、7 级动叶采用扭叶片，自带冠围带整圈连接叶片，叶片沿叶高反扭，静叶采用弯扭联合成型的"马刀形叶栅"，叶顶汽封采用直通式汽封，且动叶顶部间隙由 10.5mm 改为 7.5mm。机组改造后，供电煤耗率下降了 13g/kWh，初步估算静态投资回收年限少于 43 个月，动态投资回收年限为 52 个月；但汽轮机在 THA 工况下修正后的热耗率为 8012kJ/kWh，比保证值 7817.2kJ/kWh 高出 194.8kJ/kWh，主要原因是高压缸通流部分面积过大，主蒸汽压力低，影响机组效率。某电厂 600MW 汽轮机通流部分改造前后的主要技术参数见表 6-11。

表 6-11 某电厂 600MW 汽轮机通流部分改造前后的主要技术参数（3 个缸全部改造）

项目	改造前设计值	改造前试验值	改造后设计值	改造后试验值
额定功率（MW）	600	577.86	630	630
高压缸通流部分效率（%）	89.75	83.65	90.34	90.86
中压缸通流部分效率（%）	92.74	89.09	90.90	90.45
低压缸通流部分效率（%）	90.26	86.49	89.80	86.70
热耗率（kJ/kWh）	8005.2	8973.1	7817.2	8012

第二节 国产引进型 300MW 汽轮机组系统优化改造

国产引进型 300MW 汽轮机组，是 20 世纪 80 年代初引进美国西屋公司技术，分别由上海汽轮机厂和哈尔滨汽轮机厂通过消化、吸收后，经优化和改进设计生产制造的机组；但由于设计、制造、安装、运行维护等方面还有不足之处，因此在实际运行中也不同程度地暴露出一些问题，影响机组的安全性和经济性。同期，日本三菱公司也引进美国西屋公司技术制造了 300MW 级汽轮机组，国内进口已投运的日本三菱公司 350MW 机组，平均负荷率为 69.95%，厂用电率为 4.19%，补水率为 0.8%，凝汽器真空度为 94.84%，供电煤耗率为

323g/kWh，与其相比，国产引进型 300MW 汽轮机组虽然平均负荷率为 76.93%，但补水率高 2.4%，厂用电率高 1.07%，凝汽器真空度低 0.69%，供电煤耗率高 23g/kWh。由此可知，国产引进型 300MW 汽轮机组运行各项技术指标与同类型进口机组还有很大差距，直接影响发电企业的经济效益。不同类型 300MW 汽轮机组经济性见表 6-12。

表 6-12　　　　　　　　　　　不同类型 300MW 汽轮机组经济性

机组类型	高压缸效率（%）	中压缸效率（%）	低压缸效率（%）	设计热耗率（kJ/kWh）	试验热耗率（kJ/kWh）
苏联 300MW 超临界	82.7	93.0	86.2	7901	8264
进口 350MW 亚临界	87.1	93.5	87.5	7905	7900
日本 300MW 亚临界	85.57	94.0	85.3	8080	8319
国产 300MW 亚临界	83.4	89.3	80.5	8269	8525

一、存在的主要问题

1. 热力系统及辅机系统设备不尽完善

据统计，不同时期投产的部分国产引进型汽轮机组与国内同类型进口机组的考核试验结果表明，国产引进型机组的试验热耗率比设计值高出 200kJ/kWh，经各种修正之后，试验热耗率与修正热耗率相差 200kJ/kWh；而同类型进口机组试验热耗率与设计热耗率或经各种修正后的热耗率则十分接近，有的机组试验热耗率不经过任何修正甚至比保证值还低，相比之下，国产引进型 300MW 机组热力系统设备不尽完善。其主要存在以下问题：

（1）热力系统大量蒸汽短路至凝汽器，工作有效能的利用不尽合理；绝大部分机组 7、8 号低压加热器疏水不能按设计逐级回流，而是走旁路，直通凝汽器。

（2）设备及热力管道疏水系统设计冗余，系统多，且控制方式设计不合理，易出现内漏，既影响安全经济性，又增加维修工作量。

（3）冷端系统及设备不完善，凝汽器真空度偏低，真空严密性不符合设计要求。

（4）给水温度偏低或过高，偏离最佳设计值。

（5）辅机选型、配套及系统设计和运行方式不合理，导致运行电耗大、厂用电率增加。

（6）高、低压加热器运行水位不正常，加热器上下端差大，有的机组端差达到 20℃左右。

2. 汽轮机本体设计不足

国产引进型 300MW 汽轮机，是 20 世纪 80 年代初引进美国西屋公司的汽轮机制造技术，其技术指标是 70 年代初的水平，投产后运行中普遍存在的问题是：

（1）高压缸排汽温度高，效率偏低，在额定参数和负荷下，高压缸排汽温度比设计值高 15～25℃，高压缸效率比设计值低 3%～6%。

（2）各段抽汽温度偏离设计值，以 5、6 段抽汽温度最为突出，分别高出设计值 27℃ 和 20℃ 左右。

（3）各监视段超压，如果限制压力，机组出力不足，达不到设计出力。

（4）高、中压转子高温段和结构应力集中区过度冷却，转子内外及轴向温差大，产生附加温度应力，对转子寿命造成损耗。

（5）上、下缸温差大，由于测点位置设计不当，机组运行时，温差不能反映实际值；上、下缸温差大是汽缸发生变形、内缸螺栓松弛或断裂、接合面出现漏汽的重要原因。

（6）高、中压缸平衡盘及两端部汽封漏汽量较大，以中压缸进汽平衡盘汽封漏汽量尤为突出，一般为再热蒸汽流量的 4%～5%，比设计值大 2%～3%。

3. 机组运行方式及参数控制不合理

机组无论是额定负荷运行，还是低负荷运行，其参数控制是否合理，甚至启停方式等，均会影响机组运行的安全、经济性；另外，辅助设备选型及系统设计，均考虑有一定的富余量，但机组实际运行状态下设计富余量过大，如何根据机组的实际运行工况，充分合理地利用辅助设备性能，直接影响机组经济效益的发挥。其主要存在的问题是：

（1）额定负荷运行时，主要控制指标偏离设计值较大。

（2）汽轮机进汽调节有节流调节（单阀）或喷嘴调节（顺序阀）两种方式，采取哪种方式最能充分发挥机组的效益，与机组实际性能和运行工况有关，即使采用同一种调节方式，选用不同的运行参数，经济性也存在一定的差异，如何根据机组状况，选择最佳控制方式和参数问题有待解决。

（3）机组小指标考核、竞赛有关规定或现行运行有关规定不尽合理。

（4）没有结合机组状况和实际运行工况，只针对配套辅机设计富余量过大确定经济运行方式。

由于上述问题影响，机组发电煤耗率比设计值偏高 3～5g/kWh。

二、优化改造措施及效果

国产引进型 300MW 汽轮机组的主要优化改造措施和效果为：

（1）完善优化热力系统，合理利用工质有效能量；改进后的热力系统，能完全满足机组在任何工况下运行或启停的操作要求。

（2）全面改造热力管道和设备的疏水系统，取消冗余系统，优化连接方式；可取消排至汽轮机本体疏水扩容器的疏水管数量 30% 以上，正常疏水到凝汽器的热负荷减少 60% 左右；能完全满足机组在任何工况下运行或启停时疏水和暖管的要求，并能防止汽轮机进水，迅速排除设备及系统管道的不正常积水。

（3）完善改进配套辅机性能，合理调整辅机（如凝结水泵和循环水泵）的运行方式，使厂用电率下降。

（4）完善改进汽轮机本体监视测量系统，对汽轮机本体设计结构进行改进，重点解决正常运行中高压缸上/下缸温差大、汽缸变形、法兰螺栓松弛或断裂、接合面漏气等问题。

（5）重新核算和设计高、中压缸通流部分面积，更换部分静叶，调整抽汽参数，重点解决高压缸调节级和一、二段抽汽口压力高，以及高压缸实际出力偏小问题；使高压缸调节级和一、二段抽汽口压力不超过设计值。

（6）合理改进和完善通流部分径向间隙和安装检修工艺，重新调整和改进高、中压缸夹层蒸汽流量。

（7）根据计算和测量汽缸与转子的静挠度结果，完善和改进通流部分汽封结构，合理调整汽封径向间隙。

（8）合理调整配套辅机和回热系统设备性能，根据不同的负荷工况，确定最佳运行方式和控制参数。

（9）根据改进后的设备和系统，补充和完善机组在各种工况下的运行方式及操作措施。

实施以上优化改造措施后，机组在额定工况下可达到以下技术指标：

（1）提高了汽轮机高压缸内效率，高压缸效率大于或等于 84%，中压缸效率大于或等于 90%。

（2）在相同参数及阀位下，运行机组功率增加超过 2%。

（3）汽耗率小于或等于 3.2kg/kWh。

（4）机组运行热耗率小于或等于 8300kJ/kWh。

（5）减少不正常疏水量 50%左右，机组补水率降至 1.5%。

（6）凝汽器真空严密性试验，真空下降率小于或等于 0.2kPa/min。

（7）高、中压缸上、下缸温差在各种工况下均小于或等于 40℃。

（8）高、低压加热器运行水位稳定，端差接近设计值，给水温度控制在 280～282℃。

（9）机组发电煤耗率（汽动给水泵）为 310～315g/kWh，实际供电煤耗率为 325～330g/kWh。

（10）运行操作及运行方式也得到改进，使机组在调峰运行时处于最佳运行工况，提高了机组低负荷调峰运行时的积极性和安全性；在相同负荷下，机组正常运行工况结果与机组在隔离条件下的试验结果比较，两者煤耗率之差小于 1%。

三、优化改造实例

针对引进型 300MW 机组投产后存在的问题，2002 年 10 月，山东某电厂对 2 号机组（型号为 N300-16.7/537/537）的系统进行优化改造，投资费用主要在汽轮机本体，约占总费用的 3/5。

1. 机组优化改造前存在的主要问题

（1）高压缸排汽参数高，达到 3.88MPa、344.5℃，分别比设计值高出 0.22MPa、23.41℃；高压缸效率为 75.74%，比设计值低 9.86%。

（2）调节级效率低，调节级做功份额只占高压缸功率的 18%左右，比设计值低 13.14%，严重影响高压缸效率和机组出力；分析其主要原因为：调节汽阀节流大；调节级动叶叶顶及叶根汽封径向间隙设计偏大和汽封结构不合理，漏汽量大。

（3）中压缸效率低，只有 87.25%，比设计值低 4.7%。

（4）高压缸夹层漏向中压缸第一级动叶入口的蒸汽量过大，设计漏汽量为 19.93t/h，实际漏汽量为 30.54t/h，比设计值高 1.39%。

（5）低压缸五、六段抽汽温度高，设计值分别是 230.25、143.23℃，实际温度分别为 267.20、193.10℃，分别比设计值高 36.95、49.87℃。

（6）高、中压缸上、下缸温差大，尤其是中压缸中部，在启、停过程中温差高达 74℃，分析其主要原因为高压缸夹层蒸汽流动方向影响与设计值不符，调节级进汽顺序设计，使低负荷时仅下半缸进汽，汽缸负温差加剧；其危害是：导致汽缸变形，且易造成汽缸螺栓松弛和断裂，汽缸接合面漏汽；造成中压转子高温段过度冷却，转子内外温差大，易在转子表面应力集中部位产生表面裂纹。

（7）7 号低压加热器疏水不能正常自流到 8 号低压加热器，而是直通凝汽器，既增加了凝汽器的热负荷，造成凝汽器压力升高，又加大了 8 号低压加热器的抽汽量，影响机组出力及经济性。

（8）1、2 号高压加热器端差大，给水温度偏低，锅炉过热器、再热器减温水量合计达到 159.79t/h，并没有经过高压加热器，减弱了回热效果。

（9）凝结水泵电耗大，扬程偏高，除氧器给水调节阀、旁路调节阀开度仅有 50%～60%，节流阻力太大，电耗上升 15%。

（10）热力系统存在多余管路和设备，尤其是疏水系统阀门多、管路长；冗余系统和设备不仅增加了系统及设备的维修费用和工作量，更重要的是若这些设备及系统出现故障，会影响机组的安全性和经济性。

2. 机组具体优化改造措施

（1）更换高压缸持环。因为原持环存在变形且螺栓分布、紧力均不合理，接合面漏气严重，故更换高压持环（拆卸原高压持环中的 1～10 级隔板装入新的持环体内）和固定螺栓（材质由原来的 WR26 改为 20CrMoVNbTiB）。

（2）消除五、六段抽汽腔室接合面变形，并将原冷紧螺栓改为热紧螺栓，增加紧固力矩。分析五、六段抽汽温度比设计值高的原因为：接合面螺栓紧力不足并易松弛；抽汽腔室接合面变形间隙大。

（3）更换调节级喷嘴，因为原喷嘴设计不合理，且冲蚀损坏严重。

（4）改进调节级汽封结构，提高调节级效率；将原来单齿镶嵌式汽封改为多齿可退让式汽封，且径向间隙由 2.5mm 调整为 1.0mm。

（5）在汽轮机高压缸夹层下半挡汽环处加装活动汽封，将原来 20mm 间隙调整到 3～5mm，从而改善高压缸夹层蒸汽流流动，消除高压缸前部高温段上、下缸温差大的问题。

（6）温度测点改造。增加高压内缸调节级断面上缸温度测点，使之与该截面下缸测点构成一对上、下缸温差监测点，同时在高压外缸前部高温段增设一对上、下缸壁温的测点。

（7）引入布莱登汽封技术，减少高、中压缸通流部分和轴封的漏汽量。优化时在下列部位采用布莱登汽封：高压缸进汽平衡活塞处 5 道、高压缸排汽平衡活塞处 3 道、中压缸平衡活塞处 2 道，共计 10 道，汽封间隙标准：闭合时间隙为 0.45～0.60mm，张开时间隙为 1.5～1.8mm。

（8）减小主、再热蒸汽管道疏水量，减轻汽轮机本体疏水扩容器热负荷。将原高压加热器危机疏水扩容器上的给水汽轮机汽封减温器疏水，以及 A、B 给水汽轮机低压主蒸汽阀后疏水引致汽轮机本体扩容器。

（9）主机轴封系统优化。取消主蒸汽和冷段再热蒸汽至轴封的汽源，简化主机轴封系统，保证可靠投用，减少内漏点；轴封疏水由孔板式改为自动疏水器式；改原来半流量轴封加热器为全流量轴封加热器，降低轴封加热器的节流。

（10）主汽阀、调节汽阀阀杆一档漏气改至中压主汽阀前，充分利用高品质蒸汽。

（11）取消凝结水集水箱，轴封加热器疏水加装多级水封，疏水至凝汽器，防止漏真空。

（12）取消辅助蒸汽疏水箱，在原疏水管路上加装自动疏水器，原疏水直接排入凝汽器。

（13）完善各高压加热器，解决给水温度偏低的问题；7、8 号低压加热器重新布置疏水管路，减少系统阻力，实现正常疏水。

（14）取消除氧器启动循环水泵及系统，增加除氧水箱底部加热汽源，改善除氧器启动性能并提高启动速度，降低厂用电率。

（15）凝结水泵取消一级叶轮，降低扬程，但维持流量不变，减少凝结水泵耗电量。

（16）取消给水泵汽轮机的高压汽源（即主蒸汽来汽），其优点有：可以优化 EH 油系统，减少漏点；取消原高压汽源管路，简化冗余系统；可以避免给水泵汽轮机排汽温度高。

（17）改善凝汽器补水位置，补水由原来疏水扩容器改至凝汽器喉部，其优点有：避免扩容器过负荷；避免凝结水溶氧量超标。

（18）将设备及系统排至凝汽器的疏水管进行科学合理地优化，疏水管数量相对减少50%，疏水阀门数量相对减少40%，从而降低热损失和阀门内漏点。

3. 机组优化后的效果

（1）在相同参数和工况下（同取锅炉效率92%，管道效率99%），热耗率降低了234kJ/kWh，折合煤耗率降低了8.78g/kWh。

（2）中压缸进汽平衡盘漏汽率（平衡盘漏汽量占再热蒸汽流量的百分比）由4.03%降低到2.86%；对于5VWO工况，漏汽量由32.22t/h下降到22.88t/h，降低了31%。

（3）提高了汽缸效率。高压缸效率改进前平均值为75.70%，改进后为78.57%，提高了2.87%，中压缸效率改进前平均值为87.38%，改进后为88.49%，提高了1.11%。1~3号高压加热器温升均有所提高，上端差普遍减小。机组优化改造前后的性能试验结果见表6-13。

表 6-13　　　　　　　　　　　机组优化改造前后的性能试验结果

项目	设计值	优化前			优化后		
工况	—	5VWO1	5VWO2	300MW	5VWO1	5VWO2	300MW
负荷（MW）	300	287.56	285.47	299.43	285.18	288.19	298.12
阀位	—	5	5	5+18.8%	5	5	5+37.0%
主蒸汽压力（MPa）	16.65	16.68	16.62	16.65	16.67	17.02	16.73
主蒸汽压力热耗修正系数	1.0000	0.9993	1.0001	1.0000	1.0000	0.9986	1.0000
主蒸汽温度（℃）	537.00	536.98	538.88	537.53	538.51	538.46	541.45
主蒸汽温度热耗修正系数	1.0000	1.0000	0.9994	1.0000	0.9995	0.9996	1.0000
再热蒸汽温度（℃）	537.00	536.84	539.45	539.36	533.22	533.52	537.03
再热蒸汽温度热耗修正系数	1.0000	1.0000	0.9994	1.0000	1.0010	1.0009	1.0000
再热蒸汽压力损失（MPa）	9.99	6.62	6.58	6.62	7.67	7.70	7.74
高压缸排汽压力（MPa）	3.66	3.74	3.70	3.88	3.51	3.54	3.69
高压缸排汽温度（℃）	321.05	338.29	340.78	344.46	329.24	327.3	337.12
调节级压力（MPa）	11.88	11.84	11.68	12.35	11.17	12.00	12.49
调节级温度（℃）	490.55	493.33	495.24	500.96	490.48	489.89	501.42
高压缸效率（%）	85.6	75.68	75.69	75.74	78.61	78.65	78.44
调节级效率（%）	63.73	52.03	52.49	50.59	64.16	64.51	62.54
中压缸进汽压力（MPa）	3.29	3.49	3.46	3.63	3.24	3.27	3.41
中压缸进汽温度（℃）	537	536.84	539.45	539.36	533.22	533.52	537.03
中压缸排汽压力（MPa）	0.82	0.88	0.87	0.91	0.84	0.85	0.88

续表

项目	设计值	优化前			优化后		
中压缸排汽温度（℃）	336.82	346.78	349.23	348.89	345.65	345.74	348.55
中压缸效率（%）	91.95	87.38	87.50	87.25	88.57	88.46	88.44
低压缸进汽压力（MPa）	0.82	0.88	0.87	0.91	0.84	0.85	0.88
低压缸进汽温度（℃）	336.82	346.78	349.23	348.89	345.65	345.74	348.55
低压缸排汽压力（kPa）	5.39	11.47	11.32	10.92	6.30	6.91	7.00
五段抽汽温度（℃）	230.25	262.0	263.80	267.20	265.45	266.02	267.90
六段抽汽温度（℃）	143.23	190.20	192.30	193.10	193.82	194.68	196.17
凝结水泵入口压力（kPa）	5.39	11.47	11.32	10.92	6.30	6.91	7.0
凝结水泵出口压力（MPa）	1.73	2.82	2.84	2.76	2.65	2.65	2.61
凝汽器压力（kPa）	5.39	11.47	11.32	10.92	6.30	6.91	7.0
实测给水量（t/h）	893.79	842.27	815.65	871.49	788.74	815.44	854.73
给水压力（MPa）	19.82	18.52	18.29	18.49	18.19	18.61	18.43
给水温度（℃）	272.40	267.91	267.27	270.45	277.25	277.73	280.40
过热器减温水量（t/h）	28.57	103.47	113.29	109.63	127.52	127.52	130.48
再热器减温水量（t/h）	0.00	43.81	45.78	50.16	12.27	3.29	13.93
计算主蒸汽流量（t/h）	922.14	940.35	923.49	975.23	913.40	939.94	976.70
高、中压缸漏汽率（%）	2.64	4.03	4.03	4.03	2.86	2.86	2.86
轴封加热器进水温度（℃）	34.32	50.45	50.33	—	37.49	39.38	—
轴封加热器出水温度（℃）	35.80	53.16	52.88	—	42.11	44.02	—
轴封加热器出水温升（℃）	1.48	2.70	2.55	—	4.62	4.64	—
除氧器温升（℃）	34.90	39.47	39.27	—	36.46	36.44	—
3 号高压加热器温升（℃）	27.95	28.24	28.38	—	30.03	29.62	—
3 号高压加热器上端差（℃）	−0.02	3.06	3.03	—	−1.00	−0.60	—
3 号高压加热器下端差（℃）	5.55	12.67	7.90	—	14.15	14.70	—
2 号高压加热器温升（℃）	41.00	35.30	35.32	—	39.69	39.87	—
2 号高压加热器上端差（℃）	−0.05	5.53	5.41	—	−3.62	−3.39	—
2 号高压加热器下端差（℃）	5.50	14.85	14.65	—	15.46	19.74	—
1 号高压加热器温升（℃）	30.80	38.99	38.68	—	32.15	32.51	—
1 号高压加热器上端差（℃）	−1.63	10.13	9.93	—	−2.86	−2.41	—
1 号高压加热器下端差（℃）	5.50	12.76	11.99	—	7.37	7.69	—
试验汽耗率（kg/kWh）	3.07	3.27	3.24	3.26	3.20	3.26	3.28
试验发电煤耗率（g/kWh）	302.7	339.44	338.83	337.99	320.39	322.31	324.75
试验热耗率（kJ/kWh）	8080.03	9060.84	9044.61	9022.16	8552.25	8603.62	8668.75
热耗总修正系数	1.0000	1.0329	1.0323	1.0269	1.0060	1.0093	1.0087
功率总修正系数	1.0000	0.9748	0.9764	0.9687	0.9983	0.9908	0.9907
设计参数下电功率（MW）	300.01	294.98	292.36	309.00	285.68	289.08	300.90
设计参数下主蒸汽流量（t/h）	922.14	928.24	927.02	976.01	913.86	919.28	976.20
设计参数下汽耗率（kg/kWh）	3.07	3.15	3.17	3.16	3.20	3.18	3.24
设计参数下热耗率（kJ/kWh）	8080.0	8769.46	9762.49	8786.24	8514.04	8548.99	8594.55
设计参数下煤耗率（g/kWh）	302.70	328.53	328.26	329.15	318.96	320.27	321.97

注 300MW 机组全开阀门数量为 5VWO＋18.8%。

第三节 调节级喷嘴优化改造

蒸汽流过变截面的喷嘴汽道之后会体积膨胀、压力降低、流速增加，然后按一定的喷射角度进入动叶中做功。汽轮机的喷嘴通常根据调节汽阀的个数成组布置，这些成组喷嘴成为喷嘴弧段；每个调节汽阀控制一组喷嘴的进汽量，进而来调整汽轮机的进汽量，所以这些喷嘴组又称调节级喷嘴。

一、固体粒子腐蚀原理

导致汽轮机效率降低的主要因素及其所占比例如图 6-1 所示。对于大型汽轮机，在机组的效率总损失中，仅调节级喷嘴腐蚀一项影响汽轮机效率就高达 32％。调节级喷嘴腐蚀主要是固体颗粒侵蚀（sdid partide erosion，SPE）损伤。固体颗粒侵蚀（SPE）是指锅炉的过热器、再热器及主蒸汽和再热蒸汽管道内表面的铁素体合金，在高温、高压蒸汽作用下形成并剥落下来的坚硬的四氧化三铁粒子（或称"颗粒"），随蒸汽流入汽轮机，使之造成的一种机械伤害。这些固体颗粒当中不仅有高温氧化铁的剥落物，而且还有停机时产生的腐蚀产物，它们在高速撞击和磨削的联合作用下不断侵蚀着喷嘴、

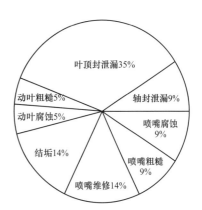

图 6-1 汽轮机效率降低的主要因素及其所占比例

动叶及其围带、阻汽片等通流部分金属材料，尤其在机组启停或变工况过程中，对调节级喷嘴及动叶的危害更大。

SPE 发生最严重的部位是位于或接近于汽轮机高温蒸汽进口处的通道上，并向下游呈递减之势。在高温蒸汽首先接触的通道中，再热（中压）第 1 级和高压第 1 级是最易受 SPE 损伤的部位，其次是再热（中压）第 2、3 级和高压第 2、3 等各级。

二、调节级喷嘴损坏案例

由于大容量机组的锅炉过热器、再热器系统十分庞大，只要其中一部分受热面发生的氧化铁垢层剥落，其每年形成的固体颗粒的质量就可达数百千克至上千千克，加上我国早期制造的国产引进型 300MW 汽轮机，喷嘴材质等级低（多为 1Cr12W1MoV 或 1Cr12Mo5），导致调节级出汽边极易损伤，一般在机组投运后，两个大修周期左右就会出现。

案例 6-6 某电厂亚临界 300MW 机组于 1998 年 2 月投运，分别在 2000、2003 年和 2007 年进行过三次 A 级检修，在最后一次 A 级检修中，解体检查发现高压缸调节级喷嘴出汽边坏损，且受损的叶片出汽边内侧明显削薄，如图 6-2 所示。

该机组固体颗粒腐蚀的主要原因是自 2003 年下半年开始煤质急剧恶化，造成机组频繁出现熄火、跳机事件，受热面磨损严重而导致多次停炉抢修，锅炉、加热器及蒸汽管道内表面的铁素体合金在高温蒸汽作用下形成的四氧化三铁增多，最终导致固体颗粒腐蚀加剧。

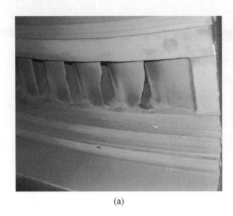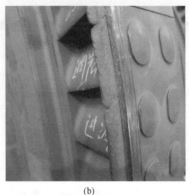

(a)　　　　　　　　　　(b)

图 6-2　调节级损伤

(a) 调节级喷嘴出汽边损伤；(b) 调节级叶顶损伤

三、调节级喷嘴损坏的危害

（1）机组存在安全隐患。因为蒸汽流沿周向不平衡，易造成蒸汽不稳定切向分力增大，使轴承稳定性降低，严重时会导致高压转子失稳，产生较大的低频振动，引起蒸汽流激振，而蒸汽流激振对汽轮机转子动叶极为有害，严重时导致机组振动增大和叶片损坏。

（2）机组经济性下降。因为固体颗粒侵蚀改变了喷嘴的型线，增大了喷嘴蒸汽管道喉部面积和表面粗糙度，使蒸汽流向偏离正常工况，导致调节级动叶做功能力下降，级效率降低，进而影响机组效率。在固体颗粒侵蚀损伤和经济损失之间建立一个普遍关系或进行量化是很困难的，但有一种估算认为：如果喷嘴的出汽边一旦变得不够完整，则该级的级效率将降低 1%；如果喷嘴面积扩大 10%，则级效率下降 3%。这一估计只考虑了级的能量再分配、喷嘴型线变化和增加摩擦损失三个因素，并没有考虑与固体颗粒侵蚀有关的漏汽损失。

四、预防调节级喷嘴腐蚀的主要措施

（1）消除固体颗粒的来源是最现实和有效的措施，基建时恰当地选用高温部件如锅炉的高温过热器、再热器及主蒸汽、再热蒸汽管道的钢材，使其具有完全抗氧化和耐腐蚀性能，现代冶金工业技术的进步已经能够为超临界机组提供多种耐高温的金属材料。

（2）在新机组启动前，对锅炉过热器、再热器和主蒸汽、再热蒸汽管道一定要进行蒸汽吹扫，将易脱落的氧化铁粒子吹出。为了提高对氧化铁的清除效率，可采用加氧吹扫新工艺，它能加速清除掉新投运锅炉和蒸汽管道系统表面上的氧化皮。

（3）锅炉过热器、再热器管道，以及主蒸汽和再热蒸汽管道的焊接应采用新的焊接工艺，以防焊渣等碎金属落入；在一段管子焊接完之后立即清理干净，再焊下一段管子。

（4）锅炉再热器使用喷丸处理，同样可以清除管内存在的氧化皮，它对防止管内表面受水蒸气氧化作用有一定的效果，但必须注意清理干净，绝不允许小钢丸存留在系统内。

（5）火电厂可定期对锅炉管道的结垢进行化学清洗，以减少通过汽轮机通流部分的颗粒量。

（6）调节级喷嘴应采用新叶型、减少喷嘴数目和采用大喷嘴的方法，可以大大减轻固体

颗粒对喷嘴压力面的撞击；另外，适当增大级内（喷嘴与动叶之间的）轴向间隙，减少颗粒在间隙中的"来回反弹"，可以进一步减少颗粒反弹引起的侵蚀。目前，上海汽轮机厂和北京龙威发电技术服务公司均在更换新型高压调节级喷嘴方面有大量业绩，其研发的新型喷嘴会针对不同的汽轮机型，降低喷嘴面积，尽量使机组满负荷时在阀点位置运行，可减少调节汽阀的节流损失，提高调节级效率，并兼顾提高材料强度等级，以防止喷嘴损伤后带来的安全问题。

（7）对汽轮机易受固体颗粒侵蚀的调节级喷嘴和动叶，采用耐侵蚀涂层和扩散渗层能大大提高其耐侵蚀的性能。国外火电厂运行经验证明：喷嘴采用硼化物扩散渗层及动叶采用碳化铬等离子喷涂层是预防汽轮机通道 SPE 的有效方法，能延长喷嘴、动叶的使用寿命并能长时间地保持机组的可靠性和效率，从而大大降低机组的维修成本。在各种硬化处理的涂层当中，硼化处理层被认为是最好的一种，将硼化物涂镀在调节级出汽边内弧后，其表层硬度可达 HV1500～HV1700，可使其抗固体颗粒腐蚀率提高 20～30 倍。

五、调节级喷嘴更换实例

案例 6-7　某电厂 300MW 机组投资 200 万元进行了高压调节级喷嘴改造，其主要改造措施有：

（1）适当缩小喷嘴组出口面积。随着我国电力工业的发展，300MW 汽轮机组在电网中的角色已由带基本负荷机组向调峰机组转变，负荷率也呈现逐步下降的趋势，在这种形式下，机组原设计面积较大的喷嘴组已经对机组的经济性产生了不利影响，尤其在 70% 负荷及以下工况时，将导致调节级效率、高压缸效率及机组的循环热效率显著下降。因此，在保证机组出力能力的前提下，合理设计并适当缩小喷嘴组出口面积，可以减少阀门节流损失、提高机组效率，改善机组低负荷工况下的经济性。

该电厂原高压调节级喷嘴组的节圆直径为 1061.3mm，流通名义面积为 201.69cm^2，调节级喷嘴出汽边高度为 22mm，改造后的喷嘴流通名义面积为 195cm^2，从而减少喷嘴节流损失。

（2）优化喷嘴组叶片型线及子午面收缩型线。优化喷嘴组叶片型线，可以改善调节级动、静叶的气动荷载分布，减少叶栅通道的二次流损失；优化子午面收缩型线及通道收缩比，降低静叶通道前段的负荷，可以减少叶栅的二次流损失。

（3）增加叶顶汽封齿数。可以保证蒸汽以正确的方向最大限度地进入动叶通道做功，既减少漏汽损失，又提高效率。

该电厂在保持新喷嘴叶片数量和安装结构不变的情况下，将叶顶汽封齿数由原来的 1 道增加至 3 道，同时减小调节级叶顶及叶根的径向间隙；另外，在喷嘴组水平中分面上增加 π 形密封键，从而减少喷嘴组中分面处弧段之间的漏汽损失。

（4）采用高性能等级材质，改进喷嘴组蒸汽管道的加工工艺。调节级喷嘴组的材质由 1Cr12Mo5 改为 1Cr12W1MoV 锻件，以提高材质机械性能和使用寿命；优化喷嘴组蒸汽管道的加工工艺，应用紫铜电极电容加工喷嘴蒸汽管道，改善蒸汽管道加工精度及抗颗粒侵蚀的能力。

该电厂通过以上改造措施后，调节级喷嘴效率提高了 12% 以上，高压缸效率提高了 2%，机组煤耗率下降了 1g/kWh，效果很显著。

第四节　汽轮机低压缸排汽通道优化改造

一、汽轮机排汽真空降低的原因分析

试验表明，国产引进型 300、600MW 汽轮机低压缸排汽通道一般存在如下问题：

（1）排汽缸的扩压管为单层结构，且背弧扩张角太大，不能配合内弧起到扩压作用，扩压能力差。

（2）低压缸排汽端壁不全是垂直方向的，上半缸还向内倾斜了 10°，倾斜的上半缸对排汽起到近似迎面阻截的作用，明显增加了上半缸的排汽阻力，使低压叶栅的流场不均匀，下半缸流量较大。

（3）汽轮机排汽冲向汽缸端壁，排汽通道有效面积呈一个薄的圆环形状，通道面积相应变小，增加了排汽压力损失。

（4）在凝汽器喉部中安装了 7、8 号低压加热器和抽汽管道及喉部支撑管，使排汽通道减小。

（5）连接低压缸两个排汽口的凝汽器喉部，在其中部又设置了一个大圆筒，内有 7、8 号低压加热器；圆筒的迎风面又将沿汽缸侧壁下来的蒸汽流折向端壁，因此，在每个排汽口对应的两个排汽角处，就形成了最强大的排汽流。

以上各因素将造成低压缸排汽在凝汽器内的排汽流场分布极不合理，引起凝汽器铜管热负荷不均匀，相当于减少了凝汽器的有效换热面积，降低了凝汽器的传热效率，导致汽轮机排汽真空降低。

但为了简化结构，如果扩压管设计为单层，这既缩短了汽缸的制造周期，又降低了机组的制造成本；如果增加导流环，其成形有难度，且焊接工作量大。上半缸端壁的倾斜作用：使上部蒸汽流折向汽缸夹层；有利于增加汽缸的刚度。7、8 号低压加热器合在一个圆筒内，放在喉部，这两段抽汽管道变得很短。如果将这两个低压加热器移出来，至少有两根非常粗的排汽管要穿出汽缸，为了吸收膨胀，这些排汽管在喉部内部及外边还要绕弯，而且两个低压加热器也要占据一定的空间位置，可见，这两个低压加热器移出来也是不合适的。

鉴于以上原因，虽然对该类型汽轮机的排汽通道进行改造，是节能降耗最直接、最有效的手段，但也会受到其他因素的制约；如果采用某种技术，将汽缸入口速度过高区域的蒸汽分流到中心区域，不仅可以减少这些区域管束的蒸汽流动阻力，还可以提高中心区域的蒸汽入口速度，增加凝汽器的有效换热面积和总体传热系数，这样机组的排汽压力将会得到明显降低。

二、排汽通道的优化

解决汽轮机低压缸排汽通道问题的主要措施是在原结构中安装不锈钢导流装置，使其出口蒸汽速度分布合理，减少排汽涡流，改善冷却管束的热负荷分配，提高传热系数；同时，可以延长喉部支撑管和上排冷却管寿命，具有很大的推广作用。

加装不锈钢导流装置的最佳位置：国产引进型 300、600MW 汽轮机凝汽器喉部高约 5m，内有 5 层、直径为 112mm 的加强支撑管，各层之间仍由这种管连接，但相互垂直的支撑管正好可以安装不锈钢导流装置。

因此，结合实际，在汽轮机低压缸喉部的加强支撑管上安装导流装置，通过螺栓和卡子

进行固定，在凝汽器喉部内拼接成流线型结构，优化排汽流场。试验证明，这种改造将凝汽器喉部流场速度不均匀度降低了 33.4%。

虽然在排汽通道上增加导流板，有增加阻力的负面影响，但试验结果证明，在没有安装导流装置前，排汽通道的损失系数为 1.228，安装一组导流装置后，排汽通道的损失系数为 1.298，只是略有增加，并不会引起更多的能量损失。这说明导流板的采用，不但扩大了有效流通面积，还有使阻力减小的积极作用。

安装导流板后，经过对比试验，凝汽器真空可提高 0.3kPa 左右。近些年，该技术得到了提升换代，凝汽器真空可提高到 0.8kPa 左右，改造节能量为 0.2g/kWh。

三、排汽通道中安装导流装置的应用案例

案例 6-8　该技术最早于 1999 年在东北某电厂 3 号机组（哈尔滨汽轮机厂生产的 N300-16.67/537/537 型汽轮机）上实施，以后又陆续在该厂 1、4 号机组上推广应用。2002 年 6 月，西安热工研究院电站运行技术中心对该厂 4 号机组进行了安装导流板前后的性能对比试验，在其他条件不变的前提下，安装导流板装置前，满负荷时，凝汽器压力为 7.05kPa，安装导流板后，凝汽器压力降低到 6.53kPa，真空提高了 0.52kPa。

案例 6-9　山东某电厂 2 号机组（东方汽轮机厂生产的 N300-16.67/537/537 型汽轮机），2002 年进行了机组通流部分改造，扩容到 330MW，配用凝汽器为 N-16300-1 型。该机组改造后长期存在凝汽器真空偏低的问题，尤其是夏季更为严重。为了解决这个问题，该电厂利用 2005 年 4 月小修期间在汽轮机低压缸排汽通道至凝汽器入口的通道内加装了 GH-300-5 型蒸汽导流装置，使汽轮机排汽更加流畅地进入凝汽器，以达到提高凝汽器的换热性能，从而达到提高凝汽器真空的目的。

该电厂为测试低压缸排汽通道优化改造对汽轮机排汽压力的影响，于 2005 年 1、5 月分别对改造前后 2 号机组凝汽器的性能进行了试验；由于循环水温度、循环水量、凝汽器热负荷对背压影响较大，为了便于比较，需要将试验测得的凝汽器背压统一修正到设计的循环冷却水温度和循环冷却水流量，并将凝汽器热负荷修正到改造前的试验热负荷。其试验结果见表 6-14。

表 6-14　　　　　　　　　　改造前后 2 号机组凝汽器的性能试验结果

	项　　目	改造前	改造后	前后数据差
原始数据	汽轮机负荷（MW）	306.813	300.131	—
	循环冷却水入口温度（℃）	10.42	25.72	—
	循环冷却水温升（℃）	11.205	11.822	0.616
	凝汽器真空（kPa）	97.161	90.969	−6.192
	凝汽器压力（kPa）	4.459	8.794	4.335
	大气压力（kPa）	101.62	99.764	—
	循环冷却水流量（kg/s）	8320.826	8170.253	1.8%
	凝汽器热负荷（kW）	390 317.16	403 547.73	13 230.57
	凝汽端差（℃）	9.244	5.797	−3.447
	总体传热系数[W/(m²·℃)]	1704.34	2338.56	634.22
修正数据	修正到设计流量和入口温度时的端差（℃）	7.172	6.304	−0.87
	修正到20℃循环冷却水入口温度的凝汽器压力（kPa）	6.52	6.149	−0.371
	修正到30℃循环冷却水入口温度的凝汽器压力（kPa）	11.011	10.428	−0.583

由表 6-14 可知，低压缸排汽通道优化改造后，凝汽器端差下降了 0.87℃，凝汽器总体传热系数提高了 634.22W/(m² · ℃)，修正后凝汽器压力在循环冷却水入口温度为 30℃时降低了 0.583kPa；根据东方汽轮机厂提供的机组低压缸排汽压力对功率的修正曲线，可查得排汽压力由 11.011kPa 降低到 10.428kPa，对应热耗率降低 0.6% 左右，按年利用小时数 5500h、发电煤耗率 310g/kWh 计算，则每年从节煤的角度带来的收益为：

每年节约标准煤

$$T = 330 \times 1000 \times 5500 \times 0.6\% \times 310 \times 10^{-6} = 3375.9(t)$$

如果按每吨标准煤 700 元计算，则每年节约资金

$$M = 700 \times 3375.9 = 236(万元)$$

可见，低压缸排汽通道的优化改造，可以明显降低机组排汽压力，提高机组经济性，节能降耗效果显著。

第五节　汽轮机采用的新型汽封及汽封间隙的优化与调整

一、汽轮机采用的新型汽封

机组在运行或启动过程中，由于汽缸、隔板及汽封体受热不均匀，内外存在温度梯度而产生变形，使转子与汽封齿局部径向间隙变小，会引起动、静部分摩擦；静止部件受热不均匀造成变形，导致局部间隙变小，也会引起动、静部分摩擦，而机组在启动过程中经过临界转速时，转子的大幅度振动又加剧了汽封与转子的摩擦，可见，汽封最大磨损产生在机组启停和过临界转速时。

传统汽封的典型结构为背部装有平板弹簧片。每圈汽封分成 6 个汽封弧段，每个汽封弧段背部装有 2 个平板弹簧片，弹簧片将汽封弧段压向汽轮机转子轴，使汽封齿与转子轴的径向间隙保持最小，通常为 0.6～0.935mm。汽封在汽轮机启动，尤其是过临界转速时，转子振动大，使具有较小间隙的汽封齿与转子间产生摩擦。当机组正常运行时，振动减小，被磨损的汽封齿与转子间的径向间隙相对设计值增大，使蒸汽泄漏量大，蒸汽做功减少，降低了机组的热效率。

根据资料显示，汽封漏汽损失一般占全部通流部分热效率损失的 80% 以上，因此汽封间隙的好坏对机组运行效率影响很大。为了减少汽封漏汽，国内外开发研制出许多新型汽封，如布莱登汽封、蜂窝式汽封、接触式汽封和 DAS 汽封等。

（一）布莱登汽封

1. 布莱登汽封的发展史

布莱登汽封是 1989 年由美国布莱登工程公司（BRANDON ENGINEERING INC）创始人 Ron. Brandon 揭出并完成设计的，于 1995 年引入我国，同年 9 月首次在河南省首阳山电厂 2 号机组上应用成功。之后在我国逐步推广开来，迄今已有 300 多台各式机组采用了布莱登汽封技术，实践证明，布莱登汽封具有良好的经济性和运行的安全可靠性。

2. 布莱登汽封的结构及工作原理

与传统汽封相比，布莱登汽封的主要优势在于其工作原理，如图 6-3 所示。在结构上，布莱登汽封与传统汽封的汽封弧段有所差异，但其汽封体等其他部件基本相同，汽封弧段的

材质也与传统迷宫式汽封相同（15CrMoA）；布莱登汽封每圈也分成6个（或4个）汽封弧段，在相应汽封弧段的端面上钻有弹簧安装孔，用来安装螺旋圆柱弹簧。在每个汽封弧段的背面进汽侧铣出一个通汽槽道，可以让高压侧的蒸汽进入汽封弧段的背面，并对汽封弧段产生一个蒸汽作用力，这个作用力是随着汽轮机蒸汽进入量的增加而增大的。

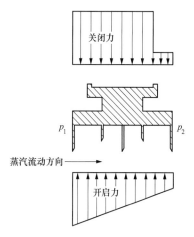

图6-3 布莱登汽封受力分析

汽轮机启动时，由于进入汽轮机的蒸汽量少，因此进入汽封弧段背部的蒸汽量也少，作用于汽封弧段背部的蒸汽作用力就小，在汽封弧段端面间的弹簧作用下，每个汽封弧段相互推开，汽封齿与转子轴的径向间隙变大，避免了汽封齿与转子轴的摩擦。随着进入汽轮机蒸汽量的增加，关闭力大于开启力，作用于汽封弧段背部的蒸汽作用力克服了作用于汽封弧段有齿侧的蒸汽作用力、弹簧弹力及摩擦力，将汽封弧段压向转子，使汽封齿与转子轴间隙变小，从而使蒸汽漏汽量减少，热效率提高。

布莱登汽封在机组启动时，蒸汽流量在2％设计流量下开始关闭，在约28％设计流量下完全关闭；在停机时，蒸汽流量减少到2％，汽封全部张开。因此，布莱登汽封通过汽封弧段的自动开启与关闭，实现了在机组启动过程中汽封径向间隙的可调，在机组正常运行中汽封径向间隙保持在较小的范围内。布莱登汽封的优点是汽封齿与转子的间隙可调整，机组启动时间隙最大，机组正常运行时间隙最小。

3. 布莱登汽封的安装方法与要求

（1）清理各级隔板、汽封套的安装槽道，要求槽道光滑、平整、无毛刺。

（2）对号安装各汽封弧段上的调整块，注意汽封弧段应对号放置，严禁放错。

（3）装上弹簧片，保证汽封弧段上的调整块凸肩贴紧定位面。

（4）相邻各汽封弧段应贴紧，对口间隙保证0.05mm塞尺不入，否则进行钳工修刮。

（5）水平汽封弧段端面低于中分面0.03～0.05mm，整圈膨胀间隙为0.1～0.2mm。

（6）安装各汽封弧段及上半隔板。

（7）通常采用压铅丝或滚胶布方法调整汽封间隙在0.3～0.55mm范围内。

（8）装复时将各汽封弧段的弹簧片取出，对号安装各螺旋弹簧，并在汽封弧段背部（T形）和隔板槽内涂抹二硫化钼粉或炭精粉，依次装入各汽封弧段。

4. 布莱登汽封的安全性

布莱登汽封通过在机组启动、停机过程中的自动关闭与张开，有效地避免了汽封与转子的碰磨，因此，对提高机组运行安全性方面具有如下特点：

（1）主动安全性。主要体现在机组启动过程中，在弹簧张力的作用下汽封主动远离转子，使机组启动更加平稳、顺畅。

（2）被动安全性。主要体现在机组在事故状态下可有效避免事故的扩大。布莱登汽封是靠作用在汽封弧段背部的蒸汽压力克服弹簧的张力而处于关闭状态的。突发事故时，机组自动切断蒸汽，此时，通流部分蒸汽压力骤减，布莱登汽封失去了作用在汽封弧段背部的蒸汽压力，汽封在弹簧张力的作用下迅速张开，避免了转子惰走时与汽封发生碰磨，从而有效地防止转子弯曲、"抱死"等恶性事故的发生。

（3）减少轴封漏汽，避免油中含水现象的发生，减少机组运行安全隐患。

（4）由于转子质量偏心或动不平衡，容易引起转子摆动，而布莱登汽封工作间隙较小，阻尼增加抑制了转子摆动，从而使转子运行更加平稳。

5. 布莱登汽封的经济性

汽封工作间隙的减小，无疑能够提高机组运行的经济性。布莱登汽封经济性主要体现在：

（1）轴封漏汽量的减少使蒸汽的做功能力增加。

（2）隔板汽封漏汽量的减少，不仅使各级效率增加，同时也减少了隔板汽封漏汽对主流场的扰动，从而提高了机组的整机效率。

（3）一般电厂机组大修后，经过一段时间的运行，汽封都会产生一定程度的磨损，隔板或端部汽封径向间隙一般实测值可达 0.9～1.2mm，叶顶汽封径向间隙可达 1.8～2.8mm。而布莱登汽封端部和隔板汽封径向间隙可调整到 0.4mm 左右，叶顶汽封径向间隙可调整到 0.8mm 左右。采用布莱登汽封可提高汽轮机内效率 1%～2%。

（4）能够完全避免汽封的磨损，从而减少机组每次大修时需要更换大量汽封备品的费用和大修工期费用。

（5）减少机组启动次数，降低启动成本，布莱登汽封较大的启动间隙，能够确保一次启动成功。

（6）从布莱登汽封技术改造投入成本来看，按 300MW 机组为例，只改造高、中压缸，煤耗率可下降 2g/kWh，一年即可收回全部投资，具有很高的性价比。

案例 6-10 江西某电厂 2 号机组是哈尔滨汽轮机厂制造的 N210-12.7/535/535 型超高压、中间再热、三缸三排汽冷凝式汽轮机，原来采用梳齿迷宫式汽封；该机组在安装投产后汽封间隙本身就偏大，运行中两端轴封漏气相当严重，危害着机组的安全性和经济性。1999年利用大修机会，应用布莱登可调式汽封对该机组进行改造，包括高、中压缸前后端汽封41 圈、隔板汽封 20 圈，高、中压缸所有改造的汽封环全部更换；调整高、中压缸前后汽封、隔板汽封径向间隙为 0.45～0.55mm，汽封弧段退让间隙为 2.9mm，改造后试验结果见表 6-15。

表 6-15　　　　　　　　　　　　　机组汽封改造后的试验结果

项目	设计值	工况一	工况二	工况三	工况四
试验电功率（MW）	210	200（定压）	180（定压）	160（定压）	140（定压）
高压缸修前内效率（%）	84.57	78.64	75.59	73.44	72.36
高压缸修后内效率（%）	—	80.35	77.67	74.95	73.56
本次大修高压缸内效率提高值（%）	—	1.71	2.08	1.51	1.2
上次大修高压缸内效率提高值（%）	—	0.63	0.61	0.54	0.51
汽封改造后高压缸内效率提高值（%）	—	1.08	1.47	0.97	0.69
中压缸修前内效率（%）	88.94	80.29	80.52	80.34	80.58
中压缸修后内效率（%）	—	83.84	83.26	83.54	83.62
本次大修中压缸内效率提高值（%）	—	3.55	2.74	3.2	3.04
上次大修中压缸内效率提高值（%）	—	1.42	1.35	1.38	1.4

续表

项目	设计值	工况一	工况二	工况三	工况四
汽封改造后中压缸内效率提高值（％）	—	2.13	1.39	1.82	1.64
大修前热耗率（kJ/kWh）	8392.4	8916.84	9061.91	9121.14	9212.53
大修后热耗率（kJ/kWh）	—	8582.25	8763.18	8817.08	8912.54
本次大修热耗率下降值（kJ/kWh）	—	334.59	298.73	304.06	299.95
上次大修热耗率降低值（kJ/kWh）	—	269.34	228.35	235.67	223.65
汽封改造后热耗率降低值（kJ/kWh）	—	65.25	70.38	68.39	76.34
大修前机组效率（％）	42.36	40.37	39.73	39.47	39.08
大修后机组效率（％）	—	41.95	41.08	40.83	40.39
本次大修机组效率提高值（％）	—	1.58	1.35	1.36	1.31
上次大修机组效率提高值（％）	—	1.26	0.78	0.74	0.69
汽封改造后机组效率提高值（％）	—	0.32	0.57	0.62	0.62

注 布莱登汽封改造一般在机组大修中进行，改造所提高的汽缸效率往往隐藏在大修效果中，因此只能根据以往大修效率的提高值，来综合判断布莱登汽封的改造效果。

由表 6-15 可知，汽封改造为布莱登可调式汽封后，在 200MW 工况下高压缸内效率提高了 1.08％，中压缸内效率提高了 2.13％，热耗率下降了 65.25kJ/kWh，发电煤耗率降低了 2.4g/kWh。同时，布莱登汽封在运行中无磨损，汽封间隙不会增大，机组的经济效果具有持久性。

6. 使用布莱登汽封的注意事项及改进措施

（1）冷态启动胀差大。根据布莱登汽封的工作原理，在机组启动和带初始负荷阶段，汽封在弹簧作用下，处于全开位置，此时间隙在最大值，汽封漏汽量大，转子加热快，而汽缸加热跟不上，若暖机时间安排不当，易出现正胀差大的问题。

（2）运行中关不住。实际调查发现，有些机组出现运行中汽封不能闭合并且是机组大修后首次启动后一直关不住，揭缸检查发现，主要是汽封加工尺寸、弹簧质量和安装工艺等存在问题。

（3）运行中汽封闭合后，启动、停机时打不开。对于机组冷态启动在汽封完全打开和带初始负荷汽封关闭前易出现正胀差大，正常运行汽封不能关闭或关闭后停机时打不开的问题，建议采取以下技术措施：

1）适当缩小汽封完全打开时的最大设计间隙，减小完全关闭时的初始负荷值。300MW 机组轴向间隙设计值较大，运行数据表明，当汽缸胀差在 4～5mm 以上时，即使转子加热较快，其胀差也不可能达到跳机保护动作值。但机组在冷态启动时，若暖机时间安排不当，则有可能出现较大胀差，为了避免这一可能性，根据机组可能出现的振动强度和揭缸检查结果，可将汽封完全打开时的最大间隙值设计在 1.5～2.0mm，而不是且完全没有必要设计为 3～4mm，这样既可以减小汽封完全关闭时的初始负荷，又可以减小汽封关闭不住所带来的影响。

2）合理设计汽封完全关闭时的最小间隙值。机组在正常负荷下运行时，各汽缸径向间隙一般可在 0.50mm 左右。但为防止汽封完全关闭后，又因某种因素影响而停机后打不开，造成下次启动时因径向间隙过小，出现动、静部分摩擦而产生振动的可能性。因此，可将汽封完全关闭的最小径向间隙设计在制造厂所需求的设计值内。

3）严格要求汽封的设计、加工、安装、弹簧质量。

（二）蜂窝式汽封

20 世纪 90 年代初，美国航天科学家在研究航天飞机液体燃料涡轮泵的密封问题时，发现蜂窝式汽封可产生很好的密封效果，于是蜂窝式汽封便开始在航天飞机、飞机发动机及燃气轮机上推广应用。

1. 蜂窝式汽封的工作原理及结构

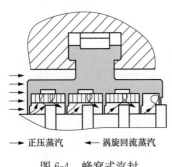

→ 正压蒸汽　← 涡旋回流蒸汽

图 6-4　蜂窝式汽封

蜂窝式汽封是在定子密封环的内表面上由规整的蜂巢形状正六面体的小蜂窝孔状的密封带状物构成，其材料是由厚度仅为 0.05～0.10mm 的海斯特镍基（Hastelloy-X）耐温薄板在特殊成型设备上制成的正六面体网格型材，再经过特殊焊接设备焊接而成；根据汽封环尺寸制成的蜂窝密封带在真空钎炉中，通过高温真空钎焊技术（1050～1200℃高温焊接）焊接在母体汽封环（汽封环材质为 15CrMoA）上，如图 6-4 所示。

蜂窝式汽封的密封机理是：当蒸汽进入蜂窝密封带时，在每个蜂窝腔内产生蒸汽涡流和屏障，从而有很大的阻尼，使蒸汽漏汽量减少；另外，无数个蜂窝孔（芯格）的综合阻滞作用，致使进入密封腔室内的压力蒸汽流能量迅速扩散，总在蜂窝孔端部与轴颈表面的缝隙间由轴高速旋转而产生一层汽膜直接阻止蒸汽流的轴向流动。以上两种阻尼相互叠加产生了较强的阻尼，使湍流阻尼作用更强，蒸汽流速度降低更大，从而达到良好的密封效果。

2. 蜂窝式汽封的技术特点

就汽轮机组的各汽缸而言，高压缸、中压缸和低压缸均可安全应用蜂窝式汽封；就通流部分的轴端密封、隔板密封和叶顶密封部位而言，均可安全应用蜂窝式汽封。与普通梳齿汽封相比，蜂窝式汽封具有以下特点：

（1）密封效果好。蜂窝式汽封退让仍采用传统汽封的背部弹簧结构，所以安装间隙一般取传统汽封径向间隙设计值的上限，与传统的高低齿结构汽封相比，由于蜂窝式汽封的齿数相对增加很多，从而密封效果大大提高，在同样的压力和间隙条件下，蜂窝式汽封比梳齿迷宫式汽封可减少 30％～50％以上的泄漏损失，具有明显的经济效益。

（2）运行寿命长。2003 年 10 月，哈尔滨汽轮机厂在模拟试验机上就蜂窝式汽封做破坏性试验，结果表明，蜂窝式汽封的使用寿命为铁素体梳齿汽封的 2.5 倍。

（3）对轴颈表面的损伤程度低。蜂窝式汽封由于仍采用原传统汽封的退让结构，在启动过程中可能会产生碰磨，但由于蜂窝材质是优质合金钢，材料软，不会对转子产生大的影响；蜂窝式汽封对轴颈表面的损伤程度仅为铁素体梳齿汽封的 1/6，不会伤轴而危及转子的安全。因此，蜂窝式汽封可以由传统汽封间隙 0.7mm 降低到 0.5mm。

（4）转子运行稳定性好。当蒸汽进入蜂窝密封带时，在每个蜂窝腔内产生的蒸汽阻尼相当于一层气垫，有助于减小轴振；蜂窝式汽封对转子振动幅度的影响为铁素体梳齿汽封的1/2，因此，蜂窝式汽封的结构模式更有利于转子的稳定运行。

（5）在低压叶顶处应用，具有一定的除湿排水效果，可有效避免水击现象发生。

3. 蜂窝式汽封存在的问题

（1）蜂窝密封带如果选用不锈钢材质，则使用寿命变短，很难保证一个大修周期的安全运行。

（2）若蜂窝密封带焊透率不达标，则蜂窝密封带易局部脱落。

（3）蜂窝式汽封的经销厂家多，产品良莠不齐，若蜂窝式汽封不合格，易脱落并造成低压叶片损毁事故。

4. 蜂窝式汽封的改造方案

例如，某电厂 1 号机组是 N135-13.5/535/535 型汽轮机，是进行通流部分改造后的超高压、中间再热、凝汽式机组，首次投入运行于 1983 年；自投产以来，高、中、低压缸轴封漏汽问题一直存在，极大地影响了机组的安全、经济运行。

为此，2006 年 5 月，在 1 号机组大修期间，将高压缸后轴封最外四圈、中压缸后轴封最外三圈、低压缸前后四圈梳齿迷宫式汽封改造为蜂窝式汽封。

该机组进行蜂窝式汽封改造后：热耗率降低了 150.88kJ/kWh，即汽缸效率提高，降低热耗率 146.3kJ/kWh；轴端改造，轴端漏汽量在设计范围，降低热耗率 4.58kJ/kWh，相当于降低煤耗率 0.3g/kWh。主蒸汽流量降低了 1.18t/h，漏汽量减少了 0.16%，提高了真空 3.26kPa，相当于降低煤耗率 6.5g/kWh（这里没有扣除因大修质量提高而降低的煤耗率 4g/kWh）。

5. 蜂窝式汽封的经济性

以 300MW 机组为例，改造投资费用为 150 万元，改造后高压缸效率提高 2%~3%，中压缸效率提高 1%~2%，折合煤耗率降低 2g/kWh。

（三）接触式汽封

汽轮机级间蒸汽泄漏使机组内效率降低，资料显示，高压缸汽封间隙每增加 0.05mm，将使机组内效率下降 0.4%~0.5%，漏汽损失占总损失的 29%，对机组运行效率影响较大。

为了减少漏汽损失，调高机组的安全性和经济性，国内外对传统汽封进行改造和设计，已陆续出现两种接触式汽封。

1. 接触式汽封的工作原理及结构

接触式汽封主要有刷子汽封和王长春汽封两种类型。

（1）刷子汽封。刷子汽封最早由美国 TurboCare 公司开发；刷子汽封的刷子是由鬃毛式的高温镍合金丝组成，每厘米长的汽封刷子中有钢丝 2400 根以上，如此致密的钢丝阻断了工质的泄漏，每根钢丝一端固定，丝长 7~10mm；刷子汽封和梳齿迷宫式汽封的汽封齿不同之处就在于鬃毛式刷子有良好的弹性，而梳齿迷宫式汽封的梳齿是刚性的，它们与转子相碰磨时，刷子不易被磨掉，梳齿只要和转子碰上就很快磨掉；刷子具有良好的弹性才能保证机组的安全运行，刷子的弹性和钢丝长度、直径、倾角有关，特别和长度有关。

刷子汽封的密封原理：机组冷态启动时，鬃毛的尖端刚好离开转子，并具备一定的间隙，机组运行时其间隙在热膨胀和蒸汽压差作用下闭环，鬃毛与转子表面轻微接触，其弹性可追踪转子的径向偏移，从而达到密封效果，如图 6-5 所示。

（2）王长春汽封。王长春汽封的汽封齿为复合材料，耐磨性好，具有自润滑性。它是在原汽封圈中间加工出一个 T 形槽，将 4~6 块接触式汽封齿（简称接触齿或浮环）装入槽

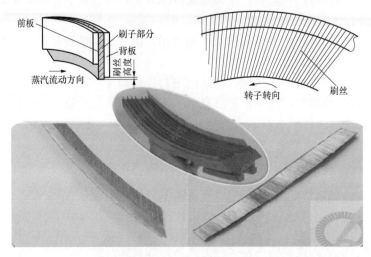

图 6-5　刷子汽封

内；王长春汽封环背部弹簧产生预压紧力，使汽封齿始终与轴接触，这种汽封实际上是用可磨性材料代替传统曲径汽封的低齿部分，而不改变原有的汽封环背部结构。王长春汽封最适合低压汽封，一般用于轴封，增加接触片 1～2 道。

王长春汽封的密封原理：这种浮环结构组环后内径略小于轴颈，后边用弹簧支撑，使其有进给量，机组在安装及运行时，浮环结构和轴面接触，起到密封作用。

2. 接触式汽封的特点

（1）刷子汽封。刷子汽封的特点是：

1）刷子汽封具有较高的耐高温、耐磨损、耐疲劳性能，同时具有良好的抗震性和热塑性，当与转子发生碰磨时，经过弹性退让而不至于与转子发生硬摩擦。因此，刷子汽封对转子轴面产生的伤害较小，而且能有效地避让碰磨带来的振动。

2）刷子汽封是接触式零间隙汽封，适应转子瞬间径向运动，有效地减少了级间泄漏带来的损失，密封效果较好。

3）由于刷子汽封的金属丝紧密相压，通过细钢丝间的工质极少，因此刷子汽封的漏汽量是梳齿迷宫式汽封的 1/10～1/20。

4）结构简单，安装、维修、更换方便，汽封刷子与转子之间正压力不大，摩擦时不宜产生大量的热。

刷子汽封在国外已有超过 100 台机组的应用业绩，其中韩国就有 50 余台实例，国内丹东电厂已经在高、中压缸上应用；但不同的是，国外刷子汽封是在布莱登汽封的基础上安装刷子，国内则是在传统迷宫式汽封上安装刷子。

刷子汽封存在的主要问题是：

1）刷毛易脱落，但由于其应用范围小，尚未得到明确证实。

2）刷毛倒伏，当应用于汽轮机高、中压缸通流部分时，由于刷子前后压差过大，导致刷毛倒伏。为了避免这种现象的发生，目前已经开发出一种带压力平衡腔的刷子汽封。

3）刷毛、前后板、汽封体为三体组合结构，易产生松脱及变形，对机组安全运行造成极大隐患。

4）为了有效地保护转子，轴面需要用高强度粒子喷涂，来保护轴面不被磨损，其施工难度大，造价高。

（2）王长春汽封。王长春汽封的特点是：

1）王长春汽封的汽封齿使用一种耐高温的复合材料，可以使汽轮机动、静部分间隙调整至 0～0.10mm，但由于王长春汽封为接触式的，开机时易产生振动。

2）王长春汽封的汽封齿与轴表面接触，可实现无间隙运行，大幅度减少漏汽量。

3）王长春汽封的汽封齿背部设计有单独的板式弹簧，具有自动跟踪、自动补偿的功能。

4）王长春汽封采用自润滑性能的复合材料，摩擦系数为 0.03，耐高温 700℃，耐腐蚀。

王长春汽封存在的主要问题是：

1）汽封齿的进给量在轴高速旋转时，很快被消耗掉，最终形成的间隙已接近于机组安装的标准间隙，使其长期使用效果减弱。

2）浮环弹簧力在运行时很难控制，常出现弹力过大或过小现象；弹力小时，浮环结构不能闭合，起不到密封作用；弹力大时，易引起机组振动。

3）材料易出现老化、变形、脆裂等情况。

3. 接触式汽封的经济性

（1）为了减少真空系统泄漏，某电厂对东方汽轮机厂生产的 300MW 机组进行了低压缸王长春汽封的改造；为了安全起见，改造时仅改造前后各 2 圈低压轴封（每圈投资 3 万元），改造后，真空系统严密性由 300Pa/min 下降到 110Pa/min，真空度提高了 0.23kPa，煤耗率降低了 0.51g/kWh 左右。

（2）某电厂 1 号机组是哈尔滨汽轮机厂生产的 N300-16.67/537/537 型亚临界、中间再热、双缸双排汽凝汽式汽轮机，其中高、中压缸通流部分采用合缸结构；自投运以来，高、中、低压缸实际运行效率均比设计值低很多，特别是低压缸，设计相对内效率为 91.56%，但在实际运行中其低压缸相对内效率只有 85%～87%；高、中低压缸汽封原设计全是梳齿汽封；低压缸共正反 7 个压力级。2008 年，该电厂大修期间，进行了通流部分改造，同时更换部分汽封为王长春汽封。

汽封具体改造范围是低压缸正反 2～7 级隔板汽封 12 圈，低压缸正反 1～5 级叶顶汽封 10 圈，低压缸前后轴封 6 圈，中压缸后轴封 4 圈，中压缸进汽平衡活塞汽封 2 圈，高压缸进汽平衡活塞汽封 5 圈，高压缸排汽平衡活塞 3 圈，高压缸后轴封 4 圈，共计 46 圈。

改造后，机组发电热耗明显下降，节能效果显著，试验表明，改造前机组发电热耗率为 8273.2kJ/kWh，改造后热耗率为 7927.4kJ/kWh，比改造前下降了 345.8kJ/kWh；改造后，高压缸、中压缸、低压缸效率比大修前分别提高了 1.2%、1.5%、4.2%。

（四）DAS 汽封

国内现役商业运行中的机组普遍存在热耗率高、汽缸效率低的问题，热力性能试验显示，大多机组热耗率普遍超过制造厂性能保证值 100～400kJ/kWh。其主要原因：各制造厂投标阶段提供的保证值均偏小；采用传统铁素体汽封，机组在安装阶段为了首次顺利启动，汽轮机通流部分间隙多取设计值上限。

传统铁素体汽封因为汽封齿硬度较小，且在高温下难以淬硬，对汽轮机转子磨损小，所以应用比较广泛；也正是由于其"软态"的特点，在机组运行过程中较容易被转子磨损，使汽封间隙变大，从而导致高、中压缸密封效果不佳，能量损耗严重；轴承箱内进汽严重，使油中带水；低压缸轴端密封不严，空气内漏，降低凝汽器真空。

为减少级间漏汽损失，提高机组效率，对传统汽封进行改造和设计，例如，东方汽轮机厂自主研制的先进汽封——DAS 汽封（也叫大齿汽封）就是其中之一。

1. DAS 汽封的工作原理和结构

DAS 汽封（dec advanced seal）是在传统铁素体汽封结构的基础上采用宽汽封齿（DAS 齿），如图 6-6 所示。其结构形式与梳齿类似，但汽封块两侧的 DAS 齿齿宽加厚，且 DAS 齿与转子之间的间隙 B 比铁素体汽封齿与转子之间的间隙 A 小 $0.1 \sim 0.13$mm，并采用铁素体类材料将其嵌入汽封块中，也就是说 DAS 汽封是在各汽封块中用 2 个磨损 DAS 齿来替代 2 个传统齿来减少汽封磨损的。

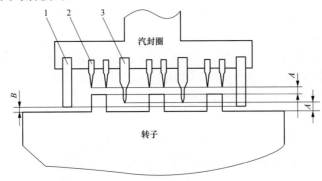

图 6-6 DAS 汽封
1—DAS 齿；2—铁素体汽封低齿；3—铁素体汽封高齿

DAS 汽封的密封原理是：DAS 汽封与传统汽封的安装方式相同，在汽轮机启、停过程中，由于过临界转速的影响，汽封齿可能会与汽轮机转子产生摩擦，因 DAS 汽封间隙 B 比间隙 A 小，所以此时 DAS 齿最先与转子接触产生摩擦，并压缩汽封块背部的弹簧产生退让，这不仅减轻了 DAS 齿的磨损，也防止了传统汽封齿与转子间发生摩擦，使机组在正常运行时，其传统汽封齿的汽封径向间隙 A 始终在设计范围内，从而保证了设计密封效果。另外，由于间隙 B 比间隙 A 小，且 DAS 齿采用宽齿结构，材料也耐磨，即使与转子发生碰磨，其磨损量也较小，保证运行期间间隙 B 远小于间隙 A，因此整个 DAS 汽封的级间蒸汽漏汽量比传统汽封要小很多，这样就可以解决汽轮机各处汽封蒸汽漏汽量大的问题。

2. DAS 汽封的特点

（1）DAS 汽封的优点。

1）可有效减少机组各处汽封的蒸汽漏汽量，保证其密封性能。

2）DAS 汽封采用柔性弹簧，仅需保证汽封块在任何时刻和负荷情况下的径向向内，提供施加于汽封弧段上的径向力即可。

（2）DAS 汽封安装及调整。DAS 汽封安装方便，在机组原有的隔板和轴封槽道上组装调整即可，不需要改变槽道宽度，每个汽封块后面用 3 个圆柱形弹簧支撑，测量和调整汽封间隙仍采用传统方法，即上下间隙压铅丝和压胶布，左右间隙用塞尺直接测量。各汽封间隙调整按制造厂设计要求调整，测量时直接测量原汽封齿与转子之间的间隙，DAS 汽封高齿间隙标准要求比传统汽封高齿在圆周方向内减小 0.26mm。

现代大型汽轮机的检修已经由计划检修时代进入到状态检修时代，随着大修周期的不断延长，机组因汽封磨损引起的通流部分径向间隙不均匀变大的现象也更加突出，所以，机组汽封改造后如何保证汽封间隙长期维持在正常设计范围更为重要。为此，经过不断的实践和改良，又设计制造了第二代 DAS 汽封，如图 6-7 所示，其与第一代 DAS 汽封最大的区别是把汽封块高齿全部改成了 DAS 齿，又在中间加装了一条浮动齿，但密封原理相同。

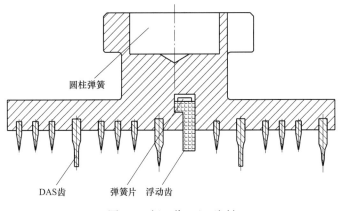

图 6-7　新一代 DAS 汽封

3. DAS 汽封的经济性

案例 6-11　某电厂 2 号机组是由东方汽轮机厂生产的 N600-24.2/566/566 型超临界、中间一次再热、冲动式单轴、双背压三缸四排汽、凝汽式汽轮机，采用高压缸和中压缸反向合缸布置、低压缸双流反向布置的结构。该机组改造前的热力试验：额定工况下机组热耗率为 7863kJ/kWh（制造厂设计保证值为 7535kJ/kWh），高压缸效率为 82.1%（制造厂设计保证值为 86.3%），中压缸效率为 94.9%（制造厂设计保证值为 92.6%），轴系最大振动在 7 号轴瓦 x 向为 $100\sim110\mu m$。为解决机组汽封漏汽量大，造成机组热耗率偏大，汽缸效率低的问题，该机组在 2009 年采用 DAS 汽封，对通流部分汽封进行了换型改造。

该机组原安装汽封为传统的迷宫式汽封，材质是铁素体不锈钢 0Cr15Mo。该机组改造范围：高压缸 2～8 级隔板汽封，中压缸 1～6 隔板汽封，A、B 低压缸 2～7 级隔板汽封，高、中压缸 1 号轴封的 3～5 段汽封，2 号轴封的 1～4 段汽封，3 号轴封的 1～3 段汽封，全部更换为 DAS 汽封。

该机组于 2009 年 11 月开机，并网一次成功，带满负荷。值得一提的是，机组在启动过程中，汽封和转子之间存在动、静部分摩擦，轴系振动有所增加，但机组带到 20MW 负荷后，摩擦现象消失，轴系振动趋于稳定；负荷到 42MW 时，轴系最大弯曲度在 A、B 低压转子接合处，低压缸轴封与转子之间产生动、静部分摩擦，5、6 号轴瓦轴振增加。随着负荷的上升，到 590MW 时达到最大振幅（$89.22\mu m$），当负荷升至 600MW 后，汽封磨损过程结束，5、6 号轴瓦轴振下降。机组稳定运行 2 天后，机组各部件相互磨合结束，最大轴振发生在 7 号轴承 x 向为 $73.16\mu m$（小于达标值 $76\mu m$），比改造前降低了 $26.84\mu m$，轴系各处轴振、瓦振均小于 $60\mu m$。

机组改造后的热力试验：高压缸和中压缸效率分别是 83.1% 和 96.5%，分别比改造前提高了 1% 和 1.6%，机组热耗率为 7735kJ/kWh，虽然离设计保证值还差 200kJ/kWh，但比改造前降低了 128kJ/kWh；机组的汽耗率比改造前降低了 0.23kJ/kWh，汽封改造后有明显的节能效果。

二、汽轮机通流部分汽封间隙优化调整

近年来，随着国内煤炭价格飙升，加上国家节能减排压力的不断加剧，促使各发电单位挖潜增效、节能降耗和揭缸提效工作的深入开展。对于汽轮机本体，揭缸提效的主要工作是通流部分汽封间隙的调整。汽封径向间隙测量及调整工作的好坏，直接影响机组的热效率。若高、中压缸轴封间隙大，则轴封漏汽量就会增加，还会造成汽轮机润滑油中带水；若低压缸轴封间隙大，则机组真空严密性就会降低；若隔板汽封间隙大，则级效率下降，还会使机组轴向推力增加。据相关资料介绍，高压缸前汽封每增加 0.10mm，轴封漏汽量就会增加 1～1.5t/h，高压缸隔板汽封间隙每增加 0.10mm，级效率降低 0.4%～0.6%。如果汽封间隙太小，则有可能使机组运行时动、静部分碰磨，机组振动增大，甚至引起大轴弯曲。可见，机组通流部分汽封间隙的调整工艺是否准确、操作工序是否合理，不但直接决定检修工期的长短、影响机组的效率，还对机组是否能够长期安全经济运行起着至关重要的作用。因此，在汽轮机本体检修过程中要认真、细致地进行汽封间隙的调整，对施工的各个环节进行优化分析、掌握要点，充分考虑影响汽封间隙调整的各方面因素，进而加以修正，使汽封间隙调整更加准确和调整后的汽封间隙尽可能地接近机组运行状态。

国内目前应用最广泛的汽封是梳齿迷宫式汽封（高低齿汽封），近年来应用较多的新型汽封如布莱登汽封、蜂窝式汽封、接触式汽封、DAS 汽封等，虽然其工作原理各不相同，但汽封间隙的测量、调整、方法基本一样。

1. 汽封间隙调整的影响因素

（1）上、下缸温差的影响。机组运行时下缸温度往往低于上缸，故下部汽封间隙调整时应略大于上缸汽封间隙 0.05mm。

（2）汽缸变形及自然垂弧的影响。越靠近汽缸中部，汽缸垂弧越大，下部间隙也应越大。采用空缸拉钢丝测量汽缸变形量的方法，可准确掌握汽缸变形量对汽封间隙的影响，能够更加真实地反映机组全实缸状态的汽封间隙。汽缸间隙标准＋汽缸变形量就是半实缸状态下应调整的汽封间隙数值。进行半实缸汽封间隙调整时，采用在相应隔板（套）、汽封体挂耳处加减垫片的方法进行，垫片厚度应为该位置的汽缸变形量数值，但在全实缸调整时应恢复原有垫片。

（3）转子旋转方向的影响。旋转后转子会偏向一侧，所以顺时针转向的机组左侧间隙要大于右侧 0.05～0.10mm，逆时针转向的机组反之，这样运行时汽封间隙才是一个正圆。

（4）油膜的影响。转子正常运行时轴瓦与转子之间会形成一定厚度的油膜，使转子运行中心位置发生变化。

（5）猫爪膨胀的影响。高、中压缸为下猫爪支撑的机组，运行时猫爪膨胀上抬，会造成汽缸下半部整体上抬，进而影响汽封间隙。

（6）转子静挠度的影响。转子静挠度最大的位置下部汽封间隙应最大，上部应最小。

（7）汽封形式的影响。根据经验，布莱登汽封的间隙可以比设计下限还小；接触式汽封理论上与轴之间无间隙，但在实际中一般也留 0.10mm 左右的间隙；蜂窝式汽封间隙一般不能低于设计值下限；传统梳齿迷宫式汽封间隙可以低于设计值，但汽封间隙调整结束后要进行梳齿修尖处理。

2. 汽封间隙测量的注意事项

汽封间隙测量的方法，一般采用压胶布、铅丝、橡皮泥、硅胶等传统方法，目前应用最广泛的还是压胶布和塞尺结合的方法进行测量，但要注意以下几点：

（1）汽封块的固定。测量汽封间隙时汽封块背部弹簧一定要全部安装到位，且背部用竹楔塞紧，测量时不得有退让。

（2）贴胶布的要求。标准胶布一般单层厚度为0.25mm，多层时要做成阶梯状，每层错口2mm左右，每个位置要粘贴两道胶布，一道胶布的厚度（胶布每增加一层，总厚度要在其理论厚度的基础上再增加0.02～0.03mm）等于要求间隙，一道胶布应大于要求间隙一层胶布，粘贴时各汽封块用酒精清洗干净，按转子的旋转方向增加胶布层数，以免盘车过程中被刮掉，轴封相邻两圈汽封间胶布应剪断。

（3）测量判断数值要求。看胶布记录数值时，应能够区分哪些是真实接触，哪些是假接触，可以采用塞尺检查水平两侧间隙后再与胶布摩擦痕迹进行对比，来提高判断的准确性；还可以在测量径向间隙时，同步测量各汽封块的退让间隙，吊出转子后检查退让间隙是否变化，若无变化则是真实数据。以三层胶布为例说明胶布摩擦痕迹对应的间隙数值，见表6-16。

表6-16　　　　　　　　　　　标准胶布痕迹对应的间隙数值

胶布状态	间隙数值（mm）
三层胶布未接触	＞0.75
三层胶布刚见红色	0.75～0.80
三层胶布有较深红色	0.65～0.70
三层胶布表面被压光，颜色变紫色	0.55～0.60
三层胶布表面磨光呈黑色，三层胶布刚见红色	0.45～0.50
三层胶布已断开，两层胶布见深红色	＜0.40

3. 汽封间隙的调整方法

（1）汽封径向间隙小于要求值的调整。检修现场常采用的比较简单、有效的方法是用小扁錾捻打汽封块四角定位内弧A处，如图6-8所示，其具体方法为：先用专用的平口游标卡尺测量定位内弧厚度，然后用小扁錾在定位面内弧侧面捻打出一个小凸起；再用整修锉刀将凸起顶部圆弧修锉成一个小平面；最后用专用游标卡尺测量捻打后的定位内弧厚度，其增加值即为此点汽封间隙的增大值。若增大值与目标值不符，则重复以上步骤，直到增大值合格

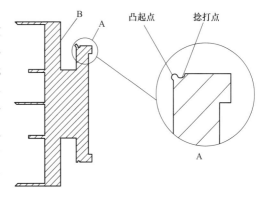

图6-8　捻打汽封块背弧示意图

为止。若需要捻打量超过0.50mm，则捻点强度会降低，甚至崩裂掉，此时不宜采用捻打方法，而是在汽封块四角用氩弧焊堆焊出一个小平台，再用锉刀修锉至目标值。不论捻打还是堆焊，汽封间隙调整好后都要测量汽封块的退让间隙是否小于标准值，否则应将汽封块内弧面B处车去相应数值，以满足退让间隙要求。采用这种调整方法的缺点有：汽封间隙不易调整均匀（调整好的汽封块左右或上下间隙值存在偏差），所以操作工要求有一定的钳工基础。调整后的汽封块背弧容易漏汽，以及机组运行时间较长时，捻打的汽封背弧凸起点容易

被磨损变形等。

对于带调整块的汽封,间隙调整相对简单些,汽封径向间隙小于要求值多少,就在汽封体与调整块之间减掉多厚的垫片即可。

(2) 汽封径向间隙大于要求值的调整。若是由于汽封块严重变形或梳齿损坏等原因造成汽封径向间隙严重超标,应更换新汽封块;若汽封间隙大于要求值不是太多,施工方一般会在现场用车削汽封的专用背弧机(见图6-9),对汽封块定位内弧侧面铣去相应数值;为保证汽封间隙调整的精确性,不允许使用旋转锉刀现场进行手工磨削汽封块定位内弧来调整间隙。

同样,对于带调整块的汽封,汽封径向间隙大于要求值多少,就在汽封体与调整块之间增加多厚的垫片即可。

图 6-9 背弧机

(3) 汽封轴向间隙超标的调整。当检修过程中发现汽封齿轴向间隙不符合设计要求时也应予以调整。汽封轴向间隙的调整可采用轴向移动汽封体或汽封环的方法,也可采用局部补焊和加销钉的方法。当调整汽封轴向间隙需使汽封体向进汽方向移动时,则不能采用加销钉或局部补焊的方法,必须采用加装与出汽侧凸缘宽度相同的环垫用沉头螺钉固定或满焊后加工的方法,以保证其出汽侧端面的严密性。对于隔板汽封,一般不允许用改变隔板轴向位置的方法来调整汽封的轴向间隙,以保证隔板与叶轮的轴向位置,此时可采用将汽封块的一侧车去所需要的移动量,另一侧补焊的方法来调整;但当隔板汽封轴向间隙与隔板轴向间隙调整方向一致时,也可以采用改变隔板轴向位置的方法来调整汽封轴向间隙。

(4) 叶顶围带汽封间隙超标的调整。目前汽轮机叶顶汽封的主要形式有可调蜂窝式汽封、可调梳齿汽封、镶片式汽封等。前两种叶顶汽封的调整与上述汽封调整方法相同,只是叶顶汽封直径较大,加工难度增加。而镶片式叶顶汽封的径向间隙调整比较麻烦,需要先将超标的叶顶汽封拔除,重新镶汽封片进行加工,其加工工期长,加工难度大,并受当地机加工能力的限制。不过现在国内已经有专业的队伍可以在检修现场对镶片式叶顶汽封进行拔除和机加工了。

4. 汽封间隙调整的注意事项

(1) 汽封间隙调整后整圈汽封环的圆周膨胀间隙应符合标准。如果膨胀间隙过小,汽封圈受热膨胀时会出现相邻汽封块碰顶而造成应有的圆变大,致使汽封间隙变大,增加漏汽损失,热效率降低;如果膨胀间隙偏大,汽封圈受热膨胀后达不到应有的圆,各汽封块之间存在间隙,蒸汽会通过这些间隙漏向下一级,同样造成漏汽损失增加,热效率降低。因此,对汽封块膨胀间隙的检查、调整也十分重要。一般膨胀间隙为 0.20~0.30mm,各制造厂的规定不尽相同。

(2) 检修后的汽封块端面要平整、光滑,相邻汽封块端面接触良好,0.05mm 塞尺不入,以保证其严密性能。

(3) 各汽封块的位置不能装反,汽封块背部的弹簧或弹簧片(板)不能混用。

(4) 检修后各汽封齿应修尖、修直,没有倒伏现象。

（5）汽封块的退让间隙一般应大于或等于 2.5mm。

（6）汽封块颈部厚度应大于或等于 1.5mm，否则应予以更换。

（7）各段汽封齿的接口处应圆滑过渡，不应有高低错口现象。

（8）全实缸压胶布时应测量各汽封圈圆周膨胀间隙，若存在膨胀间隙过盈，则需取出下部一块汽封，同时各隔板（套）、轴封套、汽缸接合面间隙应小于或等于 0.05mm，以保证测量的准确性。

（9）上部汽封块压板螺钉应低于中分面 0.50～0.80mm。

（10）汽封间隙的验收最好全实缸并热紧部分汽缸螺栓，以保证检修状态下的汽封间隙更接近于实际运行状态。

（11）对于背部带调整块的可调汽封块，在汽封间隙调整合格后应焊接或铆接调整块，以免脱落。

（12）更换镶片式叶顶汽封时，新汽封片应比旧汽封片略厚一些。

5. 汽轮机通流部分汽封间隙精密化调整案例

案例 6-12　某电厂 2 号机组是东方汽轮机厂引进技术生产的 N600-24.2/566/566 型超临界、一次中间再热、冲动式、单轴、三缸四排汽、双背压、纯凝汽式汽轮机组。该机组自 2009 年投运以来，高压缸效率为 81.58%，比制造厂保证值 86.20% 低 4.62 个百分点，中压缸效率为 90.97%，比保证值 92.60% 低 1.63 个百分点；热耗率为 7704.17kJ/kWh，比保证值 7506kJ/kWh 高 198.17kJ/kWh。2011 年 1 月，机组首次 A 级检修期间，没有大的技术改造项目，只是对汽轮机本体部分的转子、隔板进行了喷丸处理，更换了全部叶顶汽封，通流部分汽封间隙采用施工方提供的汽封间隙精密化调整方案，对汽封径向间隙进行了精确调整，具体调整目标值见表 6-17。

表 6-17　　　　　　　　　　　　汽封间隙调整目标值

汽封位置	调整范围		备注
	上限	下限	
轴封汽封间隙	设计值下限	设计下限－0.10mm	有些新机组设计值已经偏小，按此标准执行后可能就没有间隙或间隙很小，故需视机组实际适当调整
隔板汽封间隙	设计值下限	设计值下限－0.10mm	
过桥汽封间隙	设计值下限＋0.10mm	设计值下限	
叶顶汽封间隙	设计值下限－0.10mm	设计值下限－0.30mm	

该电厂 2 号机组 A 级检修后，于 2011 年 1 月 25～27 日进行了汽轮机热力性能试验，结果表明，机组在 600MW 额定工况时，试验热耗率为 7531.769kJ/kWh，修正后热耗率为 7530.05kJ/kWh，比检修前降低了 174.12kJ/kWh，高压缸效率为 83.674%，中压缸效率为 91.698%，分别比检修前提高了 2.094% 和 0.728%。试验发电煤耗率为 284.57g/kWh，供电煤耗率为 296.48g/kWh；修正后发电煤耗为 284.04g/kWh，供电煤耗为 295.93g/kWh，比检修前供电煤耗率降低了 18.5g/kWh，达到了国内先进水平。按年发电量 35 亿 kWh 计，年节约标准煤 64 750t，按标准煤 1000 元/t 计，年节约成本约 6000 多万元。

可见，汽轮机通流部分汽封间隙精密化调整是由一整套成熟的技术理论支撑、严谨的施工工艺保障、娴熟的操作流程推进的切实可行的检修方案，其技术水平达到了国内行业的领先水平，近几年来，这套工艺流程的实施产生了良好的经济效益和社会效益。

第七章

节水管理与改造

随着社会发展和人民生活水平的提高，淡水资源的匮乏和水污染已经成为世界性的难题，也是制约我国社会和经济发展的主要因素之一。资料显示，我国人均占有水资源的比例仅相当于世界平均值的1/4，是世界上最缺水的国家之一。近年来，随着人口增加和工农业的快速发展，生活和生产用水量不断增加，淡水资源显得尤为缺乏。因此，节约用水、合理用水、减少污水排放意义重大。

火电厂是用水大户，同时也是废水排放大户，不合理的排水不仅浪费水资源还会造成环境污染。如果外排水经过合理的处理并进行回收利用将会大大降低火电厂成本，减少环境污染，所以从火电厂的经济效益和环境可持续发展的角度考虑，加强用水资源管理、节约用水、减少废水排放，对废水进行改造及处理利用具有重要意义。

第一节 火电厂的用水及排水系统

一、火电厂的用水系统及补充水源

火电厂用水分两类：一类是生产用水；另一类是生活、消防用水。生产用水包括凝汽器冷却水及辅机冷却水，锅炉补给水处理用水，脱硫、除灰、除渣及燃煤系统冲洗用水等。

对于湿冷式电厂，凝汽器冷却水所占比例最大，根据凝汽器冷却方式的不同又可分为直流冷却水和循环冷却水。直流冷却水是从海洋、湖泊、水库或江、河的上游取水经凝汽器冷却后，重新排入下游或不同位置的冷却水；循环冷却水是将经凝汽器冷却的水回到冷却塔，经冷却塔降温后再循环使用的冷却水。由于循环冷却水存在风吹及蒸发损失及系统泄漏损失，为防止冷却水管结垢和腐蚀，保证循环冷却水浓缩倍率在一定范围内，需向冷却塔补入新鲜水。辅机冷却水是火电厂转动机械的冷却水，在淡水地区一般由循环冷却水系统供给，在海水冷却的地区，辅机冷却水也采用淡水，通过水—水冷却器或辅机冷却塔专门提供辅机冷却水。

火电厂的热力系统正常运行中存在着泄漏、排污损失，锅炉补给水系统生产的除盐水主要用于热力系统的正常补水。火电厂中除灰、除渣系统，燃煤冲洗系统，脱硫系统的用水一般由循环冷却水排污、锅炉补给水处理废水供给，几乎不需要新鲜水量。

目前，我国火电厂的主要耗水构成：循环冷却水系统补充水为60%～85%；锅炉补给水为2%～10%；生活消防用水为2%～5%，脱硫系统及除灰、除渣系统耗水为4%～5%。

根据所处的地理位置及水资源条件，火电厂的补充水源常见的有以下几种：

1. 地下水水源

地下水是地下径流或深埋于地下的，可被利用的淡水。由于地下水的稀缺性及开采地下水对地质环境的影响，有些地方已限制地下水的开采，已采用地下水的火电厂也限制开采量，并且面临着水资源税收带来的高税费。地下水一般水质清洁，有机物、悬浮物含量少，硬度、碱度相对较大，所以地下水在火电厂一般作为生活、消防水使用，一些老电厂也将其作为锅炉补给水处理水源。循环冷却水补充水因为用水量大，很少采用地下水。

2. 水库、湖泊、江、河等地表水水源

国内很多火电厂在大型水库、湖泊及江、河的附近建造，目的就是利用这些水资源。与地下水相比，地表水中一般有机物、悬浮物含量较高，硬度、碱度小，加上地表水取水容易，火电厂中锅炉补给水处理系统、凝汽器直流冷却系统或循环冷却水补充水均采用地表水源。

3. 城市自来水系统或污水处理后的中水水源

一些靠近城市的电厂因水源条件的限制，往往采用城市自来水作为生活水，污水处理后的中水作为循环冷却水补充水或锅炉补给水处理的水源。采用中水水源，充分利用了废弃水资源，且不需用缴纳水资源费，所以在一些水资源缺乏的地区且靠近城市的火电厂普遍采用中水水源。中水与地下水、地表水相比，中水中有机物、悬浮物含量高，含盐量高、硬度大，处理费用高。有些地方政府对使用中水的火电厂有增加发电量及财政方面的优惠政策，且不交水资源税，所以中水也是新建火电厂普遍采用的水源。

4. 海水或海水淡化水源

在一些滨海电厂，往往采用海水作为凝汽器直流或循环冷却水源，采用海水淡化水源或地下淡水作为生活用水和锅炉补给水处理系统、辅机冷却水系统的水源。

二、火电厂主要的外排废水

1. 凝汽器冷却水系统排污水

在湿冷机组中，因凝汽器直流冷却系统不需要建设冷却塔，所以没有冷却塔排污水。凝汽器循环冷却水在循环过程中存在着蒸发、风吹损失，会不断浓缩，水质变差，为防止凝汽器冷却水管结垢和腐蚀，循环冷却水除加入水质稳定剂（如阻垢剂、缓蚀剂、杀菌灭藻剂）外，还需要排去冷却塔底的污水，以保持设计的浓缩倍率。在湿式除灰电厂，循环冷却水用于除灰、除渣系统，这样冷却塔排污量小或不需要排污就能保持设计的浓缩倍率；在干式除灰电厂，由于不用循环冷却水除灰、冲渣，冷却塔排污量大，循环冷却水排污水不能被除渣及脱硫系统完全利用，所以有部分冷却塔排污水外排。

2. 锅炉补给水处理系统排水

锅炉补给水处理系统在锅炉补给水的制水过程中会产生一些废水，如反渗透的浓水、阴阳床及混床的再生废水，这些废水一般通过化学中和池经酸碱中和后排放或利用。

3. 湿法脱硫系统排水

湿法脱硫系统排水主要来源为脱硫工艺水排水、事故浆液箱排水、脱水区排水。脱硫系统排水循环利用，在循环过程中浆液会不断浓缩，使其中胶体状的石膏及石灰石颗粒增多，pH 值降低，从而引起脱硫效率的下降及石膏出现脱水不干净现象，所以脱硫系统排水必须定期排放。

4. 机组热力系统排水

机组热力系统排水主要来源为锅炉正常运行中的排污水、管道疏水，以及机组启动过程中的冲洗排水，停机后锅炉受热面、汽包、除氧器、凝汽器的放水。

5. 除灰、除渣系统排水

除灰系统有气力除灰和水力除灰两种，气力除灰是将电除尘器或布袋除尘器下的积灰通过仓泵及输灰管线送到灰库，再由灰罐车将灰拉走综合利用或者调湿后运至灰渣场贮存。水力除灰是将布袋除尘器或电除尘器的排灰用水冲至灰浆泵前池，在灰浆泵前池搅拌后，由灰浆泵送至灰场贮存。水力除灰系统在火电厂中的耗水量大，现在一些电厂已经过改造，采用灰水浓缩技术或者改为干除灰（气力除灰）等手段降低耗水量。由于干除灰可以对粉煤灰综合利用，且耗水量少，新建机组大部分采用气力除灰，水力除灰很少采用。

除渣系统有两种方式：一种是干除渣，另一种是水力除渣。干除渣是将炉底落渣在冷渣器中通过空气冷却后运走，而水力除渣则需要用水冷却落渣。水力除渣系统冷却水为闭式循环：炉渣落入渣池，高温渣块遇水冷却后由刮板捞渣机捞起，落入渣仓，在渣仓进行渣水分离后，水继续进入回水池，由回水泵继续打入捞渣机系统使用，渣仓中经过沥干的渣通过汽车运至渣场。除渣系统的水损失主要为蒸发损失及渣携带损失，除渣系统的补充水一般为循环冷却水或者是煤水沉淀池的煤水。实践运行证明，在机组高负荷运行时，除渣系统的水量能基本平衡，很少产生废水排放。

6. 燃煤系统排水

燃煤系统排水主要是汽车、火车、码头等堆卸煤场所的冲洗水、煤场喷洒水、输煤皮带的冲洗水。这些煤水一般含有较细的煤粉，经过煤泥沉淀池进行煤水分离后经排污泵送至煤水处理装置，处理后再到冲洗水泵前池循环使用。

7. 燃油系统排水

燃油系统排水主要来自油泵冷却水、储油设备的排污水、夏季油罐的冷却喷淋及冲洗排水。

第二节　火电厂的水务管理及水平衡试验

一、火电厂的水务管理

1. 火电厂中水务管理的目的和意义

节水最基础的工作是水务管理，水务管理的概念是企业在规划、设计、施工、运行、维护和技术改造等阶段对水的使用进行全面统筹与管理，即通过对水资源的总体合理规划，在各项指标的基础上建立高重复利用率的水平衡系统。其目的是通过水务管理摸清水务管理的方向，进行技术改造、节水减排，最终目标是实现火电厂废水"零排放"。水务管理是一项系统工程，是多学科、多专业协调合作的产物，它涉及火电厂中锅炉、汽轮机、灰渣、输煤、给排水、电厂化学等多个专业，是综合技术管理。火电厂水务管理除了遵守和执行国家水资源管理的法律、法规、行业标准外，还应遵守电厂所在地区的水资源管理的规定和要求。根据国家目前制定的各项节水、环境保护政策法规的要求，结合电厂实际情况，建立合理的水量平衡系统，做到一水多用、水尽其用、废水回用，力求减少全厂不合理的外排水，这是水务管理的任务和意义。

2. 火电厂中水务管理的组织机构和节水管理制度考核体系

火电厂应建立水务管理的组织机构，这是开展水务管理的基础。一般以生产副总经理作为水务管理的总领导人，下设节水办公室，以生产技术部部长作为节水办公室主任，以生产技术部节能专工作为全厂水务管理及节水的总负责人，生产部门各专工及后勤部门的负责人作为节水办公室的成员，各厂应根据实际情况，建立起务实高效的节水管理组织机构。

各厂还应制定相应的水务管理制度，主要的水务管理制度有跑冒滴漏考核管理办法、节约用水考核办法、汽水损失率及锅炉补水率考核管理办法等。充分利用火电厂宣传栏、网站对节水工作进行宣传，增强全厂人员的节水意识，调动全厂人员的节水积极性，使全员参与、人人负责、从点滴做起。火电厂还应建立节水的长效机制，确定节水的长期规划及年度计划，不断利用新技术、新工艺，使节水工作可持续发展。

3. 水务管理依据的主要法规、标准

(1)《节水型企业评价导则》(GB/T 7119—2006)。

(2)《工业循环水冷却设计规范》GB/T 50102—2014。

(3)《火力发电厂水平衡导则》(DL/T 606.5—2014)。

(4)《火力发电厂节水导则》(DL/T 783—2001)。

(5)《火力发电厂水务管理导则》(DL/T 1337—2014)。

(6)《火力发电厂废水治理设计技术规程》(DL/T 5046—2006)。

(7)《火力发电厂化学设计技术规程》(DL/T 5068—2006)。

(8)《火力发电厂节水设计规程》(DL/T 5513—2016)。

4. 水务管理的主要内容

水务管理工作贯穿在火电厂的设计、施工、试运行、运行、维护及技术改造各阶段，对于已投产的火电厂，水务管理的主要内容包括以下几点：

(1) 完善全厂水计量体系，补充必要的用水、排水表计，以便日常监测。建立各主要水系统的用水、排水计量仪表台账及检定/校准计划、维护保养记录等，实现对主要供、排水系统进行准确监控。

(2) 建立全厂水务管理台账、原水水质管理台账、总排放废水水质管理台账；建立锅炉补给水、冷却系统用水、生活系统用水、输煤系统用水、湿法脱硫系统用水管理台账。根据用水量初步分析用水、排水平衡情况，对用水、排水异常，应及时分析找出原因并进行处理。

(3) 对全厂水系统管道、阀门、容器、水池等实行定期检查，发现缺陷或溢流应及时处理，对检查情况详细记录备案。

(4) 定期进行水平衡试验，通过水平衡试验确定全厂用水、耗水的方向，找出水务管理存在的不足，找出潜在的节水效益点，减少不合理的用水方式和耗水。

(5) 不断采用新技术、新工艺，通过改造来降低耗水量。

火电厂水务管理的最佳效果是实现废水"零排放"，所谓"零排放"是指电厂不向地面水域排放废水。"零排放"电厂必须要求水在电厂内反复循环利用，减少新鲜取水量，防止环境污染，达到节水和保护环境的目的。

5. 火电厂中水务管理的主要评价指标及要求

火电厂水务管理的评价指标是以《火力发电厂节水导则》(DL/T 783—2001) 的规定为基础，结合电厂节水检查的部分指标确定的，主要有以下指标：

(1) 全厂发电水耗率。火电厂的全厂发电水耗率是单位发电量的耗水量，按式 (7-1) 计算

$$b = \frac{Q_x}{W} \times 100\% \qquad (7\text{-}1)$$

式中 b——实际全厂发电水耗率，m^3/MWh；

   Q_x——考核期内全厂实际总耗水量，m^3，即全厂从水源的实际总取水量，包括厂区和厂前区生产、生活耗水量，不包括厂外生活区耗水量，当火力发电厂冷却系统有排水返还水源（如采用直流、混流或混合供水系统）时，全厂实际总耗水量应等于从水源的实际总取水量中扣除返还水源的实际排水量后的实际总净取水量，也就是全厂补充的新鲜水耗量；

   W——考核期内全厂实际总发电量，MWh。

单机容量为125MW及以上新建或扩建的凝汽式电厂，全厂发电水耗率指标不应超过表7-1的规定。

表 7-1   单机容量为 125MW 及以上新建或扩建的凝汽式电厂全厂发电水耗率指标

$m^3/(S \cdot GW)$

供水系统	单机容量大于或等于300MW	单机容量小于300MW
淡水循环供水系统	0.60～0.80（2.16～2.88）	0.70～0.90（2.52～3.24）
海水直流供水系统	0.06～0.12（0.216～0.432）	0.10～0.20（0.36～0.72）
空冷机组	0.13～0.20（0.468～0.72）	0.15～0.30（0.54～1.08）

注 括号内数字是理论值，单位为 m^3/MWh。

（2）全厂复用水率。实际全厂复用水率是全厂实际重复利用的水量占全厂总用水量的比例，按式（7-2）计算

$$\Phi = \frac{Q_f}{Q_z} \times 100\% = \frac{Q_z - Q_x}{Q_z} \times 100\% \qquad (7\text{-}2)$$

式中 Φ——实际全厂复用水率，%；

   Q_f——考核期内全厂实际复用水量，包括循环冷却水流量、串用水量和回收利用水量（多次复用水量应重复计入），m^3；

   Q_z——考核期内实际全厂总水量，包括厂区和厂前区各系统生产、生活所使用的新鲜水量和复用水量，不包括厂外生活区用水量，m^3。

单机容量为125MW及以上新建或扩建的循环供水凝汽式电厂全厂复用水率不宜低于95%，严重缺水地区单机容量为125MW及以上新建或扩建的凝汽式电厂全厂复用水率不宜低于98%。

（3）循环冷却水浓缩倍率。循环冷却水与补充水含盐量的比值称为浓缩倍率，这个指标一般是以循环冷却水和补充水中氯离子（或钾离子）含量的比值来计算的，因为水中这两种离子较为稳定。循环冷却水浓缩倍率取决于排污率，排污率又取决于补充水源的品质和采用的循环冷却水处理方式。不同的循环冷却水处理方法对循环冷却水浓缩倍率有不同的要求：采用阻垢剂稳定处理的小于或等于2；采用硫酸—阻垢剂稳定处理的为2.5～3.5；采用石灰石软化处理的为3～4；采用弱酸软化处理的为6。

（4）循环冷却水排污回收率。循环冷却水排污回收率为回收的循环冷却水排污量占循环冷却水总排污量的比值，要求循环冷却水排污回收率应大于90%。

（5）全厂水平衡试验不平衡率。一级不平衡率是全厂各种进水流量与总耗水流量之间的不平衡率，用总进水流量与总耗水流量的差除以总进水流量取百分数得到。二级不平衡率是火电厂各分支单元系统的不平衡率；三级不平衡率是各设备和设施用水的不平衡率。《火力发电厂节水导则》（DL/T 783—2001）要求：一级不平衡率应小于或等于±5％，二级不平衡率应小于或等于±4％，三级不平衡率应小于或等于±3％。

（6）锅炉的排污率。锅炉的排污率是指锅炉的排污量与锅炉蒸发量的比值取百分数，要求凝汽式电厂不超过1％，供热式电厂不超过2％。

（7）火电厂的汽水损失率。火电厂的汽水损失率是指火电厂汽水损失量占锅炉蒸发量的百分数。火电厂的汽水损失率应控制在以下范围之内：200MW及以上机组应小于1.5％；100～200MW机组应小于2.0％；100MW以下机组应小于3.0％。

6. 火电厂中水务管理应配备的计量表计

火电厂用、排水系统应配备必要的计量表计，这不仅是国家水利部门对用水单位的基本要求，也是收取水费、水资源税的依据，更是电厂掌握用水量、进行水务管理的依据。《节水型企业评价导则》（GB/T 7119—2006）要求：企业总取水源的水表计量率为100％；企业内主要单元的水表计量率大于或等于90％；重点设备或者各重复利用用水系统的水表计量率大于或等于85％；水表的精度不低于±2.5％；生活用水与生产用水分开计量。表计分三级计量仪表：一级取水计量仪表是全厂各种水源的计量仪表；二级取水计量仪表是各车间及厂区生产用水的计量仪表，如进入火电厂汽轮机、锅炉、电气、化学等各车间的取用水；三级取水计量仪表是各设备和设施用水、生活用水的计量仪表。火电厂一般应在下列各处设置累计式流量表：

（1）取水泵房（地表水和地下水）的原水管。
（2）原水入厂区后的总管。
（3）进入主厂房的工业用水总管。
（4）供预处理装置或化学水处理的原水总管及化学水处理的除盐水出水总管。
（5）生活用水总管及送至生活区的总水管。
（6）循环冷却水补充水管。
（7）除灰、除渣系统用水管。
（8）烟气净化系统用水管。
（9）热网供汽及回水管。
（10）热水网的供、回水管和补水管。
（11）非生产用汽总管。
（12）排至厂外的废（污）水排放口。
（13）车间和设备的排水口。
（14）各类废（污）水处理装置出口。
（15）贮灰场灰水回收总管和排放口。

二、火电厂的水平衡试验

1. 水平衡及水平衡试验的定义及目的

水平衡是火电厂水务管理的一项基础工作，也是对水资源进行科学管理的重要内容之一。所谓水平衡是指一个部门、一个车间、一个用水系统或一个企业单位在其生产、生活中所用全部水量的收支平衡。水平衡试验是为了确定任一用水单元内存在水量的平衡关系,通过对用水单元的实际测试,确定其各用水参数而进行的试验。

水平衡试验的主要目的是编制火电厂的水平衡图,并找出不合理的用水和排水,最终提出合理的用水、排水和废水分类回用的方案,以此作为全厂节水工作的依据。水平衡试验是做好火电厂节水工作,实现科学、合理用水的基础。

2. 水平衡试验的内容及原则要求

根据火电厂实际用水情况,将全厂水系统划分为取水系统、锅炉补给水制水系统、除盐水及机组汽水循环系统、循环冷却水系统、循环冷却水旁流弱酸处理系统、开式循环冷却水系统、闭式循环冷却水系统、脱硫水系统、生活及厂区绿化水系统、消防水系统、废水处理系统、除渣系统、燃料冲洗喷洒系统,对以上系统进行分级测量,确定平衡关系及不平衡量。

水平衡试验对以下水量指标进行测量和计算:

(1) 全厂的总取水量、总用水量、复用水量、循环冷却水流量、消耗水量,全厂的总排水量、回用水量,全厂的复用水率、循环水率、汽水损失率。

(2) 分系统的取水量、用水量、复用水量、循环冷却水流量、消耗水量,分系统的排水量、回用水量,分系统的复用水率、循环水率、汽水损失率。

(3) 主要设备的取水量、用水量、复用水量、循环冷却水流量、消耗水量,主要设备的排水量、回用水量,主要设备的复用水率、循环水率、汽水损失率。

(4) 全厂的发电水耗率,机组的补水量、补水率,化学水的制水率、自用水率。

(5) 绘制全厂的水平衡图、水量损失图。

3. 水平衡试验对象及条件

下列情况应进行水平衡试验:

(1) 新机组投入稳定运行 1 年内。

(2) 主要用、排、耗水系统设备改造后,运行工况有较大变化。

(3) 与同类型机组相比,单位发电量取水量明显偏高。

(4) 火电厂 5 年内没有做过全厂水平衡试验。

(5) 欲实施节水、废水回用工程的火电厂。

水平衡试验条件及要求:

(1) 水平衡试验要求必须在机组常规运行工况下进行,且机组的发电总负荷应占全厂总装机容量的 80% 以上。

(2) 在进行试验前要检查用水设备及辅助用水设施运行是否正常。如果发生异常,应及时排除,试验要在无异常泄漏的条件下进行。

(3) 现场运行表计的精度不低于 2.5%;一、二、三级用水的计量仪表应有累计功能且定期检验;没有安装固定用水表计的系统应用便携式超声波流量计测量。

4. 水平衡试验主要计算公式

(1) 总水量

$$q_z = q_x + q_f$$

式中 q_x——新鲜水量,m^3/h;

   q_f——复用水量,m^3/h。

（2）循环冷却水流量、串用水量

$$q_f = q_{xh} + q_c = q_z - q_x$$

式中　q_{xh}——循环冷却水流量，m^3/h；

　　　q_c——串用水量，m^3/h。

（3）水不平衡率

$$\delta = \frac{(q_z - \sum q_i)}{q_z} \times 100\%$$

式中　$\sum q_i$——各系统用水量之和，m^3/h。

5. 水平衡试验实例及结果

火电厂的水平衡试验一般委托电力试验单位或有资质的水资源科技单位进行，作为电厂水务管理人员应通过水平衡试验结果掌握电厂用水现状和各用水系统取水、用水、排水的定量关系，分析试验结果，找出节水工作的重点，寻求节水潜力，并依次制定切实可行的用水、节水管理制度及节水减排的规划，使电厂能科学和合理地用水。分析水平衡试验的结果，更具有实际意义，下面以某电厂水平衡试验的部分结果为例进行分析。

（1）一级水平衡试验。该电厂共安装6台机组，凝汽器冷却水采用循环冷却方式，补水水源有地下深井水、水库水、城市中水。全厂主要耗水有冷却塔风吹、蒸发损失，除灰、除渣、脱硫耗水，汽水循环系统损失，生活、消防耗水，输煤系统耗水，绿化耗水。全厂取水、耗水数据和结果见表7-2。

表 7-2　　　　　　　　　　全厂取水、耗水数据和结果

项目名称	数值（m^3/h）	所占比例（%）
深井地下水流量	2441.83	37.07
城市中水	1232.73	18.72
水库水流量	2911.65	44.21
全厂总取水流量	6586.25	100
绿化耗水流量	12.73	0.19
生活耗水流量	22.58	0.34
一期消防水流量	7.43	0.11
二期消防水流量	2.87	0.04
除渣耗水总流量	44.16	0.67
一期脱硫耗水流量	153.89	2.34
二期脱硫耗水流量	169.83	2.58
除灰耗水总流量	113.42	1.72
一期汽水循环系统损失流量	38.31	0.58
二期汽水循环系统损失流量	41.53	0.63
一期输煤耗水流量	10.92	0.17
二期输煤耗水流量	5.96	0.09
一期机组冷却塔蒸发、风吹损失流量	3093.71	46.97
二期机组冷却塔蒸发、风吹损失流量	2516.29	38.21
外排水流量	218.29	3.31
全厂耗水总流量	6451.91	
全厂用水不平衡率	2.04%	

由表 7-2 可知，全厂用水不平衡率为 2.04%，小于一级不平衡率规定的 ±5% 范围，表明整个取水、用水系统基本平衡。全厂最大水量消耗是循环冷却水系统冷却塔蒸发、风吹损失，占实际总取水量的 85.18%；其他系统耗水占总量约 12.78%。

（2）二级水平衡试验举例。电厂二级水平衡以除盐水及汽水循环系统为例，除盐水除供机组热力循环补水外，还向定子冷却水箱、闭式循环冷却水箱补水，给水泵汽轮机凝汽器补水，凝结水精处理再生用水等，除盐水及汽水循环系统如图 7-1 所示。水平衡主要测量凝结水补水泵出口母管流量、凝汽器补水、给水泵汽轮机凝汽器补水等，统计凝结水精处理再生用水量。

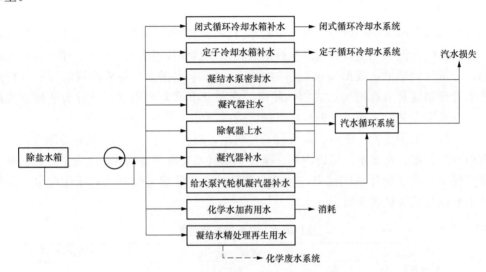

图 7-1　除盐水及汽水循环系统示意图

水平衡试验期间，主要测量凝结水补水泵出口母管流量，1、2 号机组凝汽器补水量，给水泵汽轮机凝汽器补水量等，统计凝结水精处理再生用水量。凝汽器注水及除氧器上水流量在机组启动时才会产生，凝结水泵密封水在凝结水泵启动正常后由凝结水供给，所以正常运行时不耗用除盐水量，化学水加药用水，两台机组共用。在机组正常运行期间，对凝汽器补水流量进行一个用水周期的连续测量，然后平均到单位时间，得出凝汽器补水流量。水平衡试验结果见表 7-3，表中数据为水平衡期间的平均值。

表 7-3　　　　　　　　　　　　除盐水及汽水循环系统的水平衡试验结果

项目名称	数值（m^3/h）
凝结水补水泵出口母管流量	51.07
1 号机组凝汽器补水流量	24.28
1 号机组闭式循环冷却水系统补水流量	0
1 号机组定子冷却水箱补水流量	约 0
1 号机组凝汽器注水流量	0
1 号机组凝结水泵密封水流量	0
1 号机组给水泵汽轮机凝汽器补水流量	1.26

项目名称	数值（m³/h）
1号机组除氧器上水流量	0
化学水加药用水流量	约0
2号机组凝汽器补水流量	13.01
2号机组闭式循环冷却水系统补水流量	约0
2号机组定子冷却水箱补水流量	约0
2号机组凝汽器注水流量	0
2号机组凝结水泵密封水流量	0
2号机组给水泵汽轮机凝汽器补水流量	2.98
2号机组除氧器上水流量	0
凝结水精处理再生用水流量	9.44
各分支用除盐水总流量	50.97
除盐水及机组汽水循环系统不平衡率	0.18

由表7-3可知，除盐水及汽水循环系统凝结水补水泵出口母管流量为51.07m³/h，各分支用除盐水总流量为50.97m³/h，除盐水及汽水循环系统不平衡率为0.18%。1号机组凝汽器补水量偏大的原因为1号机组热力循环系统存在明显的漏点。

第三节 火电厂节水改造及废水处理利用技术

火电厂的节水改造应根据电厂所处的地理位置、取水条件、水处理的工艺等实际情况采取经济可行的节水改造方案，并经过充分论证，确保节水改造取得满意的经济和社会效益。

按照《火力发电厂节水导则》（DL/T 783—2001）的总体要求，节水改造及废水处理利用的原则为：首先要节约用水，减少排水，对排水采用循环使用和串用等方式进行重复利用；不能重复使用的废水再根据水质进行排放或进行处理；处理后的废水尽量利用，不能利用再进行排放。废水处理是利用的基础，没有处理谈不上利用和达标排放。

一、火电厂水源方面改造技术

火电厂的主要水源有地下深井水、水库水、矿井排水、城市中水、海水等，水源改造的方向一般为深井水改水库水或中水，水库水改中水，凝结水直流冷却改循环冷却。为减少地下水开采量，国家及当地政府都鼓励利用矿井排水、城市中水等水资源，限制地下水和水库水的使用量，这种水源改造有明显的社会效益；水源改造的经济效益为水源的变化要能够减少水处理费用和取水费用。

1. 深井水改水库地表水

深井水是从地下开采的深水水源，地表水是指江、河、湖泊及水库中的水。深井水一般比较清洁，悬浮物含量低，但溶解的矿物质较多，水硬度较大，火电厂一般作为生活用水及锅炉补给水处理用水，只有一些老电厂还作为循环冷却水补充水水源。

案例7-1 某电厂一期工程锅炉补给水处理及循环冷却水补水采用深井水，二期工程由于受国家政策及水源限制采用水库地表水。在通过经济、技术比较后将一期生产用水也改用水库水，取得了较好的社会和经济效益。

（1）采用的深井水水质及水库水质指标见表7-4和表7-5。由表7-4和表7-5可知，水库水硬度、碱度、阴阳离子总数及全固形物含量等指标比深井水小一半左右，作为锅炉补给水处理用水及循环冷却水补水更具有优势。

表 7-4 深井水水质指标

项目	单位	结果	项目	单位	结果
外观		清	溶解固形物	μg/g	414
pH		7.38	悬浮物	μg/g	14
全碱度	mmol/L	5.9	烧灼减量	μg/g	190.8
总硬	mmol/L	7.3	铜离子	mmol/L	5.45
暂硬	mmol/L	5.9	氯离子	μg/g	20
全固形物	μg/g	428	SO_2	μg/g	23.5
阳离子总数	mmol/L	8.2199	硝酸根	μg/g	3.6
阴离子总数	mmol/L	8.3384	COD	μg/g	0.2

表 7-5 水库水水质指标

项目	单位	结果	项目	单位	结果
外观		清	溶解固形物	μg/g	231.4
pH		7.46	悬浮物	μg/g	6.8
全碱度	mmol/L	2.4	烧灼减量	μg/g	74.6
总硬	mmol/L	3.3	铜离子	mmol/L	2.4
暂硬	mmol/L	0.9	氯离子	μg/g	7
全固形物	μg/g	238.2	SO_2	μg/g	9.3
阳离子总数	mmol/L	2.936 19	硝酸根	μg/g	6.7
阴离子总数	mmol/L	3.936	COD	μg/g	3.1

（2）改造前后的水处理工艺对比。深井水作为循环冷却水补水采用旁流弱酸，加缓蚀剂、阻垢剂及杀菌剂的处理工艺。改为水库水后，在保证浓缩倍率为3的情况下，因硬度、碱度大幅度下降，循环冷却水补水改为只加缓蚀剂、阻垢剂及杀菌灭藻剂的处理工艺，减少了旁路弱酸处理流程，经过小型试验满足凝汽器铜管不结垢、腐蚀的要求。

锅炉补给水处理工艺几乎没有改变，仅在夏季水库水悬浮物超标时，利用原来的加凝聚剂处理工艺，以保证进入锅炉补给水处理前的浊度不超标；增加原水加热装置，以便在冬季水温过低时加热原水，保证不会因为水温过低造成离子交换树脂机械强度降低、颗粒破碎及阳床出口钠离子高、离子交换不彻底的现象。

通过全厂水平衡测试，供水量能满足机组最大工况及最极端天气情况下的用水需求。

（3）改造后的经济性及运行可靠性。水库水作为循环冷却水补水后，其加药量也会大幅度下降；作为锅炉补给水处理的原水，可以减少离子交换量、增加制水周期。

循环冷却水补水改为水库水后，硬度、碱度大幅度降低，原弱酸处理装置不再投运，循环冷却水改用加阻垢剂、缓蚀剂及杀菌灭藻剂的处理工艺能满足水质要求，没有盐酸消耗，处理费用大幅度下降。

锅炉补给水处理原水改为水库水之后，阳床周期制水量由原来的1080t增加为2075t，阴床周期制水量由1620t增加至2840t，盐酸单耗由1.28kg/t降为0.67kg/t，烧碱单耗由0.66kg/t降为0.385kg/t。经过几年的运行，凝汽器铜管无发生结垢及腐蚀现象。采用水库水后水源充足，没有再出现因干旱季节，地下水位下降时，供水紧张局面，提高了供水可靠性。

2. 地下水源或地表水源改城市中水水源

城市中水是指城市生活污水处理后，达到排放标准，能在一定范围内重复使用的非饮用水。火电厂作为用水大户，用中水作为循环冷却水补水已有成熟的经验。一些临近城市的新建电厂，一般以中水作为循环冷却水补水水源；以前采用地下水和地表水的电厂，也把采用中水作为其补水水源的改造项目。表7-6为某电厂采用城市中水与当地水库的水质比较。

表7-6 　　　　　　　　某电厂采用城市中水与当地水库水的水质比较

项目	单位	当地水库水	城市中水
pH		7.7	7.54~7.7
总硬	mg/L	312.5	319
钙离子	mg/L	58.8	72.7~78
总碱度	mg/L	291.3	289.5
溶解性总固体	mg/L	552	670.6~703.6
COD	mg/L	17.65	23
悬浮物	mg/L	4.0	34.4
BOD	mg/L	0.2	2.0~7.45
氨氮	mg/L	0.31	16.4~37.1

由表7-6可知，城市中水的总硬度、总碱度与当地水库水无太大差别，但城市中水中COD（化学需氧量或化学耗氧量）、BOD（生物化学需氧量或生化需氧量）、氨氮、悬浮物、细菌有机物等含量较高，且城市中水受处理工艺的影响，水质有波动。城市中水作为电厂循环冷却水补水，原水的处理工艺一般流程为：中水→（加石灰乳＋聚合硫酸铁＋次氯酸钠）机械加速澄清池→单室过滤器→清水池→循环冷却水补水泵→循环冷却水冷却塔；循环冷却水处理工艺一般采用旁流弱酸，加阻垢剂、缓蚀剂和杀菌灭藻剂的处理方法。水库原水的处理工艺流程为：水库水→（聚合氯化铝）斜板沉淀池→循环冷却水冷却塔；循环冷却水处理工艺同中水作为循环冷却水补水的处理工艺。循环冷却水补水由水库水改为中水的关键在于原水水处理工艺的改变和浓缩倍率的控制，可以用水库水的处理设备，增加杀菌灭藻剂的投入量，严格控制水质指标，适当降低浓缩倍率，在技术上能实现水库水改为中水。

有扩建工程的电厂，后续扩建时如果采用中水，应考虑增加中水的处理能力，为一期改中水提供条件，这样可以利用二期中水处理设备的富裕能力向一期供水。随着水资源税的征取，改用城市中水后，仅每年节约的水资源税就十分可观。

中水作为循环冷却水补水水源有其可行性，所以这种改造会成为有条件改造电厂的一种趋势。城市中水作为循环冷却水后存在的一个问题是，循环冷却水中的COD（化学需氧量或化学耗氧量)、氨氮随着浓缩倍率的提高会增加,循环冷却水排污水不能达标排放,需进行处理后排放,这在进行改造可行性分析时应考虑。

3. 海水直流冷却改循环冷却

海水直流冷却改循环冷却是沿海工业持续发展的环保节水技术,具有海水取水量小,工程投资、运行费用低及排污小等优点,可在节省大量水资源的同时,一方面维护海洋生态平衡,有利于保护环境;另一方面可以实现节能减排的经济目标。循环冷却取水量仅为直流冷却取水量的 2.5%,对周围环境的热污染和化学污染大幅度降低,有利于保护海洋环境,其综合运行成本比淡水循环冷却降低 50%~75%,经济指标优于淡水循环冷却、海水直流冷却改循环冷却系统,代表了今后海水循环冷却的发展方向。

凝汽器冷却水海水直流冷却改循环冷却一般在机组上建设备用冷却塔,这样改为循环冷却后既充分利用了现有设备又节约了水资源费,能取得较好的经济效益;如果没有备用冷却塔,建设冷却塔是一笔不小的费用,应充分考虑其经济性。如果有备用冷却塔,淡水直流冷却改循环冷却的经济、社会效益同样显著,是可行的。

海水循环冷却技术在国外已有应用实例,最大的海水循环冷却水流量达 22 000m³/h,我国首个万吨级海水循环冷却水流量达 28 000m³/h,每年可节水 300 万 t,节水费 300 万元,经济、环保效益十分显著。另外,浙江国华宁海电厂二期 2×1000MW 扩建工程也选用了海水循环冷却方式。

二、火电厂减排改造和废水处理利用

火电厂的排水有水质较好的除盐水,也有水质较差的含油废水及煤水;电厂排水有连续排水,也有间断排水;按排放的种类有冷却塔排污水、锅炉补给水处理排水、凝结水精处理再生排水、脱硫废水、含煤废水、含油废水等,最终没有利用价值的水会排入全厂总排放口进行外排。按照节水改造的原则,尽量减少各类排放量;水质好的除盐水尽量回收利用;水质不好的除盐水及化学水补给水处理排水及凝结水精处理再生排水可串用到循环冷却水系统;冷却塔排污水串用至除灰、除渣、脱硫系统;对应含煤和含油废水不能外排,但可进行处理后再循环使用;无法利用和无利用价值的水达标外排。不经过处理的废水是不能利用和外排的,废水处理是废水利用的关键。

(一)除盐水及汽水循环系统的减排和节水改造

火电厂的除盐水及汽水循环系统,除了泄漏损失外,主要的排水有汽轮机凝汽器灌水查漏的排水,停机后锅炉、汽轮机的除氧器、凝汽器、闭式循环冷却水箱的放水,机组启动冲洗水及正常运行时汽水循环系统的锅炉排污水、除氧器排氧阀排汽等。在这些排水中,汽轮机凝汽器灌水查漏的排水及停机后锅炉、汽轮机的除氧器、凝汽器、闭式循环冷却水箱的放水,其水质一般情况下是合格的,可以作为合格的凝结水回收利用;机组启动冲洗水、锅炉排污水的水质一般不合格,电厂的处理方法是排往循环冷却水系统或直接排放。

(1)汽轮机凝汽器灌水查漏的排水及停机后锅炉、汽轮机的除氧器、凝汽器放水的回收改造。在汽轮机凝汽器灌水查漏后,整个凝汽器热水井及运行平台以下的管道均充满除盐水,所以汽轮机凝汽器灌水查漏的排水量较大,一台 300MW 机组的排水量估算在 700t 左右。机组停运后,除氧器、凝汽器内存有一部分凝结水,加上停机后凝结水泵、闭式循环冷却水泵运行时需要补充除盐水,这样会使闭式循环冷却水通过凝结水泵密封水进入凝汽器,造成停运机组凝汽器水位的升高；停机后闭式循环冷却水系统也需要放水。一台 300MW 机组在停机后这些排水量估算在 300～500t，这些排水的水质接近除盐水和凝结水，如果直接排入地沟，最终造成除盐水的浪费。下面是一台 300MW 机组回收这些水的改造实例。

机组凝汽器补水系统设计有补水箱及补水泵系统，补水箱用于机组运行时真空法补水，补水泵用于机组启动时向除氧器补水。机组正常运行时凝汽器补水采用除盐水泵运行的压力法补水，补水泵及补水箱系统从投产后基本处于闲置状态。利用现有系统通过改造将停机后的除氧器、凝汽器的放水及汽轮机凝汽器灌水查漏的除盐水回收，是改造的目的。

系统改造有两种方案：①利用补水箱及补水泵系统，将停运机组的凝结水通过补水泵补入运行机组凝汽器，如图 7-2 中 1 号机组部分所示：实线部分为原有系统，虚线部分是需增加的系统；②如图 7-2 中 2 号机组部分所示：直接将凝汽器热水井放水接入凝汽器补水管道，利用运行机组的凝汽器真空将停运机组的凝结水补入运行机组，减少除盐水的消耗。在机组停运后，除氧器水温低于 100℃ 后也通过底部放水排入凝汽器，凝汽器的凝结水通过补水泵补入运行机组凝汽器。

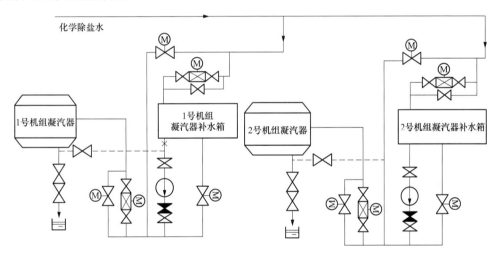

图 7-2　凝汽器放水回收改造系统图

（2）正常运行时，一些电厂还充分利用凝汽器补水箱回收闭式循环冷却水箱溢流水、厂区采暖疏水，在凝汽器补水箱水位高时，补充到凝汽器进行回收利用。

（3）锅炉正常运行时的连续排污和定期排污均排到定期排污扩容器，这些水质含盐量较高，一般通过定期排污坑排污泵，回到循环冷却水回水回收利用。

锅炉停炉后的放水及锅炉水压试验后的排水一般是水质合格的除盐水，这些水如果排放也会造成除盐水的浪费。电厂的一般做法是在锅炉侧安装疏水膨胀水箱，将一些间断排放的合格除盐水，如停炉后锅炉汽水系统的放水、锅炉打压后的合格放水进行收集，在机组启动时用疏水泵打回热力系统，作为系统冲洗用水。

（4）除氧器排氧阀排汽是一种经常性排汽，占疏水损失的 0.3%～0.5%。除氧器排氧阀排汽冷凝后是合格的凝结水。为了保证汽水损失率，减少排汽，有些电厂将除氧器排氧阀排汽引入凝汽器，将蒸汽凝结回收利用。实践证明，这样不会对机组真空造成影响，且回收了部分凝结水。

（二）循环冷却水系统的减排和改造利用

循环冷却水系统耗水占电厂水耗量的 60%～85%，循环冷却水系统除风吹和蒸发损失外，最大的外排水为冷却塔排污水，冷却塔排污水大多为间断性排水，瞬时流量大。如果使用中水作为循环冷却水补水，冷却塔排污水中含盐量、COD、氨氮均较高，如果外排还会造成外排水的氨氮和 COD 超标。电厂循环冷却水系统节水首先应尽量将循环冷却水串用到脱硫、除灰、除渣系统；其次是通过高浓缩倍率实现排污水的减量；必要时，再将排污水进行处理，处理后合格水尽量回用，无法回用再外排。

循环冷却水排污水减排的主要措施如下：

（1）减少循环冷却水系统的风吹损失，减小循环冷却水的浓缩倍率。一般情况下冷却塔蒸发损失约为循环冷却水量的 1.2%，风吹损失为 0.5%，如果有除水器，风吹损失仅为 0.1%。现在电厂的冷却塔都装有除水器，但如果除水器大量损坏，也会使风吹损失增加。所以电厂会利用大小修机会检查冷却塔除水器，及时更换损坏的除水器，减少冷却塔风吹损失。

（2）循环冷却水排污的目的是维持循环冷却水浓缩倍率在一定范围内，将原本排污的循环冷却水，应用于消防水、脱硫工艺水、除灰除渣用水及全厂喷洒用水等系统。这虽然会使冷却塔补水量增加，但减少了总体排污量，使排污水不经过处理直接利用，也是一项节约循环冷却水的有效措施。

循环冷却水排污由直接外排改为由排污泵排至需要处理的场所处理后回用或直接串用。例如，某电厂一期循环冷却水补水采用水库水，二期补水采用城市中水。一期冷却塔排污水的水质与二期城市中水的水质接近，所以经过改造，将一期冷却塔排污水混入二期的中水补水，经处理后作为二期的循环冷却水，这样就完全实现了一期循环冷却水系统的"零排放"，如图 7-3 所示。

图 7-3　某电厂循环冷却水排污改造实物图

（3）一座 300MW 机组的冷却塔保持运行水位时的蓄水量在 17 000～20 000t，这些水是加过缓蚀剂和阻垢剂的循环冷却水，直接外排将造成对外的水质污染，且浪费药剂和循环冷却水。所以机组大修，停运冷却塔需清淤放水时，一般通过临时潜水泵将需要清淤冷却塔的循环冷却水打入运行冷却塔，减少运行冷却塔的补水量和药剂损失。

（4）提高循环冷却水浓缩倍率。提高循环冷却水浓缩倍率是减少循环冷却水排污量的主要手段，提高循环冷却水浓缩倍率实际是通过循环冷却水原水处理或者循环冷却水旁流处理将其中一些导致积垢和腐蚀的离子去除，以不使凝汽器冷却水管腐蚀和结垢。循环冷却水系统的浓缩倍率与循环冷却水补充原水水质及处理工艺有很大关系，采取何种处理工艺应经过极限浓缩倍率和腐蚀试验合格后，再进行工艺改进。

1）带有旁流弱酸处理的电厂，可以采取增加旁流弱酸处理的循环冷却水流量来增大循环冷却水的浓缩倍率，减少排污量。例如，某电厂采用水库水作为循环冷却水补水，采用加缓蚀剂和阻垢剂及旁流弱酸处理工艺，其设计浓缩倍率一般为 3.5，电厂通过增加旁流弱酸的处理量，提高了循环冷却水的浓缩倍率，减少了排污量。经长时间运行，凝汽器钢管未出现结垢和腐蚀现象。循环冷却水浓缩倍率与旁流弱酸处理循环冷却水流量的关系见表 7-7。

表 7-7　　　　循环冷却水浓缩倍率与旁流弱酸处理循环冷却水流量的关系

循环冷却水浓缩倍率	旁流弱酸处理循环冷却水量（t/h）
4.8	200
5	400
5.1	500

2）通过改进循环冷却水原水处理工艺增大循环冷却水浓缩倍率。以城市中水作为循环冷却水原水的电厂，原水处理工艺一般采用加凝聚剂、助凝剂，经消石灰软化处理后补入冷却塔；循环冷却水处理采用加阻垢剂、缓蚀剂和杀菌灭藻剂的处理工艺。某电厂通过多次试验，改进以城市中水作为电厂循环冷却水补水的处理工艺，在中水中只加消石灰软化处理，不加混凝剂和助凝剂。这样既节约了预处理中加混凝剂和助凝剂的费用，同时将中水和消石灰反应后的副产品直接供给脱硫系统替代了石灰粉，充分利用了资源。在循环冷却水处理工艺中，采用加硫酸调节循环冷却水的碱度；添加 BC-917 高效阻垢缓蚀剂和 BC-806 碳钢缓蚀剂；杀菌以加次氯酸钠为主，以氧化性杀菌剂＋BC-826 黏泥剥离杀菌剂为辅的处理方案。该方案使循环冷却水浓缩倍率提高到 5 左右，减少了冷却塔排污量。同时，配合完善的水质分析监测，控制加药系统的运行措施，经过长周期运行，凝汽器真空、端差正常，凝汽器不锈钢管及辅机系统无结垢、腐蚀现象，达到了循环冷却水系统实现安全稳定运行，同时实现节水、环保、高效和低成本的目标。

（5）冷却塔排污水的回收和处理。近年来，随着缺水形势的加剧和对电厂排污要求的日趋严格，以及水价和排污费的逐年提高，越来越多的火电厂开始对循环冷却塔排污水等高含盐量的废水进行深度处理回用，尤其对有"零排放"要求的电厂必须对冷却塔排污水进行脱盐利用。

冷却塔排污水的回收和处理系统的建设费用及运行费用都很高，而且占地面积大，这对于已经投运的火电厂，再增加这套系统会面临资金及场地的问题。冷却塔排污水的处理方法常用的有除盐、软化、电渗析、蒸汽压缩蒸发、离子交换和反渗透等。对于含盐量高的排污水，采用离子交换脱盐势必造成树脂失效快、再生频繁、酸和碱消耗量大、运行费用高，同时产生大量的酸碱废水，因此采用离子交换脱盐不经济。蒸发器脱盐投资高、热交换部分易结垢，对运行和维护的要求高，成本较高，所以在废水处理领域应用最多的是膜处理技术。

膜处理技术主要包括微滤、超滤、纳滤、反渗透等，微滤和超滤主要是去除微小悬浮杂质、微生物、细菌及胶体物质，通常作为脱盐处理系统的预处理技术。反渗透技术经过多年的发展，技术比较成熟，自动化程度比较高，费用在逐年降低，又不会对环境造成污染；纳滤是一种新型压力驱动膜分离技术，对水中的色度、COD、二价和高价离子去除率较高，运行压力低，产水量大，运行费用低。因此，反渗透和纳滤在火电厂中主要应用于循环冷却水排污水处理及其他高含盐量的废水处理。试验结果表明，冷却塔排污水经处理后，含盐量降低90％以上，硬度、胶体物质、悬浮物显著减少，水质发生了根本性变化。

1) 循环冷却水排污水处理反渗透工艺流程如图7-4所示。

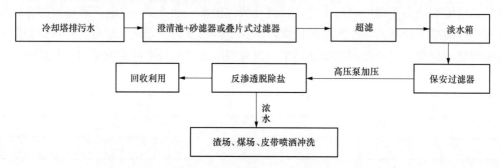

图 7-4 循环冷却水排污水处理反渗透工艺流程

反渗透脱盐率大于98％，对一价离子和二价离子的去除率均较高，产水品质高，在电厂多用于处理锅炉补充水和废水回用。采用反渗透处理循环冷却水补水，回收率通常控制在75％左右，反渗透浓水产水量较高，无法通过除灰、脱硫系统完全消耗，且反渗透对进水水质要求较高，预处理流程长，投资和运行费用高，目前在循环冷却水处理方面应用较少。

2) 循环冷却水排污水处理反渗透工艺流程如图7-5所示。

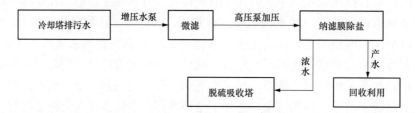

图 7-5 循环冷却水排污水处理反渗透工艺流程

纳滤对溶解性总固体和总硬度的去除率达到90％以上，含盐量去除率达到80％以上，处理后的水质符合工业用水和循环冷却水补水的水质要求。纳滤对二价离子去除率较高，但基本不截留一价离子。纳滤浓水产水量少，能在除灰、脱硫系统完全利用，且纳滤可有效截留来水中的 Ca^{2+}、Mg^{2+}、SO_4^{2-} 等二价离子，可将纳滤浓水补水补入脱硫吸收塔，以石膏的形式实现废水资源化利用。因此，纳滤在处理低氯水源的循环冷却水补充水方面具有一定优势。

在给水处理方面，纳滤膜处理初期投资费用较高；但纳滤工艺的预处理流程短，能耗低，效率高，工艺简单，膜组件抗污染能力强，因此，纳滤的日常运行和维护费用低于反渗透工艺，与传统反渗透处理工艺比较具有明显优势。

经过处理后的冷却塔排污水已变成一种含盐量很低的优质水，一般有以下用途：

a. 锅炉补给水处理系统的进水。冷却塔排污水经反渗透深度处理后优先使用在对水质纯度要求较高的锅炉补给水处理系统。这样可以节省锅炉补给水处理装置的酸碱耗量，使阴、阳床的再生周期延长，节约成本。

b. 供热机组可以作为热网补水，经处理后的水质达到软水标准，其硬度远远低于地表水、地下水，符合热网补水的标准。

c. 循环冷却水系统的补水。循环冷却水系统的补水，通常都采用中水、水库水、地表水经过简单预处理后补进冷却塔。冷却塔排污处理后的水质远远好于冷却塔补水的水质，反过来作为冷却塔补水相当于提高了循环冷却水的浓缩倍率。

d. 冷却塔排污经处理后的反渗透浓水和纳滤浓水含盐量都很高，可以作为捞渣机补水、煤场喷洒水、输煤皮带冲洗水、干除灰系统的灰库调湿用水及湿除灰系统吸收塔用水。

某电厂 $2 \times 660MW$ 机组夏季满负荷运行时，冷却塔循环冷却水风吹损失为 $65m^3/h$，蒸发损失为 $1600m^3/h$，以纳滤出水作为循环冷却水补水，根据理论计算，控制浓缩倍率为 25.6 即可实现冷却塔不排污。纳滤浓缩倍率可达到 33.98，能满足浓缩倍率为 25.6 的防垢要求及防腐要求。在浓缩倍率为 25.6 时，循环冷却水的补水量为 $1665m^3/h$，纳滤系统出力（纳滤设计回收率为 90% 时）为 $1850m^3/h$，可实现循环冷却水零排污，既提高了水资源的利用效率，又保护了水体生态平衡。

（三）化学工业废水的处理及利用

（1）经常性化学工业废水，包括经常性废水，如锅炉补给水预处理反渗透的浓水，阴、阳床及混床再生排水，凝结水精处理系统再生排水，循环冷却水弱酸处理排水等。非经常性化学工业废水，包括锅炉化学清洗排水、空气预热器冲洗排水等。经常性化学工业废水排水一般悬浮物含量低、水质清澈，但含盐量高，pH 值为 2~12，这些废水经过酸碱中和合格后，可作为对水质要求不高的循环冷却水补水或者灰渣系统用水。非经常性化学工业废水排水是在锅炉冲洗及空气预热器冲洗时的排水，这些水瞬间流量大，水质较差，含有较高的悬浮物，溶解性铁含量很高。

机组一般设计有化学废水处理装置，经常性化学工业废水排入中和池，经中和后与一些非经常性化学工业废水混合在曝气池一起处理后排放。化学工业废水处理的一般流程如图 7-6 所示。

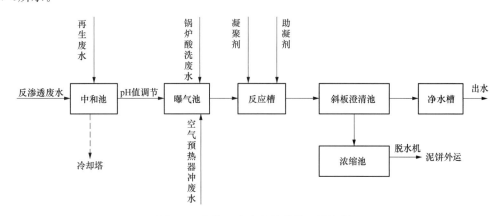

图 7-6 化学工业废水处理的一般流程

废水在曝气池中经曝气搅拌均匀，经 2~3h 的曝气，调整 pH 值至 6~9 后进入反应槽。在反应槽中加入适量的混凝剂、助凝剂，经混合均匀后逐渐形成矾花并长大，然后进入斜板澄清池下部。这时水的流速变慢,大的絮状物逐渐发生沉淀,沉淀物排入浓缩池,然后由脱水机经脱水后将泥饼外运,脱出的废水重新排入沉淀池。清水由斜板澄清池上部流出进入净水槽,调节 pH 值后回用或者达标排放。

由于非经常性化学工业废水排水只有在锅炉和空气预热器大小修需要清洗时才有水排入,因此在机组正常运行时只有经常性化学工业废水排入。而经常性化学工业废水水质除了含盐量高及 pH 值超标外,其他废物较少,可以经中和池中和后排放和利用。由于废水处理装置仅仅是除去废水悬浮物、沉淀物、杂质、胶体物质,没有除盐功能,因此经常性化学工业废水排水进入曝气池后的处理装置进行后处理的意义不大。鉴于此,有些电厂经过改造直接将中和池处理过的经常性化学工业废水排入冷却塔作为循环冷却水补水。有时还根据排水的 pH 值和循环冷却水的碱度,将一些经常性化学工业废水排水中的酸性废水不经中和直接排入冷却塔,这样既可充分利用酸性废水中和循环冷却水的碱度,又可节省中和酸性废水的烧碱和循环冷却水的处理药量,节约了资源。经过改造后,废水处理装置只有在空气预热器冲洗水、锅炉酸洗水大量排入时才能启动,将处理后的废水外排或利用。

图 7-7 某电厂化学废水处理系统

总之,化学工业废水处理应根据水质及设备原有的实际情况,经过可行性论证后进行。例如,某电厂以前的锅炉补给水处理的废水根据 pH 值排入中和池,加酸碱中和后再排入废水处理系统。现在直接将锅炉补给水处理产生的酸碱废水排至曝气池,由酸碱废水自身中和后再根据 pH 值进行中和处理。处理后的废水在曝气池不再进行下一步处理,直接由曝气池废水泵打至二期中水处理系统作为中水补水。这样既减少了中和池进行酸碱中和的费用,又减少了废水处理的费用,经实践运行经济效益明显,如图 7-7 所示。

(2)化学水精处理系统再生废水距离化学废水处理装置较远,由专门的管道输送到化学工业废水处理装置。一些电厂直接将化学水精处理再生废水经酸碱中和后排入定期排污坑,由定期排污坑排污泵排入循环冷却水系统回收利用,不再排入废水处理装置中处理。

对于已投产的火电厂,重新建造废水处理装置成本较高,应优先利用现有装置处理废水。在特别缺水的地区,应同循环冷却水排污水处理系统合并建立废水深度处理系统,如反渗透、纳滤等,减少投资,经处理后的废水利用价值和空间较大。

(四)脱硫废水的处理及利用

脱硫废水一般循环使用,但如果长时间不排放,容易造成脱硫废水中胶体状的细粒沉积,造成石膏"拉稀",脱水不干净,还会造成吸收塔 pH 值降低,影响脱硫效率。因此,脱硫系统必须有一部分废水排出石膏反应系统,才能保证脱硫系统的正常运行。脱硫废水的化学处理主要是调节废水的 pH 值,降低第一类污染物和一些重金属离子的浓度,使之能达标排放或利用。脱硫废水化学处理流程如图 7-8 所示。

脱硫废水处理系统基本采用机械式压滤机,压滤机运行是否稳定是影响脱硫废水处理的关键因素。压滤机运行中经常出现卡涩现象,造成滤水过程中断;另外,压滤机脱水效果不

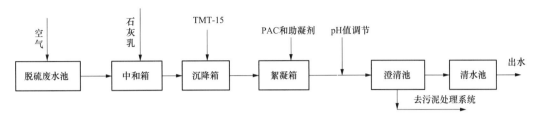

图 7-8　脱硫废水化学处理流程

TMT-15—水处理药剂；PAC—聚合氯化铝（新兴净水材料）

好，泥饼含水率高，且安全性较差。即使压滤机能够正常运行，出力也不能满足排泥需要，这是制约脱硫废水处理系统出力的瓶颈。如果将脱硫废水不经处理直接进入灰渣系统，灰渣水呈糊状，造成捞渣机捞不起渣；如果将脱硫废水排入煤水处理系统，会造成煤水处理系统堵塞，很快使煤水处理系统瘫痪。因此，脱硫废水串用到其他系统是个难题，化学处理费用也较高。

由于脱硫废水化学处理需要专门的系统和设备，对于投产时没有建设脱硫废水处理装置的电厂，如果重新建设需要考虑场地和费用问题，且废水处理费用较高，设备运行维护量大。许多电厂都在探讨脱硫废水的其他处理和排放途径。例如，某电厂在脱硫废水处理和排放方面做了大量工作，根据实际情况，最终采用了将脱硫废水排入事故浆液箱进行分层处理的方案，取得了较好效果。该电厂除进行将脱硫废水排入灰渣系统及煤水处理系统的试验外，还主要进行了以下排放处理试验，供其他电厂参考借鉴。

1. 废水排入渣仓脱水方案试验

经过系统改造，将污泥输送泵出口加装管道至锅炉除渣系统处，经过排入捞渣机试验失败后，将澄清池底部泥浆排入渣仓，设想通过渣层的过滤和吸附作用，将泥浆中的固体颗粒滤出。

该排泥方案经 3 个月的运行试验后，仍存在着许多问题，例如，加入泥浆后渣仓淅水时间与正常炉渣淅水相比仍然偏长；泥浆渗入炉渣间隙造成炉渣透水性差，渣中含水量大，放渣及渣车行驶中污染严重。受渣仓淅水较慢影响，每日排泥浆量还不能完全满足脱硫废水排放需求，澄清器等设备仍时有堵塞故障发生。

2. 废水喷入烟道蒸发处理方案研究

脱硫废水喷入烟道处理在国外有成功案例，在国内电厂尚无实际应用。经过系统改造，废水仍由脱硫废水池排出，不再加药处理，直接排向锅炉尾部烟道下方设置的废水箱，废水箱配废水升压泵，将废水升压后通过设在电除尘器前入口烟道中的喷雾系统喷入高温烟气中。设想废水能在烟道中充分雾化后使水分蒸发，废水中原有的不溶性固体物如石膏、灰分及结晶出的金属盐等成为粉尘和灰一起悬浮在烟气中进入电除尘，被电除尘器捕捉收集后通过干除灰系统排出。

该设想如能实现，仅用雾化喷嘴、泵及管道系统和一定量的压缩空气即可完成脱硫废水的处理，实现脱硫废水"零排放"，减少脱硫废水处理系统的初投资，且节约了原有脱硫废水处理系统的运行费用（包括人工费、药品费、检修维护费等）。

3. 利用真空皮带脱水机进行脱泥试验

改造污泥输送泵出口管路，澄清器底部泥浆由污泥输送泵送至真空皮带脱水机上部，在真空皮带脱水机正常进行石膏脱水时，将泥浆喷洒在已成形的石膏饼上面，利用石膏饼阻隔进行脱水。

经过试验，设计泥浆布洒器将泥浆分散洒在真空皮带脱水机上；同时设计了犁料器，将成形的石膏饼表面划开，增强石膏透气性，缩短泥浆脱水距离。采取以上措施后废水泥浆在真空皮带脱水机上脱水效果较好，能够稳定排放泥浆并脱水。但最大的问题在于脱水能力小，稳定脱水泥浆流量仅约 1.5t/h，且喷洒装置喷嘴频繁堵塞，脱泥只能在真空皮带脱水机运行时进行，真空皮带脱水机每天仅运行 10h 左右，总排泥量无法满足废水排放需求。

4. 废水排入事故浆液箱沉淀分层排放试验

事故浆液箱是在脱硫系统事故状态下用于储存吸收塔浆液的设备，正常运行中事故浆液箱处于闲置状态。为防止事故浆液箱内浆液沉积，一般采用搅拌器或脉冲悬浮系统。脉冲悬浮系统是由一运一备的两台脉冲悬浮泵和管道、喷嘴组成，脉冲悬浮泵将液体从事故浆液箱中上部抽出，经管路重新打回事故浆液箱内，当液体从喷嘴中喷出时就产生了脉冲，依靠该脉冲作用搅拌起塔底固体物，进而防止产生沉淀。

图 7-9 浆液澄清后的效果

该试验是在脱硫系统事故浆液箱中部加装排放阀，吸收塔中石膏脱水后一部分浆液直接排入事故浆液箱内进行分层沉淀澄清，加入一定量的中水处理后的泥浆，其中的 $Ca(OH)_2$ 既可调节废水 pH 值，又可沉淀一部分重金属离子。浆液经沉淀后，上部澄清水从中部排放阀排放，底部浓浆经脉冲悬浮后直接打回吸收塔，仍按系统需求正常进行石膏脱水。这样既不需要单独对废水沉淀泥浆进行脱水，又利用了中水石灰石处理后的泥浆，节约了资源。浆液澄清后的效果如图 7-9 所示。

该电厂经不断地对进浆、沉淀、排放的周期进行摸索、调整及优化，逐步稳定在每日平均排放废水 250t，完全满足脱硫系统正常运行对废水排放的要求。经过几个月的连续排放，已基本实现清水排放，排放水的重金属含量、pH 值、COD 等参数均合格，且对脱硫系统正常运行未造成不良影响。

（五）含煤废水的处理及利用

电厂的含煤废水含有细煤粉及油质，必须进行处理利用和外排。由于含煤废水不能与其他废水一起处理，因此含煤废水有独立的处理系统，并且处理后的水一般仍用作煤场喷洒水、输煤栈桥冲洗水、制粉系统冲洗水。

含煤废水首先进入煤泥沉淀池进行沉淀，再将不同位置的煤水沉淀池的水集中排入处理站的调节池，由煤水泵送至煤水处理设备，通过加凝聚剂及助凝剂，经净化器的沉淀、过滤处理后的达标水进入与冲洗水泵房合建的清水池。清水泵对煤水一体化处理设备进行反冲洗，反冲洗下来的煤泥再进入调节池。在调节池中装有刮泥机，定期刮泥至调节池底部，由煤泥泵打至煤堆。含煤废水主要是除去所含的煤粉颗粒和呈胶体状的煤粉细粒，所以沉淀和混凝处理是关键，出水要求的标准是浊度不超过 5～10NTU。

含煤废水一般在煤场喷洒及输煤栈桥冲洗系统能得到循环使用，主要消耗在煤场喷洒上，在已建成的电厂中出现。

（六）含油废水的处理及利用

火电厂的含油废水中供油泵冷却水是经常性排水，其含油量很低，油罐排水和卸油平台冲洗水为间断排水，但含油量较大。含油废水对环境污染较大，特别是重油，如果不处理就外排会造成环境污染事件。油泵房一般离主厂房较远，其含油废水与其他废水不能混合处理。由于油易于和水分离，含油废水处理相对简单，采用隔油法就可除去大部分油。

供油泵冷却水水源为循环冷却水，流量一般为 2～3t/h，含有很少的油质，通过隔油池就可达标排放或者排入冷却塔作为循环冷却水。

油罐排水和卸油平台冲洗水，一般含油多且一部分油质已经乳化。一般油库附近设有收集、隔离装置，在除去大部分浮油后，再送入下一级处理装置或多次集中后统一处理。

有的电厂在隔油池之后设置就地移动式油水分离装置，处理后的水排放，废油重新利用。常见的处理方法主要有重力分离法、气浮法、吸附法，对应的处理设备主要有隔油池、气浮池、活性炭过滤池和油水分离器。通常采用以上几种方法对含油废水进行联合处理，以除去不同状态的油，例如，乳化油可采用吸附法和机械方法去除。含油废水常用的处理工艺有含油废水→隔油池→活性炭过滤器→回用于绿地喷洒或排放。

（七）生活污水的处理及利用

火电厂生活辅助设施较少，故生活污水量较小，约为 10t/h。生活污水采用地埋式污水处理设备进行处理，其工艺流程为：生活污水先进入调节池使污水均匀，经一次沉淀池进行初步澄清，澄清后的污水进入接触氧化池，在好氧条件下，有机物通过填料上的生物膜进行生物代谢后老化而分解，再进入二次沉淀池进一步沉淀、澄清。接触氧化池及二次沉淀池的作用相对于一个化粪池，沉淀物在里面发酵分解，一般沉淀池 2～3 年清埋一次。生活污水量较小，经过以上处理后的废水全部用于厂区绿化，无外排水量。但应注意，作为绿化用生活废水流入雨水井时会进入全厂排污口，从而造成废水的氨氮和 COD 超标，这在电厂有成熟的运行经验。

第八章

汽轮机供热技术改造及实例

第一节　供热改造的目的及方向

我国能源政策上一直大力提倡热电联产的发展，鼓励有条件的凝汽式火电厂进行供热改造，提高能源利用效率。

热电联产是在满足供热需要的生产过程中伴随着发电生产，即锅炉提供的新蒸汽经过汽轮机发电降低到适合供热参数，将部分抽出来供热的是抽凝式机组，全部排汽去供热的是背压机组，也就是热、电在同一流程中同时生产供应的机组称为热电联产运行机组；而对于热电分产，发电是由纯凝式发电机组承担，热力是由锅炉单独提供。

一、供热改造的目的

开展供热改造主要有两个方面的目的：一方面是节能；另一方面是环保。对电厂而言，通过供热改造，降低了部分或全部的发电冷源损失，提高了火电机组热力循环效率；相比较于热电分产而言，利用电厂比较完善的环保技术设施，集中对热力生产过程中的污染物排放按照国家标准达标处理，实现能源的高效、清洁、梯级应用。

热电联产比热电分产具有在能源转化和应用效率上的优势。对于热电分产，1000MW超超临界机组热效率最高也不超过50%；容量小、参数低的100MW凝汽式机组热效率更低，不到30%；通过供热改造，可以使中小型凝汽式发电机组的热效率大幅度提高，例如，12MW背压机组供电煤耗率可以降到150g/kWh，200MW凝汽式机组供电煤耗率可以由370g/kWh降低到300g/kWh以下，这是由于供热分担了发电用热，同时原凝汽式运行的部分或全部的冷源损失用于供热而获得的节能效果。

对于供热而言，分散式小容量的供热锅炉效率不超过70%，而电站锅炉效率通常在90%～93%，参数不同，效率也有所不同。为了便于理解两者之间的差异，可以通过热用户得到的热负荷来反推供热煤耗率，其计算公式为：

对于热电联产

供热消耗燃料的热量＝热用户得到的热量/（锅炉效率×首站换热效率×一次管网效率×二次管网效率）

对于供热锅炉

供热消耗燃料的热量＝热用户得到的热量/（锅炉效率×二次管网效率）

通过上面计算的燃料消耗热量和标准煤热值（7000×4.1868kJ/kg）即可推算出供热煤耗率。

下面假设热用户获得1GJ热量，则两者之间的差异：

对于热电联产，假设锅炉效率为90%，首站散热损失为2%，一次管网散热损失为3%，二次管网散热损失为1%，则

供热燃料消耗的热量＝1/90％（100％－2％）（100％－3％）（100％－1％）＝1.1806（GJ）

折合消耗标准煤量＝1.1806×10⁶/（7000×4.1868）＝40.28（kg）

从而推算出供热煤耗率为 40.28kg/GJ。

对于分散式供热锅炉，假设锅炉效率为 70％，供热网损失为 1％，则

供热燃料消耗的热量＝1/90％（100％－1％）＝1.443（GJ）

折合消耗标准煤量＝1.443×10⁶/（7000×4.1868）＝49.24（kg）

从而推算出供热煤耗率为 49.24kg/GJ。

对于集中供热锅炉房，也有采用与热电联产供热方式相同的一次管网和二级换热站系统，其计算方式与热电联产相同，这种锅炉容量比分散式供热锅炉大，其效率要高些，假设为 80％，一次管网散热损失为 3％，二次管网散热损失为 1％，则

供热燃料消耗的热量＝1/80％（100％－3％）（100％－1％）＝1.302（GJ）

折合消耗标准煤量＝1.302×10⁶/（7000×4.1868）＝44.41（kg）

从而推算出供热煤耗率为 44.41kg/GJ。

由上面的计算结果可知，供热煤耗率的主要影响因素是锅炉效率，由于热电厂的锅炉效率均优于供热锅炉，即便是花费了大量资金用于供热锅炉的环保治理达到了与电站锅炉相同的排放标准，但其在社会节能降耗方面仍然不及热电联产更具有优势。

然而，近些年来在我国北方，尤其是新能源发展比较迅速的地区，供热改造与新能源消纳之间产生了比较尖锐的矛盾，供热机组运行与电网调峰之间也出现了问题，甚至有些地区已经由于电网调峰影响了供热质量，以至于发生了比较严重的弃风、弃光现象。

二、供热改造的方向

供热改造的方向，一定是努力朝向更加高效、灵活、安全稳定、环保的途径。例如，采用储热灌蓄能，采用电锅炉消纳风电参与调峰，采用低谷电价鼓励低谷用电，以及采取保证超低负荷下火电机组环保设施安全稳定运行的措施等。

纵观各大区域电网供热机组的配置和运行状况，以及今后对电力清洁生产使用的形势要求，大型供热机组的存在空间受到了制约，其趋势是建设相应容量的小型背压机组替代大型供热机组的热负荷，使大型抽凝式供热机组实现热电解耦，在电网中配合风电等新能源发电设备做调峰运行和带基本电负荷使用。

第二节　实施供热改造的边界条件

机组实施供热改造，改变了机组原来单纯发电的功能，其用途又多了一项供热，由于机组原设计容量不同、本体及系统改造的不同形式设计，使改造后的机组运行工况限制条件发生了变化，这些变化都取决于供热改造的边界条件。

对于涉及供热改造的机组，在改造初期的可行性研究阶段，务必要搞清楚这些边界条件，分析测算主要影响因素，并且能够相对准确地掌握这些边界条件的变化趋势和预定达到的时间，使改造后的机组能够按照可行性研究阶段的预测趋势逐渐达到预期设计运行条件下运转。

一、热负荷及其变化规律

热负荷是供热改造的主要边界条件，热负荷的大小、变化规律直接影响机组改造方案的技术路线投资，以及改造后机组的运行状况和运行经济性，还涉及机组运行的安全稳定性。

1. 工业生产用汽热负荷的特性

工业生产用汽热负荷及其变化规律取决于工业用汽使用单位的工艺需求，其热负荷的大小和变化规律完全受生产工艺的制约，例如，全年不分季节每天24h连续稳定使用蒸汽热负荷的化工、粮食加工、烤漆烘干工艺等，这类热负荷需要参数和流量都在一定范围内保证稳定；还有的热负荷是间歇式用汽单位，例如，有的造纸厂使用蒸汽锅蒸煮纸浆，纸浆料入锅、出锅期间蒸汽供应是间断的。连续稳定和间歇式热负荷会影响供热改造机组的运行方式调整，供热改造后的机组除满足供热要求外，还应考虑适应电网调峰运行要求。对于以满足工业用热的热电联产自备电站机组，一般容量都比较小，最大单机容量不超过50MW，一般在3～50MW，满足连续稳定热负荷配备的可以是背压机组；间歇式热负荷应使用抽凝式机组，这类机组容量也比较小，不具备参与调峰能力。

2. 采暖热负荷的特性

居民采暖热负荷的变化特性适应室外气温变化，是以调整热负荷的大小来满足不同室外气温条件下室内温度达到一定标准。从整个采暖期热负荷变化规律来看，热用户的热负荷在采暖期内是呈正态分布曲线变化，热负荷在供热初末期占中期的40%～50%。热负荷特性直接影响机组改造方案的技术路线，新建供热机组的选型配置也是按照热负荷特性和供热安全可靠性要求来选择。

热负荷的大小及其变化规律、年度运行持续时间，构成热负荷的基本特性，供热改造的可行性研究证实，根据机组现有设备配置情况和运行状况约束等条件，来权衡供热改造的可行性，考察经过改造后的机组是否能够满足热负荷的安全稳定运行，考察改造后的机组对相关因素的影响，考察供热机组的改造范围是否能够满足热负荷需要，在事故状态下的应急措施保障条件是否具备，这些因素都和热负荷的特性直接关联。

二、供热参数及供热量的保证

供热参数和供热量是依据热负荷特性推算基本边界条件，既是新建机组设备选型的基本条件，也是供热改造方案的基本条件。

合适的供热参数，可以提高机组的运行经济性，避免能源的浪费，从而提高机组的整体效率。

对于100～200MW的高温高压和超高压参数的汽轮机组，中、低压导汽管处打孔抽汽，其抽汽参数比较适合于采暖热负荷，抽汽压力为0.118～0.245MPa。有的电厂为了进一步挖掘供热潜力，将这类机组低压缸转子改造成光轴，相当于背压机组运行，其原来排入凝汽器的热量几乎全部被回收用于供热，供热参数基本维持在采暖标准范围内。

近些年，各大汽轮机制造厂都推出了300MW等级的亚临界、超临界抽凝式供热机组，都是在中、低压导汽管之间打孔抽汽供采暖使用，这种在制造厂设计制造的供热机组其抽汽参数多数比200MW机组高，基本上都是0.49～0.5MPa，极少数机组也有设计到0.3MPa；从汽轮机及热力系统设计来说，抽汽参数与热网需求相互匹配是最合理的设计，但是若使供热抽汽参数匹配合理，在非采暖期运行的抽凝式汽轮机的中、低压导汽管尺寸就需要更大，抽汽调整蝶阀尺寸规格匹配也随之增大，抽汽系统上布置的抽汽快关阀、止回阀、截止阀及抽汽管道都相应增大，对于新设计的机组在布置上尚可以，而对于改造机组，往往很难布置。

对用于采暖需求的供热参数，一次管网首站加热器的供、回水温度规范设计为120℃/70℃，实际运行中真正需要的最高温度，因各地区冬季极寒天气气温的不同，可以根据各自不同条件推算设计一次管网供、回水温度；我国东北地区也不尽相同，黑龙江省北部地区供热中期的供水温度多数地方基本上需要达到120℃，吉林省最高为115℃，而辽宁省多数不超过110℃，华北地区及山东省在100℃已经足够。

首站加热器工作压力是直接影响供水温度的主要参数，在供热机组选型和供热改造中，它是一个关键参数。例如，一个表面式加热器的出口水温假设为t_2，其计算公式为

$$t_2 = t_s + \delta_t \tag{8-1}$$

或

$$t_2 = t_s + \theta \tag{8-2}$$

式中　t_s——加热器壳体压力下的饱和温度，℃；

　　　δ_t——加热器端差，℃；

　　　θ——带有内置式蒸汽冷却段加热器的上端差，℃。

表面式加热器工作流程如图8-1所示。对于图8-1中所示配置有疏水冷却段的加热器，δ_t为下端差，这时

$$\delta_t = t_d - t_1 \tag{8-3}$$

由式（8-1）、式（8-2）可知，加热器出口水温t_2取决于加热器进汽压力下饱和温度t_s和端差（θ，δ_t），而t_s取决于加热器运行压力。

从当前国内制造的热网加热器设计情况来看，上端差一般可以达到3～5℃，端差设计为5℃，实际运行期间可以达到10℃。

0.118MPa压力下的饱和温度t_s为104.3℃，0.245MPa压力下的饱和温度t_s为126.8℃，所以，供热抽汽参数设计为0.118～0.245MPa基本上可以满足供热期大部分时间达到供水温度在100～120℃。

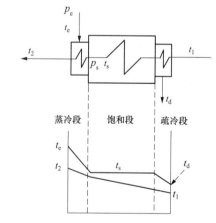

图8-1　表面式加热器工作流程

t_1—加热器水侧入口水温；t_2—加热器水侧出口水温；
t_s—加热器进汽压力下饱和温度；t_d—加热器疏水温度；
p_e—加热器进汽压力；t_e—加热器进汽温度

对于300MW以上容量的机组，中、低压导汽管之间的抽汽压力设计在0.5～1.0MPa，这种大型供热机组的供热抽汽参数显然比实际偏高，需要节流降压方可使用，其做功能力损失比较大，但改造工程费用比较低，在供热量不是很大的电厂普遍采用。

三、机组供热改造后对热负荷的适应能力

机组供热改造后对热负荷的适应能力主要是考核其供热质量（热网供水温度）和供热量

（抽汽流量）这两个基本参量，由于对汽轮机本体及抽汽系统的改造方式不同，其提供热负荷的能力也有所不同。

例如，一台 300MW 凝汽式机组仅仅做了中、低压导汽管打孔抽汽，没有安装导汽管蝶阀来调节限制去低压缸的蒸汽流量，这是非调整抽汽，在一定条件下，供热参数受汽轮机运行负荷的影响，抽汽量也受限制。

而同样是一台 300MW 凝汽式机组，仅在中、低压导汽管上打孔抽汽，并在中、低压导汽管去低压缸之前加装蝶阀调节限制去低压缸的蒸汽量，可以较大幅度地增加抽汽量，并可以通过蝶阀来调节抽汽压力，机组的热、电负荷运行工况在一定范围内可以灵活调整。但其抽汽能力仍然受限于两个安全条件的影响：一个是中压缸排汽压力要控制避免中压缸末级和次末级压差超过强度极限；另一个是应满足低压缸最小冷却流量。这两个安全条件都限制了供热改造后的机组运行负荷下限不能低于某数值，同时也限制了热负荷的最大极限。

比较完善的打孔抽汽供热改造方案是结合通流部分改造完成的，考虑抽汽压力的变化范围，在通流部分改造设计中，兼顾这个安全保障因素，对中压缸末级进行加强设计，使之能够承受更大的压差，从而提高供热能力。对于 300MW 机组，结合通流部分改造而完成的供热改造基本上可以达到抽凝式 300MW 机组的抽汽能力，其供热能力比没有进行通流部分改造的机组大幅度提高，抽汽量可以从 200t/h 提高到 500t/h，其设备运行安全可靠性也有所提高。即便如此，中压缸末级压差的限制仍然需要监控，改造厂商应该对电厂提供其安全校核控制极限数值，但是多数汽轮机不具备中压缸末级前压力测点，仅有级段压力测点，因此，应要求改造厂商将中压缸末级压差强度极限控制值折算成级段压差提供给电厂，便于运行设置监控报警。

为了更加深入挖掘抽凝式供热机组的供热潜力，又出现了采用热泵提取技术回收低压缸排汽余热方案和双转子高背压及低压缸转子光轴的改造方案，以提高汽轮机热电联产的供热能力。在这些方案中，热泵技术应用对机组原性能的影响最小，其余方案对主机设备改造量比较大，从经济性评价来讲，投资由大至小的顺序目前是热泵最高，高背压次之，而光轴改造最低。这些方案取得的热负荷增加基本相当，对发电负荷的影响热泵降低最小，高背压次之，光轴影响最大。

四、尖峰热源配置及供热可靠性保障

在一定的条件下，热网中适当配置尖峰热源可以充分发挥热电联产机组的供热潜力，同时可以起到保障供热质量，提高供热运行安全可靠性的作用。

需要匹配尖峰热源的条件主要有：①供热半径过长，热网末端仅靠供热机组供热，在气候寒冷的供热中期已经不能保证供热质量；②热电联产机组热负荷出力设计就是为了满足带基本负荷，需要调峰热源在尖峰供热期间提供尖峰热负荷；③热网中热电机组单机故障时，剩余运行的机组不能满足供热安全可靠性要求。

五、供热运行对电网调峰需求的影响

背压机组的热负荷与电负荷是紧密耦合在一起的，小容量背压机组的运行方式几乎就是以热定电方式，一方面是由其特性决定的；另一方面是针对电网售电容量占比很小，其影响相对也比较小。因此，在电网中目前尚未对 50MW 以下容量的背压机组有调峰要求。

对于带工业抽汽热负荷运行的机组，非调整抽汽改造的机组受限于热负荷的程度最大，改造方案中应充分考虑机组对承受调峰运行的适应程度，否则影响供热质量。而对于可调整抽汽供热改造的机组，也要考虑改造后在保证热负荷供应的条件下，确保机组安全的极限调峰工况是否可行。受热负荷的制约，其调峰幅度也相应随着热负荷的增大而变小，热负荷增加时，最低电负荷比凝汽工况逐渐提高。

对于大型抽凝式供热机组，可以通过抽汽蝶阀控制抽汽参数和抽汽量进行热、电负荷调整；对应一定的热负荷，其尖峰和低谷电负荷均具有一定的调节范围。供热抽汽量越大，其电负荷调节范围越窄；供热抽汽量越小，其调节幅度越宽。各机组的供热运行特性可以参照制造厂提供的供热运行工况图进行试验调整。

抽凝式供热机组实际可以调峰的容量，在保证热负荷不变的情况下，尖峰负荷受限于汽轮机最大进汽能力，也就是汽轮机最大进汽量；低谷负荷受限于两个因素：一个是低压缸最小冷却流量必须保证；另一个是锅炉最低稳燃负荷。在供热初期，供热量不是很大时，由于供热而增加机组汽耗率；在凝汽工况下，锅炉最低稳燃蒸发量时的电负荷会高于供热时锅炉最低稳燃蒸发量时的电负荷。若按照凝汽工况最低负荷调度，锅炉负荷实际上要高于凝汽工况最低稳燃负荷，随着热负荷的增加，同时满足热负荷不受影响的低谷负荷也增加。其调峰能力也由于带热负荷而降低。图 8-2 所示为一台 300MW 亚临界机组供热改造后的运行工况。

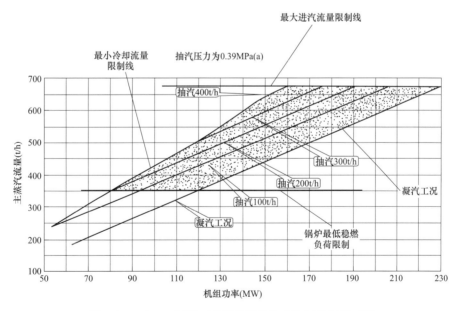

图 8-2　一台 300MW 亚临界机组供热改造后的运行工况

图 8-2 中阴影部分所有工况点为可以正常调控运行的工况点，这些工况由 4 条边界限制线包围，即汽轮机最大进汽流量限制线、锅炉最低稳燃出力限制线、汽轮机低压缸最小冷却流量限制线及纯凝工况线。由图 8-2 可知，在满足低压缸最小冷却流量的条件下，抽汽量为 200t/h 左右时，与锅炉最低稳燃负荷限制线相交的工况点电负荷，比凝汽工况的要低。因此，在供热量不太高时，低谷负荷还可以比凝汽工况要低些，但是需要调整低压缸抽汽蝶阀到更低开度。

此外，随着供热量逐渐增大，在保持热负荷一定的条件下，电负荷的可调整幅度逐渐变小，也就是供热量增大，机组调峰能力逐渐降低，这也就是近些年来北方大部分区域电网由于供热与调峰及风电消纳之间产生矛盾的原因。

第三节　供热经济指标管理与控制

供热运行经济性在当前的分析评价办法是好处归电法，对供热改造或者供热机组的经济性评价有两个方面：一方面是产值发生变化，这是营销方面的评价；另一方面是能耗发生改变，或者是节能减排方面的评价。对于新建机组或是供热改造，这两个方面的评价都要考虑，下面着重研究供热改造机组的分析评价。

作为原纯凝发电机组改造的供热机组，其生产提供的产品由原来的单纯供电变为热电联合供应，无论是采用打孔抽汽还是低真空供热改造，其产品类别都发生了改变，由于热电联供其发电量也发生了变化，需要在营销指标方面进行测算；对于已经投运的改造机组，每个统计分析周期也需要进行测算，以分析生产环节的运营情况。

一、营销指标变化的核算

1. 投入成本的核算

生产投入成本主要有燃料成本，水耗成本（含原水成本、化学水制水成本），环保投入成本，电厂生产用电成本，人工、设备折旧、设备维护成本及税率等成本。以上成本应该是热电联产的共同成本。

2. 产出销售额的核算

按照上网电价、供出热价及统计期内的供电量、供热量，分别计算供电销售额和供热销售额，两者之和为机组（或全厂）统计期内的产值。

销售额与成本之差为统计期内的生产利润，这里的统计期内可以是日、月份、年份，根据需要而定，成本与营业额的统计时间需要精确统一。这些数据应以电厂统计的累积值计算，但在改造方案中测算时，并没有实际的数据，这就需要根据估算的供热量和机组由于供热而引起的发电量变化，估算发电量，进而估算产值及利润。

需要注意的是，上述计算都是不同的物理量纲，要通过单位价格统一到计算货币（如人民币）才能进行加减计算，所以在计算之前要了解各个价格的情况，如上网电价、供热价格、制水单价、厂用电价格、燃料价格、原水价格、环保运行成本单价、人工价格、贷款利率、税率等。

作为方案对比，应该以年度运营周期改造前、后利润变化为基准；作为供热期的供热改造，年度计算周期应包含整个供热期，通常并非是自然年度周期，应该是跨自然年度，时间仍然是 12 个月。

二、能耗指标变化的核算

能耗指标变化的核算分为两部分：一部分是作为热电厂的主要生产指标受供热的影响而发生变化；另一部分是热电联产替代了分散热源燃料消耗而发生的能耗变化。

在计算热电联产发、供电指标时，应采用热力学第一定律，即能量平衡的计算方法，也就是好处归电法；根据《火力发电厂技术经济指标计算方法》（DL/T 904—2015），下面对与供热相关的技术经济指标进行计算。

1. 供热量

热电厂日常统计应以供热量为基准。统计期内供热量计算公式为

$$\sum Q_{gr} = \sum Q_{gr1} + \sum Q_{gr2} \tag{8-4}$$

$$\sum Q_{gr1} = \left[\sum (D_i h_i) - \sum (D_j h_j) - \sum (D_k h_k) \right] \times 10^{-3} \tag{8-5}$$

$$\sum Q_{gr2} = \left[\frac{\sum (D_i h_i) - \sum (D_j h_j) - \sum (D_k h_k)}{\eta_{rw}} \right] \times 10^{-3} \tag{8-6}$$

式中　$\sum Q_{gr}$——统计期内供热量，GJ；

　　　$\sum Q_{gr1}$——统计期内直接供热量，如工业用汽或低真空直接供热等，GJ；

　　　$\sum Q_{gr2}$——统计期内间接供热量，GJ；

　　　D_i——统计期内的供汽（水）量，t；

　　　h_i——统计期内的供汽（水）焓，kJ/kg；

　　　D_j——统计期内的回水量，t；

　　　h_j——统计期内的回水焓，kJ/kg；

　　　D_k——统计期内用于供热的补水量，t；

　　　h_k——统计期内用于供热的补水焓，kJ/kg；

　　　η_{rw}——热网换热器效率。

在式（8-5）和式（8-6）中，直接供热时，D_i为供汽量（或供水量），D_j为疏水回收量，D_k为供热补充水量；而间接供热时，D_i为供热循环水供水量，D_j为供热循环水回水量，D_k为热网系统补水量，其焓值也相对应。

2. 供热比

供热比为供热量占汽轮机耗热量的比例，据此，电厂直接测量的供热量和通过计算汽轮机主、再热蒸汽带入的热量即可得到供热比，但需要统计主、再热蒸汽参数、流量，给水及主、再热蒸汽减温水参数、流量。对于 300MW 以上容量机组很少有安装主蒸汽流量直接测量表计，都是通过监视段压力计算得出的，该方法用于机组日常运行趋势监视没有问题，但作为定量计算其误差比较大。

根据多年来的试验经验，电厂锅炉效率在不同负荷下的变化不明显，可以取一个平均负荷下的锅炉效率作为计算依据。如果机组有锅炉效率随负荷变化的试验曲线，就可以通过入炉燃料量统计数据，根据统计期内平均负荷率确定的锅炉效率，推算汽轮机耗热量，这样可以不用统计计算主、再热蒸汽参数、流量，给水参数流量，再热器和过热器减温水流量、参数，计算过程简单，精度相对比较容易控制。其计算公式为

$$\alpha = \frac{\sum Q_{gr}}{\sum Q_{sr}} \tag{8-7}$$

$$\sum Q_{sr} = \sum B Q_1 \eta_{gl} \tag{8-8}$$

式中　α——供热比；

　　　$\sum Q_{gr}$——统计期内供热量，GJ；

$\sum Q_{sr}$——统计期内汽轮机耗热量，GJ；

B——统计期内入炉燃煤量，t；

Q_l——统计期内入炉燃煤热值，MJ/kg；

η_{gl}——对应统计期内平均负荷率下的锅炉效率，%。

注：如果统计期内还有其他燃料输入锅炉，如天然气、燃油、等离子稳燃等，可将输入能量转换成热量加到耗热量中即可。

3. 供热发电比

供热发电比是指对应每发 1MWh 电量所供出的热量。其计算公式为

$$I = \frac{\sum Q_{gr}}{\sum W_f} \tag{8-9}$$

式中 I——供热发电比，GJ/MWh。

4. 热电比

热电比是指统计期内电厂向外供热量占供电量当量热量的百分比。其计算公式为

$$R = \frac{\sum Q_{gr}}{3600 W_g \times 10^{-6}} \times 100 \tag{8-10}$$

$$W_g = W_f - W_{cy}$$

式中 R——热电比，%；

$\sum Q_{gr}$——统计期内供热量，GJ；

W_g——统计期内上网供电量，kWh；

W_{cy}——统计期内厂用电量，kWh；

W_f——统计期内发电量，kWh。

热电比高低代表了机组（或电厂）所消耗燃料分配到热和电的占比不同，小型机组的热电比高，大型抽凝式供热机组热电比相对较低。

5. 纯凝发电厂用电率

对于纯凝发电机组，统计期内厂用电量与发电量的百分比为发电厂用电率。其计算公式为

$$L_{cy} = \frac{\sum W_{cy}}{\sum W_f} \times 100 = \frac{\sum W_h - \sum W_{kc}}{\sum W_f} \times 100 \tag{8-11}$$

式中 L_{cy}——纯凝发电厂用电率，%；

$\sum W_{cy}$——统计期内总厂用电量，kWh；

$\sum W_h$——统计期内总耗用电量，kWh；

$\sum W_{kc}$——统计期内按照规定应扣除的各项电量，kWh；

$\sum W_f$——统计期内总发电量，kWh。

在统计期内生产用电量的计算中，下列用电量应扣除：

（1）新设备或大修后设备的烘炉、暖机、空载运行的电量。

（2）新设备在未正式移交生产前的带负荷试运期间耗用的电量。

（3）计划大修及基建、更改工程施工用的电量。

（4）发电机做调相机运行时耗用的电量。

（5）厂外运输用自备机车、船舶等耗用的电量。

（6）输配电用的升、降压变压器（不含厂用变压器）、变波机、调相机等消耗的电量。

（7）非生产用（修配车间、副业、综合利用等）的电量。

6. 供热厂用电率

供热厂用电率是指统计期内供热用的厂用电量与发电量的百分比。其计算公式为

$$L_{rcy} = \frac{\sum W_r}{\sum W_f} \times 100 \tag{8-12}$$

$$\sum W_r = \frac{\alpha}{100}\left(\sum W_{cy} - \sum W_{cr}\right) + \sum W_{cr}$$

式中　L_{rcy}——供热厂用电率,%;

　　$\sum W_r$——统计期内供热耗用的厂用电量,kWh;

　　$\sum W_{cr}$——统计期内纯用于供热的辅机耗用的厂用电量,如热网循环泵、热网疏水泵、热泵耗电等只与供热有关的设备耗用电量,kWh。

7. 发电厂用电率

发电厂用电率是指统计期内发电用的厂用电量与发电量的百分比。其计算公式为

$$L_{fcy} = \frac{\sum W_d}{\sum W_f} \times 100 \tag{8-13}$$

$$\sum W_d = \sum W_{cy} - \sum W_r$$

式中　L_{fcy}——发电厂用电率,%;

　　$\sum W_d$——统计期内发电用的厂用电量,kWh。

8. 生产厂用电率

生产厂用电率是指统计期内发电厂用电率与供热厂用电率之和。其计算公式为

$$L_{cy} = L_{fcy} + L_{rcy} \tag{8-14}$$

9. 供热耗电率

供热耗电率是指统计期内机组对外单位供热量（1GJ）消耗的电量。其计算公式为

$$L_{rhd} = \frac{\sum W_r}{\sum Q_{gr}} \tag{8-15}$$

式中　L_{rhd}——供热耗电率,kWh/GJ。

10. 综合厂用电率

综合厂用电率是指统计期内考虑有外购电情况下全厂发电量和上网电量差值占全厂发电量的百分比。其计算公式为

$$L_{zh} = \frac{W_f - W_{gk} + W_{wg}}{W_f} \times 100\% \tag{8-16}$$

式中　L_{zh}——综合厂用电率;

　　W_f——机组（或全厂）统计期内发电量,kWh;

　　W_{gk}——机组（或全厂）统计期内关口电量,kWh;

　　W_{wg}——机组（或全厂）统计期内外购电量,kWh,即高压备用变压器电网受电用量。

11. 电厂综合热效率

电厂综合热效率是指统计期内供热量和供电量的热当量之和与消耗燃料折合标准煤热量的百分比，其计算方法可分正平衡计算与反平衡计算两种。

正平衡计算公式为

$$\eta_0 = \frac{\sum Q_{gr} + 3600W_g \times 10^{-6}}{7000R_hB_b \times 10^{-3}} \times 100 \tag{8-17}$$

反平衡计算公式为

$$\eta_0 = \frac{\eta_g}{100} \times \frac{\eta_{gd}}{100} \times \left[\frac{\alpha}{100} + \left(1 - \frac{\alpha}{100}\right)\frac{\eta_q}{100} \right] \times 100 \tag{8-18}$$

$$\eta_g = \frac{Q_l}{Q_{ar,net}} \times 100$$

$$\eta_{gd} = \frac{\sum Q_{sr}}{\sum Q_l} \times 100$$

$$\eta_q = \frac{3600}{q} \times 100$$

式中　η_0——综合热效率，%；

　　　B_b——统计期内耗用标准煤量，t，若统计数据为原煤量，需要折算成标准煤量；

　　　R_h——热功当量，取 4.1868kJ/kcal；

　　　η_g——锅炉效率，%；

　　　η_{gd}——管道效率，%；

　　　η_q——发电热效率，也称绝对电效率，%；

　　　Q_l——锅炉输出热量，含主蒸汽和再热蒸汽，以及主、再热减温水在锅炉的吸热量，GJ；

　　　Q_{sr}——汽轮机从锅炉侧获得的热量，GJ；

　　$Q_{ar,net}$——进入锅炉的燃料携带的低位发热量，GJ；

　　　q——汽轮机发电热耗率，kWh。

12. 发电煤耗率

发电煤耗率是指统计期内机组（或电厂）平均发出 1kWh 电量所消耗的燃料折合标准煤量，其计算方法可分为正平衡计算和反平衡计算两种。电厂实际统计计算中应采用正平衡计算为主，反平衡计算涉及工况变化等因素，一般用于偏差分析使用。

正平衡计算公式为

$$b_f = \frac{B_b \left(1 - \frac{\alpha}{100}\right)}{W_f} \times 10^6 \tag{8-19}$$

式中　b_f——发电煤耗率，g/kWh。

13. 供热煤耗率

供热煤耗率是指统计期内机组对外供 1GJ 热量所消耗的标准煤量。其计算公式为

$$b_r = \frac{B_b\alpha}{\sum Q_{gr}} \times 10 \tag{8-20}$$

式中　b_r——供热煤耗率，kg/GJ。

14. 供电煤耗率

供电煤耗率是指统计期内汽轮机组（或电厂）对外（上网）供出 1kWh 电量平均耗用的标准煤量。其计算公式为

$$b_g = \frac{b_f}{1 - \dfrac{L_{fcy}}{100}} \tag{8-21}$$

式中　b_g——供电煤耗率，g/kWh。

第四节　供热安全可靠性保障的技术措施

一、热网系统供热质量保证和供热安全

（1）对于不同性质的热用户，其对供热安全可靠性保障的要求也是有差别的，就工业用汽来说，其供热安全可靠性更是取决于用户生产工艺对蒸汽量和蒸汽参数的要求，这种要求因用户的工艺不同而不同，有些工艺由于参数波动而影响产品质量，甚至产生次品、废品，对于这类用户，供热质量的可靠性保障尤其重要，要配置必要的防控措施。

（2）对于居民采暖用户，供热安全可靠性保障由于不同气象条件和不同地区，其安全系数也是有差异的。例如，热电厂供热机组带热负荷运行，应考虑供热单元机组故障条件下系统剩余运行热源能够满足热用户用热最低需求的安全系数。

（3）对于供热质量要求高的热用户，其可靠性保障的技术措施，在热电厂单元机组热源故障，或在机组调峰运行低谷情况下不能提供质量保障时，应与用户协商共同研究应对措施。例如，热用户热负荷增加时应适当降低热用户的生产能力，若不能降低生产能力，那么就应匹配相应容量的应急蒸汽锅炉，以保障连续生产的需要。

（4）对于采暖热用户，单元机组故障影响的是居民采暖供热安全和供热质量，对于供热质量的影响很容易理解，室温会持续降低；而对供热安全方面的影响主要是在严冬季节供热管网和二级换热站设备，以及居民采暖设备的防冻安全问题，只要防护措施采取得当，就不会发生安全事故。

对于安全可靠性保障在热源配置方面，从热化系数就可以看出其倪端来。

热化系数是表示汽轮机抽汽量或排汽量占所供区域范围最大热负荷的比例，当热化系数小于 1 时，表明供热系统不全由汽轮机提供热负荷；当热化系数大于 1 时，表明汽轮机的供热能力尚有裕度。其计算公式为

热化系数=热电联产汽轮机抽汽（排汽）量（扣除自用汽）/热电联产供热范围内的最大热负荷

热化系数规定控制在 0.6～0.75。

单元机组供热能力大的大型热电联产机组，其承担的热负荷越大，机组故障情况下影响的热负荷就越大，可靠性呈现下降趋势。例如，在某地区双机 300MW 抽凝式机组供热抽汽能力为 1000t/h，抽汽压力为 0.49MPa，抽汽温度为 261.8℃，加热器效率取 0.98，折合提供热负荷总计为 646.3MW。若按照热化系数 0.6 配置，调峰锅炉容量应为 430.9MW，总热负荷为 1077.2MW。若一台机组故障减掉 500t/h 的抽汽量，则总体热负荷减少了

323.3MW；供热负荷最大期间若出现机组故障启动供热调峰锅炉应急，则总体供应热负荷能力可以达到 753.9MW，热负荷可达到原额定负荷的 70%。但是若同是这两台 300MW 机组，没有调峰锅炉辅助供热，按照满足供热负荷最大需求考虑，可以承担的热负荷就是646.3MW 所对应的供热面积。若按照可靠性系数 0.6 计算，双机组可承担的安全热负荷上限为 538.6MW；若再增加承担的热负荷，其可靠性不能得到保证。

因此，适当匹配调峰锅炉辅助供热，不但可以提高总体供热能力，提升热电联产机组供热负荷，还可以为供热提供安全技术保障。

由以上分析可知，对于供热机组从配置上提高供热安全可靠性的途径是将供热机组适当小型化，丹麦的经验就是发展中、小型供热机组配适当比例的蓄热设备来取代大型供热机组，在未来新能源发展中热、电相互灵活调整，互不干扰。

二、供热机组设备安全保证技术措施

供热机组设备安全保证技术措施主要有以下几个方面：

1. 供热机组汽水品质保障不容忽视

对于供热机组，热网加热器疏水由于热网加热器漏泄会受到热网循环水的污染，尤其是亚临界、超临界机组对汽水品质要求更加严格，热电厂要加强对热网加热器疏水、凝结水、锅炉给水，以及主蒸汽、再热蒸汽的品质化验监测；要加强化学在线监测仪表的维护，使之处于可靠运行状态，一旦发现热网加热器疏水品质指标超标，应立即采取必要措施，严禁回收，避免因热网加热器漏泄引起汽水品质恶化，使汽轮机叶片结垢严重，造成推力变大、出力降低、叶片腐蚀、推力瓦烧损等事故。

2. 加强供热运行调整控制，确保抽汽口前两级压差不超限

大型抽凝式机组尤其是原凝汽式机组打孔抽汽改造后供热运行调整时，往往是手动调整去低压缸的抽汽控制蝶阀（LEV）和去热网加热器的供热抽汽调节阀（EV）来协调控制完成。例如，200MW 以上容量的抽凝式供热机组，要控制使中压缸排汽压力避免过低引起中压缸末级和次末级压差超过强度极限，由于机组中压缸末级和次末级并没有现场压力监测仪表，所以用监测级段压差代替级间压差，如果能够得到制造厂或改造厂家核算的强度计算数据，可以直接在 DCS 上设置报警；如果没有这方面资料，也可以参考热力特性说明书中最大抽汽工况的级段（300MW 以上机组一般是 3~4 段压差，也有 4~5 段压差，随机组型号不同而不同）压差来设置报警，运行人员在调整热负荷或机组进入调峰运行状态加减电负荷时，都要注意中压缸末级和次末级（或抽汽口前级段）压差不超限。

3. 供热期间要严密监视低压缸排汽真空，避免出现鼓风或超过极限真空

冬季供热运行期间，由于大量抽汽用于供热，对于抽凝式机组来说一方面低压缸排汽量比凝汽工况运行大幅度减少；另一方面冬季气温低，循环冷却水温度偏低。这两方面都是促使凝汽器真空拉高的因素，大多数机组如果不调整，凝汽器真空可以超过极限真空，也就是低压缸排汽压力低于阻塞背压。当排汽压力达到阻塞背压时，说明末级已经达到临界压比，再降低背压，流经喷嘴的蒸汽流速将保持在当地声速不变，汽轮机输出功率也将保持不变，所以当低压缸排汽达到极限真空后再提高真空将没有对应微增出力收益。而随着排汽压力的降低，蒸汽湿度增大，干度降低，对汽轮机汽缸末级和次末级的汽蚀更加严重，实践证明，推荐低压缸排汽温度不应低于 28℃，这时的排汽压力为 3.8kPa，真空值根据当地大气压力

进行推算，各地有所不同。至于调节方式，由于各厂情况不同也有所不同，例如，调节循环冷却水运行方式，冷却塔加防风板，调节凝汽器出口阀限制水量，甚至还有微开真空系统阀门降低真空度等，因地制宜制定本厂技术措施。

供热运行期间，随着新能源的大量接入系统，火电机组承担调峰运行的任务逐年加重，大型抽凝式供热机组参与调峰运行已经逐渐成为常态，尤其是在供热中期，供热量需求正值高峰，而电网低谷时段压低电负荷使大型抽凝式供热机组常常处于极限工况边缘运行，其中最常见的是接近或已经低于低压缸最小冷却流量工况，即在保证一定供热负荷的条件下，努力压低电负荷，其操作情况是调整关小高压调节汽阀，关小低压缸进汽蝶阀限制去低压缸的蒸汽流量，维持供热抽汽量不变。当去低压缸的蒸汽流量低于最小冷却流量时，就会出现排汽温度持续升高，这时不要投低压缸喷水减温，因为喷水减温只能降低排入凝汽器的蒸汽温度，不能降低末级叶片温度，反而忽略了对末级叶片排汽温度的监视；建议这种情况下要么停止减负荷，要么减少供热负荷，避免机组在送风条件下长时间运行。

图 8-3　低压缸水击引起叶片损坏

4. 非供热期的抽汽管道积水要定期排放，防止机组甩负荷返回汽轮机的冷汽引起水击

对抽凝式供热机组，非供热期处于凝汽工况发电运行，供热抽汽止回阀前的管道积水要定期排放，防止机组故障甩负荷时，在凝汽器真空的作用下使积水汽化返回汽轮机低压缸，引起低压缸水击，例如，某电厂 50MW 双抽机组曾发生这种故障，低压缸动、静部件损坏较严重，如图 8-3 所示。

第五节　供热改造的方式和关键技术

一、凝汽式机组打孔抽汽供热改造

凝汽式机组打孔抽汽供热改造方式，如图 8-4 所示。这种方式不会影响汽轮机推力发生变化而限制抽汽供热能力，因此抽汽能力比较大；抽汽参数和抽汽量在一定范围内可以通过抽汽蝶阀进行调节和保持；对于 $100 \sim 200MW$ 机组，中、低压缸分缸压力为 $0.118 \sim 0.245MPa$，可以满足绝大部分地区的供热参数需要；而对于 300MW 以上容量的亚临界、超临界机组，其分缸压力比较高，一般为 $0.49 \sim 1.0MPa$，有些机组用于工业抽汽，有些机组仍然用于采暖抽汽，这就存在一定量的抽汽做功能力损失。

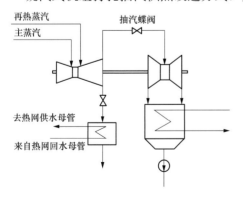

图 8-4　中、低压导汽管打孔抽
汽供热改造系统示意图

打孔抽汽供热改造方式若结合汽轮机高、中、低压缸通流部分改造同时进行，可在通流部分改造设计中兼顾供热改造的需要，对中压缸末级和次末级等相关部件做加固处理，能很大程度上提高抽汽供热能力。

打孔抽汽供热改造也是个系统改造工程，主机设备的改造涉及原主机制造厂的相关技术数据，如果原制造厂中标改造工程，相对设计和制造加工简单容易些，若其他制造厂中标，相关技术数据的收集测绘相对繁琐些，热电厂要与改造厂商协调配合才能顺利实施；此外，还需要请有资质的设计单位等相关单位做系统设计，特别需要注意的是，导汽管打孔抽汽接口与抽汽管线之间连接的系统应力要满足要求，否则会由于管道作用力而使机组轴系引起振动。

二、凝汽式机组或抽凝式机组的高背压供热改造

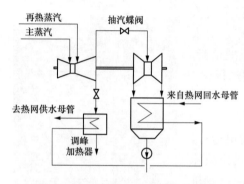

图 8-5　高背压供热改造系统示意图

对于小型凝汽式机组的高背压（也称作低真空）供热改造，在 20 世纪 80 年代就有许多实际应用业绩，例如，中温中压 25、12MW 机组实际使用的很多，主要用于冬季居民采暖使用；高背压供热方式是将凝汽器通入热网循环冷却水，提高排汽压力，利用凝汽器排汽的余热将热网循环冷却水加热再送出给热用户，如图 8-5 所示。这种改造方式类似于背压机运行方式，机组运行负荷完全取决于热用户的热量需求。小型供热机组一般供热半径不超过 5km，其供热热网为直供系统，供水温度为 60～70℃，排汽压力为 35～40kPa 即可满足要求。

随着供热技术的不断发展，有些大型供热机组仅靠抽汽供热已满足不了日益增长的供热需求，也是节能挖潜的需要，出现了 300MW 机组高背压供热改造的案例，但是这种案例中所对应的热网多数是两级换热热网，所以在高背压供热改造的热电厂中还需要考虑调峰加热热源的问题。例如，2 台 300MW 机组有一台改造成高背压，变成抽背式机组，另一台机组承担调峰热负荷的作用。300MW 机组高背压供热改造是采用空冷机组低压缸转子，比较适应较高背压方式运行，其安全性和稳定性均能满足要求，多数大型机组高背压供热改造都是采用双转子互换方式来避免凝汽工况运行时季节效率下降的问题，双转子互换在每年的供热期前和供热期后检修工作量有所增加。

高背压供热改造与打孔抽汽供热改造增加的供热量就是回收了原供热方式的低压缸最小冷却流量排入凝汽器冷源的热量，对于 300MW 机组相当于增加了约 120t/h 的抽汽能力，当然，其运行指标优于抽凝式机组，基本上相当于大型背压机的方式，供热运行期间机组热效率可以达 80％以上。

高背压供热改造的前提是热负荷需要足够大，使高背压机组在全供热期都能带到额定热负荷承担基本热负荷运行，否则就会影响机组出力发挥。

对于早期生产的 300MW 以上机组有些低压缸轴承落在低压缸上，高背压运行时汽缸温度也会随之提高，需要改造厂商重新核算，并在安装中留有膨胀余地，避免发生振动。

三、凝汽式或抽凝式机组的光轴供热改造

凝汽式或抽凝式机组的光轴供热改造的基本条件与低真空双转子供热改造是基本相同

的，就是改造的机组要承担与之相匹配的足够大的基本热负荷，这种改造方式的低压缸完全被切掉不做功，仅留少量蒸汽进入低压缸用于冷却假轴。与抽凝式机组比较，光轴供热改造方案所增加的供热能力是对低压缸最小冷却流量的挖潜，这与高背压（低真空）双转子供热改造方案相类似，在相同供热能力条件下，光轴供热改造方案比高背压（低真空）供热改造方案发电负荷有所减少。

在改造工程实施方面，在供热能力基本相同的条件下，与高背压（低真空）方案比较，光轴供热改造方案系统比较简单，无须设置热网调峰加热器，凝汽器无须进行大规模改造，但有些抽凝式机组需要对原有热网加热器进行核算，必要时需要增设一台热网加热器。

四、供热机组疏水回收技术

对于供应工业用汽的绝大多数供热机组，蒸汽供出后都是不回收的，因此不存在回收方式优劣的问题，工业用汽所造成的工质消耗是通过补水来补充系统质量平衡，对于较大抽汽供应的机组，应该设置大气式低压除氧器，将补水加热并初步除氧，再通过中继水泵送到凝结水系统（或打入高压除氧器）。

而作为提供供热负荷的供热机组，疏水回收方式涉及运行经济性和安全性两个方面的问题。图 8-6 所示为常规供热方式系统图。

200MW 机组的热网首站加热器疏水回收方式一般有两种：一种是通过疏水泵输送到除氧器；另一种是通过疏水泵输送到 4 号低压加热器入口的凝结水管路中。此外，还有排凝汽器热井方式。

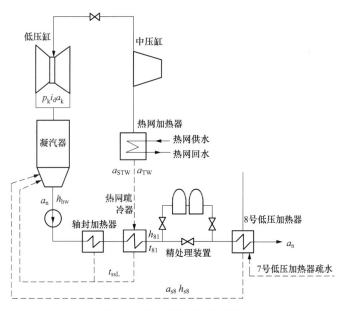

图 8-6　常规供热方式系统图

300MW 以上容量机组也大致相同，多数机组供热改造或原设计方案都是将热网疏水回收至除氧器，设计疏水温度在 145℃ 左右，而实际运行中，作为供热使用的热网首站加热器疏水温度一般不超过 130℃，通常供热期实际比较常见的疏水温度为 100~120℃，我国东北地区高些，华北地区、山东省等南部地区甚至还更低些；尤其是供热初末期更低，大量的低温疏水若直接回到除氧器，则增加了除氧器抽汽加热负担，许多热电厂的供热中期炉水含氧量超标，除氧器下水过冷度偏大，除氧器失去了除氧功能。解决该问题的方案是将疏水回收点改造到 5 号低压加热器水侧入口，使热网疏水在 5 号低压加热器被加热至 5 号低压加热器出口水温，然后去除氧器继续升温。

热网加热器疏水采用上述两种方式回收时，这部分疏水没有经过化学精处理设备，因此，采用这种回收疏水方式的机组在供热期间应确保化学水质监测仪表正常投入。此外，还要加强疏水的化学巡检，便于及时发现问题并及时采取措施，确保机组汽水品质安全。

作为解决热网疏水回收经过化学精处理设备的技术措施，有的电厂采用外置式疏水冷却器方案，对于新设计或改造方案中的机组，若采用这种疏水回收方式，需要首站热网加热器带有内置式疏水冷却段将疏水温度降低，例如，热网循环水温度设计为 60～70℃，取入口端差（也就是下端差）为 5℃，这样热网疏水温度就可以降低至 65～75℃，再配置一台外置式疏水冷却器就比较容易将化学精处理设备入口温度降低至 60℃以下，满足化学精处理设备工作温度不超过 60℃的要求。

对于已经安装了设有疏水冷却段首站热网加热器的机组，若进行类似改造，由于疏水温度比较高，冷却疏水的介质完全是流经外置式疏水冷却器的凝结水，这部分凝结水是由低压加热器疏水、汽轮机低压缸排汽，以及最终汇集到凝汽器的热网疏水混合而成，随着供热量的增加，这几项是逐渐相应降低的，最终会使冷却水（凝结水）吸热量小于疏水放热量，从而使外置式疏水冷却器的出口水温高于化学精处理设备的承受极限。这时没有被冷却到合适温度的热网疏水被排到凝汽器后，在凝汽器内会由于压力瞬间降低而发生闪蒸，蒸汽遇到凝汽器换热管束将热量释放给循环冷却水，而将疏水温度降低至凝汽器压力下的饱和温度，从而造成部分疏水热量释放到冷源的损失。

热网加热器出现漏泄或热网投入的初始阶段，热网疏水品质会出现超标，可把疏水直接排入地沟，改造一下系统，将疏水泵出口接一路去热网循环水回水管路，把品质不合格的疏水排到热网循环水系统中去，这样可以降低热电厂总体水耗和热量损失。

五、供热抽汽参数偏高回收可用能技术

供热机组制造厂在设计阶段应该根据热用户的使用参数，对通流部分做合理的设计，这类设计体现在 200MW 及以下容量的供热机组，抽汽参数基本为 0.118～0.245MPa，该等级参数蒸汽做功能力比较低，再利用其作为驱动转动机械的起源已经体现不出其节能效益，直接用于供热是合理的应用。

而对于绝大多数的 300MW 等级抽凝式供热机组，其供热抽汽压力受到汽轮机中、低压缸导汽管设计几何尺寸的限制，抽汽压力一般设计在 0.5MPa 左右，与 0.245MPa 之间仍然存在着做功能力的损失，这部分损失的回收方案受限于电厂实际运行负荷率。在机组低谷调峰运行期间，抽汽压力的调整工况已经非常苛刻，抽汽蝶阀开度甚至低于 10°，运行人员多数不敢继续下调，抽汽压力甚至降低至 0.3MPa 左右。在这种情况下，有的电厂仍然采用驱动汽动热网循环水泵的给水泵汽轮机方案，但是背压式给水泵汽轮机的排汽应该是排到单独配置的低压热网加热器，下面举例说明这部分回收方案的设计热力计算过程。

案例 8-1 哈汽厂生产的 350MW 亚临界抽凝式供热机组，型号为 C280/N350-16.67/537/537，设计额定可调整抽汽压力为 0.49MPa，抽汽温度为 269℃，可以按照设计抽汽参

数和实际抽汽参数分别计算其用于驱动汽动热网循环水泵的给水泵汽轮机方案，并进行可行性分析。

第一步通过热网循环冷却水回水温度来确定驱动汽动热网循环水泵的给水泵汽轮机的排汽压力：

热网循环冷却水回水温度最高设计为 $t_1=70℃$，用于冷却给水泵汽轮机排汽的热网低压加热器的冷却水取自热网循环冷却水回水，假定热网低压加热器的温升取 $\Delta t=10℃$，端差取 $\delta_t=5℃$，饱和式热网低压加热器的疏水温度应为

$$t_s=t_1+\Delta t+\delta_t=70+10+5=85(℃)$$

查焓熵图表，可知 $85℃$ 饱和温度对应的饱和压力为 $57.8kPa$，考虑给水泵汽轮机排汽至热网低压加热器之间管道压力损失为 8%，折算至给水泵汽轮机排汽压力为

$$p_{exh}=57.8/(1-0.08)=62.83(kPa)$$

由此确定出给水泵汽轮机进汽压力为 $0.49MPa$，进汽温度为 $269℃$，排汽压力为 $0.062\,83MPa$，多数工业驱动汽轮机制造厂提供的给水泵汽轮机效率约为 70%，据此，可以利用焓熵图（见图 8-7）来确定给水泵汽轮机的膨胀过程线，进而估算给水泵汽轮机的单位进汽功率。

如图 8-7 所示，根据 p_0、t_0 和进汽压力损失取 5%，确定进汽状态点 A 的进汽焓 $h_0=3014.5kJ/kg$、熵 $s_0-7.381kJ/(kg\cdot℃)$，由点 A 定熵膨胀至排汽压力 p_{exh} 交汇于点 B，可以确定定熵膨胀排汽焓 $h_s=2606.5kJ/kg$，由此得到理想焓降

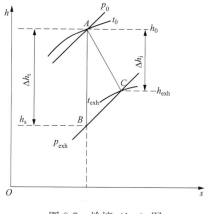

图 8-7　焓熵（h-s）图

$$\Delta h_t=h_0-h_s=3014.5-2606.5=408.0(kJ/kg)$$

有效焓降为

$$\Delta h_i=\eta_{ri}h_t=0.7\times408.0=285.6(kJ/kg)$$

实际排汽焓为

$$h_{exh}=h_0-h_i=3014.5-285.6=2728.9(kJ/kg)$$

由 h_{exh} 与 p_{exh} 交叉确定的状态点 C 为给水泵汽轮机实际排汽状态点，并查得排汽温度为 $124.4℃$。

在用给水泵汽轮机替代电动热网循环水泵的改造中，电动机的功率是已知的，如果未知，也可以通过热网循环冷却水流量和扬程推算循环水泵的轴功率。假设替代的电动机功率为 $900kW$，则给水泵汽轮机需要的进汽量计算过程如下：

由汽轮机输出端功率为

$$P_a=P_i\eta_m=\Delta h_iD_0\eta_m$$

则

$$D_0=P_a/(\Delta h_i\eta_m)=900/(285.6\times0.97)=3.248kg/s=11.694(t/h)$$

其中 η_m 泵与给水泵汽轮机连接的机械效率取 0.97。

通过给水泵汽轮机排汽量与进汽量相等，就知道了热网低压加热器的进汽流量，由此可以推算加热器水侧流量，即

$$D_{H_2O} = D_0(h_{exh} - t_s c_p)/(\Delta t c_p)$$
$$= 11.695 \times (2728.9 - 85 \times 4.1868)/(10 \times 4.1868) = 662.852 \text{ (t/h)}$$

同理，可以计算在抽汽压力降至 0.3MPa 工况下采用给水泵汽轮机驱动热网循环水泵的情况，其计算结果见表 8-1。

表 8-1　　　　　　　　给水泵汽轮机驱动热网循环水泵的计算结果

序号	项目	单位	数据1	数据2
1	抽汽压力	MPa	0.49	0.3
2	抽汽温度	℃	269	260
3	给水泵汽轮机进汽压力损失	%	5.00	5.00
4	抽汽焓	kJ/kg	3014.5	2997.0
5	抽汽熵	kJ/(kg·℃)	7.381	7.573
6	给水泵汽轮机背压	MPa	0.062 83	0.062 83
7	定熵膨胀排汽焓	kJ/kg	2606.5	2675.8
8	定熵膨胀焓降（理想焓降）	kJ/kg	408.0	321.2
9	给水泵汽轮机效率	—	0.7	0.7
10	有效焓降	kJ/kg	285.6	224.9
11	实际排汽焓	kJ/kg	2728.9	2772.2
12	排汽温度	℃	124.4	146.4
13	汽轮机输出轴功率	kW	900	900
14	机械效率	—	0.97	0.97
15	汽轮机内功率	kW	927.8	927.8
16	汽轮机进汽量	kg/s	3.248	4.126
17	给水泵汽轮机进汽流量	t/h	11.694	14.855
18	热网低压加热器入口水温	℃	70	70
19	热网低压加热器水侧温升	℃	10	10
20	热网低压加热器出口水温	℃	80	80
21	热网低压加热器端差	℃	5	5
22	热网低压加热器疏水温度	℃	85	85
23	热网低压加热器进汽压力	MPa	0.057 803	0.057 803
24	热网低压加热器进汽焓	kJ/kg	2728.9	2772.2
25	热网低压加热器疏水焓	kJ/kg	355.9	355.9
26	排汽在热网低压加热器的放热量	kJ/kg	2373.0	2416.2
27	低压热加器水侧流量	t/h	662.8	857.3
28	影响供热量减少	MJ/h	3340.2	3340.2
29	影响供热量减少比例	%	10.74	8.51

对于我国华北、华中、西北等部分供热期稍短，冬季不是十分寒冷的地区，多数改造成供热机组的原大型 300～600MW 凝汽式机组的中、低压缸分缸压力是 0.8～1.0MPa，中、低压缸导汽管打孔抽汽的实际运行压力也为 0.6～0.8MPa，这部分用于供热造成的做功能

力损失比较大，仅仅用于驱动汽动热网循环水泵回收的占比很小，有些电厂已经考虑利用一台或两台小型背压式汽轮机组，将大机组抽汽参数通过背压机回收部分做功发电后降低至适合采暖供热，背压机带动异步发电机并入电厂厂用电系统，可以间接提高输出上网电量。下面举例说明该项改造的热力计算过程。

案例 8-2　某凝汽式 670MW 超临界机组通过供热改造后，将中、低压缸导汽管打孔抽汽，提供平均约 $D_{ext}=400t/h$ 的抽汽量用于供热，抽汽参数为 0.8MPa、368℃；用于采暖供热的热网循环冷却水供水温度设计 $t_2=110℃$，回水温度 $t_1=50℃$。试估算回收抽汽用于发电的可能性。

首先还是要通过热网供回水参数来确定小型背压机的排汽压力参数。若热网加热器设计成带有内置式蒸冷段和疏水冷却段的首站换热器，参考卧式低压加热器上端差取 $\theta=3℃$，下端差取 $\delta_t=5.6℃$，根据上端差的定义，热网加热器压力下对应的饱和温度为

$$t_{sa}=t_2+\theta=110+3=113(℃)$$

查焓熵图表，可知 113℃ 对应的饱和压力 $p_{sa}=0.15832MPa$。

若考虑给水泵汽轮机排汽至热网加热器之间阀门管道压力损失为 8%，则折算至给水泵汽轮机排汽的压力为

$$p_{exh}=p_{sa}/(1-0.08)=0.15832/(1-0.08)=0.1720(MPa)$$

其中取背压机的相对内效率为 0.80。

给水泵汽轮机进汽参数为 0.8MPa、368℃，进汽焓 $h_0=3200.2kJ/kg$，进汽熵 $s_0=7.470kJ/(kg \cdot ℃)$。

按照 p_{exh}、s_0 查焓熵图，得到定熵膨胀排汽焓 $h_s=2822.0kJ/kg$，由此获得给水泵汽轮机理想焓降 $\Delta h_t=h_0-h_s=3200.2-2822.0=378.2$（kJ/kg），取给水泵汽轮机相对内效率为 $\eta_i=80\%$，则给水泵汽轮机有效焓降为

$$\Delta h_i=\Delta h_t\eta_i=378.2\times0.80=302.6(kJ/kg)$$

给水泵汽轮机排汽焓为

$$h_{exh}=h_0-\Delta h_i=3200.2-302.6=2897.6(kJ/kg)$$

由此计算可回收汽轮机内功率为

$$P_i=D_{ext}\Delta h_i\times1000/3600=400\times302.6\times1000/3600=33619.7(kW)$$

给水泵汽轮机与发电机连接的机械损效率 $\eta_m=97\%$，发电机效率 $\eta_g=98\%$，则发电机输出端功率为

$$P_d=P_i\eta_m\eta_g$$
$$=33619.7\times97\%\times98\%=31958.9(kW)$$

对于改造前后要求供热量相同的方案，还应计算以下内容：

给水泵汽轮机排汽至热网加热器释放的热量为

$$Q_{exh}=D_{ext}(h_{exh}-t_s)/1000$$
$$=400\times(2897.6-232.8)/1000=1065.9(GJ/h)$$

其中 t_s 为热网加热器疏水焓（疏水温度数值上与用千卡为单位的焓值相等）。

原 400t/h 抽汽的供热量为

$$Q_{ext}=D_{ext}(h_0-t_s)/1000$$

$$=400 \times (3200.2 - 232.8)/1000 = 1187.0(\text{GJ/h})$$

在抽汽量为 400t/h 的条件下，采用给水泵汽轮机回收做功能力使供热量比原方式降低

$$\Delta Q = Q_{\text{ext}} - Q_{\text{exh}} = 1187.0 - 1065.9 = 121.0(\text{GJ/h})$$

折合给水泵汽轮机排汽流量，也就是进汽量需要增加

$$\Delta D_{\text{ext}} = \Delta Q \times 1000/(h_{\text{exh}} - t_{\text{s}}) = 121 \times 1000/(2897.6 - 232.8) = 45.418(\text{t/h})$$

给水泵汽轮机功率变化为

$$\Delta P_{\text{d}} = \Delta D_{\text{ext}} \Delta h_{\text{i}} \eta_{\text{m}} \eta_{\text{g}}/3.6$$
$$= 45.418 \times 302.6 \times 97\% \times 98\%/3.6$$
$$= 3629.0(\text{kW})$$

核算的给水泵汽轮机及发电机输出功率为

$$P'_{\text{d}} = P_{\text{d}} + \Delta P_{\text{d}}$$
$$= 31\,958.9 + 3629.0$$
$$= 35\,587.9 \ (\text{kW})$$

核算的给水泵汽轮机需要的进汽量为

$$D'_{\text{ext}} = D_{\text{ext}} + \Delta D_{\text{ext}}$$
$$= 400 + 45.418$$
$$= 445.418 \ (\text{t/h})$$

以上计算过程见表 8-2。

表 8-2　　　　　　　　给水泵汽轮机供热回收功率计算 (0.8MPa)

序号	项目	单位	数据
1	抽汽流量	t/h	400
2	主机抽汽压力	MPa	0.8
3	主机抽汽温度	℃	368
4	主机抽汽焓	kJ/kg	3200.2
5	给水泵汽轮机进汽熵	kJ/(kg·℃)	7.470
6	给水泵汽轮机排汽压力	MPa	0.1721
7	给水泵汽轮机定熵排汽焓	kJ/kg	2822.0
8	给水泵汽轮机理想焓降	kJ/kg	378.2
9	给水泵汽轮机相对效率		0.8
10	给水泵汽轮机有效焓降	kJ/kg	302.6
11	给水泵汽轮机排汽焓	kJ/kg	2897.6
12	给水泵汽轮机排汽温度	℃	212.8
13	给水泵汽轮机内功率	kW	33 619.7
14	机械效率		0.97
15	发电机效率		0.98
16	电动机功率	kW	31 958.9
17	热网回水温度	℃	50
18	热网供水温度	℃	110

序号	项目	单位	数据
19	热网加热器设计上端差	℃	3
20	热网加热器设计下端差	℃	5.6
21	热网加热器饱和温度	℃	113
22	热网加热器压力	MPa	0.1583
23	热网加热器疏水温度	℃	55.6
24	热网加热器疏水焓	kJ/kg	232.8
25	给水泵汽轮机排汽供热量	GJ/h	1065.9
26	抽汽供热量	GJ/h	1187.0
27	供热量降低	GJ/h	121.0
28	折合给水泵汽轮机排汽量	t/h	45.418
29	保持原供热量的主机抽汽量	t/h	445.418
30	配置给水泵汽轮机及发电机额定容量	kW	35 587.7

上述计算结果表明，对于多数供热期在120天左右不太寒冷地区的大型凝汽式机组供热改造方案中，没有考虑0.8～1.0MPa压力等级的蒸汽做功能力损失回收方案，直接减温减压供热造成的做功能力损失随着供热量的增大而增加。

需要注意的是，以上计算结果无论是按照平均供热量推算，还是按照最大供热量推算，对回收方案实施后的运行安全稳定性和经济性都有影响，考虑热负荷在整个供热期的变化规律，可以在计算回收电负荷时，按照适应给水泵汽轮机稳定高效运行的负荷特性，合理匹配容量和台数。例如，上述计算结果是机组在带1187.0GJ/h热负荷的条件下，可回收的电负荷约为35.5MW，假如这是供热中期的调峰热负荷，那么可以考虑采用2台18MW背压机，或2台20MW背压机加上1台16MW背压机，这样配置比单台35.5MW背压机运行要更适合热负荷的变化。

背压机拖动的是小型异步发电机，其接入厂用电系统要充分考虑故障情况下对厂用电系统可靠性的影响。

六、热泵技术在供热改造项目中的应用

(一) 热泵技术应用的基本情况

热泵技术应用于大型供热项目是近几年发展起来的新技术，其原理是采用一部分高品位能提取低温余热，将其温度提升到适合于供热的参数能级，达到一定的节能效果。

热泵技术在供热改造项目中的应用逐渐增加，多数应用于凝汽式机组排汽余热回收采暖供热项目，与光轴供热改造和高背压（低真空）供热改造方案相比较，其特点是对汽轮机本体及热力系统的改动量比较小，对非供热期机组凝汽工况运行的热力性能影响比较小，对供热负荷变化适应能力也相对较好，但是其投资成本相对较高。常用的热泵有溴化锂吸收式热泵和机械驱动压缩式热泵。

(1) 溴化锂吸收式热泵。如图8-8所示，溴化锂吸收式热泵技术原本用于制冷，用于供热则刚好利用其反循环，将对外放热用于加热热网循环冷却水，低温循环吸收汽轮机排汽循

环冷却水低温余热，采用汽轮机抽汽驱动热泵提取余热加以利用。

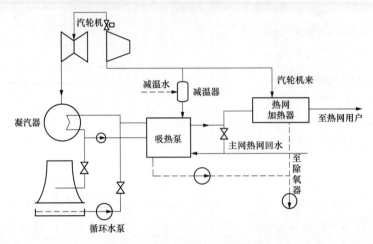

图 8-8　溴化锂吸收式热泵系统图

（2）机械驱动压缩式热泵。如图 8-9 所示，机械驱动压缩式热泵是以给水泵汽轮机或电动机驱动压缩机方式制热，其应用场所更加广泛，不但可以应用于热电厂的换热首站，也有设计用于热网二级换热站，降低一次热网回水温度，用于提高现有一次网输送热量的改造项目。压缩式热泵需要转动机械来驱动，其投资价格和维护成本与溴化锂吸收式热泵比较虽明显偏高，但在一些适合条件下仍有其实用性。

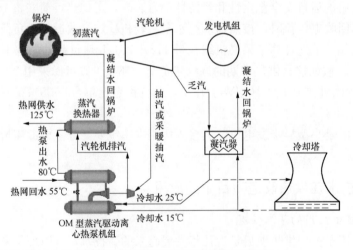

图 8-9　机械驱动压缩式热泵系统图

　　热泵加热热网循环冷却水其出口水温若达到冬季采暖设计要求的 120℃，需要多级串接热泵才能实现，而造价会增加很多，因此，目前多数应用热泵余热的电厂都是将热泵提取余热作为基本加热单元，另设置调峰加热器作为调峰热源，补充热泵供热量的不足部分，调峰加热器仍然使用的是汽轮机抽汽加热的汽水换热器。

　　热泵从其工作条件要求来看，余热（或废热）介质的温度应该在 25℃ 以上比较适合，由已经投运的几个电厂的运行情况可知，汽轮机组循环冷却水供给热泵提取的温度在 30℃

以上,热泵的运行能效比(COP)比较高,这对于北方采用开式循环冷却方式的电厂,采用热泵技术有一定难度。而对于空冷机组,由于设计排汽温度比较高,更适合热泵余热的提取。对于湿冷机组采用冷却塔的闭式循环冷却水系统,就需要在冷却塔进风口采取上挡风板,调节限制循环冷却水流量,甚至开启部分循环冷却水旁路阀减少上塔水量等方式来适当提高循环冷却水温度,以满足热泵余热提取温度条件。为了满足热泵余热提取的条件,在采取适当措施后,循环冷却水温度的提升必然会使汽轮机排汽压力有所提高,这在热泵经济性核算时是逆向指标因素,应该考虑包括在计算之中。

(二)采用热泵技术应用于热电联产机组或是凝汽式机组供热改造的必要条件

1. 抽凝式机组的供热改造

抽凝式热电联产机组已经达到最大抽汽供应量,但热负荷仍然有相应的增量,作为挖掘机组供热潜力而实施的项目是必要的。这类项目回收的是抽凝式机组排入冷却塔的余热,如果供热量没有达到抽汽供热能力的上限,热泵改造的结果虽然也有一定的收益,但是由于热负荷没有超过抽汽供热量,若热泵参与回收余热,会降低抽汽供热量,使主蒸汽进汽量减少,从而使供热工况的电负荷相应降低。若电厂硬性不减电负荷,那么余热就不能全部回收,难免就会有去冷却塔的余热排放,这就是许多抽凝式机组采用热泵改造的一个误区,因此,该类机组热泵改造的必要条件是热负荷足够大。

2. 大型凝汽式发电机组的供热改造

(1)对于大型凝汽式电厂的供热改造,尤其是中、低压导汽管(中压缸排汽)压力在 $0.8\sim1.0$ MPa 等级的机组,比较适合采用热泵技术进行居民采暖供热改造,因为机组抽汽参数均适合于吸收式、压缩式热泵的驱动,尤其适合于采用汽动给水泵汽轮机带动压缩式热泵的运行技术条件。

(2)供热改造的热负荷绝不是一蹴而就达到机组额定供热能力,由于采用热泵进行供热改造对机组非供热期原凝汽工况运行热力特性的影响最小,而且随着热负荷的增加,可逐渐分期增加热泵换热机组台数,将供热改造分期进行,将巨额投资分期进行,降低一次性投资规模,有利于缓解投资压力。

(3)相对于抽汽供热改造与高背压(低真空)供热改造更具有很好的参与电网调峰灵活性。

(4)相对于改造机组的低压缸末级、次末级叶片安全性影响最小。

在大型凝汽式机组供热改造方案中,采用热泵方案的投资造价相比抽汽供热改造和高背压(低真空)供热改造,还有光轴(也有称假轴)供热改造都要偏高,这是因为其制造技术附加值偏高。

第九章

汽轮机热力性能试验分析

第一节　汽轮机热力性能试验的目的

汽轮机是热力发电厂的核心动力设备，承担着将蒸汽热能转换为机械能的热—功转换设备，是一种结构非常精密和系统极其复杂的高速转动设备。汽轮机运行的安全性和经济性不仅影响发电厂的发电成本和经济效益，而且影响整个电网系统运行的安全稳定。特别是现代机组向着高参数、大容量、热电联产的方向发展，其结构和特性也越来越复杂，掌握汽轮机的热力特性，对于发供电企业安全、稳定、经济运行十分必要。

汽轮机热力性能试验是综合系统性试验，是通过对主、辅设备及系统在特定条件下运行的各部分参数进行试验测量，并按照规定方法对测量数据进行整理、计算得到各项指标结果，从发电企业角度，汽轮机热力性能试验的目的，归纳起来有以下几个方面：

（1）新投产机组的热力性能鉴定（验收）试验，是在特定条件下对汽轮机主、辅设备及系统设计、制造、安装、调试总体效果的检验，该试验结果也是发电厂对设备制造厂提供的设备验收依据，是对制造厂履行合同技术条款要求的依据。

（2）机组主、辅设备技术改造前的热力性能试验和技术改造后的鉴定试验。改造前的试验目的是分析确认机组主、辅设备存在的问题，依据试验结果确定治理改造方案，是制定可行性研究方案的依据。改造后的试验也称为鉴定试验，以鉴定或考核这些设备是否达到预期保证值。

（3）机组常规检修前后的热力性能试验。检修前的目的是通过试验检查发现汽轮机主、辅设备及系统存在的问题，针对发现的问题制定检修治理计划措施，使机组检修有针对性的治理目标；检修后的热力性能试验，目的在于检验评价检修效果，发现机组仍然存在的问题，为下一步治理提供依据。

（4）定期开展的热力性能试验工作，有利于掌握长期运行后的汽轮机主、辅设备及系统的热经济性指标，以检验设备的性能变化趋势和指标偏差情况，作为分析和评价设备经济性的依据，并为此制定合理的运行指导。

（5）针对汽轮机主、辅设备及系统不同运行方式、不同参数条件、不同负荷条件下的特定条件热力性能试验，目的是获取用于优化汽轮机主、辅设备及系统运行方式，实现机组经济运行分析依据的必要手段。

（6）长期跟踪汽轮机运行，获取随时间变化的机组热力性能数据，总结和建立完善而全面的机组热经济性档案，为专家系统、寿命管理和状态检修建立基础数据库。

汽轮机的热力特性指标通过压力、温度、流量、输出端功率、内效率、热耗率、煤耗等热力学参数表示，见表9-1。

表 9-1　　　　　　　　　　　　汽轮机热力特性参数及指标

序号	指标分类	内　容	单位
1	基本参数（压力指标）	主蒸汽压力	MPa
2		再热蒸汽压力	MPa
3		各段抽汽（包括调节级）压力	MPa
4		管道压力损失（包括抽汽管道压力损失）	％
5		阀门（主汽阀、调节汽阀、中压联合调节汽阀等）压力损失	％
6		排汽压力（真空）	kPa
7		排汽压力损失	％
8	基本参数（温度指标）	主蒸汽温度	℃
9		再热蒸汽温度	℃
10		各段抽汽（包括调节级）温度	℃
11		排汽温度（包括高、中、低压缸）	℃
12	基本参数（流量指标）	主蒸汽流量	t/h
13		给水流量	t/h
14		凝结水流量	t/h
15		循环冷却水流量	t/h
16		过热器减温水、再热器减温水流量	t/h
17		各段抽汽流量	t/h
18		轴封、门杆泄漏量	t/h
19		外部泄漏流量	t/h
20		内部泄漏流量	t/h
21		不明泄漏量	t/h
22		系统储水量	t/h
23	基本参数（功率指标）	汽轮机（包括各缸）内功率	kW
24		发电机出力（功率）	kW
25		辅机功率	kW
26	效率指标	高压缸、中压缸、低压缸的效率	％
27		高压缸、中压缸、低压缸通流部分效率	％
28		各段级组焓降	kJ/kg
29		各段级组效率	％
30		汽轮机相对内效率	％
31		汽轮机绝对内效率	％
32		机电效率	％
33		相对电效率	％
34		绝对点效率	％
35	回热系统指标	给水温度	℃
36		热井水温	℃

序号	指标分类	内　　容	单位
37	回热系统指标	各加热器（包括凝汽器）出力	kW
38		各加热器（包括凝汽器）端差	℃
39		各加热器（包括凝汽器）效率	%
40		各泵组效率	%
41		驱动给水汽轮机效率	%
42		给水管道损失（阻力、散热等）	%
43		冷却水（循环冷却水）温度	℃
44	能耗指标	机组（毛、净）热耗率	kJ/kWh
45		机组汽耗率	kg/kWh
46		厂用电率	%
47		机组发电煤耗	kg/kWh
48		机组供电煤耗	kg/kWh

第二节　汽轮机热力性能试验的条件

汽轮机热力性能试验的内容复杂、涉及的专业学科和知识领域广泛。汽轮机热力性能试验必须满足一定的试验条件，参加试验人员应具备一定的专业知识基础并经过试验组织人员的相应培训；试验设备及系统状态应能够满足试验条件要求；试验测点安装布置符合试验标准、规范要求；使用的试验检测仪器仪表要符合试验规范规定的量程、精度要求；试验负责人应收集机组主、辅设备制造厂提供的产品设计热力特性说明书。一般热力性能试验条件包括设备条件、试验测点的布置条件、系统条件和运行条件。

一、设备条件

（1）调节系统和配汽机构能够正常运行。

（2）主、辅设备齐全，工作正常。

（3）汽轮机通流部分无结构损伤。

（4）设备和系统无异常泄漏。

（5）真空系统严密性良好。试验前，对真空系统的严密性进行确认，如真空系统存在轻微不严密，试验时应启动两台真空泵同时运行。

二、试验测点的布置条件

1. 测点布置原则

火电厂在生产过程中热功转换是通过工质—水蒸气的热力循环来实现的。锅炉、汽轮机、凝汽器、凝结水泵、给水泵及回热系统等一些主要设备及其连接管道构成了火电厂的原则性热力系统，如图 9-1 所示。此外，出于方便运行、检修，以及其他方面需求的考虑，增加了各种辅助系统，往往使实际的热力系统非常复杂。一般情况下，在进行热力性能试验时，对一些辅助系统进行隔离，使试验系统按照原则性热力系统运行，只有这样才能够使试验结果与制造厂设计数据具备对比分析的基本条件。

根据具体的试验目的和实际系统情况，在汽轮机热力性能试验前有必要绘制试验用原则性热力系统图，据此进行试验测点的布置和试验时热力系统的隔离。

试验测点布置是根据汽轮机热力计算所需要测量的各部分参数而定，主要系统参数可以按照制造厂提供的热平衡图来布置，其余的是辅助蒸汽系统参数根据现场条件和试验具体要求而定，所有的测点分布与一些特殊关键测点规范，在所采用的试验标准中都有明确的要求，因此应该严格按照试验标准要求满足。

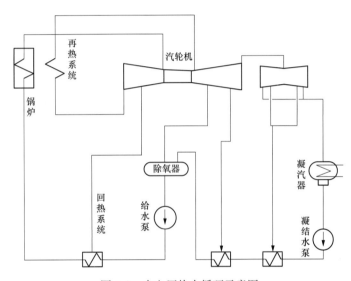

图 9-1　火电厂热力循环示意图

2. 试验测点示例

试验用热力系统图的绘制需要根据实际机组类型和试验情况确定。图 9-2 所示为国产超临界 600MW 机组的热力系统图，图中标出了热力性能试验的测点布置，表 9-2 为相应的测点清单。

3. 测点的布置注意事项

（1）汽轮机热力性能试验中主蒸汽和再热蒸汽的压力和温度测点应该布置在汽轮机系统的边界处，一般将主蒸汽测点布置在自动主汽阀前，再热蒸汽测点布置在中压联合调节汽阀前。如果管道不止一根，各主蒸汽管道和再热汽管道上都应布置测点。

（2）主流量测点根据采用的试验标准要求可以布置在凝结水管道、主给水管道或主蒸汽管道上。在需要的情况下，抽汽压力和温度在抽汽口和加热器进口分别布置，由于位于凝汽器喉部的低压加热器的抽汽管道比较短，可以只布置一个测点。抽汽口的测点应布置在抽汽止回阀和汇流三通上游，离汽缸壁距离约为 2 倍管径。加热器进口的测点应尽可能布置在靠近加热器进口。中压缸排汽和低压缸进汽温度可以共用一个测点，也可以分别在连通管或低压缸进汽口布置压力测点，根据不同需要而定。主给水温度测点应布置在高压加热器给水旁路汇合点后，避免旁路泄漏影响给水焓值，但高压加热器出口水温应该有测点，可以据此

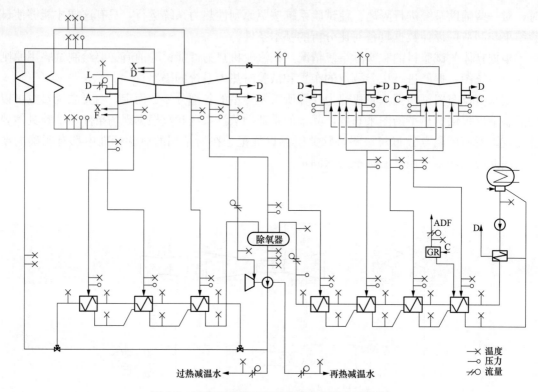

图 9-2　国产超临界 600MW 机组的热力系统图

表 9-2　　　　　　超临界 600MW 机组热力性能试验测点清单及精度要求

序号	测点名称	数量	仪表类型或量程	精度等级
1	主蒸汽压力	2	30MPa	0.2
2	主蒸汽温度	2	温度变送器	0.4
3	调节级后压力	1	30MPa	0.2
4	调节级后温度	1	温度变送器	0.4
5	高压缸排汽压力	1	6MPa	0.2
6	高压缸排汽温度	2	温度变送器	0.4
7	再热蒸汽压力	2	6MPa	0.2
8	再热蒸汽温度	2	温度变送器	0.4
9	中压缸排汽压力	2	5MPa	0.2
10	中压缸排汽温度	2	温度变送器	0.4
11	一段抽汽压力	1	25MPa	0.2
12	一段抽汽温度	1	温度变送器	0.4
13	二段抽汽压力	1	6MPa	0.2
14	二段抽汽温度	1	温度变送器	0.4
15	三段抽汽压力	1	5MPa	0.2
16	三段抽汽温度	1	温度变送器	0.4
17	四段抽汽压力	1	5MPa	0.2
18	四段抽汽温度	1	温度变送器	0.4
19	五段抽汽压力	1	1MPa	0.075

序号	测点名称	数量	仪表类型或量程	精度等级
20	五段抽汽温度	1	温度变送器	0.4
21	六段抽汽压力	1	1MPa	0.075
22	六段抽汽温度	1	温度变送器	0.4
23	排汽压力	4	20kPa	0.075
24	排汽温度	4	运行表	0.4
25	1号高压加热器进汽压力	1	25MPa	0.2
26	1号高压加热器进汽温度	1	温度变送器	0.4
27	1号高压加热器出水温度	1	温度变送器	0.4
28	1号高压加热器疏水温度	1	温度变送器	0.4
29	2号高压加热器进汽压力	1	5MPa	0.2
30	2号高压加热器进汽温度	1	温度变送器	0.4
31	2号高压加热器出水温度	1	温度变送器	0.4
32	2号高压加热器疏水温度	1	温度变送器	0.4
33	3号高压加热器进汽压力	1	5MPa	0.2
34	3号高压加热器进汽温度	1	温度变送器	0.4
35	3号高压加热器出水温度	1	温度变送器	0.4
36	3号高压加热器疏水温度	1	温度变送器	0.4
37	3号高压加热器进水温度	1	温度变送器	0.4
38	除氧器进汽压力	1	5MPa	0.2
39	除氧器进汽温度	1	温度变送器	0.4
40	除氧器筒体压力	1	5MPa	0.2
41	除氧器水箱水温	1	温度变送器	0.4
42	5号低压加热器进汽压力	1	1MPa	0.075
43	5号低压加热器进汽温度	1	温度变送器	0.4
44	5号低压加热器出水温度	1	温度变送器	0.4
45	5号低压加热器疏水温度	1	温度变送器	0.4
46	6号低压加热器进汽压力	1	1MPa	0.075
47	6号低压加热器进汽温度	1	温度变送器	0.4
48	6号低压加热器出水温度	1	温度变送器	0.4
49	低压加热器疏水温度	1	温度变送器	0.4
50	7A低压加热器进汽压力	1	1MPa	0.075
51	7B低压加热器进汽压力	1	1MPa	0.075
52	7号低压加热器出水温度	1	温度变送器	0.4
53	7A低压加热器疏水温度	1	温度变送器	0.4
54	7B低压加热器疏水温度	1	温度变送器	0.4
55	8A低压加热器进汽压力	1	1MPa	0.075
56	8B低压加热器进汽压力	1	1MPa	0.075
57	8号低压加热器进水温度	1	温度变送器	0.4
58	8A低压加热器疏水温度	1	温度变送器	0.4
59	8B低压加热器疏水温度	1	温度变送器	0.4
60	轴封加热器进汽压力	1	200kPa	0.075

续表

序号	测点名称	数量	仪表类型或量程	精度等级
61	轴封加热器进汽温度	1	温度变送器	0.4
62	轴封加热器出水温度	1	温度变送器	0.4
63	轴封加热器进水温度	1	温度变送器	0.4
64	最终给水压力	1	60MPa	0.2
65	最终给水温度	1	温度变送器	0.4
66	凝汽器热井水温	1	温度变送器	0.4
67	凝结水泵出口压力	1	5MPa	0.2
68	除氧器进水压力	1	5MPa	0.2
69	发电机功率	1	功率计	0.2
70	高压厂用变压器功率	1	功率计	0.2
71	高压公用变压器功率	1	功率计	0.2
72	减温水流量	6	运行表	0.2
73	循环冷却水进出水温度	6	运行表	1.5
74	凝结水流量喷嘴压差	2	250kPa	0.05
75	大气压力	1	200kPa	0.075

注 1. 本表所列凝结水流量测量对于鉴定性考核试验一次测量元件应采用ASME标准流量喷嘴，其标准实验室标定精度通常可达到±0.2%，其测量压差计量程根据喷嘴设计量程选用，采用相应精度等级。

2. 压力测量目前普遍采用0.2级压力变送器，对于介于正负压之间变化的压力测点及负压测点，均采用绝对压力变送器测量，其余选用对应量程的表压压力变送器测量。测量的表压数据，除要对大气压力修正外，还要对压力变送器相对于取样点垂直位置高差进行水柱压差修正，取样点比变送器高的取负值修正，取样点比变送器低的取正值修正。

3. 温度测量采用温度变送器或热电偶、热电阻均可，精度要求为精密1级，主、再热蒸汽温度应选用K型耐高温热电偶测量，其余可采用E型热电偶或热电阻测量。

4. 二次仪表目前国内比较流行的是采用IMP数据采集板，与数据采集板接口模块、通过特制软件临时组态成试验数据采集系统，该系统在试验期间自动按照设定采集频率完成数据采集、存储。

计算高压加热器旁路漏泄量。给水压力对焓值的确定影响很小，一般在给水管路上测量一个给水压力就够了。

（3）各加热器进、出水温度测点应尽量靠近加热器进、出口布置，测点的数量应能满足加热系统的热平衡计算。如果一台加热器出口与下游相邻的加热器进口之间没有汇流三通，则两台加热器可以共用一个测点作为出口和进口测点。如果两台加热器之间有汇流三通，如水侧旁路、疏水泵等，则在三通前后都需布置测点。加热器疏水温度测点布置在疏水调节阀前。

（4）汽轮机排汽压力装在低压缸排汽口上，每个排汽通道布置的测点不少于2个，测点取样管应符合采用试验标准要求，例如，《汽轮机性能试验规程》（ASME PTC6—2004）要求采用鼠笼均压装置测量排汽压力。

（5）用于确定水蒸汽状态的压力和温度测点应靠近，而且压力测点应在温度测点的上游。在测量多股流体混合后的温度时，测点应布置在混合点后足够远处，以获得充分混合后的真实温度。通过蒸汽压力和温度的测量值确定焓值时，蒸汽过热度至少为15℃。位于饱和区的蒸汽（如低压缸排汽和末级抽汽）一般只布置压力测点，其焓值只能通过能量平衡计算确定。

（6）锅炉减温水流量、给水泵密封水流量对试验计算影响较大，必须布置测点进行测量。其他辅助系统（主要是阀杆漏汽和轴封系统）管道较多，为了保证试验精度，应尽可能测量各流量。如果有些管道无法布置流量测点，试验各方应在试验前商定各流量的确定方法，常用的方法是通过加装压力和温度测点并通过热平衡计算确定，或者可以取设计值或按一定比例取值，某些流量还可以通过专门试验加以确定。

（7）存在流量测量的地方，在计算流量时都需要知道流体参数，因此一般情况下在流量喷嘴或孔板处需布置压力和温度测点。

（8）热力系统中存水的大容器（除氧器、热井、汽包等）的水位变化对计算有较大影响，应布置水位测点。

（9）汽轮机热力性能鉴定试验通常采用的标准是《汽轮机性能试验规程》（ASME PTC6—2004）和《汽轮机热力性能验收试验规程　第1部分：方法A大型凝汽式汽轮机高准确度试验》（GB/T 8117.1—2008），这两个标准均是以测量的主凝结水流量（即从低压加热器至除氧器的凝结水流量）为准，利用回热系统热平衡计算推算的主蒸汽流量进行汽轮机热耗率测试。因此，标准规定了主凝结水流量测量采用ASME标准低β值大流量喷嘴测量，所谓β值为喷嘴喉部直径与管道内径之比，喷嘴安装的直管段要求取样口上游为$10D$，下游为$5D$（D为管道内径），推荐水平段安装，也可垂直安装，但要对压差测量结果进行位置高差修正。测量凝结水流量喷嘴要按照计量检定周期经过实验室标准检定符合误差精度要求，在现场试验期间应在规定计量检定周期范围内，所配置的二次仪表即压差测量仪表（或压差变送器）的精度等级与检定要求均符合标准规定。

（10）发电机功率的测点可以布置在发电机出口处电流互感器、电压互感器的二次侧。

（11）对于试验结果起关键作用的测点，如主蒸汽参数、流量喷嘴压差、冷段再热蒸汽参数等，必要时可以采用双重测点，这样可以用来相互比对，检查可能存在的错误。同时取双重测点的平均值可以提高测量的精度。

三、系统条件

热力性能试验的目的是验证汽轮机主、辅设备及系统在特定条件下的性能指标。所以在试验期间，应尽可能按照特定条件对系统进行检查、调整。进行热力试验时，应尽可能地排除引起汽轮机热耗变化的因素，包括主/辅设备投入状态、热力系统摆布情况、热力系统各部分参数偏差情况、各转动辅机运行方式等。在实际电厂中，汽轮发电机组的热力系统非常复杂，各台机组之间经常会有汽、水的联系，为了方便试验和简化修正计算，需要适当地改变热力系统的运行方式，使试验机组自成一个独立的单元，热力系统无热力工质进出和热量进出，没有工质泄漏，也就是对试验机组进行系统隔离。

试验前，须按试验预定的热力系统隔离清单进行系统隔离，保证清单所列阀门的严密性良好。对于不严密的阀门，可加装临时堵板或加装隔离阀门进行临时隔离。试验开始时，应根据流量平衡试验情况将除氧器补至高水位，然后切断补水，在此之前应将影响试验精度的疏水排放、锅炉连续排污、锅炉定期排污、化学取样等各项操作停止。典型汽轮机热力性能试验需要进行的隔离和检查结果清单见表9-3。

表 9-3　　　　　　　　典型汽轮机热力性能试验需要进行的隔离和检查结果清单

名称	检查结果	名称	检查结果
一、正常运行中关闭（试验前需检查确认）的阀门			
疏水扩容器减温水总阀		高压加热器危急疏水阀	
凝汽器热井放水阀		二次减温器温水旁路阀	
凝结水泵出水阀后放水阀		凝汽器背包减温水总阀	
凝汽器水位调整器旁路阀		排气缸喷水电磁阀	
低压加热器放水阀		低压加热器疏水器旁路阀	
凝结水升压泵再循环阀		高压调节汽阀前联络管疏水阀	
高压加热器联成阀主水管放水阀		高压缸排汽止回阀后疏水总阀	
凝汽器补水调整旁路阀		高压调节汽阀后导管疏水阀	
二次减温器减温进水阀		中压联合调节汽阀后导管疏水阀	
中压疏水扩容器减温水阀		中压缸内缸疏水阀	
低压加热器疏水器前放水阀		给水泵进水母管放气阀	
低压加热器疏水泵出口总阀后排地沟阀		轴封箱高湿汽进汽阀后疏水阀	
电动主闸门后疏水排地沟阀		除氧器至轴封供汽阀前疏水阀	
中压联合调节汽阀前直管疏水阀		二次减温器出汽阀	
高压加热器危急疏水阀		老厂高温汽至加热总阀	
抽汽止回阀底部疏水阀		给水泵汽轮机凝汽器底部放水阀	
中压缸下缸进汽短管疏水阀		给水泵进水母管放水阀	
二次减温器底部疏水阀		除氧器水位调节阀后放水阀	
高压加热器疏水直放阀		低压加热器水侧放水阀	
二次减温器进汽阀		低压加热器出口事故放水阀	
高压轴封箱调整器旁路阀		除氧器放水排地沟阀	
地压轴封箱调整器旁路阀		高压疏水扩容器减温水阀	
阀杆漏汽至除氧器止回阀前疏水阀		凝汽器背包减温水调节阀	
给水泵汽轮机凝水至老厂除氧器补水阀		凝结水升压泵出水至水冷箱补水阀	
给水泵汽轮机凝结水再循环阀		低压加热器疏水进水阀后放水阀	
凝汽器与汽动给水泵凝汽器联络阀		电动主闸门后疏水阀	
凝结水泵、凝结水升压泵出口联络阀		高压缸排汽止回阀后疏水阀	
凝结水泵再循环阀		中压联合调节汽阀前弯管疏水阀	
低压加热器水侧放空气阀		电动主闸门前疏水阀	
低压加热器旁路阀		高压缸排汽止回阀底部疏水阀	
低压加热器出水排地沟阀		中压缸外缸疏水阀	
除氧器溢水管隔绝阀		抽汽联络阀后疏水阀	
给水泵汽轮机轴封加热器旁路阀		除氧器至轴封供汽阀后疏水阀	
高压轴封箱高温汽进汽阀		抽汽止回阀底部疏水阀排地沟阀	
夹层混温箱高温汽进汽阀		备用汽至除氧器阀	

续表

名称	检查结果	名称	检查结果
给水泵汽轮机凝结水供给泵密封水阀		除氧器压力调整器进汽阀前疏水阀	
中压缸夹层疏水阀		给水大旁路阀前放水门阀	
中压缸外缸法兰螺栓进汽阀		给水泵汽轮机轴封联箱疏水阀	
电动给水泵暖管排地沟阀		汽缸疏水阀	
夹层混温箱新蒸汽进汽阀		高压加热器疏水排凝器阀	
中压缸上夹层进汽阀		给水大旁路阀后放空气阀	
大旁路间隔阀及旁路阀（炉）		高压轴封进汽母管疏水阀	
给水泵汽轮机凝结水联络阀		高压加热器汽侧安全阀	
备汽进汽总阀		低压加热器疏水至凝器直通阀	
除氧器进汽母管疏水阀		锅炉有关影响真空的各阀门	
高压加热器给水小旁路放水阀		抽汽至临机启动用汽阀	
高压加热器进水端放汽阀		高压加热器进水阀前放水阀	
给水泵汽轮机备汽进汽阀		给水大旁路阀前放水阀	
凝结水母管放空气阀		汽动给水泵轴封联箱备汽进汽阀	
甲汽动给水泵再循环阀		给水泵备汽调节阀	
汽动给水泵出水阀前放水阀		给水泵汽轮机主动主汽阀后弯管疏水阀	
汽动给水泵出水阀前放气阀		低压轴封母管疏水阀	
给水泵汽轮机排汽缸喷水阀		轴封漏汽至抽汽母管疏水阀	
低压加热器疏水旁路阀		给水泵备汽总阀	
低压轴封联箱底部疏水阀		给水泵汽轮机自动主汽阀前疏水阀	
法兰螺栓混温箱新蒸汽进汽阀		低压给水母管放水阀	
中夹混温箱低温汽进汽阀		汽动给水泵出水阀前放水阀	
中压缸下夹进汽阀		给水泵汽轮机凝汽器补水阀	
法兰螺栓混温箱低温汽进汽阀		除氧水箱加热	
汽加热低温汽进汽总阀		抽汽联络阀	
小旁路隔离阀及旁路阀		高压轴封联箱底部疏水阀	
抽汽母管疏水阀		中夹疏汽至抽汽母管阀	

二、试验期间需临时隔离的阀门

名称	检查结果	名称	检查结果
备汽母管疏水阀		排汽缸喷水进水总阀	
汽动给水泵备汽总阀后疏水阀		老厂高温汽至汽加热总阀前疏水阀	
除氧器下水母管加药阀		中压法螺混温箱疏水阀	
凝汽器补水调整器出水阀		备用阀前疏水阀	
二次减温器进汽阀前疏水阀		低扩减温水门	
连续排污至除氧器调节阀、隔离阀		轴封联箱低温汽进汽母管疏水阀	
锅炉系统全部化学取样阀		凝汽器补水调阀	
主凝结水取样阀、凝结水升压泵出口取样阀、化学排地沟阀		汽加热集汽箱疏水阀	
汽动给水泵备汽总阀前疏水阀		中夹混温箱疏水阀	
给水泵汽轮机凝结水母管取样阀		汽加热集汽箱疏汽阀	
给水泵汽轮机凝结水母管取样阀		汽加热集汽箱疏汽阀	
凝汽器补水调整器进水阀		除盐水箱至凝结水箱联络阀	

四、运行条件

试验期间必须严格保证试验运行工况参数的稳定，这是判定试验是否有效的主要因素之一。所有影响试验结果的运行参数，在开始试验前应尽可能地调整到规定值，并且在试验过程中保持稳定，试验过程中除安全原因和正常的调整外，不得对机组进行与试验无关的操作，稳定时间的长短取决于试验系统和工况参数的稳定程度，一般情况下，如果满足以下条件，则认为试验结果可以接受。

1. 观测频率

《汽轮机性能试验规程》（ASME PTC6—2004）规定功率值和主流量的压差值，其读数间隔不得大于 1min，其他重要参数的读数间隔不得大于 5min，累计式表计和水位的读数间隔不大于 10min。

《汽轮机热力性能验收试验规程　第 1 部分：方法 A　大型凝汽式汽轮机高准确度试验》（GB/T 8117.1—2008）规定主流量压差一般宜每 0.5min 读数 1 次，输出电功率读数间隔不宜大于 1min，主要压力和温度读数间隔不宜大于 5min。

GB/T 8117.2—2008 规定流量的压差和电功率间隔为 1min，压力和温度根据波动性质和大小在 3～5min 之间选择。

2. 试验持续时间

ASME PTC6—2004 规定在每个负荷点至少应做持续 2h 的稳定工况试验。

GB/T 8117.1—2008 建议一次验收试验的持续时间为 2h，持续时间也可根据协议缩短，但不得小于 1h；能力工况试验的持续时间宜按此选定。

GB/T 8117.2—2008 建议一次验收试验的最短持续时间为 1h，经协商或因技术上的要求持续时间也可缩短，但不宜小于 30min；能力试验的持续时间由各方商定，但不宜小于 15min。

3. 试验参数波动

通常根据试验前制定的参数控制表来判定试验系统和工况参数是否处于稳定状态，包括试验参数的允许变化范围和波动幅度。对此，各试验标准和规程的规定有所不同。《汽轮机性能试验规程》（ASME PTC6—2004）、《汽轮机热力验收试验规程》（IEC 953-1）和《汽轮机热力性能验收试验规程　第 1 部分：方法 A 大型凝汽式汽轮机高准确度试验》（GB/T 8117.1— 2008）中给出了试验结果平均值与设计值的容许偏差和试验过程中的容许参数波动范围，见表 9-4 和表 9-5。

表 9-4　　　　　　　　　　　试验结果平均值与设计值的容许偏差

参数	ASME PTC6—2004	IEC 953-1	GB/T 8117.1 —2008
主蒸汽压力	绝对压力的±3.0%	绝对压力的±3.0%	绝对压力的±3.0%
主蒸汽、再热蒸汽温度	过热度在 15～30℃时，为±8℃；过热度在 30℃时，为±16℃	过热度小于或等于 25℃时，为±8℃；过热度大于 25℃时，为±15℃	过热度小于或等于 25℃，为±8℃；过热度大于 25℃时，为 15℃
主蒸汽品质	对湿蒸汽，汽轮机为±0.5%	对湿蒸汽，汽轮机为±0.005	—
主流量	—	—	

续表

参数	ASME PTC6—2004	IEC 953-1	GB/T 8117.1—2008
辅助流量	±5.0×（主流量/辅助流量)%	—	
再热器压力损失	±50%	—	
油汽压力	±5.0%	—	协商
抽汽流量	±5.0%	—	
给水温度	±6℃	±8℃	±8℃
排汽压力	±2.5%和±0.34kPa 两者中之大者	±2.5% 和 ±3kPa 两者中之大者	绝对压力的±2.5%
负荷	在规定负荷基准时，全部修正完成后为±5.0%	±5	±5%
转速	±5.0%	—	
级组的等熵焓降	±10.0	—	
当凝汽器在规定范围之内			
冷却水入口温度	在专项设备规程中加以要求	±5℃	±5℃
冷却水流量		±10%	±10%
（空冷凝汽器）空气入口温度		±10℃	—

　　试验前对系统进行补水，使除氧器、凝汽器保持较高的水位，试验期间停止补水，除氧器、凝汽器热井水位稳定变化，无大的波动，注意除氧器事故放水不得动作。试验过程中应精心调整，保持各加热器水位正常、稳定；保持主、再热蒸汽压力、温度稳定不投或尽量少投减温水，如果必须投减温水，则应保持减温水在试验持续时间内恒定。

表 9-5　　　　　　　　　　　　　　试验过程中的容许参数波动范围

参数	ASME PTC6—2004	IEC 953-1	GB/T 8117.1—2008
主蒸汽压力	绝对压力 ±0.25% 与 34.5kPa 两者中之大者		绝对压力 ±0.25% 和 34.5kPa 中的大者
主蒸汽、再热蒸汽温度	过热度在 15～30℃ 时，为 ±2℃；过热度在 30℃时，为 ±4℃	过热度小于或等于 25℃ 时，为 ±2℃；过热度大于 25℃ 时，为 ±1℃	主蒸汽温度 ±2℃ 再热蒸汽温度 ±1℃
主蒸汽品质	对湿蒸汽，汽轮机为±0.1%	对湿蒸汽，汽轮机为±0.001	—
主流量	当波动频率大于连续采样频率2倍时，容许值为压差值的±1%；对低频波动，容许值为压差值的±4%	当波动频率大于连续采样频率2倍时，容许值为压差值的±1%；对低频波动，容许值为压差值的±5%	超出读数频率一半以上的高频波动，允许波幅的平均值为满负荷时读数的1%，对于低频波动为5%

参数	ASME PTC6—2004	IEC 953-1	GB/T 8117.1—2008
辅助流量	当波动频率大于连续采样频率2倍时，容许值为压差值的±1×（主流量/辅助流量)%；对低频波动，容许值为压差值的±4×（主流量/辅助流量)%	—	—
再热器压力损失	—	—	—
油汽压力	—	—	—
抽汽流量	—	—	—
给水温度	—	—	—
排汽压力	±1.0%和±0.14kPa两者中之大者	±5%	绝对压力的±5.0%
负荷	±0.25%	±0.25%	±0.25%
电压	—	—	—
功率因数	±1.0%	—	—
转速	±2.5%	—	—
级组的等熵焓降	—	—	—
当凝汽器在规定范围之内			
冷却水入口温度		±1℃	±1℃
冷却水流量	在专项设备规程中加以要求	—	—
（空冷凝汽器）空气入口温度		—	—

4. 试验次数的规定

从理论上讲，进行无穷次的重复性试验，然后将各次试验结果进行平均，该值能够反映试验结果的真实值。但实际上是不可能进行如此多次的试验。一般做法是在同一运行工况下进行两次试验，即一次正式试验和一次重复性试验，这样可以在一定程度上减小因随机误差产生的不确定度。

不能在不改变阀门位置和不破坏试验系统隔离的情况下连续进行试验（包括重复性试验）。所谓不能"连续进行"是指必须至少变化机组运行负荷或重新进行试验系统隔离。负荷变化至少要变到另一个或高或低点的负荷，一般要求至少变化15%。

在同一工况点进行的正式试验和重复性试验的结果会有差别。如果假设试验的不确定度预期值为 A，那么正式试验和重复性试验的结果与两者的平均值都不能超过该值的 $0.5A$。在工程实际中，若两次试验是在同一工况点进行的，修正后的热耗率相差在 0.25% 以内，则满足对重复性试验结果一致性的要求。如果两次试验不满足条件，那么应当继续进行试验直到至少有两次试验结果满足要求为止。

实际现场的汽轮机热力性能试验（验收试验）一般包含预备性试验、100%THA工况试验、75%THA工况试验、50%THA工况试验、VWO工况试验、TRL工况试验、高压加热器全切工况试验。

确定试验工况需要说明的是，国内各大汽轮机制造厂对于大型节流调节的凝汽式机组设计，一般是按照高压调节汽阀以顺序阀控制到最后一组阀门尚未开启的情况下为额定负荷（THA）工况。例如，国内 300MW 机组早期的 5 阀全开工况和后来的 3 阀全开工况等。

对于设计非节流调节的机组，按照滑参数进行变动负荷，这类机组的试验工况确定应在试验期间对照运行参数与设计偏差，根据制造厂提供的参数修正曲线对功率进行预测算。例如，一台 600MW 机组，在设计主蒸汽、再热蒸汽、排汽参数条件下带额定 600MW，试验前应该针对实际主、再热蒸汽偏差和排汽压力偏差对功率进行修正测算，然后再确定试验工况条件下的负荷工况点的控制参数。

针对大修前后的对比效果试验。通常是对于节流调节的汽轮机，大修前后对比工况的调节阀阀位相同；对于非节流调节的机组，对比工况以进汽参数相同的情况下（控制起来可能不够精确，可以在数据处理中通过变工况修正到一致），真空偏差修正后功率一致为宜。

预备性试验是正式试验所必需的，其目的在于：①确定设备及系统是否具备进行试验的条件；②隔离热力系统，检查不明泄漏量；③检查试验仪表的工作状态，培训试验记录人员。

第三节　汽轮机热力性能试验结果的解读

汽轮机热力性能试验是用试验的方法获取汽轮机在规定的运行工况下的热力特性，反映汽轮机在特定热力循环系统中的能耗水平，以及附属设备及系统的完善程度。试验结束后，由试验单位编写热力试验报告。

汽轮机热力性能试验确定的指标主要包括机组热耗率、汽轮机发电机组效率、汽耗率、汽轮机的内效率等，辅助系统指标一般包括加热器端差、抽汽压力损失、凝汽器过冷度等。

试验报告会给出试验热耗率和经过修正后的热耗率。试验热耗率就是在试验条件下，用测量手段得出的热耗值；因为在试验条件下，各参数的波动或系统的运行方式不一定能完全达到设计要求，为了与设计工况进行比较，必须对试验热耗率经过参数和系统进行修正。

一、试验结果修正计算分类

汽轮机热力性能试验的修正计算一般分为三类：

（1）第一类修正为系统修正。一般包括如下几项：

1）抽汽管道压力损失；

2）加热器进口、出口端差；

3）凝结水泵和给水泵焓升；

4）减温水流量；

5）除氧器水位变化量；

6）凝结水过冷度；

7）给水泵汽轮机用汽量（效率）。

（2）第二类修正为参数修正。一般包括如下几项：

1）主蒸汽压力；

2）主蒸汽温度；

3) 再热蒸汽温度；

4) 再热器压力损失；

5) 排汽压力。

(3) 其他修正。指试验人员认为与设计工况不一致，需要修正的情况，如主蒸汽的临时滤网或再热蒸汽的临时滤网等。

二、试验结果分析

进行热力性能试验的机组，主要测定的指标有热耗率、厂用电率及供电煤耗、负荷热耗特性曲线；试验要求测定的小指标主要是加热器的上、下端差和温升。

1. 机组热耗率

汽轮机组热耗率简单地说就是机组单位发电量所消耗的热量，对于凝汽式发电机组，输入能量是通过锅炉主蒸汽和再热蒸汽提供给汽轮机，工质经过热力循环中的热功转换和回热加热，最终返回锅炉的是锅炉给水，所以锅炉给水所携带的能量是返回能量，在计算耗热量时需要减掉。其计算公式为

$$汽轮机热耗率 = \frac{进入汽轮机系统的总热量 - 离开系统的总热量（不包括循环水带走的热量）}{发电机输出功率}$$

这里所说的汽轮机系统是包括回热系统，但不包含锅炉的热力系统。因此，离开汽轮机系统进入锅炉的给水及冷段再热蒸汽所含有的热量必须计及。此外，出汽轮机系统的辅助热量，如锅炉暖风器用汽、系统不可忽略的漏汽漏水所带走的热量也要包括在内。

发电机输出功率是指发电机的净输出功率，即在二次侧所测得的电功率，考虑电压互感器、电流互感器的精度修正和二次线路的线损，并扣除用于励磁系统的功率后的功率。热耗率 q_0 的计算公式为

$$q_0 = \frac{D_0 h_0 - D_{fw} h_{fw} + D_{hrh} h_{hrh} - D_{crh} h_{crh} - D_{rhs} h_{rhs} - D_{ssw} h_{ssw}}{P_{el}} \tag{9-1}$$

式中 q_0——热耗率，kJ/kWh；

    D_0、h_0——主蒸汽流量、焓，t/h、kJ/kg；

    D_{fw}、h_{fw}——给水流量、焓，t/h、kJ/kg；

    D_{hrh}、h_{hrh}——热段再热蒸汽流量、焓，t/h、kJ/kg；

    D_{crh}、h_{crh}——冷段再热蒸汽流量、焓，t/h、kJ/kg；

    D_{rhs}、h_{rhs}——再热器减温水流量、焓，t/h、kJ/kg；

    D_{ssw}、h_{ssw}——过热器减温水流量、焓，t/h、kJ/kg；

    P_{el}——发电机输出功率，MW。

例如，某电厂机组热力性能考核试验的结论为：在 THA 工况下，试验热耗率为 7828.25kJ/kWh，经一、二类，高、中压临时滤网修正后热耗率为 7440.65kJ/kWh（引风机驱动方式为汽动），基本达到保证值 7434.00kJ/kWh；在 TMCR 工况下，试验热耗率为 7794.60kJ/kWh，经一、二类，高、中压临时滤网修正后热耗率为 7462.44kJ/kWh；在 500MW 工况下，试验热耗率为 7975.03kJ/kWh，经一、二类，高、中压临时滤网修正后热耗率为 7674.17kJ/kWh。由此可知，经过修正计算后的热耗基本达到了汽轮机制造厂的保证值。

又如，机组大修前的热力性能试验报告对热耗率的试验结论：在100%负荷工况下，热耗率约为8536.50kJ/kWh，经过一、二类修正后的热耗率为8444.00kJ/kWh，比额定工况设计热耗率8214.20kJ/kWh偏高约229.80kJ/kWh，说明还有一定的节能潜力，这为机组大修提供了依据。

需要注意的是，修正后的热耗率并不代表机组正常运行时的热耗率，之所以要对试验热耗率进行一、二类修正，是为了检验汽轮机在特定条件下的热耗率达到了什么程度，是否达到预期目标，产生偏差的原因和分析可能治理的方法、措施；而试验热耗率是机组在试验条件下通过直接测量机组运行数据经过处理、计算得到的结果。

2. 汽轮机汽缸效率

汽轮机各汽缸的效率反映了汽轮机本体通流部分性能的优劣程度，是表述汽轮机组性能的另一个重要指标。汽缸的进汽阀和调节汽阀一般是与汽轮机整体设计的，汽缸效率试验与设计取点应一致，高压缸进汽参数取自动主汽阀前来计算汽轮机高压缸效率。显然这种定义包含了蒸汽在进汽阀和调节汽阀中的压力损失，因此，对于节流调节的汽轮机高压调节汽阀性能及运行方式直接影响高压缸效率，试验时最需注意的是在THA工况要求高压调节汽阀阀位达到一定要求而不是要求功率达到额定；对于一些机组检修前、后对比工况的试验，按照相同阀位工况进行对比，比相对于相同功率进行更合理。

汽轮机汽缸效率的定义为蒸汽在汽轮机中的实际焓降和理想焓降之比，即

$$\eta = \frac{h_0 - h_c}{h_0 - h_{cl}} \qquad (9\text{-}2)$$

式中　h_0——汽轮机高、中、低压缸进汽焓，kJ/kg；

　　　h_c——汽轮机高、中、低压缸排汽焓，kJ/kg；

　　　h_{cl}——汽轮机高、中、低压缸排汽等熵膨胀终点焓，kJ/kg。

在热力性能试验中，汽轮机各汽缸的效率同样存在试验值与修正值的问题，其修正方法比较复杂，存在误差，一般尽可能避免修正，保证进汽参数在额定值相对要容易些。汽缸效率对于降低热耗的指导意义将更近一步。

例如，某机组进行试验得到的结论：高压缸效率为87.4%，经高压临时滤网、高压轴封漏流量修正后效率为90.0%。中压缸效率为92.8%，经中压临时滤网修正后效率为93.1%。经排汽容积流量修正后低压缸效率为89.3%。机组设计高压缸效率为84.79%，中压缸效率为92.03%，低压缸效率为92.44%。由此可知，机组高压缸试验效率高于设计效率，说明机组高压缸设计、安装是比较合理的，而中、低压缸试验效率均低于设计值，因此应进一步查找原因，用于指导机组检修和设计。

3. 汽轮机组热效率

汽轮机组热效率是基于热力学能量平衡的原理，即锅炉提供给汽轮机的热量中被转化成电能的百分比，其与热耗率互为倒数关系，热耗率是汽轮机组单位发电量所消耗的锅炉来热量，将电量核算成热量，即计算出汽轮机组热效率，也称为绝对电效率。汽轮机组热效率计算公式为

$$\eta_{ael} = \frac{3600}{q_0} \qquad (9\text{-}3)$$

4. 机组发电煤耗率

机组发电煤耗率，是指机组单位发电量（即1kWh）所耗用的标准煤量，它往往是发电

企业比较关心的一个综合类指标，真实地反映了机组发电生产能耗水平，反映了汽轮机、锅炉、管道保温这些设备的健康状况；机组发电煤耗率是系统综合指标，用式（9-4）进行计算的是反平衡计算，由于热力试验通常与机炉专业同时进行，所以试验报告中提供的是反平衡发电煤耗计算指标，应该注意到，这与电厂实际运行统计数据的正平衡计算结果是有很大区别的。

$$b_f = \frac{q_0}{29\ 308\eta_{gl}\eta_{gd}} \times 10^7 \tag{9-4}$$

式中　b_f——机组发电煤耗率，g/kWh；

　　　η_{gl}——锅炉效率，%；

　　　η_{gd}——管道效率，%。

5. 加热器端差

回热加热器是回热系统的重要设备之一。采用多级回热系统逐级将汽轮机排汽凝结水加热至一定的给水温度送至锅炉省煤器，是为了降低锅炉换热温差，减少大温差造成的换热不可逆损失。采用逐级由低至高的各段抽汽加热，也是能源梯级利用降低换热温差，减少不可逆损失的措施，提高系统热力循环效率。加热器性能主要表现在端差、抽汽管道压力损失、散热损失、水侧阻力等，切除加热器和给水旁路泄漏等因素对热经济性的影响。

图 9-3 所示为加热器端差在蒸汽和冷却水温度沿冷却表面的分布，δ_t 为端差；图 9-4 所示为加热器换热过程，δ_t 为端差，T_n 为环境温度，1—2 是加热蒸汽凝结放热过程；1—4 是等焓线；3—5 是端差不存在的情况下给水被加热的过程；6—S_1—S_2—7—6 是换热引起的损失；3—4 是端差存在的情况下给水被加热的过程；6—S_1—S_3—8—6 是换热引起的损失，其中，7—S_2—S_3—8—7 是端差带来的额外损失。端差的存在和变化，虽没有发生直接明显的热损失，但增加了热交换的不可逆性，产生了额外的冷源损失，降低了装置的热经济性。

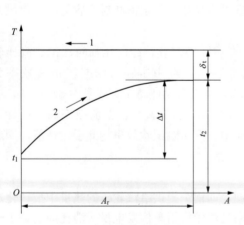

图 9-3　加热器端差在蒸汽和冷却水温度沿冷却表面的分布示意图

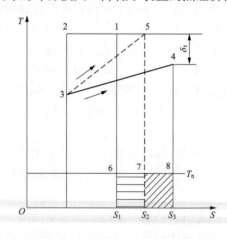

图 9-4　加热器换热过程示意图

（1）加热器的上端差 δ_{t1}。加热器的上端差 δ_{t1} 也称给水加热不足。给水加热不足会使下一级加热器的抽汽量增加，按等效热降原理，下一级较高能级品位抽汽热量的增加，将引起系统循环效率相对降低；与此同时本级加热器级的抽汽热量将相对减少，使新蒸汽的做功增加。加热器的上端差 δ_{t1} 使新蒸汽等效热降降低，降低的量为 $\Delta h_{\delta t1}$

$$\Delta h_{\delta t1} = \delta_{t1}(\eta_{j-1} - \eta_j) \quad (\text{kJ/kg}) \tag{9-5}$$

式中　η_{j-1}——上一级加热器效率，%；

　　　η_j——本级加热器效率，%。

（2）加热器的下端差 δ_{t2}。加热器的下端差 δ_{t2} 增大，疏水未得到应有的冷却，致使蒸汽在本级加热器的放热程度降低，加热用汽量增大；同时，疏水温度的提高及加热用汽量的增大导致下一级加热器用汽量减少，形成高品位抽汽对低品位抽汽的排挤，使机组经济性降低。加热器的下端差 δ_{t2} 使新蒸汽等效热降降低，降低的量为 $\Delta h_{\delta t2}$

$$\Delta h_{\delta t2} = \beta_j \, \Delta\tau_j(\eta_j - \eta_{j+1})\frac{q_j}{q_j - \Delta\tau_j} \quad (\text{kJ/kg}) \tag{9-6}$$

式中　β_j——本级加热器疏水份额；

　　　$\Delta\tau_j$——第 j 级回热加热器的给水焓升变化量，kJ/kg；

　　　η_j——第 j 级回热加热器的抽汽效率，%；

　　　η_{j+1}——第 $j+1$ 级回热加热器的抽汽效率，%；

　　　q_j——第 j 级回热加热器的抽汽放热量，kJ/kg。

某电厂大修后经热力性能试验，加热器端差和温升数据见表9-6。

表 9-6　　　　　　　　　　　　　加热器端差和温升数据

项目	设计值	100%负荷工况试验值
1号高压加热器上端差（℃）	0	2.1
1号高压加热器温升（℃）	21.4	21.9
2号高压加热器上端差（℃）	1	4.4
2号高压加热器温升（℃）	38.4	32.8

由表9-6可知，1号高压加热器的上端差偏大 2.1℃；2号高压加热器上端差偏大 3.4℃，温升偏小 5.6℃。端差偏大降低了加热器系统的回热经济性，使机组热耗率增高。

6. 抽汽压力损失

抽汽压力损失是指抽汽在加热器中，以及从汽轮机抽汽口到加热器入口沿途管道上产生的压力损失的总和。抽汽压力损失是一种不明显的热力损失，使蒸汽的做功能力下降，热经济性降低。由于抽汽口固定不变，抽汽压力损失将使加热器内压力降低。因此，加热器出口水温下降，出现了给水加热不足和加热器疏水放热产生的变化。

各级加热器的抽汽压力损失对机组热经济性都有影响。机组运行中的抽汽压力损失可能是抽汽系统设计中产生的问题，也可能是运行过程中产生的问题。抽汽管道设计参数包括抽汽管道长度、管道的弯头数目、局部阻力（即装设的阀门多少和阀门类型）等，针对引起抽汽压力损失大的原因，提出技术改造建议，如抽汽管道上必须装设的止回阀应选用阻力小的类型，运行中把应该打开的阀门开足等。

7. 凝汽器过冷度

凝汽器由于冷端运行等原因，可能出现凝结水温度低于凝汽器压力所对应的饱和温度，这个差值 Δt 通常称为凝汽器过冷度。凝汽器过冷度将增大冷源损失，降低做功能力和装置的热经济性。

凝汽器运行过程中产生凝结水过冷可能是凝汽器设计中的问题，也可能是运行不当造成的。在热力性能试验报告中应给出相应的建议和措施，以便制造厂予以消除和避免。

8. 系统泄漏的清单及建议

机组进行热力性能试验前，都会按照隔离清单进行系统隔离，以减少系统泄漏量。泄漏一般有外漏和内漏两种。

蒸汽或给水通过泄漏的阀门直接排入外界的外漏，会因工质和热量出热力系统，对机组热耗率造成影响。内漏的阀门导致蒸汽不做功短路进入凝汽器，不仅造成能量和工质损失，还增加了凝汽器的热负荷，造成真空降低，对机组热耗率影响也很大。

在进行热力性能试验时发现的内、外漏的阀门，要进行记录和计算，确定因泄漏造成的热耗率升高的数值。制造厂可以根据阀门泄漏清单，合理安排时间进行消缺，提高机组经济性。

9. 热耗率分布图表

在热力性能试验报告中，会对影响热耗率的各个因素进行分析计算和汇总。在汇总表中可以浏览各个影响因素及影响的大小。根据此表不仅可以了解汽轮机热耗率的各组成部分，以及和设计热耗率产生偏差的因素，而且可以根据此表制定相关检修计划，消除影响较大的因素，同时可以根据表中数据指导运行操作。某电厂机组进行大修后的热力性能试验热耗率影响因素，见表 9-7，图 9-5 所示为根据表 9-7 绘制的热耗率影响因素分布图。

表 9-7 　　　　　　　　　　　　各因素对热耗率的影响数值

项目	单位	设计值	试验值	偏差	影响数值（kJ/kWh）
试验热耗率	kJ/kWh	—	—	—	8070.47
一类修正后热耗率	kJ/kWh	—	—	—	8035.88
二类修正后热耗率	kJ/kWh	—	—	—	7753.84
设计热耗率	kJ/kWh	—	—	—	7577.00
试验热耗率高于设计值	kJ/kWh	—	—	—	493.47
修正热耗率高于设计值	kJ/kWh	—	—	—	176.84
一类热耗率修正量	kJ/kWh	—	—	—	34.59
二类热耗率修正量	kJ/kWh	—	—	—	282.04
一类修正					
再热器减温水	t/h	0.000	22.305	22.305	18.51
1 号高压加热器上端差	℃	−1.7	−2.0	−0.3	−0.36
2 号高压加热器上端差	℃	0.0	0.1	0.1	0.05
3 号高压加热器上端差	℃	0.0	0.2	0.2	0.12
5 号低压加热器上端差	℃	2.8	0.8	−2.0	−2.69
6 号低压加热器上端差	℃	2.8	0.8	−2.0	−1.49
7 号低压加热器上端差	℃	2.8	0.3	−2.5	−1.93
8 号低压加热器上端差	℃	2.8	2.7	−0.1	−0.09
加热器上端差总计					−6.40
1 号高压加热器下端差	℃	5.6	7.3	1.7	0.07
2 号高压加热器下端差	℃	5.6	6.8	1.2	0.12
3 号高压加热器下端差	℃	5.6	5.6	0.0	−0.01

项目	单位	设计值	试验值	偏差	影响数值（kJ/kWh）
5 号低压加热器下端差	℃	5.6	1.3	−4.3	−0.12
6 号低压加热器下端差	℃	5.6	2.0	−3.6	−0.20
7 号低压加热器下端差	℃	5.6	5.6	0.0	0.00
8 号低压加热器下端差	℃	5.6	3.9	−1.7	−0.54
加热器下端差总计					−0.67
一段抽汽压力损失	%	3.01%	3.25%	0.24%	0.11
二段抽汽压力损失	%	3.07%	2.28%	−0.79%	−0.46
三段抽汽压力损失	%	2.94%	1.83%	−1.11%	−0.48
四段抽汽压力损失	%	5.01%	1.81%	−3.20%	−1.71
五段抽汽压力损失	%	5.07%	2.06%	−3.01%	−0.79
六段抽汽压力损失	%	5.30%	4.40%	−0.90%	−0.21
抽汽压力损失总计					−3.55
凝汽器过冷度	℃	0.0	−2.0	−2.04	−3.89
凝结水泵焓升	kJ/kWh	11.39	2.55	−8.84	3.98
给水泵焓升	kJ/kWh	41.45	37.31	−4.13	8.75
轴封加热器进汽量增加	—				5.57
炉侧泄漏影响	—				12.28
二类修正					
主蒸汽压力影响	MPa	24.200	24.052	−0.148	2.95
主蒸汽温度影响	℃	538.0	533.2	−4.8	12.31
再热蒸汽温度影响	℃	566.0	565.1	−0.9	4.36
再热器压力损失影响	%	10.01%	7.06%	−2.95%	−18.33
排汽压力影响	kPa	4.900	8.031	3.131	264.76
汽缸效率影响					
高压缸效率	%	86.19%	82.68%	−3.51%	42.95
中压缸效率	%	92.66%	90.06%	−2.60%	40.10
内漏及其他因素合计					93.78

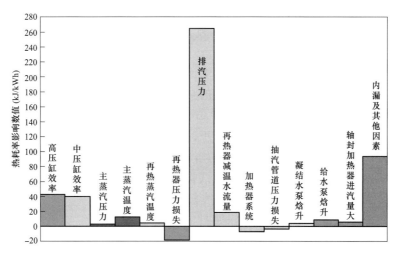

图 9-5　热耗率影响因素分布图

三、其他注意事项

1. 机组主要参数

机组主要参数包括主蒸汽温度、主蒸汽压力、再热蒸汽温度、再热蒸汽压力、机组真空（排气压力）等。在读取试验报告时，应注意试验时的测量值与额定值的偏差，这些偏差会影响机组的热耗率，对于热耗率的影响可以查阅相关曲线进行计算后得到。在机组老化性的热力性能试验中，有时会测定出新的热耗率影响曲线，这些曲线要作为技术资料予以保存，为以后的比较做好资料收集。

2. 机组排汽焓值的计算

凝汽式汽轮机的排汽都是湿蒸汽。对于湿蒸汽来说，压力和温度不是相互独立的状态参数，温度是压力的函数。为了确定凝汽式汽轮机的排汽状态，除需要测量排汽压力外，还要设法测定另外一个独立的参数，如干度等。但在工业测试上，还没有一个完善的测试手段。因而，在汽轮机热力性能试验中都是通过对汽轮机进行能量平衡计算来求出汽轮机的排汽焓，从而确定它的排汽状态。

由于处于湿蒸汽区的抽汽状态也不能确定，在这种情况下，汽轮机的排汽焓要用试算法来确定。根据汽轮机过热区的所有实测进汽和抽汽状态点，初步确定处于湿蒸汽区的各级抽汽的焓值，计算出湿蒸汽区各级假定的抽汽量，根据流量平衡方程式，计算出汽轮机的排汽量，从而得到排汽焓；但该焓值不一定是试验条件下的真实排汽焓，需要通过校核膨胀终点焓才能确定。

根据假设的膨胀终点的状态，计算出排汽的容积流量，查出相应的排汽损失。如果上面得出的排汽焓减去排汽损失等于假设的终点焓，计算到此为止。否则，就要修改处于湿蒸汽区的膨胀过程线，重复上述过程，直到完全一致。

求解排汽焓的方法多种多样，其特点可归纳如下：

（1）如果末级抽汽不在湿蒸汽区，利用热平衡和物质平衡方程可以很容易求得排汽焓。

（2）如果末级抽汽在湿蒸汽区，也就是末级抽汽的焓值是未知数，此时方程中有两个未知数，即末级抽汽焓和排汽焓，方程有无数个解。只有增加一个限定条件，使抽汽焓和排汽焓符合工程实际，也就是要从无数个解中找到一个符合要求的解。

（3）末级抽汽焓和排汽焓的对应关系：排汽焓受末级抽汽焓影响较小，随着负荷的降低，排汽焓受末级抽汽焓的影响越来越小。

（4）在迭代求解时，假设一个末级抽汽焓比假设排汽焓要好用。因为即使假设的末级抽汽焓有较大的误差，求出的排汽焓与排汽焓的真实值也是很接近的。

3. 机组的修正曲线

机组的修正曲线作为热力性能试验的修正计算依据和机组正常运行中对经济性粗略计算的依据，要求电厂的技术人员必须予以掌握。汽轮机组在出厂时，由制造厂提供一套设计时的修正曲线。机组经过运行后，做热力性能试验时应要求试验单位试验实测一套修正曲线。以国产600MW级机组为例，机组的修正曲线如图9-6～图9-16。

（1）主蒸汽压力对功率的修正曲线，如图9-6所示。

（2）主蒸汽压力对热耗率的修正曲线，如图9-7所示。

（3）主蒸汽温度对功率的修正曲线，如图9-8所示。

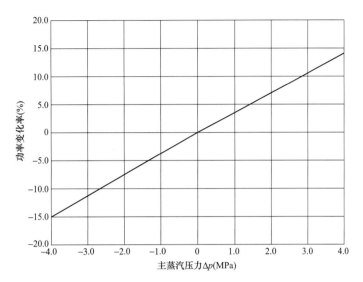

曲线数据表	
Δp（MPa）	功率变化率（%）
−4	−14.8940
−2	−7.3455
0	0
2	7.1247
4	14.0907

图 9-6　主蒸汽压力对功率的修正曲线

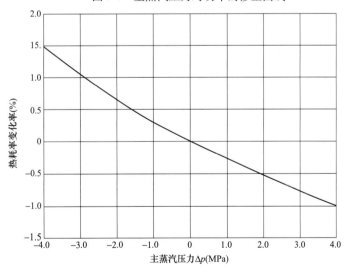

曲线数据表	
Δp（MPa）	热耗率变化率（%）
−4	1.4838
−2	0.6620
0	0
2	−0.5221
4	−0.9881

图 9-7　主蒸汽压力对热耗率的修正曲线

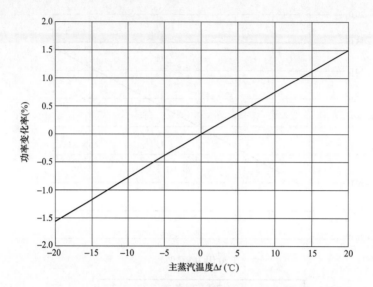

曲线数据表	
Δt（℃）	功率变化率（%）
—20	—1.5531
0	0
20	1.4950

图 9-8　主蒸汽温度对功率的修正曲线

（4）主蒸汽温度对热耗率的修正曲线，如图 9-9 所示。

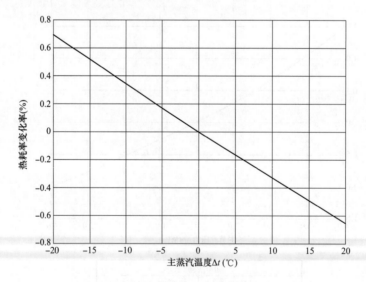

曲线数据表	
Δt（℃）	热耗率变化率（%）
—20	0.7014
0	0
20	—0.6545

图 9-9　主蒸汽温度对热耗率的修正曲线

（5）再热蒸汽温度对功率的修正曲线，如图 9-10 所示。

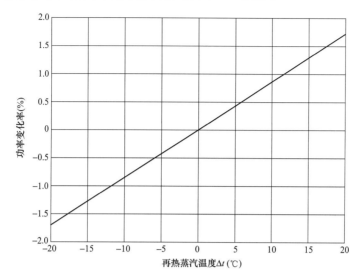

曲线数据表	
Δt（℃）	功率变化率（%）
−20	−1.7199
0	0
20	1.7325

图 9-10　再热蒸汽温度对功率的修正曲线

（6）再热蒸汽温度对热耗率的修正曲线，如图 9-11 所示。

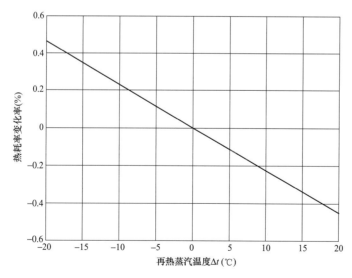

曲线数据表	
Δt（℃）	热耗率变化率（%）
−20	0.4625
0	0
20	−0.4509

图 9-11　再热蒸汽温度对热耗率的修正曲线

（7）再热蒸汽压力损失对功率的修正曲线，如图 9-12 所示。

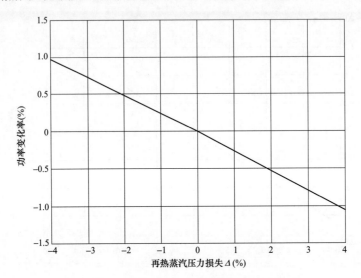

曲线数据表	
再热蒸汽压力损失 Δ（%）	功率变化率（%）
−4	0.9779
0	0
4	−1.0438

图 9-12　再热蒸汽压力损失对功率的修正曲线

（8）再热蒸汽压力损失对热耗率的修正曲线，如图 9-13 所示。

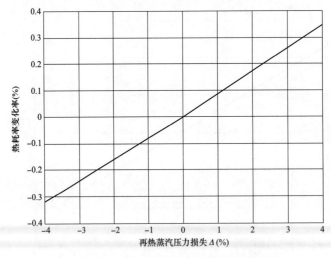

曲线数据表	
再热蒸汽压力损失 Δ（%）	热耗率变化率（%）
−4	−0.3187
0	0
4	0.3490

图 9-13　再热蒸汽压力损失对热耗率的修正曲线

（9）背压对功率的修正曲线，如图 9-14 所示。

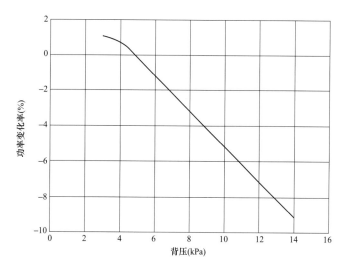

曲线数据表	
背压(kPa)	功率变化率(%)
3	1.0770
4	0.7337
4.9	0
8	−3.1489
11.8	−7.0645
14	−9.1343

图 9-14 背压对功率的修正曲线

（10）背压对热耗率的修正曲线，如图 9-15 所示。

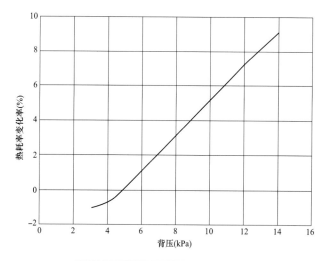

曲线数据表	
背压(kPa)	热耗率变化率(%)
3	−1.0770
4	−0.7337
4.9	0
8	3.1489
11.8	7.0645
14	9.1343

图 9-15 背压对热耗率的修正曲线

（11）低压缸排汽损失曲线，如图 9-16 所示。

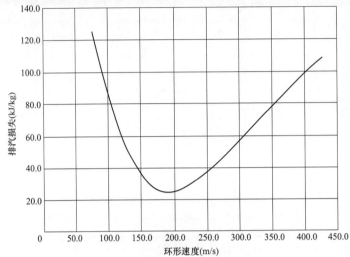

曲线数据			
环形速度（m/s）	排汽损失（kJ/kg）	环形速度（m/s）	排汽损失（kJ/kg）
76.440	125.143	213.360	26.963
106.680	76.744	220.980	28.847
121.920	58.866	228.600	30.689
152.400	34.206	236.220	33.034
160.020	30.229	243.840	35.127
167.640	27.675	259.080	40.235
175.260	26.042	274.320	45.804
182.880	25.121	304.800	58.615
190.500	24.660	335.280	72.348
198.120	25.121	396.240	97.678
205.740	25.833	426.720	108.606

图 9-16　低压缸排汽损失曲线

第四节　建立热力性能试验档案的必要性

通过机组的热力性能试验可以建立机组的热力模型，为机组的调整和运行参数控制提供理论参考，使机组在最佳工况下运行。同时通过热力性能试验，还可以求出各种小指标和特性资料并对机组的经济性进行分析和评价。

在寿命期内，机组会经过多次检修，而检修的目的就是提高机组的安全性和经济性。这需要有一个评价标准，有的指标还需要进行量化。而机组的热力性能试验就包含了这方面的相关数据和数据来源等详细的资料。

总之，建立机组热力性能试验档案可以：

（1）保留机组热力性能方面的连续、完整的试验数据链。

（2）通过热力性能试验，对比设计数据，考核制造厂设备是否完善。

（3）对照不同时期的热力性能试验报告，对比相关数据，分析机组这个时期内的运行状况，以及安全性、经济性的变化方向，制定相应的调整方案或检修措施。

（4）机组检修前对照热力性能试验报告，对比分析相关数据，用于指导检修方案的制定。

（5）对照机组检修前后的热力性能试验报告，分析机组检修的好坏，评价机组检修后的健康水平。

（6）定期分析机组各辅机运行参数，并与试验报告进行对比，以便发现问题，及时进行相应调整。

因此，电厂应建立完善的热力性能试验档案，以便保留各试验数据为以后的生产指导做好技术储备。

第十章

机组节能诊断

第一节　机组节能诊断基本法则

　　电厂热力系统节能诊断的基本法则即热平衡、质量平衡和功率平衡的三平衡法则，简单地说就是基于汽水质量平衡与能量守恒的基本原则。热平衡是指电厂评价期内全厂或某一系统总的能量进出和损失之间的数量平衡关系，可以为电厂或某一系统热量进出及效率利用进行诊断，为电厂节能工作方向、实施节能改造和提高管理水平提供依据。质量平衡是指电厂评价期内全厂或某一系统携带能量工质进出及损失之间的平衡关系，通过工质的质量平衡可以提高热平衡的准确性，为衡量设备效率及能量利用率提供有效支撑；功率平衡则是对电厂能源转换后对质量平衡和热平衡的进一步检验。三平衡法则可以诊断出热力系统中纯热量和带工质的热量进出系统，以及在能量传递和转换过程中设备效率造成的能量损失与工质进出系统携带的能量变化，可以准确地诊断热力系统的经济性，是对机组经济指标影响的定量计算的基本法则。三平衡互相影响，任何两平衡可以校验出第三方存在的问题，非常方便进行节能诊断。目前广泛应用的锅炉性能试验、汽轮机性能试验都遵循三平衡原则，提高以上试验数据准确性的措施也是在尽量提高试验过程中的质量计量、功率计量和能量计量的方法和精度。

一、传统三平衡方法

　　传统三平衡方法，是按照国家和电力行业标准，根据需要诊断的范围大小，由电厂不同的边界条件来确定的，主要包括进入诊断区域的煤、油、燃气、蒸汽和电能计量点至离开诊断区域的煤、油、燃气、蒸汽及电能的计量点。

　　对于电厂而言，广义的三平衡测试诊断是一项庞大的工作，主要依赖全厂各台机、炉的热力特性试验数据和各个不同的能源测量点，按照各个国家或行业标准进行。热平衡测量后根据汽轮机、锅炉运行数据和经济指标偏离设计值或规定值的情况进行相关分析，诊断出影响电厂经济运行的原因，从而对电厂节能潜力进行评估，制订节能降耗措施，并针对测试过程中发现的管理问题提出纠正意见。

　　三平衡法则可以很清楚地了解能源进出、加工转换过程中的质量和能量供入量、有效利用量、回收利用量和损失量，可以很方便地计算出各个环节的能量利用率，找出能量和质量损失较大的环节，从而有针对性地提出提高能量利用率的措施，减少能量损失，掌握火电厂各主要生产环节的能源消耗情况和节能潜力所在；但是需要耗费大量人力、物力，对于局部热力系统诊断又有一定的局限性。

　　一般来说，三平衡法则常应用于电厂锅炉和汽轮机的性能试验，通过火电机组热力性能试验，能得到机组经济性数据以指导生产运行，还可在试验中发现锅炉、汽轮机设备和系统的运行状况，评估其对经济性的影响，进行节能诊断，从而对机组设备或系统进行调整、检修或改造，达到节能降耗的目的。热力性能试验可分为性能考核试验和专题试验。性能考核试验主要是对测试热力系统数据与制造厂设计数据进行对比，以检验设计和制造是否达到保证的经济指标，此类试验只在新机投产时进行。专题试验包括大修前后试验和其他特定目的的试验，主要是为发挥机组潜力、检验机组最佳运行方式、了解机组热力系统和设备异常状况等，为机组经济运行和检修改造方案提供依据，此类试验一般在已投产的机组上进行。

通过热力性能试验，可以诊断出主蒸汽压力、主蒸汽温度、再热蒸汽温度、汽轮机排汽压力、循环冷却水温度、给水温度、过热器减温水量、再热器减温水量、负荷率、机组老化，以及高、中、低压缸效率，高、低压加热器端差，管道抽汽压力损失，机组散热，回热系统疏放水阀门泄漏，锅炉排污率，给水泵汽轮机性能变化，厂用电率等对煤耗的影响，从而为电厂检修与节能技术改造进行指导。

在热力系统节能诊断与分析中，三平衡方法计算量较大，尤其是当热力系统复杂或进行热力系统不同方案比较时，计算繁杂。但是，三平衡方法由于其超高的计算精度成为一种适时的优势，而且，很多其他分析方法基本都是依据三平衡理论基础进行简化和优化，形成新的理论，应用到实际工作中。

二、拓展三平衡方法

1. 热力系统简捷计算方法

热力系统简捷计算方法是在机组非大修前后性能试验外进行热力诊断的一种方法，它仍然采用类似性能试验的方法进行三平衡计算，不同点是在计算方法和计算技巧上，对常规计算做了一些改进和加工，侧重于热平衡计算。这种方法适用于电厂技术人员进行低于性能试验精度的技术分析与诊断，为电厂小型节能技术改造项目实施进行初步论证或项目验收提供一定精度的计算方法。

热力系统简捷计算简单地说就是基于试验数据的热力系统核算，是对火电厂热力系统进行分析和诊断的主要方法之一，诊断精度受限于介质计量和测点精度。

2. 等效热降理论

等效热降理论首先由库兹湟佐夫提出，20世纪70年代由西安交通大学逐步形成了完整的理论体系。等效热降法是基于热力学的热工转换原理，考虑设备质量、热力系统结构和参数的特点，用以研究热工转换及能量利用程度的一种方法。等效热降法既可用于整体热力系统的计算，也可用于热力系统的局部分析定量，它基本上属于能量转化热平衡法，也包括质量平衡的概念。但是它摒弃了常规计算的缺点，不需要全盘重新计算就能查明系统变化的经济性，即用简捷的局部运算代替了整个系统的复杂计算。等效热降法局部运算的热工概念清晰，与一般的热力学分析完全一致，因此，容易掌握应用；其次，该法计算简捷而准确，与真实热力系统相符，且无论用手工计算还是电算都很方便。分析问题时，这种方法能充分剖析事物的本质和矛盾，分清问题的主次，从而促进问题的正确解决，得到了广泛应用。

等效热降法的应用范围主要是蒸汽动力装置和热力系统，可以论证技术方案的经济性，探讨热力系统和设备中各种因素的影响及局部变动后的经济效益，也可以诊断电厂能量损耗的场所和设备，查明能量损耗的大小，发现机组存在的缺陷和问题，指出节能改造的途径和措施，评定机组的完善程度和挖掘节能潜力等，是热力工程和热力系统分析的有力工具。

等效热降法不仅适用于凝汽式机组，同时也适用于供热机组。

对于纯凝汽式汽轮机，1kg 新蒸汽在汽轮机中做的功等于它的焓降，即

$$\Delta h = h_0 - h_c \tag{10-1}$$

式中 h_0——新蒸汽焓，kJ/kg；

h_c——排汽焓，kJ/kg。

对于具有回热抽汽的汽轮机，1kg 新蒸汽在汽轮机中做的功等于

$$\Delta h = (h_0 - h_c) - \alpha_1(h_1 - h_c) - \alpha_2(h_2 - h_c) - \cdots - \alpha_j(h_j - h_c)$$

$$= (h_0 - h_c)\left(1 - \sum_{r=1}^{j} \alpha_r y_r\right) \tag{10-2}$$

$$y_r = \frac{h_r - h_c}{h_0 - h_c} \tag{10-3}$$

式中 α——抽汽份额，%；

r——加热器编号；

j——抽汽级数。

显然，1kg 新蒸汽在回热汽轮机中做的功比在纯凝汽式汽轮机中做的功小很多，这主要是抽汽回热降低了汽轮机的做功能力。纯凝汽式汽轮机 1kg 新蒸汽做的功 Δh 称为热降，而回热抽汽的汽轮机要考虑抽汽所产生的做功不足，其 1kg 新蒸汽做的功只等效于 $\left(1 - \sum_{r=1}^{j} \alpha_r y_r\right)$ 新蒸汽在纯凝汽式汽轮机中做的功，称为等效热降。

对于正常的热平衡计算，当热力系统设备或系统发生改变时，各级抽汽量和总耗汽量就发生改变，因而需全部从头计算，才能求出热经济性的变化，这样会有很大的计算工作量。等效热降的使用条件就是假定新蒸汽流量不变，当设备或系统中出现变化时，只是改变了汽轮机功率和变动以后的抽汽份额，简化了热力系统局部定量分析计算。等效热降的另一个条件是已知新蒸汽参数、再热蒸汽参数及各抽汽参数，并保持不变，且不考虑汽轮机膨胀过程线的变化，循环吸热量也保持不变。

3. 热力系统变工况理论

热力系统变工况是指系统的工况发生变化，偏离设计工况或者偏离某一基准工况。热力系统变工况计算，是在汽轮机热力计算的基础上进行的，而汽轮机变工况计算有速度三角形法和模拟级法两种。汽轮机变工况表现出的特点均是汽轮机的进汽量或级组通过的蒸汽流量发生变化，产生的直接结果是机组的各抽汽参数和热力系统的有关参数发生变化，并表现为汽轮机膨胀过程线的变化，最后体现功率的变化。运行中的机组和热力系统很难完全处于设计状态下工作，从这个意义上说，变工况是运行的主要工况。热力系统变工况计算是汽轮机变工况加热力系统及设备变工况计算的综合计算。

实现热力系统变工况的计算方法有等效热降法、汽轮机正序和逆序法、特征通流面积法等。等效热降法是基于热平衡计算的简化方法，汽轮机正序和逆序法是基于能量守恒的速度三角法，特征通流面积法的理论基础是弗留格尔公式。热力系统变工况计算由于目前的大型汽轮机级数多、工作量大、计算繁琐，很少应用。

4. 基准值诊断方法

基准值诊断方法也叫耗差分析，于 20 世纪 60 年代末和 70 年代初在西欧和北美地区首先应用，80 年代引入国内。它是根据运行参数的实际值与基准值的差值，通过分析计算得

出运行指标对机组的热耗率、机组效率、煤耗率、厂用电率等大指标的影响程度，使生产管理人员和一线员工根据这些指标分析，能够主动、客观地选择主次来减少机组的可控损失，提高工作的科学性和热经济指标的管理水平。其中基准值就是根据制造厂设计资料、变工况计算值和热力试验情况确定的运行参数的应达值，因此基准值也称标准值或目标值。运行参数就是指参与耗差分析的各项小指标，也称运行值，如主蒸汽温度、主蒸汽压力、再热蒸汽温度、给水温度等。

耗差分析是在与实际运行值相对应的工况（是指系统、环境和负荷相同），以及其他设备和系统都处于完好状态下，用等效热降法、热平衡法、特征通流面积法等来定量计算偏差所引起的经济性变化，并用经济指标表达。这样诊断出的结果就具有负荷、系统和环境特性，其数学表达式为

$$Y = f(P_\mathrm{d}, t_\mathrm{b}, M) \tag{10-4}$$

式中　Y——某一因素的诊断结果；

　　P_d——机组负荷；

　　t_b——环境温度；

　　M——热力系统结构特征。

基准值诊断方法虽然基于三平衡法则定量计算出各项指标偏差引起的经济性变化，就准确性来说，存在更多的耦合性，计算精度较差；但其数学模型一旦形成，可以方便快捷地进行分析和计算，比较适合日常指标耗差分析使用。

通过耗差分析，综合考虑各项有关参数的相互影响，从而控制有关指标的变化范围和单位参数变化对煤耗率的影响值，然后根据参数增加或减少总量，使煤耗总量增加或减少，及时指导运行操作。

三、火电厂节能诊断

火电厂节能诊断的目的是查出机组节能潜力所在的部位，并能定量给出机组节能潜力的大小，确定机组在常见工况下所能达到的最好运行水平，为指导机组运行与检修提供客观依据。

汽轮机方面的诊断内容包括定量计算给水温度、加热器端差、抽汽压力损失、排汽压力、凝汽器端差、循环冷却水温升、凝结水过冷度、汽水损失率、高压加热器停运对机组经济性的影响。

锅炉方面的诊断内容包括定量计算主蒸汽压力、主蒸汽温度、再热蒸汽温度、再热蒸汽压力、排烟温度、飞灰含碳量、排烟氧量及再热器减温水量、过热器减温水量对机组经济性的影响。

火电厂节能诊断是定性、定量分析锅炉、汽轮机、主要辅机及热力系统的运行参数和运行方式对机组经济性的影响。定性分析主要是研究运行参数、运行方式及热力系统结构等单一因素的合理性，定量分析是研究运行参数、运行方式及热力系统结构等因素对机组供电煤耗率或煤耗量影响的量化数值。

热力系统节能诊断，是解决火电厂热力系统设计方面存在的系统结构与连接方式不合理、运行过程中操作和维护不当等因素导致机组热经济性的降低，对改进和完善热力系统及其设备，提高运行管理水平，实现节能目标，促进技术进步，具有非常重要的现实意义。

第二节 机组主要节能评价指标

一、火电厂节能评价的意义

能源是人类生存和发展的重要物质基础。我国人口众多，能源资源相对不足，煤炭、石油、天然气人均剩余可采储量分别只有世界平均水平的 58.6％、7.69％和 7.05％。目前我国正处于工业化、城镇化加快发展的重要阶段，能源资源的消耗强度高，消耗规模不断扩大，能源供需矛盾越来越突出。

火电厂在竞争日益激烈的市场经济条件下，不仅要考虑产出，也要考虑投入，以尽量少的资源投入和环境代价实现社会发展目标，现阶段要把节能减排作为企业发展的主要方向，切实做到节约、清洁、安全和可持续发展。

火电厂节能是通过加强用能管理，采取技术上可行、经济上合理、符合环境保护要求的措施，以减少生产过程中各个环节的能源损失和浪费。火电厂能源消耗是指煤炭、天然气、电力、蒸汽、油等。

火电厂节能评价是指按照统一的标准，对企业的能耗状况、节能管理水平进行科学合理的评价，了解企业的节能状况，发现节能潜力，促进企业节能工作的有效开展。

二、火电厂节能评价体系的构成

火电厂节能评价体系由节能指标评价、节能管理评价、体系注解说明三部分组成。

通过对影响煤耗、水耗、油耗、电耗等指标的主要因素进行层层分解，确定反映火电厂能耗状况的指标。按相互影响的层面划分，火电厂节能评价指标构成如图 10-1 所示。

三、火电厂节能评价标准

火电厂节能评价标准是依据国家、行业等相关标准、规程和实践经验，针对节能指标和节能管理工作进行逐项评价。其分配原则具体如下：

（1）大指标间的权重分配（火电厂节能评价指标权重分配如图 10-2 所示）。

1）节能管理工作内容和能源计量的相关指标，取其权重为 5.8％。

2）煤炭占发电成本的 70％左右，因此，与煤耗有关的指标权重为 80.5％。由于供电煤耗的计算中包含了油耗和厂用电，将这两方面的指标也列在煤耗中。

3）水耗大约占发电成本的 3％～4％，取其权重为 7.7％。

4）材料消耗指标中的磨煤钢耗、补氢率、酸碱耗为发电固定成本的一部分，占火电厂大量的维护费用，为加强此方面的管理，取其权重为 2.7％。

（2）小指标之间的权重分配。按照其对大指标影响的程度进行分析，评价原则也是如此。例如，在与煤耗相关的指标中，锅炉、汽轮机的指标分别占总分的 25.7％、25％，厂用电占 16.7％。

（3）单个指标内的权重分配。考虑评价指标的重要性及其在上一级指标中的重要性，取其权重 30％～50％，与其相关的过程管理方面的工作占 50％～70％，主要体现强调过程管理的重要性。

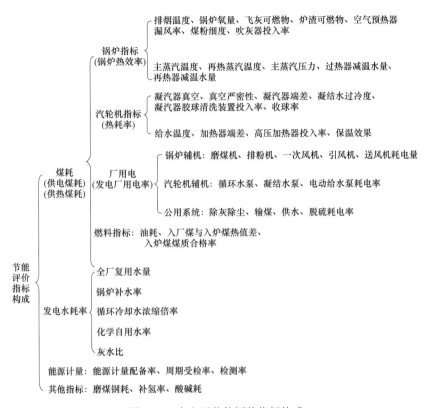

图 10-1　火电厂节能评价指标构成

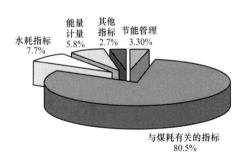

图 10-2　火电厂节能评价指标权重分配

四、汽轮机主要节能评价指标

汽轮机组热耗率 q 或热效率 η_{ai}（绝对内效率）是反映汽轮机组性能的重要指标。汽轮机组热耗率是指汽轮机组每发 1kWh 电能所消耗的热量，单位为 kJ/kWh。

（一）凝汽器真空

1. 凝汽器真空的概念

凝汽器是凝汽式机组的一个重要组成部分，凝汽器真空是影响机组经济、安全运行的一个重要指标。国产引进型 300MW 机组普遍存在真空度偏低的问题，凝汽器真空度为 91％～94％，比设计值低 3～6 个百分点，使机组供电煤耗增加 8.16g/kWh。

机组开机前需要利用抽气设备建立一定的真空，但是并不高，在机组满速且带入负荷后，靠循环水来冷却汽轮机排入凝汽器的乏汽冷却凝结，形成更高的真空，也有使用化学药物来建立初步真空的。

2. 凝汽器真空的作用

在火电厂中，凝汽设备是凝汽式汽轮机的一个重要组成部分，它的作用之一是在汽轮机排汽口形成高度真空，降低汽轮机排汽温度和排汽压力。凝汽式汽轮机的凝汽设备通常由表面式凝汽器、抽气设备、凝结水泵、循环水泵及其部件之间的连接管道组成，汽轮机排汽离开汽轮机后进入凝汽器，流过凝汽器的循环冷却水将汽轮机泛汽凝结为水。由于蒸汽凝结成水时，体积骤然缩小，从而在原来被蒸汽充满的凝汽器封闭空间中形成真空。聚集在凝汽器底部的凝结水通过凝结水泵送往除氧器方向作为锅炉给水。

3. 影响凝汽器真空的因素

影响凝汽器真空的因素很多，如凝汽器结构和管材，凝汽器冷却面积、冷却水量、冷却水温度，真空系统严密性、抽气能力及热力系统疏水量等。其中有些参数已在设计制造环节中确定，如凝汽器结构和管材、真空抽气系统布置和容量等；有些是受气候和环境因素影响，如循环冷却水温度；有些则是受安装、运行的影响，如管系结垢、漏空气、循环冷却水量等。

4. 提高凝汽器真空的措施

提高凝汽器真空的措施有：尽量降低循环冷却水温度；提高冷却设备效率；保证均压箱压力，凝汽器水位正常；保证前后汽封正常；将射水抽气器改为真空泵等。

（二）真空严密性

1. 真空系统漏空气的危害

汽轮机真空系统漏空气的危害主要表现在以下三个方面：

（1）漏入真空系统的空气较多使抽气设备不能将漏入的空气及时抽走时，蒸汽与循环冷却水的换热系数降低，机组的排汽压力和排汽温度将会上升，从而降低汽轮机组的效率并可能威胁汽轮机的安全运行。

（2）漏入真空系统的空气虽能被及时抽出，但增加了抽气设备的负荷和能耗。

（3）漏入真空系统的空气，导致凝结水溶氧量增加，可造成低压设备氧腐蚀。

真空系统的漏空气量与负荷有关，负荷不同，处于真空状态的设备、系统范围不同，凝汽器内真空也不同，漏空气量也不同，而且相同的漏空气量，在负荷不同时真空下降的速度也不一样。真空系统漏空气情况可以通过凝汽器的真空严密性试验进行鉴定，做真空严密性试验时，应在80%额定负荷（有的机组是在额定负荷）下进行。真空下降速度小于0.4kPa/min为合格，超过时应查找原因。另外，在试验时，当真空低于87kPa，排汽温度高于60℃时，应立即停止试验，恢复原运行工况。

2. 影响真空系统严密性的因素

影响真空系统严密性的因素有：轴封风机出力过大；轴封加热器水位过低；汽封间隙过大或磨损、汽封压力过小、低压侧汽封处漏空气；处于负压侧的加热器空气阀、管道、法兰、密封不严；凝结水泵入口法兰接合面或密封水异常漏空气；轴封系统的两档漏气调整过小；轴封加热器水封筒漏空气或自动调节异常；低压缸排大气安全阀不严，漏空气；真空破坏阀密封不正常；凝汽器汽侧热负荷过大，产生汽化现象或凝汽器有泄漏点。

3. 提高真空严密性的措施

（1）正常情况下每月进行一次真空严密性试验。真空严密性指标不合格时，应及时进行检漏。

（2）利用机组检修机会，调整低压轴封间隙，处理低压缸水平接合中分面变形等问题，消除真空系统各漏点。

（3）大修后或真空系统有检修工作时，应对凝汽器进行灌水检漏，灌水水位应达到汽轮机低压缸汽封窝下 100mm 处，水位至少应能维持 8h 不变才能确定合格。

（三）凝汽器端差

1. 凝汽器端差的概念

凝汽器压力下的饱和温度与凝汽器循环冷却水出水温度之差称为凝汽器端差。

2. 影响凝汽器端差的因素

循环冷却水进水温度是影响凝汽器端差的因素之一，在其他参数不变的情况下，循环冷却水进水温度降低，凝汽器端差升高。在相同的循环冷却水流量和排汽量下，冬季的凝汽器端差要明显高于夏季。

凝汽器清洁程度影响传热热阻，清洁程度好则传热热阻小、端差小；清洁程度差则传热热阻大、端差大，而影响凝汽器清洁程度的因素主要由胶球清洗装置投运情况、胶球收球率情况及循环冷却水水质情况决定。

真空系统严密性也是影响凝汽器端差的重要因素之一，凝汽器汽侧的不凝结气体份额增加，汽侧放热系数减小，从而造成凝汽器端差增大。

3. 降低凝汽器端差的措施

降低凝汽器端差的主要措施有：按时投运胶球清洗装置；保持较好的真空系统严密性；降低凝汽器单位蒸汽负荷；加强汽水品质的管理。

（四）凝结水过冷度

1. 凝结水过冷度的概念

凝结水过冷度表征了凝汽器热水井中凝结水的过度冷却程度，凝汽器热水井出口凝结水温度与凝汽器在排汽压力下对应的饱和温度之差即称为过冷度。

在实际运行中，凝汽器过冷度增大，表明冷源损失增加，对机组经济性产生不利影响。

2. 凝结水过冷度出现的因素

凝结水过冷度出现的因素有：凝汽器内管束排列不好；空气漏入凝汽器或抽气器工作不正常；凝结水水位过高；循环冷却水漏入凝汽器内；凝汽器循环冷却水入口温度和流量的影响；蒸汽负荷的影响；补充水直接补入凝汽器的热水井。

3. 凝结水过冷度对机组运行经济性和安全性的影响

对机组运行经济性的影响：凝汽器过冷度会增加冷源损失，引起做功能力的损失，降低系统的热经济性。

对机组运行安全性的影响：凝结水出现过冷度会使其含氧量增加，导致凝汽器内换热管、低压加热器及相关管道阀门腐蚀加剧，降低设备的使用寿命；加重了除氧器的工作负担，使除氧器的除氧效果变差，严重时会腐蚀给水管道和锅炉省煤器管，引起泄漏和爆管。

4. 减小凝结水过冷度的措施

（1）设计中所采取的措施。凝汽器冷却水管束设计中应适当留有足够宽的蒸汽通道，从凝汽器入口至抽气口的路径应力求直接且有足够的流通面积，蒸汽进入管束的流速不超过 40~50m/s，蒸汽沿程阻力尽量小；合理选择凝汽器内的淋水装置，优化设计循环冷却水量；汽轮机排汽口与凝汽器的连接采用柔性连接，以防止运行中膨胀不畅导致空气的漏入；对于排入凝汽器的各种疏水、补充水、再循环冷却水及其他附加流体接至凝汽器的位置一定要高于凝结水水位；利用锅炉连续排污对补充水进行加热，以减少补入凝汽器的补充水对凝结水的过冷却。

（2）改造中所采取的措施。旧式凝汽器通常为非回热式的，冷却管束通道窄，蒸汽阻力大，可达 1.3~2.0kPa，使过冷度达到 5~10℃。通过技术改造拆除一部分冷却水管（减少一部分冷却面积），让排汽可深入到冷却面中部，并留有足够的宽度，但不穿通，使蒸汽能沿着冷却面做均匀的分配；在冷却管束中合理布置一些集水、排水元件；限制管束中蒸汽的流速，使其不超过 40~50m/s。

（3）检修中所采取的措施。对真空系统进行灌水查漏，重点检查凝汽器喉部、低压抽汽管路、低压缸轴封蒸汽进出管道焊口、低压缸法兰结合面、热井焊接处、凝结水管道法兰连接处、凝汽器水位计接头处、疏水扩容器焊接处、与热井连接的真空系统阀门等部位，并修补泄漏处；检查凝汽器内的淋水装置；对凝汽器水位调节器和轴封压力调节器进行检修；对抽真空系统进行检修，保证抽气设备的正常工作。

（4）运行中所采取的措施。投运轴封压力调节器，并将轴封压力控制在规定值内，以防止空气从轴封漏入，影响凝汽器真空；对凝结水水位及水质的监视与控制，利用凝结水泵本身的运行特性使凝汽器低水位运行；通过多种方式灵活优化循环冷却水系统运行方式，随季节控制循环冷却水流量和入口温度。

（五）给水温度

现代大容量火电厂都采用具有蒸汽中间再热的给水回热加热循环，提高了热力循环吸热过程的平均温度和机组的经济性。影响给水温度的因素及其采取的措施如下：

（1）抽汽阀门的开度。如果因阀门机构卡涩或电动阀行程调整不当等诸多原因导致阀门未全开，这样蒸汽节流会使蒸汽做功能力损失，影响给水温度。解决办法：定期分析监视段压力值和对应高压加热器蒸汽压力值的数据，从而判断抽汽管道上阀门是否全开。气控止回阀尚可通过其开度标尺进行检查，确证后视具体原因加以处理。

（2）汽侧安全阀的可靠性。高压加热器汽侧安全阀一般为弹簧式安全阀，如果汽侧安全阀的弹簧失效或阀门严密性差，导致部分蒸汽泄漏排大气，不但损失热量而且浪费高品质的工质。解决办法：坚持定期试验与检查，及时进行检修并消除缺陷。

（3）水侧联成阀的可靠性。如果高压加热器水侧自动保护装置的部件可靠性差，出现联成阀传动机构卡涩或阀门严密性差等现象，导致部分给水短走小旁路，影响给水温度。解决方法：加强对水侧自动保护装置的维护和检查，同时要求制造厂提高产品质量。

（4）管道保温材料。如果给水管道的保温材料选型不当或质量差等原因存在，导致给水管道的热损失增大，影响给水温度。解决办法：选用保温性能好的材料和提高保温材料的铺设水平。

（5）大旁路电动阀的严密性。如果高压加热器大旁路电动阀下限行程未调试好或阀门严密性差，导致部分给水短走大旁路，影响给水温度。解决办法：选购严密性好的阀门，大修机组应检查该阀门的严密性，并且调试好该电动阀。

（6）疏水调控。如果运行人员在机组运行时调控失当就会出现"干水"现象，上一级加热器内的蒸汽在压差作用下，经疏水管道进入下一级加热器内，导致出现蒸汽排挤现象，降低了回热加热的效率，影响给水温度。解决办法：运行人员加强监视，保持各加热器疏水水位在正常值范围内。如疏水调节阀出现故障，应迅速消除缺陷。

（7）汽侧空气阀开度。汽侧空气阀开度的大小影响给水温度，开度大会排挤下一级抽汽，开度小容易聚积空气影响传热。解决办法：运行人员通过分析各个高压加热器的端差，以此为依据调控好空气阀的开度。

（8）高压加热器的疏水阀门。如果疏水阀门密封性差或运行人员误操作开启事故疏水阀站，导致大量高品质的疏水流失或蒸汽漏失，这样将损失大量的热量，不利于提高机组的热经济性。解决办法：选用密封性好、质量可靠的阀门配套，运行人员加强巡查工作。

（六）加热器端差

1. 加热器端差的概念

加热器端差是加热器的疏水温度与加热器出水温度之差值。端差增大说明加热器传热不良或运行方式不合理。加热器端差还有上下端差的概念，上端差是进汽温度与出水温度的差值，下端差是疏水温度与进水温度的差值。

加热器端差增大，出水温将会降低，造成给水吸热量减少，本级回热抽汽量减少，同时会使下一级加热器进水温度降低，回热抽汽量增加，如果本级加热器内置有疏水冷却器，还会使疏水温度降低。

2. 影响加热器端差的因素

影响加热器端差的主要因素有加热器内传热管的特性、传热管的尺寸、管内对流换热系数、管外凝结换热系数及管内外工质的温度等。对于已经投运的加热器，影响换热系数的主要因素有加热器传热管脏污、加热器内有不凝结气体、疏水水位过高改变换热面积、抽汽压力及抽汽量不稳定、加热器水侧走旁路等。例如，某电厂630MW超临界机组加热器端差对机组经济性的影响见表10-1和表10-2。

表 10-1　　　　　某电厂 630MW 超临界机组加热器上端差对机组经济性的影响

项目	循环效率（%）	热耗率（kJ/kWh）	发电煤耗率（g/kWh）
1 号高压加热器上端差	0.245	18.6	0.70
2 号高压加热器上端差	0.098	7.5	0.28
3 号高压加热器上端差	0.122	9.3	0.35
5 号低压加热器上端差	0.137	10.3	0.39
6 号低压加热器上端差	0.169	12.8	0.48
7 号低压加热器上端差	0.101	7.6	0.29
8 号低压加热器上端差	0.111	8.4	0.32

注　表中数据是指加热器上端差变化10℃时的影响量。

表 10-2　　　　　某电厂 630MW 超临界机组加热器下端差对机组经济性的影响

项目名称	循环效率（%）	热耗率（kJ/kWh）	发电煤耗率（g/kWh）
1 号高压加热器下端差	0.007	0.5	0.02
2 号高压加热器下端差	0.022	1.7	0.06

项目名称	循环效率（%）	热耗率（kJ/kWh）	发电煤耗率（g/kWh）
3 号高压加热器下端差	0.036	2.8	0.10
5 号低压加热器下端差	0.013	1.0	0.04
6 号低压加热器下端差	0.012	0.9	0.03
7 号低压加热器下端差	0.019	1.4	0.05
8 号低压加热器下端差	0.023	1.8	0.07

注 表中数据指加热器下端差变化 10℃ 时的影响量。

表 10-3 给出了某电厂 1 号机组 600MW 工况时加热器的实际运行数据。

表 10-3 **某电厂 1 号机组 600MW 工况时加热器的实际运行数据**

项目名称	单位	1 号高压加热器	2 号高压加热器	3 号高压加热器	5 号低压加热器	6 号低压加热器
加热器进汽压力	MPa	7.08	4.51	2.36	0.402	0.226
加热器进水温度	℃	257.2	221.6	190.5	120.4	99.63
加热器出水温度	℃	289	257.2	221.6	140.8	120.4
加热器疏水温度	℃	260.7	229.5	196.9	119	102.1
进汽压力下饱和温度	℃	286.6	257.5	220.9	143.8	124.2
加热器温升	℃	31.8	35.6	31.1	20.4	20.8
加热器上端差	℃	−2.4	0.3	−0.7	3.0	3.8
加热器下端差	℃	3.5	7.9	6.4	−1.4	2.5
设计上端差	℃	−1.7	0	0	2.8	2.8
设计下端差	℃	5.6	5.6	5.6	5.6	5.6
设计温升	℃	28	40	28	21	19.4
上端差比设计值高	℃	−0.7	0.3	−0.7	0.2	1.0
下端差比设计值高	℃	−2.1	2.3	0.8	−7.0	−3.1
比设计温升高	℃	3.8	−4.4	3.1	−0.6	1.4

由表 10-3 可知，该电厂 1 号机组各加热器上、下端差基本正常，说明设备换热性能良好，加热器水位较合适。根据加热器的结构和特性，加热器下端差不应出现负值，但 5 号低压加热器下端差为负值，应该是测量表计的误差造成的，热工人员应对相关表计进行校验。据核算，1 号机组回热系统对机组经济性的负面影响量为 0.5g/kWh 左右。

3. 减小加热器端差的措施

减小加热器端差的主要措施是加强设备的管理和维护，合理调整加热器抽空气系统的运行方式，加热器检修时对换热管进行必要的化学清洗工作，保持良好的汽水品质，提高汽轮机组运行的稳定性和经济性。

第三节 影响汽轮机经济性的因素分析

一、汽轮机汽缸效率对机组经济性的影响

汽轮机汽缸效率是汽轮机通流效率的主要表征，目前大型汽轮机均为多级分缸结构，因

此，汽轮机的热耗率基本上是由汽轮机各汽缸的通流效率决定，而影响汽轮机通流效率的因素主要是汽轮机制造厂的结构设计与制造工艺，如是否采用全三维设计减少叶型损失、是否采用可控涡设计降低二次流损失、采用何种的汽封结构和形式、有没有有效的去湿机构减少湿汽损失，以及末级叶片长度选择对余速损失的控制等；在电厂运行与维护上是否采用配汽优化、设备与管道保温是否合格、设备泄漏治理情况，以及机组启停频次和机组检修质量对机组老化的影响程度等。

1. 高压缸相对内效率

$$\eta_{HP} = \frac{h_0 - h_h}{h_0 - h_h'} \times 100\% \tag{10-5}$$

式中　h_h'——汽轮机高压缸等熵排汽焓，kJ/kg；

　　　h_h——汽轮机高压缸排汽焓，kJ/kg。

2. 中压缸相对内效率

$$\eta_{IP} = \frac{h_r - h_i}{h_r - h_i'} \times 100\% \tag{10-6}$$

式中　h_r——再热蒸汽焓，kJ/kg；

　　　h_i'——汽轮机中压缸等熵排汽焓，kJ/kg；

　　　h_i——汽轮机中压缸排汽焓，kJ/kg。

3. 低压缸相对内效率

$$\eta_{LP} = \frac{h_1 - h_c}{h_1 - h_c'} \times 100\% \tag{10-7}$$

式中　h_1——低压缸进汽焓，kJ/kg；

　　　h_c——汽轮机低压缸排汽焓，kJ/kg；

　　　h_c'——汽轮机低压缸等熵排汽焓，kJ/kg。

4. 汽轮机高压缸做功能力与高压缸效率的关系

$$W_{HP} = \alpha_1(h_0 - h_1) + (\alpha_r + \alpha_2)(h_0 - h_2) \tag{10-8}$$

$$\eta_{HP} = \eta(p_0, h_0, p_2, h_2) \tag{10-9}$$

式中　α_1、α_r、α_2——一段抽汽份额、再热蒸汽份额和二段抽汽份额，%；

　　　h_0、h_1、h_2——新蒸汽焓、一段抽汽焓和二段抽汽焓，kJ/kg；

　　　p_0、p_2——新蒸汽压力、二段抽汽压力，MPa。

当高压缸效率变化后，其高压缸做功能力与高压缸效率的关系为

$$\eta_{HP}' = \eta_{HP} + \Delta\eta_{HP} \tag{10-10}$$

$$W_{HP}' = \frac{W_{HP}}{\eta_{HP}} \eta_{HP}' \tag{10-11}$$

$$\eta_{HP}' = \eta(p_0, h_0, p_2, h_2') \tag{10-12}$$

中压缸效率变化时不影响循环吸热量，因此在对中压缸效率变化进行经济分析时，暂可不考虑抽汽焓变化对抽汽量的影响，其汽缸效率与做功能力的关系为

$$W_{IP} = \alpha_3(h_r - h_3) + (\alpha_r + \alpha_4)(h_r - h_4) \tag{10-13}$$

$$\eta_{IP} = \eta(p_r, h_r, p_4, h_4) \tag{10-14}$$

$$\eta_{IP}' = \eta_{IP} + \Delta\eta_{IP} \tag{10-15}$$

$$W'_{IP} = \frac{W_{IP}}{\eta_{IP}} \eta'_{IP} \tag{10-16}$$

目前，国产亚临界 600MW 级以上汽轮机运行中的汽缸效率普遍低于设计值，其原因也是多方面的，有设计及制造加工工艺水平的因素，也有运行控制不当造成局部变形及磨损的因素，更有安装工艺与汽水品质等因素。汽缸效率对机组经济性的影响见表 10-4，汽缸效率低于设计值是影响 600MW 机组经济性的最重要因素。

表 10-4   汽缸效率对机组经济性的影响

项目	300MW 亚临界	600MW 亚超临界	600MW 超临界	1000MW 超超临界
高压缸效率（%）	15.2	14.7	14.9	12.6
中压缸效率（%）	12.4	12.9	10.9	18.5
低压缸效率（%）	40.9	38.4	38.2	30.1

5. 通流部分对汽缸效率的影响

对已投产机组，制造与加工偏差对汽缸效率的影响已无法消除，要提高汽缸效率，只能从调整汽封间隙和提高叶片清洁度入手。

汽封间隙过大是造成汽缸效率降低的主要原因。许多电力建设单位在机组安装时为保证机组一次启动成功，机组动、静部分间隙调整较大，以避免机组启动过程中发生动、静部分碰磨。因此减小通流部分汽封间隙，尤其是减小反动式汽轮机的叶顶汽封间隙，能够有效减少级间蒸汽泄漏量，增大有效焓降，提高汽缸效率。但汽封间隙过小会使汽轮机动、静部分发生碰磨，导致事故发生和设备损坏，因此，汽封间隙的调整应综合考虑机组安全性与经济性两方面的因素。

通流部分结垢也是汽缸效率降低的原因之一。其结垢的主要原因是蒸汽含盐量较大，因此机组运行时要加强汽水品质的监测，及时进行锅炉排污。机组大修时加强对叶片清洁度的检查，及时进行清洗。

6. 高压缸夹层蒸汽流量对汽缸效率的影响

用喷嘴配汽的调节级喷嘴后的部分蒸汽，由高压缸进汽连接管底部汽封和平衡活塞汽封漏出，其中小部分由高压缸前轴封漏出，大部分漏至高压缸内外缸夹层，由夹层流至高压缸排汽口汇入高压缸排汽。这部分蒸汽流量没有经过高压缸做功而直接汇入高压缸排汽，造成高压缸的排汽温度上升、效率下降，机组热耗率上升。目前还无法精确测出夹层蒸汽流量，只能采用热平衡方法近似算出。例如，某电厂 1 号机组 630MW 汽轮机高压缸夹层蒸汽流量设计值为 25.7t/h，但实际高压缸夹层蒸汽流量高出设计值很多，达到 35t/h 以上，计算得出高压缸夹层蒸汽流量比设计值每增加 10t/h，机组供电煤耗率增加约 0.36g/kWh，如图 10-3 所示。

高压缸夹层蒸汽流量高于设计值同样是由汽封间隙过大引起的，减小高压缸进汽连接管底部汽封和平衡活塞汽封间隙可有效降低漏汽量，但同样需注意对机组运行安全性的影响，防止因间隙过小导致动、静部分碰磨的发生。

7. 中压缸冷却蒸汽流量对汽缸效率的影响

国产 600MW 以上汽轮机设计将少量高压缸排汽引入中压缸进汽处对该处的中压缸转子和动叶根部进行冷却，避免该处金属长期在高温下运行产生蠕变。冷却蒸汽流没有经过再热

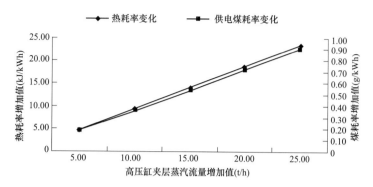

图 10-3　高压缸夹层蒸汽流量对热耗率的影响曲线

器加热，做功能力下降导致机组热耗率升高；同时，冷却蒸汽流在中压缸第一级喷嘴后与再热蒸汽混合，降低了再热蒸汽的温度，这使试验测得的中压缸效率高于实际的中压缸效率，增加了机组经济性诊断工作的难度。

冷却蒸汽流设计流量为 7.38t/h，但实际流量普遍高于设计值，甚至达到设计值的 3～4 倍。通过采用等效焓降理论计算，冷却流量每增加 10t/h，机组供电煤耗率增加约 0.39g/kWh（见图 10-4），因此，中压缸冷却蒸汽流量高于设计值导致机组供电煤耗率增加 0.86～1.2g/kWh。

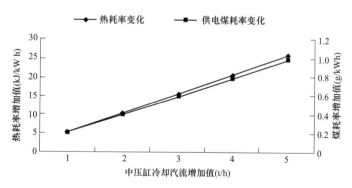

图 10-4　中压缸冷却蒸汽流量对热耗率的影响曲线

中压缸冷却蒸汽流量的调整可以通过调整导汽管内的节流孔板节流孔直径来实现，由于涉及中压缸转子及部分动叶的运行寿命问题，因而虽然其对机组经济性的影响较大，但对其流量的调整要谨慎进行，应当经过详尽可靠的热力核算和论证后方可确定合适的流量。

8. 系统阀门内漏对汽缸效率的影响

阀门内漏是汽轮机热力系统中的常见问题。机组性能考核试验是在许多辅助系统完全隔离的情况下进行，一般不会有阀门内漏对机组的经济性产生影响。但在机组实际运行中，阀门内漏的问题就比较突出。通常工质压力较高、承受压差较大的阀门较易发生内漏，如汽轮机本体疏水阀、高压主汽阀前疏水阀、各抽汽阀前疏水阀、高压导汽管疏水阀、高/低压旁路阀、高压加热器事故疏水阀、给水旁路阀、给水泵和凝结水泵的再循环阀等。

阀门内漏尤其是蒸汽管路上的阀门发生内漏对机组经济性的影响很大，高品位的蒸汽直接漏入凝汽器，不仅使机组功率降低，而且增加了凝汽器的热负荷，恶化凝汽器真空，进一步降低机组的经济性。

二、主蒸汽参数对机组热耗率的影响

主蒸汽参数包括主蒸汽压力和主蒸汽温度，在理想朗肯循环中，改变主蒸汽温度就相当于改变了循环吸热过程的平均温度，而循环吸热的平均温度对循环热效率是有影响的。设理想朗肯循环吸热过程平均温度为 $\bar{t_0}$，其放热温度 t_1 由背压 p_c 决定，理想朗肯循环的热效率表达式为 $\eta_t = 1 - t_1/t_0$，如果初压 p_0 和背压 p_c 保持不变，初温由 t_0 升高至 t_0' 时，吸热平均温度就会提高到 $\bar{t_0'}$，此时因为 $\bar{t_0'} > \bar{t_0}$，所以 $\eta_t' > \eta_t$。因此，提高主蒸汽温度是可以提高循环热效率的，其热效率变化量为 $\delta\eta = \eta_t' - \eta_t = t_1(1/t_0 - 1/t_0')$。

除此之外，主蒸汽温度的提高，还可以降低汽轮机末级排汽湿度，减少低压缸末级湿汽损失。

对于 600MW 超临界机组，主蒸汽温度每降低 1℃，汽轮机热耗率将升高 0.037%，如图 10-5 所示。

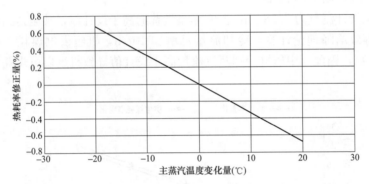

图 10-5 超临界 600MW 主蒸汽温度对热耗率的影响

在实际运行中，由于机组负荷波动、煤量变化、过热减温跟踪灵敏性、受热面积灰、过剩空气量变化、受热面结垢、烟气挡板调整、过热器泄漏、受热面布置不合理等原因，主蒸汽温度经常会偏离额定值，给机组经济运行带来影响。在运行操作中，要定期进行受热面吹灰，根据负荷调整燃烧器摆角或烟气挡板，控制过剩空气量等措施来保持主蒸汽温度在额定值附近；在维护方面，要保证喷水减温阀的灵敏性，检修时清洗锅炉水冷壁和过热器管，或进行受热面改造等，为运行调整创造条件。

在一定的主蒸汽温度和机组背压条件下，提高主蒸汽压力也可以提高机组的循环热效率，但是，如果主蒸汽压力在允许的压力范围内提高到一定程度，对于非再热机组则会使汽轮机背压排汽湿度增大，湿汽损失增加，反而降低了机组的经济性，同时也会影响机组的安全性。而对于中间再热机组，如果再热蒸汽温度合理，可以有效提高机组的经济性。机组运行中，主蒸汽压力的控制主要通过给水压力和燃料量的调整来实现。主蒸汽压力变化对热耗率的影响如图 10-6 所示。

三、凝汽器压力对机组热耗率的影响

汽轮机凝汽器压力和排汽温度是影响火电机组的重要经济指标，其对汽轮机的影响能力

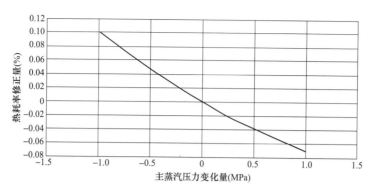

图 10-6 主蒸汽压力变化对热耗率的影响

仅次于汽轮机的通流效率，也是目前汽轮机运行优化的主要对象。凝汽器压力与汽轮机的排汽量、循环冷却水流量、循环冷却水温度、凝汽器清洁度和换热面积有关。对于特定的汽轮机组，当凝汽器负荷和循环冷却水温度一定时，主要通过改变循环冷却水流量来调整凝汽器压力。设计时，为降低凝汽器压力，通常通过增加末级叶片长度和增加凝汽器换热面积等方式来实现。但是，末级叶片长度增加会降低汽轮机低负荷运行的经济性，不利于机组调峰运行；增加凝汽器换热面积则会增加投资，降低循环冷却水流速则会增加换热面腐蚀的可能性，保持流速则会增加循环水泵的电耗，因此，需要进行技术经济比较后进行确定合理的末级叶片长度和凝汽器换热面积。凝汽器压力对热耗率的影响如图 10-7 所示。

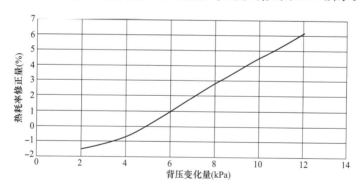

图 10-7 凝汽器压力对热耗率的影响

机组实际运行时影响凝汽器压力的因素很多，有时候非常难查出。一般情况下主要是真空系统严密性差造成空气漏入，还有凝汽器换热管结垢脏污或其他原因造成的循环冷却水流量不足等。对于凝汽器热负荷和循环冷却水温度等对凝汽器压力的影响，可以通过凝汽器特性曲线分析确定。在运行方面，主要是通过调整汽封、增加循环冷却水流量和多开真空泵等措施进行有限的调整。对真空系统漏点的消除，主要通过真空系统灌水查漏的方式进行。在清洁方面，运行中增加投胶球清洗装置，停机后根据结垢情况和脏污程度通过多种技术措施清洗，来保证凝汽器在较好的状态下运行。

四、凝汽器端差对煤耗率的影响

凝汽器端差对煤耗率的影响作为局部经济性分析，等效热降法比较适用。

新蒸汽等效热降变化值

$$\Delta h' = \Delta \tau_t \alpha_n \eta_1^0 \qquad (10\text{-}17)$$

式中　$\Delta \tau_t$——凝汽器实际过冷度与设计值的差值，kJ/kg；

　　　α_n——凝汽器热水井出口凝结水份额，等于凝结水流量与主蒸汽流量之比；

　　　η_1^0——八段抽汽设计效率。

装置效率相对变化

$$\Delta \eta_{ri} = \frac{\Delta h'}{\Delta h + \Delta h'} \times 100 \qquad (10\text{-}18)$$

对煤耗率影响值

$$\Delta b = b \Delta \eta_{ri} \qquad (10\text{-}19)$$

五、给水温度对机组热耗率的影响

根据朗肯循环原理，当主蒸汽参数一定时，提高汽轮机组的给水温度，实质是提高了朗肯循环的平均吸热温度，有利于提高蒸汽动力循环热效率。

汽轮机用做过功的一部蒸汽，通过抽汽的方式加热回热系统的高压加热器来提高给水温度，不仅可以提高锅炉的平均吸热温度，而且通过回热抽汽，减少了进入凝汽器的排汽量，减少了冷端损失，而且回热抽汽在加热过程中可以有效控制换热温差，降低不可逆损失，提高抽汽热量利用率，从而提高了机组的循环热效率。当然，回热级数越多，回热循环热效率越高，只是随着回热级数的增加，循环热效率增加越来越小，机组设备会更拥挤，投资更大，但收益却越来越不明显，因此通常需要确定最佳给水温度和给水回热级数。最佳给水温度是主蒸汽温度和凝结水温度的算术平均值，即

$$t_{fw}^0 = \frac{t_0 - t_c}{2} \qquad (10\text{-}20)$$

式中　t_0——主蒸汽温度，℃；

　　　t_c—— 凝结水温度，℃。

对于大型汽轮机组，给水回热级数一般采用 7～8 级，给水温度为 250～295℃，给水温度的选择主要与机组容量和主蒸汽参数的选择有关。

由于给水温度降低相当于降低了朗肯循环的平均吸热温度，因此运行中机组给水温度降低将会使机组循环热效率降低，机组热耗率增大。机组主蒸汽参数的选择不同，给水温度变化对机组热耗率影响的程度也将不同，一般来说，超超临界机组给水温度每降低 1℃ 对机组热耗率的影响程度大于超临界机组，超临界机组的影响程度大于亚临界机组，亚临界机组的影响程度大于超高压机组。

六、加热器端差对机组热耗率的影响

回热系统的加热器运行状态，对机组运行的经济性有一定程度的影响，一般来说，加热器的工作蒸汽压力越高，影响程度越大，尤其是高压加热器，如果解列，不仅严重影响机组运行的经济性，而且对锅炉的安全稳定运行也会产生一定的影响。

加热器上端差为

$$\delta t_s = t_b - t_2 \qquad (10\text{-}21)$$

式中　t_b——加热器饱和水温度，℃；

　　　t_2——加热器出口水温度，℃。

加热器的下端差为

$$\delta t_x = t_s - t_1 \tag{10-22}$$

式中　t_s——加热器疏水温度，℃；

　　　t_1——加热器进口水温度，℃。

加热器端差 δt 的单位为℃，但是在计算中换算成 kJ/kg（焓值单位），即 $\Delta \tau = \delta t \times 4.1868$。

加热器在工作过程中由于是靠存在的温差进行换热，在回热过程中存在一定的不可逆损失，因此产生端差。加热器的上端差主要影响加热器出口水温度，上端差超过设计值，意味着将会增加更高一级回热的抽汽量，从而降低机组做功能力和回热经济性；下端差主要体现在疏水温度上，下端差超过设计值，说明疏水冷却段换热不充分，疏水温度升高，高温疏水将会排挤低一级回热的抽汽量，降低机组出力。由于影响的蒸汽能级不一样，相对而言，加热器上端差要比下端差对机组经济性的影响要大一些。机组上端差和下端差对机组热耗率的影响见表10-5。

表 10-5		机组上端差和下端差对机组热耗率的影响			kJ/kWh
加热器	端差	亚临界 300MW 机组	亚临界 600MW 机组	超临界 600MW 机组	超超临界 1000MW 机组
1 号高压加热器	上端差	13.54	14.6	18.57	22.22
	下端差	0.77	0.75	0.54	0.47
2 号高压加热器	上端差	8.83	8.81	7.46	7.28
	下端差	2.32	2.11	1.66	2.37
3 号高压加热器	上端差	11.72	10.95	9.26	10.75
	下端差	2.93	3.2	2.76	2.91
5 号低压加热器	上端差	11.04	11.01	10.34	7.8
	下端差	0.72	0.67	0.98	2.25
6 号低压加热器	上端差	11.8	11.45	12.79	5.73
	下端差	0.84	0.81	0.9	—
7 号低压加热器	上端差	8.31	8.08	7.62	13.55
	下端差	1.37	1.39	1.40	—
8 号低压加热器	上端差	9.24	9.44	8.44	8.15
	下端差	2.42	2.03	1.78	—

加热器端差偏离正常值的因素较多，运行中主要有加热器的水位、抽汽管道阻力、换热管结垢、换热管泄漏、加热器积聚空气及汽水侧流量变化等，可以根据实际情况，控制水位或停运处理。

七、系统工质与能量泄漏对机组经济性的影响

火电厂的汽水循环系统基本封闭，只有少量的排污和排氧带来的工质和能量损失，但

是，实际运行中的系统与设备管阀系统受冷热态变化及工质冲刷等作用，会发生一些内漏点和外漏点，所以火电厂中对无泄漏提出不大于 0.3% 的泄漏率管理标准。当工质外漏时，工质及其所携带的能量将完全损失；当工质内漏时，工质未损失，但其能量未被利用或降级使用。内漏与外漏均会对机组的经济运行产生不利影响，外漏的影响大于内漏的影响。目前，电厂中系统泄漏造成的对机组经济性的影响占较大比例，需要通过系统检查、性能试验对工质质量、系统能量和功率进行平衡分析，评估热力系统泄漏对机组经济性的影响并加以治理。

机组热力系统泄漏是影响机组经济性的一项重要因素，国内外各研究机构及电厂的实践表明，机组阀门的泄漏对机组煤耗率的影响较大，且仅需较小的投入就能获得较大的节能效果。在一定条件下其投入产出比远高于对通流部分的改造，因此在节能降耗工作中首先应重视对系统阀门严密性的治理。

表 10-6 给出了某电厂 630MW 机组各部位阀门泄漏对机组热耗率的影响量。由表 10-6 可知，蒸汽品质越高，其泄漏对机组经济性的影响越大，而水侧发生的泄漏对机组经济性的影响相对较小，因此电厂必须关注与高品质蒸汽有关的阀门，务必保持其严密性。

表 10-6　　　某电厂 630MW 机组各部位阀门泄漏对机组热耗率的影响量

分类	部位	循环效率（%）	热耗率（kJ/kWh）	发电煤耗（g/kWh）
一类阀门 （高品质蒸汽）	主蒸汽管道	1.060	83.3	3.14
	热段再热蒸汽管道	0.803	63.1	2.38
	冷段再热蒸汽管道	0.474	37.2	1.40
	高压旁路	0.923	70.6	2.66
	低压旁路	0.891	70.0	2.64
	一段抽汽管道	0.803	63.1	2.38
	二段抽汽管道	0.804	63.2	2.38
	三段抽汽管道	0.633	49.7	1.88
	四段抽汽管道	0.469	36.8	1.39
	五段抽汽管道	0.322	25.3	0.96
二类阀门 （高品质水）	锅炉排污	0.190	14.4	0.54
	六段抽汽管道	0.136	10.3	0.39
	七段抽汽管道	0.102	7.7	0.29
	1号高压加热器危急疏水	0.091	6.9	0.26
	2号高压加热器危急疏水	0.022	1.6	0.06
	除氧器溢放水	0.012	0.9	0.03
三类阀门 （水）	4号低压加热器危急疏水	0.004	0.3	0.01
	5号低压加热器危急疏水	0.022	1.7	0.06

注　表中数据为当泄漏量为 1% 主蒸汽流量时的影响量。

第四节　汽轮机及辅机系统节能诊断方法

火电厂汽轮机组由汽轮机本体通流部分、热力系统设备、真空系统及凝汽设备等几大部分组成，主要包括汽轮机本体和凝汽器、高压加热器、低压加热器、给水泵、凝结水泵、循环水泵等主要设备，从实际运行情况看，这些组成部分对机组经济性都有显著的影响，其本身的经济性与其设备制造、设计选型、安装检修、运行维护等因素均有密切的关系。汽轮机及辅机系统的节能诊断就是围绕上述环节，根据系统设备的特点，进行全面的试验检查分析诊断，寻求解决问题的方法与途径。

一、汽轮机本体的节能诊断方法

（一）通流效率节能诊断

汽轮机通流效率的节能诊断主要是考虑汽缸效率、汽封漏汽、节流损失和设备老化等因素的影响，其中节流损失和设备老化直接反映在汽缸效率上。汽缸效率包括通流部分动、静叶栅汽封漏汽的影响，而轴端汽封漏汽未通过通流部分，所以不对汽缸效率造成影响；汽缸内其他密封面的漏汽一般都通过抽汽口参与回热，只要没有通过通流部分的蒸汽，都反映在汽缸效率上。

在火电机组中，锅炉产生的主蒸汽进入汽轮机后，以高温高压蒸汽的形式在汽轮机中进行热功转换，克服各项损失后，由发电机输出有效电功率。这个过程的能量传递方程为

$$3600P_{el}=Q\frac{P_i}{P_t}\frac{P_m}{P_i}\frac{P_{el}}{P_m}=Q\eta_{ri}\eta_g\eta_m \tag{10-23}$$

式中　Q——进出汽轮机总热量的差值（包括中间再热输入热量），kJ/h；

$\quad P_t$——汽轮机的理想功率，表示在单位时间内蒸汽理想焓降全部转换成的机械功，kW；

$\quad P_i$——汽轮机的实际内功率，表示在单位时间内蒸汽实际焓降全部转换成的机械功，kW；

$\quad P_m$——汽轮机的轴端功率，kW；

$\quad \eta_m$——机械效率，%；

$\quad \eta_g$——发电机效率，%；

$\quad \eta_{ri}$——汽轮机相对内效率，%。

由式（10-23）可得反平衡法热耗率计算式为

$$q=\frac{Q}{P_{el}}=\frac{3600}{\eta_{ai}\eta_m\eta_g} \tag{10-24}$$

式（10-24）即为汽轮机组热耗率与汽缸效率的表达式，汽轮机组热耗率与汽缸效率成反比关系。

按设计参数计算得到高压缸效率变化1%时对机组热耗率影响值的表达式为

$$\Delta q_k=\left(\frac{\eta_k\eta_m\eta_gG_{0z}\Delta h_{0k}}{3600P_{el}}-\frac{\eta_kG_r\Delta h_{0k}}{P_{el}q}\right)\times100 \tag{10-25}$$

式中　η_k——高压缸效率，%；

$\quad q$——机组设计热耗率，kJ/kWh；

$\quad \Delta h_{0k}$——高压缸等熵焓降，kJ/kg；

$\quad G_{0z}$——高压缸折算流量，kg/h；

$\quad G_r$——高压缸排汽流量，kg/h；

η_g——发电机效率，%；

η_m——机械效率，%。

式（10-25）主要考虑了机组运行时的再热循环，把机组实际消耗热量考虑在内，并通过折算流量确定高压缸实际热耗率。在忽略中压缸冷却蒸汽量的情况下，高压缸折算流量的计算公式可表示为

$$G_{0z} = \frac{(G_0 - G_1 - G_m - G_z)(h_1 - h_2) + (G_0 - G_m - G_z)(h_t - h_1) + (G_0 - G_m)(h_0 - h_t)}{h_0 - h_2}$$

(10-26)

式中　G_0、G_m、G_z、G_1——主蒸汽流量、高压阀杆漏汽量、高压缸前汽封漏汽量、一段抽汽流量，kg/h；

　　　h_0、h_t、h_1、h_2——主蒸汽焓、调节级后焓、一段抽汽焓、高压缸排汽焓，kJ/kg。

同理，可得中压缸效率和热耗率之间的关系，即中压缸效率变化1%时机组热耗率的变化量，可表示为

$$\Delta q_1 = \frac{\eta_1 \eta_m \eta_d G_{rz} \Delta h_{01}}{3600 P_{el}} \times 100$$

(10-27)

式中　η_1——中压缸效率，%；

　　　Δh_{01}——中压缸等熵焓降，kJ/kg；

　　　G_{rz}——中压缸折算流量，kg/h。

在忽略高压缸后轴封漏汽流量、再热减温水流量及中压缸冷却蒸汽流量的情况下，中压缸折算流量计算公式可表示为

$$G_{rz} = \frac{(G_r - G_3 - G_4)(h_4 - h_z) + (G_r - G_3)(h_3 - h_4) + G_r(h_r - h_3)}{h_r - h_z}$$ (10-28)

式中　　　G_r、G_3、G_4——再热蒸汽流量、三段抽汽流量、四段抽汽流量，kg/h；

　　　h_r、h_3、h_4、h_z——再热蒸汽焓、三段抽汽焓、四段抽汽焓、中压缸排汽焓，kJ/kg。

同理，可得低压缸效率和机组热耗率之间的关系式为

$$\Delta q_p = \frac{\eta_p \eta_m \eta_g G_{pz} \Delta h_{0p}}{3600 P_{el}} \times 100$$

(10-29)

式中　η_p——低压缸效率，%；

　　　Δh_{0p}——低压缸等熵焓降，kJ/kg；

　　　G_{pz}——低压缸折算流量，kg/h。

低压缸折算流量计算可表示为

$$G_{pz} = \frac{(G_{ps} - G_5 - G_6 - G_7 - G_8)(h_8 - h_k) + (G_{ps} - G_5 - G_6 - G_7)(h_7 - h_8) + (G_{ps} - G_5 - G_6)(h_6 - h_7) + (G_{ps} - G_5)(h_5 - h_6) + G_{ps}(h_{ps} - h_5)}{h_{ps} - h_k}$$

(10-30)

式中　G_{ps}、G_5、G_6、G_7、G_8——低压缸进汽流量、五段抽汽流量、六段抽汽流量、七段抽汽流量、八段抽汽流量，kg/h；

　　　h_{ps}、h_5、h_6、h_7、h_8、h_k——低压缸进汽焓、五段抽汽焓、六段抽汽焓、七段抽汽焓、八段抽汽焓、低压缸排汽焓，kJ/kg。

例如，某电厂 630MW 超临界汽轮机缸效率变化 1% 时对机组经济性的影响，

见表 10-7。

表 10-7　某电厂 630MW 超临界汽轮机缸效率变化 1%时对机组经济性的影响

项目	循环效率（%）	热耗率（kJ/kWh）	发电煤耗（g/kWh）
高压缸效率变化	0.194	15.4	0.58
中压缸效率变化	0.136	10.8	0.41
低压缸效率变化	0.496	39.3	1.48

（二）汽封漏汽节能诊断

汽封漏汽包括高压缸至中压缸漏汽和轴端汽封漏汽。高压缸至中压缸漏汽是指高压缸漏至中压缸的这部分蒸汽并没有在调节级后至高压缸排汽级之间进行膨胀做功，也没有经过锅炉的再热器进一步吸热，而是进入中压缸去冷却中压缸第一级动叶叶根，造成高压缸出力下降和锅炉再热器吸热量减少，降低了循环热效率，使机组热耗率增大。其诊断方法一般采用等效焓降法进行计算。

新蒸汽等效热降变化值

$$\Delta h' = \frac{\Delta G_{HP}}{G_0}\left[(h_t - h_2) + (h_r - h_c) - (h_t - h_c)\right] \tag{10-31}$$

式中　ΔG_{HP}——实际漏入中压缸冷却蒸汽量与设计值之差，kg/h；

h_t——调节级焓，kg/h；

G_0——设计主蒸汽流量，kg/h；

h_2、h_r、h_c——高压缸排汽焓、再热蒸汽焓和低压缸排汽焓，kJ/kg。

循环吸热量变化值

$$\Delta Q = \frac{\Delta G_{HP}}{G_0}\sigma \tag{10-32}$$

式中　σ——蒸汽在再热器吸收的热量，即再热蒸汽焓减去高压缸排汽焓，kJ/kg。

装置效率相对变化

$$\Delta\eta_{ri} = \frac{\Delta h' - \Delta Q\eta_{ri}}{\Delta h + \Delta h'} \times 100 \tag{10-33}$$

式中　Δh——新蒸汽等效热降，kJ/kg；

$\Delta h'$——新蒸汽等效热降变化值，kJ/kg。

对煤耗率的影响值

$$\Delta b = b\Delta\eta_{ri} \quad (g/kWh) \tag{10-34}$$

轴端汽封漏汽包括阀杆漏汽及轴封漏汽，阀杆漏汽和轴封漏汽损失了工质热量，减少了汽轮机做功。为减少损失，一般将阀杆漏汽和轴封漏汽用于回热加热，如在轴封加热器加热凝结水或通过除氧器加热给水。轴封漏汽如果将工质的热量带出系统，既损失了工质，也损失了热量，引起新蒸汽的做功损失。轴封漏汽如果将工质的热量带进系统，引起了做功回收。做功损失量减去做功回收量就是轴封漏汽系统的总的损失做功。

假设有份额 α_f 的蒸汽从高压轴封渗漏出系统，引起的做功损失为

$$\Delta h_1 = \alpha_f(h_f - h_n) \tag{10-35}$$

式中　h_f、h_n——轴封漏汽焓和凝结水焓，kJ/kg。

如果把轴封渗漏出系统的蒸汽回收利用于第 j 加热器上，其回收功为

$$\Delta h_2 = \alpha_f \left[(h_f - h_j) \eta_j + (h_j - h_n) \right] \tag{10-36}$$

式中 h_j——第 j 加热器出水焓，kJ/kg。

轴封漏汽及利用系统引起的做功损失真实量为轴封漏汽做功损失减去回收利用的回收功，其值为

$$\Delta h' = \Delta h_1 - \Delta h_2 \tag{10-37}$$

轴封漏汽及利用系统引起的装置效率降低为

$$\delta \eta_{ri} = \frac{\Delta h'}{\Delta h - \Delta h'} \tag{10-38}$$

二、汽轮机辅机的节能诊断方法

（一）主要泵组的节能诊断

泵组一般存在的问题主要是泵本身性能下降、泵的性能与相应的系统阻力特性不匹配和机组变工况运行中泵组运行效率点偏离较多等。

1. 泵组相关性能计算

（1）泵扬程

$$H = \frac{p_2 - p_1}{\rho g} + \frac{v_2^2 - v_1^2}{2g} + (Z_2 - Z_1) \tag{10-39}$$

式中 H——泵扬程，m；

p_1——进水压力，Pa；

p_2——出水压力，Pa；

ρ——平均密度，kg/m³；

g——重力加速度，取 9.81m/s²；

v_1——进口流速，m/s；

v_2——出口流速，m/s；

Z_1——进口标高，m；

Z_2——出口标高，m。

（2）泵有效功率

$$P_u = \frac{GHg}{3600} \tag{10-40}$$

式中 G——出口流量，t/h。

（3）泵的效率。泵的效率等于有功功率与轴功率之比。对于一般的低扬程水泵，如循环水泵、凝结水泵等，其泵效率为

$$\eta = \frac{P_u}{P_{sh}} = \frac{P_u}{P_{gr} \eta_{gr}} = \frac{\rho g q_V H}{1000 \eta_{gr} P_{gr}} \tag{10-41}$$

式中 P_{gr}——电动机输入功率，kW；

η_{gr}——电动机效率，%；

q_V——体积流量，m³/s；

P_{sh}——泵的轴功率，kW。

对于给水泵，其效率为

$$\eta = \frac{v(p_2 - p_1)}{1000(1 + c)(h_2 - h_1)} \times 100\% \tag{10-42}$$

式中　p_2、p_1——给水泵的出口、入口压力，Pa；

　　　h_2、h_1——给水泵的出口、入口水焓，kJ/kg；

　　　　　v——进出口平均比体积，m^3/kg；

　　　　　c——每千克水对应的散热和轴封损失，kJ/kg。

（4）泵轴功率

$$P_{sh} = \frac{\rho g H q_V}{\eta} \tag{10-43}$$

2. 泵组设备性能下降

泵组设备性能下降的主要原因是泵效率下降，使相同有效功率下消耗的驱动功率增加，主要体现在设备用电单耗的上升或设备汽耗的增加，泵组设备性能下降主要是相对设计性能而言的。由于火电厂中泵组设备是多级离心泵，因此对泵组设备性能诊断分析主要以多级离心泵为讨论对象。

造成多级离心泵组能量损失的因素包括水力损失、容积损失、机械损失三方面。理论上，对于已经设计好的多级离心泵，在介质及工艺量参数不变的情况下，多级离心泵的运行效率是不会变化的，但是在多级离心泵运行过程中由于部件的损坏及磨损等原因会导致能量损失增加，运行效率随之下降。

（1）水力损失。水力损失是指介质在流动过程中损失的能量，其包括冲击损失和阻力损失两种形式。冲击损失是指介质进入叶轮流道时介质的相对速度和转速方向的夹角与叶轮入口安放角不一致，介质流出叶轮流道时介质的相对速度和转速方向的夹角与叶轮出口安放角方向不一致，导致流体冲击叶轮压力面或者吸力面，产生旋涡，造成能量损失。

理论上多级离心泵在运行过程中，只要工艺量参数稳定，则冲击损失的大小不会改变。但当叶轮入口或者出口安放角发生变化时，如叶轮叶片断裂，则流体不会稳定地进入流道，会窜入相邻的流道，与相邻流道的流体发生冲击，产生较大的旋涡，使冲击损失增大。因此，多级离心泵在运行过程中若发生叶片断裂故障，会导致运行效率下降。

阻力损失是指多级离心泵介质流经叶轮、蜗壳等过流部件时由于沿程摩擦阻力、流道弯头、截面突然收缩或者扩大所造成的损失。其大小跟流道表面粗糙度、离心泵的结构及流量有关。阻力损失的计算公式为

$$h_f = c_k q^2 \tag{10-44}$$

式中　h_f——阻力损失，m；

　　　c_k——与流道表面粗糙度及离心泵结构相关的系数，$m \cdot s^2/kg^2$；

　　　　q——流量，kg/s。

对于一台正在运行的多级离心泵，其流道表面的粗糙度变化较小，故在工艺量不变的情况下，其阻力损失不会发生明显改变。对于污水泵、原油泵等杂质比较复杂的多级离心泵，容易在较窄的叶轮流道中造成堵塞。叶轮堵塞后，堵塞物对流体产生阻滞，改变流体流动方向，导致能量损失，运行效率下降。气蚀也属于堵塞的一种，在多级离心泵运行过程中，当由于滤网堵塞等原因导致多级离心泵发生气蚀时，会在叶轮流道内产生大量的气泡，这些气泡堵塞叶轮的流道，破坏流体的连续流动，导致阻力损失增大，运行效率下降。

(2) 容积损失。在多级离心泵中，密封形式可分为两种：一种是轴端机械密封，位于多级离心泵流道与外界之间，防止多级离心泵外漏。另一种是间隙密封，位于多级离心泵高压区与低压区之间，防止多级离心泵高压区向低压区的内漏。由于外漏会将介质漏向外界，因此对于防止外漏的机械密封要求较高，对运行效率的影响可忽略不计。

间隙密封由泵体口环与叶轮口环两部分组成，两口环中间存在一定的间隙，牺牲一定泄漏量，达到密封的目的，口环之间的间隙中存在梳齿，增加了间隙流场的湍流程度，减小泄漏量。当介质从高压区通过口环间隙回流至低压区时，高压液体变成低压液体，这部分介质所携带的静压能也就损耗掉了，称为容积损失。在多级离心泵运行过程中，由于振动、偏心等原因的影响，使口环密封泵体静密封环与叶轮动密封环发生磨损，口环间隙增大，从而大大地增加了多级离心泵的泄漏量，导致多级离心泵容积损失增大，运行效率随之降低。

(3) 机械损失。机械损失主要是指多级离心泵中的各种摩擦损失，包括转轴与填料密封之间的摩擦损失、转轴与轴承之间的摩擦损失、侧壁间隙中的介质与叶轮前后盖板圆盘的摩擦损失，圆盘摩擦损失是机械损失中占比例最大的。对于正在运行的多级离心泵，转轴与填料密封，以及轴承之间的摩擦损失、圆盘摩擦损失变化比较小，可忽略不计。

综上所述，在多级离心泵运行过程中，导致其运行效率下降常见的原因包括叶轮堵塞、叶片断裂、气蚀、口环磨损等。

3. 泵组性能与相应系统的阻力特性不匹配

泵组性能与相应系统的阻力特性不匹配主要分两种情况：一种是系统阻力大于泵的设计扬程，使泵的实际运行扬程高于设计值，造成流量低于设计值；另一种是系统阻力小于泵的设计扬程，造成泵的实际运行扬程低于设计值，现场为实际运行流量大于设计值。

对于安装有变频装置或液力偶合器的变速泵，系统阻力与泵的性能可以通过转速调整来解决，因此给水泵一般不存在这类问题。而对于定速泵，由于泵组性能与相应系统的阻力特性不匹配，就会出现运行中出口阀开度过小，造成电能的浪费，如果是凝结水泵就会使除氧器调节阀节流损失过大，循环水泵则会使泵功耗增加、端差增大等。当系统阻力大于泵的设计扬程时，就会造成实际运行中泵的流量不足等，如果是循环水泵就会出现夏季真空偏低的情况。

(二) 冷端系统节能诊断

1. 影响冷端系统性能的因素

汽轮机冷端系统主要包括凝汽器、抽真空系统、凝结水系统和循环冷却水系统。冷端系统节能诊断就是围绕以上内容进行开展的。凝汽器及抽真空系统的诊断，以真空严密性、凝汽器传热性能、清洁度、凝汽器汽水阻力、过冷度和真空泵运行情况为分析对象；循环冷却水系统诊断是以循环水泵性能、循环冷却水系统阻力和冷却塔性能等为分析对象开展的相关诊断；凝结水系统的诊断主要是凝结水泵和凝结水系统阻力特性、各种采用凝结水减温或密封或冷却的用水系统等。对于冷端系统诊断，其核心是凝汽器性能的综合体现，影响凝汽器性能的因素则主要有循环冷却水温度和流量、严密性和真空泵性能、凝汽器清洁程度、热负荷和换热面积等。以国产 300MW 机组为例，机组在额定负荷下，以上因素对凝汽器性能的影响程度见表 10-8。

当循环冷却水温度升高时，凝汽器压力也会随着循环冷却水温度的升高而变化，温度越高，变化越大。当循环冷却水流量减小时，凝汽器压力变化程度大于对循环冷却水温度的敏感程度。当漏入凝汽器的空气量较少时，由于真空泵的作用凝汽器压力变化较小；当漏入凝

表 10-8　　　　　　　　　　　各影响因素对凝汽器压力的影响量

项目	变化量	凝汽器压力变化（kPa）	供电煤耗变化（g/kWh）
循环冷却水温度（℃）	1	0.34	0.82
循环冷却水流量（%）	-10	0.41	0.984
真空严密性（Pa/min）	100	0.1～0.21	0.24～0.504
清洁系数	-0.1	0.23	0.552
热负荷（%）	10	0.36	0.864
冷却面积（%）	-10	0.21	0.504
真空泵工作水温度（℃）	40	0.65	1.56

汽器的空气量超过临界值时，凝汽器压力将会与真空严密性呈线性变化。凝汽器的清洁系数对凝汽器压力的影响主要受循环冷却水温度的影响，在循环冷却水温度较低的情况下，清洁系数影响量较小。需要说明的是，在真空泵工作水温度超过 40℃后，凝汽器压力升高明显，真空严密性差时影响更大。

由于循环冷却水温度还受环境温度和冷却塔性能的影响，而冷却塔的工作性能与风速、环境湿度、淋水密度、填料完整情况和配水情况等有关系，比较复杂，一般通过冷却塔性能试验进行确定，在冷却塔性能较好的条件下，循环冷却水温度基本很难受到干扰。

综上所述，单一因素对冷端系统性能的影响一般是不存在的，也是容易调整和改善的，在冷端系统性能发生显著恶化时，一般都会有两个以上的因素同时影响，最常见的有真空严密性差、清洁度差、凝汽器热负荷异常变化和循环冷却水流量异常减小等，机组真空恶化到一定程度时，甚至会限制机组负荷和安全运行。

2. 凝汽器运行监督

通过对凝汽器各项性能参数进行监测，并对监测数据与凝汽器正常状态下的试验数据或设计参数进行比对，根据凝汽器运行特性监督曲线（见图 10-8）可以诊断出凝汽器的工作状态是否正常，并针对问题采取措施，可以使凝汽器保持较好的运行状态。

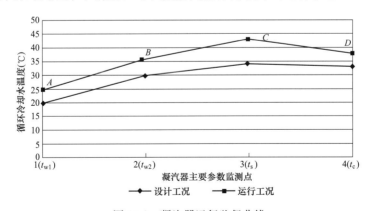

图 10-8　凝汽器运行监督曲线

t_{w1}—冷却水入口温度；t_{w2}—冷却水出口温度；
t_s—凝汽器压力的饱和温度；t_c—凝结水温度

如图 10-8 所示，运行曲线 AB 段斜率比设计趋势线增大时，表示循环冷却水流量不足，循环冷却水温度增高；运行趋势线 BC 段斜率比设计值变大时，表示传热端差在上升，传热性能恶化，表明凝汽器冷却管清洁度、真空严密性或真空泵的工作状态出现异常；运行趋势线 CD 段斜率变大，则说明凝结水的过冷度在增加，这与真空泵的工作状态、真空严密性或热井水位有关。如果三个线段的斜率变化不大，只是平移地上升或下降，则表示只是循环冷却水温度发生变化引起了凝汽器真空的变化，与凝汽器本身的性能没有关系。BC 段和 CD 段都有两相因素同时存在，对于 BC 段，凝汽器冷却管清洁度在凝汽器打开之前难以准确判断，但真空严密性容易通过试验判断，用排除法可以较为准确地分析判断；CD 段的两个因素，关于真空严密性可以通过试验判断出来，凝汽器热井水位更为直观。

3. 抽气设备性能

真空泵区别于其他泵组，把它归类为抽气设备更为准确。对于水环式真空泵，一般为 380V 的低压电动机驱动，相比较 6kV 和 10kV 驱动的辅机，功率较小。由于水环式真空泵运行状态对冷端系统有重要意义，因此，对水环式真空泵的运行参数进行诊断也就非常重要。

水环式真空泵的功耗主要与真空泵的入口压力、转速有关，当真空泵转速高于设计值时，功耗增加，反之功耗降低；但转速降低过多，会影响真空泵的水环形成，降低性能，其转速与功耗的关系如下

$$P = \frac{P_0}{\left(\frac{n_0}{n}\right)^2} \tag{10-45}$$

式中　P——真空泵实际转速下的功耗，kW；

　　　P_0——真空泵额定转速下的功耗，kW；

　　　n_0——真空泵额定转速，r/min；

　　　n——真空泵实际转速，r/min。

水环式真空泵功耗与泵入口压力的关系如图 10-9 所示，随着水环式真空泵入口压力的升高，功耗基本呈线性增加，但变化幅度较小，入口压力从 4.3kPa 升高到 7.9kPa，功耗增加约 10kW。

对于其他抽气设备如机械离心真空泵、射水抽气器和射汽抽气器等，其工作特性基本与水环式真空泵类似，只是区别于不同设备的外部因素而已。例如，机械离心真空泵和水环式真空泵一样，主要受工作水温度的影响，工作水温度越低其性能越好，而当工作水温度升高后性能将会下降。射水抽气器的性能不仅与工作水温度有关，而且与工作水压力也有关，提高射水泵射水压力和降低射水池水温度就能提高射水抽气器的性能。射汽抽气器和射水抽气器类似，主要与循环冷却水温度和射汽压力有关，降低循环冷却水温度和提高射汽压力有利于抽气设备的性能提升。

因此，对于抽气设备，工作水温度是重要的影响因素，它影响抽气设备的性能，却取决于循环冷却水系统的性能，而抽气设备的入口压力与工作水温度又相互联系，互相影响。

（三）回热加热器节能诊断

1. 加热器的端差与抽汽压力损失

在加热器运行中，由于各种原因产生给水加热不足称为运行端差。运行端差的存在和变化，虽没有发生直接的明显热损失，但是增加了热交换的不可逆性，产生了额外的冷源损失，降低了装置的热经济性。影响加热器端差大小的主要因素有加热器内传热管的特性、传

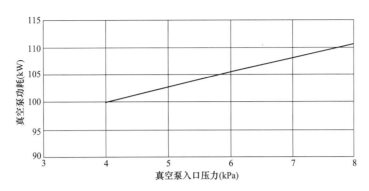

图 10-9　水环式真空泵功耗与泵入口压力的关系

热管的尺寸、管内对流换热系数、管外凝结换热系数及管内外工质的温度等。实际运行中，加热器运行端差过大的原因可能有：由于加热器内部聚积空气过多，影响传热效果；由于长期运行，内部隔板泄漏，引起给水短路，导致加热器内部换热不充分等。加热器的运行端差对机组的热经济性影响非常大，应加强对出口端差的监视，找出加热器端差增大的原因，彻底解决。

加热器的抽汽压力损失是指从汽轮机抽汽口至加热器的抽汽管道的总压力损失，包括沿程阻力损失和局部阻力损失两部分。抽汽压力损力是一种不明显的热力损失，使蒸汽的做功能力下降，热经济性降低。抽汽压力损失增大通常是因为抽汽管道抽汽止回阀开度不足，因为不直接影响机组安全运行，一般不被运行人员所重视。但抽汽压力损力增大，加热器的出口给水温度将会下降，造成给水加热不足，影响机组的运行经济性。

2. 加热器温升不足

当加热器温升不足时将会严重影响机组的热经济性，尤其是工作负压状态中的低压加热器，更容易出现加热器温升低于设计值的问题。机组运行中，汽轮机的各段抽汽进入相对应的加热器，在抽汽中可能携带一小部分其他气体，对于靠近凝汽器工作在负压条件下的两级低压加热器，由于处于真空状态下，通过抽汽管路上的不严密处会漏入一定量的空气。当抽汽在加热器中放出热量凝结时，这些气体就会分离出来，聚集在加热器内形成空气膜，而空气膜可使热交换条件恶化。当加热器内部汽侧空气含量过高、排气系统工作不正常时，就会造成其温升不足的问题，这种运行方式使较低能级的抽汽量减少，以及高能级加热器抽汽量增加，用高能级的抽汽代替了低能级的抽汽，从而导致机组热经济性降低。据试验研究，当加热器内部空气含量达 0.1% 后，加热器内的换热即停止。

此外，加热器实际参与的换热面积不足，以及加热器隔板不严密使进、出口水流短路等，也会造成加热器温升不足。

3. 加热器无水位

火电厂高、低压加热器无水位的问题一般都是由于其疏水器不能正常使用造成的。当加热器无水位运行时，本级加热器的蒸汽将随着疏水一同流入下一级加热器，使高一级加热器的蒸汽串向低一级加热器。虽然蒸汽和热量没有出系统，没有发生直观的热量和工质的损失，但蒸汽的品位由高变低，发生能量贬值，使机组热经济性降低。在安全性方面，加热器长期处于无水位运行状态，大量的汽水混合物沿着加热器进入疏水管道，造成管子强烈振动。同时，加热器无水位运行还会造成加热器的疏水管道及弯头的严重冲刷，管壁很快就变薄，以致在运行中造成事故。

目前，火电厂广泛采用的汽液两相流自调节水位控制装置是基于流体力学理论，利用汽液两相流的流动特性设计的一种新型水位控制装置。仅用本级加热器疏水量的 $1\% \sim 2\%$ 的蒸汽作为动力源驱动，就能实现加热器水位的自动调节。该装置具有工作原理先进，概念新颖；无运动部件、无电气和气动元件；无泄漏，运行安全可靠、使用寿命长，无须外力驱动等特点，对于减少加热器故障、确保加热器安全经济运行、提高高压加热器的投运率、减少检修和维护人员的工作量、提高机组及电厂的热经济性、降低供电煤耗起到了重要的作用。

第五节　耗差分析基本理论和分析方法

一、耗差的基本原理

1. 耗差分析定义

耗差分析，又称能量损失分析，是煤耗偏差的简称，通过分析机组各个实际运行参数与应达值之间的偏差，得到该参数偏离目标值而引起的机组煤耗变化量，然后将每项偏差的影响因素进一步分解为各种运行偏差因素的影响项之和。

2. 耗差的分配

机组的煤耗总偏差可以理解为实际运行工况和基准运行工况下的煤耗差值，煤耗总偏差在各运行参数间的合理分配，不仅便于找出运行参数对煤耗影响的权重，而且还可以确定各运行偏差因素具体的发生位置，对开展运行优化与操作有很强的指导意义。运行偏差因素是指机组在实际运行值下的煤耗与机组在基本工况下对应参数应达值下运行时的煤耗的差值。一般情况下，对各运行参数都要做关于运行偏差因素影响项的计算，以便在进行煤耗偏差分析时有的放矢，落实到每个运行参数的变化。

3. 耗差与指标变化之间的关系

总耗差即机组供电煤耗的差值 Δb_s，其计算主要体现在锅炉效率、汽轮机热耗率、发电厂用电率三大重要指标上。在进行经济性分析时，通常需要计算出各指标的相对变化量或绝对变化量。

绝对变化量为

$$\Delta \eta_{ri} = \eta'_{ri} - \eta_{ri} \quad \Delta q = q' - q \quad \Delta b'_s = b'_s - b_s \tag{10-46}$$

相对变化量为

$$\delta \eta_{ri} = \frac{\Delta \eta_{ri}}{\eta'_{ri}} \text{ 或 } \delta \eta'_{ri} = \frac{\Delta \eta_{ri}}{\eta_{ri}} \tag{10-47}$$

$$\delta q = \frac{\Delta q}{q'} \text{ 或 } \delta q' = \frac{\Delta q}{q} \tag{10-48}$$

$$\delta b_s = \frac{\Delta b_s}{b'_s} \text{ 或 } \delta b'_s = \frac{\Delta b_s}{b_s} \tag{10-49}$$

实际上，各热经济性指标之间存在着如下关系

$$|\delta \eta_{ri}| = |\delta q'| = |\delta b'_s| \tag{10-50}$$

当研究同一对象时，如果用以上每个指标的相对变化描述机组热经济性变化，它们的相

对变化率的绝对值是相同的，即变化的百分比是相同的。

4. 耗差分析的计算步骤

在耗差分析的实际操作过程中，为了便于分析和快速计算，一般情况下需要引入一个耗差系数 k_{el} 来计算运行参数对机组供电煤耗的影响程度。首先要确定影响煤耗的参数，然后确定各参数的设计基准值（或应达值）X，包括煤耗基准值 b_{bas}，求各参数偏离基准值的影响耗差系数 k_{el}，求得运行参数 X' 对基准值 X 的差值 $\Delta X = X' - X$；最后求得耗差煤耗 b_s。因此耗差 Δb_s 的计算就转化为对耗差系数 k_{el} 的计算，即

$$\Delta b_s = \Delta X k_{el} b_{bas} \tag{10-51}$$

式中 ΔX——参数 X 实际值和基准值的差值；

       k_{el}——耗差系数，定义为参数单位变化量对机组供电煤耗的修正率；

       b_{bas}——机组供电煤耗基准值，g/kWh。

这里的 Δb_s 表示为当某一个参数发生变化时，该参数变化对煤耗的影响量。耗差系数 k_{el} 的计算有多种算法，根据影响因素分解的原则，首先从机组热耗率、锅炉效率、机组厂用电率三部分进行二级分解。在二级分解过程中，热力系统中影响机组热经济性的因素采用锅炉效率法、汽轮机热耗法、等效焓降法、循环函数法等进行分析，目前在国内耗差分析应用中采用最多的是等效热降法，循环函数法也有一定的应用。厂用电率则采用各辅机系统和设备与机组负荷率、煤质、环境温度、供热量的相互关系进行分析。

耗差煤耗计算

$$b_s = b_{bas} + \Delta b_s = b_{bas} + \sum (\Delta X k_{el} b_{bas}) \tag{10-52}$$

耗差煤耗计算的准确性在于煤耗参数、基准参数和基准煤耗等的确定与煤耗系数的准确计算。

二、选择和确定影响煤耗的参数

对机组进行耗差分析时，其基本原则是：以每台机组为基础，根据测点情况确定参与耗差分析的指标，侧重于参数偏离标准值对热效率或煤耗的影响，得出关系曲线或数学模型。耗差参数与标准值不能差别过大，原则上运行参数不能超过标准值的 50%，否则会有较大的计算误差。

由机组效率公式 $\eta = \eta_{gl} \eta_{gd} \eta_t \eta_{ri} \eta_m \eta_g$ 可知，影响总效率 η 的有锅炉效率 η_{gl}、管道效率 η_{gd}、汽轮机循环热效率 η_t、汽轮机相对内效率 η_{ri}、汽轮机组机械效率 η_m 和发电机效率 η_g。

与上述效率有关的参数很多，但影响煤耗较大的有十几个主要参数，包括影响锅炉效率的排烟温度、进风温度、飞灰含碳量、过剩氧量、燃煤发热量；影响汽轮机循环热效率的主、再热蒸汽参数和减温水量、循环冷却水温度、补水率、凝器背压、凝结水过冷度、回热系统的给水温度、端差和供热抽汽量等参数；影响汽轮机相对内效率的平均负荷、机组塑性和弹性老化损失等。由于 η_{gd}、η_m、η_g 效率不太会偏离基准值，因此在耗差煤耗计算中可以不作考虑。

三、各参数基准值的确定

火电机组的经济性随着机组运行工况的变化发生变化，运用耗差分析法对热力设备进行能量损失诊断和节能潜力分析时，只有确定机组运行基准值后，才能准确地计算出主要运行

参数偏离基准值后所造成的各项经济损失，基准值的正确计算和合理选择是耗差分析的关键。

对于试验中不宜确定的参数或制造厂已提供的设计参数，如机组在额定负荷时主蒸汽参数、再热蒸汽参数、锅炉效率、端差，以及循环冷却水、回热系统等参数和汽轮机相对内效率、锅炉损失（q_2-q_6）及管道损失等，其标准值尽量采用设计值，当锅炉蒸汽温度随负荷降低而降低时，需确定不同负荷下的主蒸汽温度和再热蒸汽温度的基准值。

对于在试验中容易确定的参数如氧量、真空度、飞灰含碳量、煤粉细度等，可以通过优化试验取得。

对于过热器减温水量和再热器减温水量，如果过热器减温水取自高压加热器后可不予考虑，如果在高压加热器前取过热器减温水，此时由于受锅炉受热面积灰和运行人员调整方式的影响，很难确定，最好用历史统计数据取标准值。

四、影响煤耗系数的计算

耗差分析模型是耗差分析的关键，主要由以下方法确定：采用基本公式确定锅炉效率、排烟温度、氧量、飞灰和炉渣含碳量等影响参数；对于主蒸汽参数、再热蒸汽温度和真空度等，可以根据制造厂提供的修正曲线进行确定；对于热力系统局部分析，则采用等效焓降法、循环函数法、热平衡法等进行确定；而对于排汽压力和煤粉细度等这类参数，一般通过试验方法选优确定。

（一）锅炉效率

根据锅炉反平衡效率 η_{gl} 的计算公式，对锅炉侧与燃烧相关的运行参数进行耗差系数的计算，即

$$\Delta\eta_{gl} = \Delta q_2 + \Delta q_3 + \Delta q_4 + \Delta q_5 + \Delta q_6 \tag{10-53}$$

1. 排烟损失 q_2 的计算

干烟气量的计算。对于固体燃料，烟气中最大的二氧化碳含量

$$CO_2{}_{,max} = \frac{0.101\,62 + 0.043\,99 Q_{net}}{0.449\,71 + 0.238\,25 Q_{net}} \tag{10-54}$$

式中　$CO_{2,max}$——烟气中最大的二氧化碳含量，%；

　　　Q_{net}——入炉煤低位发热量，MJ/kg。

烟气中的二氧化碳含量

$$CO_2 = CO_2{}_{,max} \times \frac{1-O_2}{21} \tag{10-55}$$

CO_2——烟气中的二氧化碳含量，%；

O_2——排烟氧量，%。

燃料燃烧所需的干空气量

$$v_k = -0.0139 + 0.0089 Q_{net} + \frac{0.1314 + 0.0569 Q_{net}}{CO_2} \tag{10-56}$$

不考虑空气湿度，燃料燃烧生成的烟气量

$$v_y = 0.965\,69 + 0.007\,07 Q_{net} + \frac{0.131\,39 + 0.056\,88 Q_{net}}{CO_2} \tag{10-57}$$

不考虑空气湿度，烟气中水蒸气含量

$$v_{H_2O} = 0.908\,09 - 0.0163Q_{net} \tag{10-58}$$

则干烟气量为

$$v_{gy} = 0.0576 + 0.023\,37Q_{net} + \frac{0.131\,39 + 0.056\,88Q_{net}}{CO_2} \tag{10-59}$$

排烟热损失的计算

$$q_2 = v_{gy}c_{pg} \times \frac{t_{py} - t_0}{1000Q_{net}} \times 100 + \frac{\alpha}{100}v_k \tag{10-60}$$

$$c_{pg} = 0.9221 + 0.0009t_{py} - 0.000\,002t_{py}^2 \tag{10-61}$$

式中　t_{py}——排烟温度，℃；

$\quad\quad t_0$——送风机入口风温，℃；

$\quad\quad v_{gy}$——干烟气量，kg/kg 煤；

$\quad\quad c_{pg}$——干烟气的平均比热容，kJ/(m^3·K)；

$\quad\quad \alpha$——空气预热器漏风率，%。

2. 水分热损失的计算

水分热损失主要包括燃料燃烧产生的水汽造成的水分热损失和空气中的湿气造成的水分热损失。水分热损失属于排烟损失的一部分。其计算公式为

$$q_{H_2O} = (v_{H_2O} + v_k d_k) \frac{(c_{H_2O}^y T_{py} - c_{H_2O}^0 T_0)}{1000Q_{net}} \times 100 \tag{10-62}$$

式中　q_{H_2O}　　水分热损失，%；

$\quad\quad v_{H_2O}$——不考虑空气湿度，烟气中水蒸气的含量，kg/kg 煤；

$\quad\quad v_k$——燃料所需干空气量，kg/kg 煤；

$\quad\quad d_k$——空气的绝对湿度，kg/kg；

$\quad\quad c_{H_2O}^y$——排烟中水蒸气的比热容，kJ/(kg·K)；

$\quad\quad c_{H_2O}^0$——入口风温对应水蒸气的比热容，kJ/(kg·K)；

$\quad\quad T_{py}$——排烟热力学温度，K；

$\quad\quad T_0$——入口风温热力学温度，K。

d_k 为空气的绝对湿度，当随着季节的变化——干球温度和相对湿度改变时，绝对湿度的变化范围为 2～30g/kg。很多资料中常将空气带进的水蒸气量简化为 10g/kg 来计算。根据 ASME 标准，当绝对湿度为 2g/kg 和 30g/kg 时，空气中水分造成的热损失分别为 4.1654kJ/kg 和 62.483kJ/kg。而实际计算中，空气的绝对湿度计算需要测量大气压力 p_0（Pa）、空气干球温度 t_g（℃）和湿球温度 t_s（℃），根据干球温度计算空气中的蒸汽分压力 p_{H_2O} 为

$$p_{H_2O} = 611.7927 + 42.7809t_g + 1.6883t_g^2 + 0.012\,079t_g^3 + 6.1637 \times 10^{-4}t_g^4 \tag{10-63}$$

空气的绝对湿度 d_k 则为

$$d_k = \frac{0.622d_{xs}p_{H_2O}}{100p_0 - d_{xs}p_{H_2O}} \tag{10-64}$$

式中　p_0——大气压力，Pa；

d_{xs}——空气的相对湿度，%。

为方便计算，通过年月度平均气温和绝对湿度变化拟合一个简单公式，能够基本反映绝对湿度的变化，即

$$d_k = \frac{0.000\,03t_0^2 - 0.003t_0 + 0.0036}{1000} \tag{10-65}$$

式中　t_0——环境温度，℃。

3. 固体未完全燃烧热损失 q_4 的计算

这是燃料中未燃烧或者未燃尽碳造成的损失，这些碳残留在灰渣中，也称未燃碳损失。其主要与飞灰可燃物含量和炉渣可燃物含量有关，计算公式为

$$q_4 = 337.3 \times \frac{A}{1000Q_{net}} \left(\frac{\alpha_{fh}c_{fh}}{100 - C_h} + \frac{\alpha_{lz}c_{lz}}{100 - C_z} \right) \times 100 \tag{10-66}$$

式中　q_4——固体未完全燃烧热损失，%；

c_{fh}、c_{lz}——炉渣、飞灰的比热容，kJ/(kg·K)；

C_h、C_z——飞灰与炉渣可燃物含量，%；

α_{fh}、α_{lz}——飞灰与炉渣的比例份额，%。

4. 锅炉散热损失 q_5 的计算

锅炉散热损失 q_5，是指锅炉炉墙、金属结构及锅炉范围内管道（烟风道及汽、水管道联箱等）向四周环境中散失的热量占总输入热量的百分率。散热损失值的大小与锅炉机组的热负荷有关。可按下式计算，即

$$q_5 = CqP_N^{-0.3} \times \frac{-10}{\dfrac{D_e}{D}} \times 100 \tag{10-67}$$

式中　D_e——锅炉的额定蒸发量，t/h；

　　D——锅炉效率测定时的实际蒸发量，t/h；

　　C——表面系数；

　　q——平均热流密度，MW/m²，对于燃煤 $C = 56\text{m}^2/(\text{MW})^{0.7}$，$q = 392\text{MW/m}^2$；

　　P_N——锅炉的最大出力，MW。

5. 灰渣物理热损失 q_6 的计算

灰渣物理热损失 q_6，即炉渣、飞灰排出锅炉设备时所带走的显热占输入热量的百分率，对于煤粉锅炉按下式计算

$$q_6 = \frac{A}{1000Q_{net}} \left[\frac{\alpha_{fh}(t_{py} - t_0)c_{fh}}{100 - C_h} + \frac{\alpha_{lz}(t_{lz} - t_0)c_{lz}}{100 - C_z} \right] \times 100 \tag{10-68}$$

式中　t_{lz}——由炉膛排出的炉渣温度，℃，当不能直接测量时，固态排渣煤粉炉可取 800℃，
　　　　　　火床炉取 600℃，液态排渣火室炉可取 $t_{lz} = t_3 + 100$℃（t_3 为煤灰的熔化温度）；

　　t_0——环境温度，℃；

c_{fh}、c_{lz}——炉渣、飞灰的比热容，kJ/(kg·K)。

本文根据拟合公式由灰的温度计算，有

$$c_{fh} = 0.000\,000\,2t_{py}^2 + 0.0004t_{py} + 0.7617 \tag{10-69}$$

炉渣比热容可以将测得的温度代入式（10-69）或根据排渣方式取相应的温度值计算得出。

锅炉各项损失变化量对煤耗的耗差系数为

$$k_{\text{el}} = \frac{\Delta q_{i(i=2,3,\cdots,6)}}{\eta_{\text{gl}}}$$ (10-70)

式中　η_{gl}——额定锅炉效率，%。

用上述方法分别计算出某一工况下的设计参数对应的损失基准值和实际运行值对应的损失值，即计算出耗差值。

（二）汽轮机指标

1. 负荷率对煤耗的影响

负荷率是指其他条件不变，仅变化主机负荷，使运行工况偏离额定负荷引起的煤耗变化。负荷率-煤耗曲线可由鉴定试验求得，可以用汽轮机制造厂给出的热平衡图数据拟合，也可以用性能试验修正后的不同负荷下对应的供电煤耗拟合得出。对于供热机组，负荷率-煤耗曲线以纯凝曲线与供热压力-煤耗曲线共同完成对煤耗的影响量计算。纯凝工况下负荷率-煤耗曲线可以由下式确定，即

$$\Delta b_{\text{s}} = [a(R_{\text{a}} + 75\%) + b](R_{\text{a}} - 75\%)$$ (10-71)

式中　a、b——系数；

　　　R_{a}——机组实际负荷率，%，当机组实际负荷率超过75%时只修正到75%。

2. 真空度对煤耗的影响

真空度对煤耗的影响是由负荷率与循环冷却水温度两个参数完成基准背压的计算，再由背压-煤耗曲线进行计算得出。

3. 相对内效率对煤耗的影响

抽汽工况及汽轮机高、中缸效率对煤耗的影响，主要采用统计方法和经验公式求取影响系数计算其对煤耗的影响值；也可以利用过热蒸汽和饱和蒸汽的焓值计算公式求取主蒸汽、排汽焓和排汽压力下的主蒸汽绝热膨胀焓，进行影响煤耗的计算来代替相对内效率变化的影响，提高了在多种工况下煤耗计算的准确性。

4. 蒸汽参数对煤耗的影响

主蒸汽压力、主蒸汽温度、再热蒸汽压力、再热蒸汽温度及再热减温水量等参数对煤耗的影响可由修正曲线求得，也可以用朗肯循环理论进行计算。

（1）基本原理。火电厂凝汽式汽轮机装置的热力循环过程是按朗肯循环工作过程进行的。中间再热汽轮机装置的热力循环，是由基本的朗肯循环和再热过程中的一个附加循环方式组成，其汽轮机装置的循环热效率（朗肯效率）为

$$\eta_{\text{t}} = \frac{(h_0 - h_{\text{h}}) + (h_{\text{r}} - h_{\text{h}}) - (h_{\text{fw}} - h_{\text{n}})}{(h_0 - h_{\text{fw}}) + (h_{\text{r}} - h_{\text{h}})}$$ (10-72)

式中　h_0、h_{r}——主蒸汽焓和再热蒸汽焓，kJ/kg；

　　　h_{h}、h_{fw}——高压缸排汽焓和给水焓，kJ/kg；

　　　h_{n}——低压缸凝结水焓，kJ/kg。

由此可知，朗肯循环的热效率只取决于循环工质（蒸汽）的初、终参数。其中工质在凝汽器所进行的定压加热过程，也是一个等温吸热过程，吸热平均温度为 T_{cs}（单位为 K）。

循环中的工质在锅炉所进行的定压加热过程，也是一个等温吸热过程，吸热平均温度为 T_{0m}（单位为 K）。在汽轮机装置循环过程中每千克工质所吸收的热量为

$$Q_0 = T_{0m}\Delta s \tag{10-73}$$

式中　Δs——熵的变化量，$kJ/(kg \cdot K)$。

由此可知，每千克工质所做的功为

$$W_t = (T_{0m} - T_{cs})\Delta s \tag{10-74}$$

实际汽轮机装置的热耗率为

$$q_0 = \frac{Q_0}{W_t \eta_{ri}\eta_m\eta_g} \tag{10-75}$$

式中　η_{ri}——汽轮机的相对内效率；

η_m——汽轮机组的机械效率；

η_g——发电机效率。

由式（10-75）得

$$q_0 = \frac{T_{0m}}{(T_{0m} - T_{cs})\eta_{ri}\eta_m\eta_g} \tag{10-76}$$

对于具有一次中间再热凝汽式汽轮机组，循环中工质熵的变化量为

$$\Delta s = (s_0 - s_{fw}) + \alpha_r(s_r - s_h)$$
$$\alpha_r = G_r/G_0 \tag{10-77}$$

式中　s_0、s_{fw}——新汽、给水熵值，$kJ/(kg \cdot K)$；

s_r、s_h——热段再热蒸汽熵、冷段再热蒸汽熵，$kJ/(kg \cdot K)$；

α_r——汽轮机再热蒸汽量与新蒸汽量的比值。

工质的热量为

$$Q_0 = (h_0 - h_{fw}) + \alpha_r(h_r - h_h) \tag{10-78}$$

式中　h_0、h_{fw}——新蒸汽焓、给水焓，kJ/kg；

h_r、h_h——热段再热蒸汽焓、冷段再热蒸汽焓，kJ/kg。

（2）热力参数变化对热耗率的影响计算。机组运行中，热力参数发生变化时，将会引起热耗率的变化。实际上热力参数的变化，对 η_m、η_g 的影响较小。假定 η_m、η_g 保持不变，此时热耗率增量为

$$\frac{\Delta q_0}{q_0} = \left[\frac{\Delta T_{cs}}{T_{0m} - T_{cs}} - \frac{T_{cs}\Delta T_{0m}}{(T_{0m} - T_{cs})T_{0m}} - \frac{\Delta \eta_{ri}}{\eta_{ri}}\right] \times 100\% \tag{10-79}$$

$$\Delta T_{0m} = T'_{0m} - T_{0m} \tag{10-80}$$

$$\Delta T_{cs} = T'_{cs} - T_{cs} \tag{10-81}$$

$$\Delta \eta_{ri} = \eta'_{ri} - \eta_{ri} \tag{10-82}$$

式中　T'_{0m}、T'_{cs}、η'_{ri}——某一热力参数变化后的平均吸热温度、平均放热温度和汽轮机相对内效率。

对于凝汽式汽轮机，当某一热力参数偏离额定值时，其内效率 η_{ri} 也将发生变化，这主要是由于调节级效率和低压段的蒸汽湿度变化而影响的。一般中间级的效率变化很小，可以

认为保持不变。而调节级内效率的变化则与负荷、初参数有关。如果蒸汽量变化不大，调节汽阀开度一定，即使参数稍有波动，其调节级效率变化也不大。为此在计算中间再热机组初参数变化所引起的修正值时，可以假定 $\Delta\eta_{ri}/\eta_{ri}=0$，因为这时中间再热点后的工作过程没有发生变化。但是在计算中间再热机组时，由于中间再热压力损失、中间再热温度对热耗率的影响，必须考虑由此引起的汽轮机内效率的变化，即 $\Delta\eta_{ri}/\eta_{ri}\neq0$。在计算给水温度变化所引起的热耗率变化时，也可令 $\Delta\eta_{ri}/\eta_{ri}=0$。

但是在计算汽轮机组背压变化对热耗率的修正值时，必须考虑汽轮机的内效率变化，即 $\Delta\eta_{ri}/\eta_{ri}\neq0$。热耗率影响量的计算精度在很大程度上取决于 $\Delta\eta_{ri}/\eta_{ri}$ 项的计算是否正确。由于各台汽轮机的具体设计条件各不相同，要比较精确地确定某一热力参数变化后所引起的汽轮机内效率的变化值 $\Delta\eta_{ri}$ 是很困难的。因此采用《机械工程手册汽轮机篇》推荐的内效率变化与压力、温度的关系曲线（见图10-10），来计算汽轮机内效率的变化值，可以认为能达到计算精度。

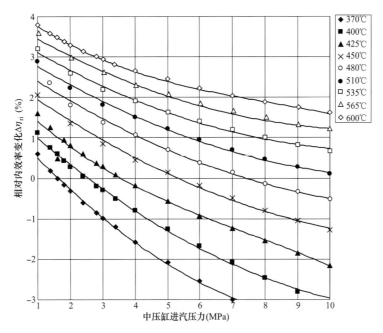

图 10-10 蒸汽压力、温度与内效率关系曲线

（3）改变初压力对热耗率的影响计算。某 660MW 超超临界一次中间再热凝汽式汽轮机，其设计热耗率为 7249.4kJ/kWh，根据朗肯循环理论，计算初压力变化对热耗率的影响见表10-9。

表 10-9   新蒸汽压力变化对热耗率的影响计算

符号	计算说明或依据	单位	影响值
p_0	额定主蒸汽压力	MPa	28
t_0	额定主蒸汽温度	℃	600
h_0	主蒸汽焓，查表或计算	kJ/kg	3434.56
s_0	主蒸汽熵，查表或计算	kJ/(kg·K)	6.2863

符号	计算说明或依据	单位	影响值
p_h	额定高压缸排汽压力	MPa	5.51
t_h	额定高压缸排汽温度	℃	344.1
h_h	高压缸排汽焓，查表或计算	kJ/kg	3040.127
s_h	高压缸排汽熵，查表或计算	kJ/(kg·K)	6.3643
p_r	额定再热蒸汽压力	MPa	5.076
t_r	额定再热蒸汽温度	℃	620
h_r	再热蒸汽焓，查表或计算	kJ/kg	3712.77
s_r	再热蒸汽熵，查表或计算	kJ/(kg·K)	7.3056
p_c	额定排汽压力	MPa	0.0052
t_c	额定排汽温度	℃	33.6
h_c	排汽焓，查表或计算	kJ/kg	2332.45
s_c	排汽熵，查表或计算	kJ/(kg·K)	7.6315
p_{fw}	额定给水压力	MPa	32
t_{fw}	额定给水温度	℃	297.6
h_{fw}	给水焓，查表或计算	kJ/kg	1315.8
s_{fw}	给水熵，查表或计算	kJ/(kg·K)	3.1485
α_r	$\alpha_r = G_r^0 / G_0^0$	%	0.8053
Δp_r	$\Delta p_r = p_r^0 - p_h^0$	MPa	0.434
η_{ri}		%	92.33
Q_0	$Q_0 = (h_0 - h_{fw}) + \alpha_r (h_r - h_h)$	kJ/kg	2691.65
Δs	$\Delta s = (s_0 - s_{fw}) + \alpha_r (s_r - s_h)$	kJ/(kg·K)	3.8959
T_{0m}	$T_{0m} = Q_0 / \Delta s$	K	690.9
T_{cs}	$T_{cs} = t_c + 273.15$	K	306.75
p_0'	新主蒸汽压力	MPa	27
h_0'	新主蒸汽焓，查表或计算	kJ/kg	3475.01
s_0'	新主蒸汽熵，查表或计算	kJ/(kg·K)	6.3115
Q_0'	$Q_0' = (h_0' - h_{fw}) + \alpha_r (h_r - h_h)$	kJ/kg	2701.02
$\Delta s'$	$\Delta s' = (s_0' - s_{fw}) + \alpha_r (s_r - s_h)$	kJ/(kg·K)	3.9211
T_{0m}'	$T_{0m}' = Q_0' / \Delta s'$	K	688.83
ΔT_{0m}	$\Delta T_{0m} = T_{0m}' - T_{0m}$	K	−2.06
$\Delta (\Delta s)$	$\Delta (\Delta s) = \Delta s' - \Delta s$	kJ/(kg·K)	0.0252
$\Delta \eta_{ri} / \eta_{ri}$		%	0
$\Delta q_0 / q_0$	$\{\Delta T_{cs}/(T_{0m} - T_{cs}) - T_{cs}\Delta T_{0m}/[(T_{0m} - T_{cs})T_{0m}] - \Delta \eta_{ri}/\eta_{ri}\} \times 100\%$	%	0.238
Δq_0		kJ/kWh	17.24

由表 10-9 可知，当主蒸汽压力由额定压力 28MPa 下降至 27MPa 时，热耗率升高 17.24kJ/kWh，对发电煤耗的影响量由下式计算得出

$$\Delta b_{\mathrm{f}} = \frac{\Delta q_0}{4.1816 \times 7 \times \eta_{\mathrm{gd}} \eta_{\mathrm{gl}}} \tag{10-83}$$

对煤供电煤耗的影响值由下式进一步计算得出

$$\Delta b_{\mathrm{g}} = \frac{\Delta b_{\mathrm{f}}}{1-\varphi} \tag{10-84}$$

式中　φ——发电厂用电率，%。

（4）改变再热蒸汽温度对热耗率的影响计算。仍以某 660MW 超超临界一次中间再热凝汽式汽轮机为研究对象，当再热蒸汽温度由 620℃ 降低至 610℃ 时，其热耗率变化计算过程见表 10-10。需要说明的是，由于再热蒸汽温度的改变，将对中、低压缸内效率产生影响，即 $\Delta\eta_{\mathrm{ri}}/\eta_{\mathrm{ri}} \neq 0$，可由图 10-10 所示曲线查得再热蒸汽温度下降 10℃，使整个机组内效率下降 1.14%（下降为负），也即 $\Delta\eta_{\mathrm{ri}}/\eta_{\mathrm{ri}} = -0.012\,13$，其中 $\Delta T_{\mathrm{cs}}/(T_{0\mathrm{m}} - T_{\mathrm{cs}})$ 由于排汽温度未变，仍按 0 计算。

表 10-10　　　　　　　　　　再热蒸汽温度变化对热耗率的影响计算

符号	计算说明或依据	单位	影响值
p_0	额定主蒸汽压力	MPa	28
t_0	额定主蒸汽温度	℃	600
h_0	主蒸汽焓，查表或计算	kJ/kg	3434.56
s_0	主蒸汽熵，查表或计算	kJ/(kg·K)	6.2863
p_{h}	额定高压缸排汽压力	MPa	5.51
t_{h}	额定高压缸排汽温度	℃	344.1
h_{h}	高压缸排汽焓，查表或计算	kJ/kg	3040.127
s_{h}	高压缸排熵，查表或计算	kJ/(kg·K)	6.3643
p_{r}	额定再热蒸汽压力	MPa	5.076
t_{r}	额定再热蒸汽温度	℃	620
h_{r}	水蒸汽特性查表或计算	kJ/kg	3712.77
s_{r}	水蒸汽特性查表或计算	kJ/(kg·K)	7.3056
p_{c}	额定排汽压力	MPa	0.0052
t_{c}	额定排汽温度	℃	33.6
h_{c}	排汽焓，查表或计算	kJ/kg	2332.45
s_{c}	排汽熵，查表或计算	kJ/(kg·K)	7.6315
p_{fw}	额定给水压力	MPa	32
t_{fw}	额定给水温度	℃	297.6
h_{fw}	给水焓，查表或计算	kJ/kg	1315.8
s_{fw}	给水熵，查表或计算	kJ/(kg·K)	3.1485
α_{r}	$\alpha_{\mathrm{r}} = G_{\mathrm{r}}^0/G_0^0$	%	0.8053
Δp_{r}	$\Delta p_{\mathrm{r}} = p_{\mathrm{r}}^0 - p_{\mathrm{h}}^0$	MPa	0.434
η_{ri}		%	92.33
Q_0	$Q_0 = (h_0 - h_{\mathrm{fw}}) + \alpha_{\mathrm{r}}(h_{\mathrm{r}} - h_{\mathrm{h}})$	kJ/kg	2691.65

符号	计算说明或依据	单位	影响值
Δs	$\Delta s = (s_0 - s_{fw}) + \alpha_r(s_r - s_h)$	kJ/(kg·K)	3.8959
T_{0m}	$T_{0m} = Q_0/\Delta s$	K	690.84
T_{cs}	$T_{cs} = t_c + 273.15$	K	306.75
t_r'	新再热蒸汽温度	℃	610
h_r'	新再热蒸汽焓，查表或计算	kJ/kg	3689.49
s_r'	新再热蒸汽熵，查表或计算	kJ/(kg·K)	7.2794
Q_0'	$Q_0' = (h_0 - h_{fw}) + \alpha_r(h_r' - h_h)$	kJ/kg	2672.9
$\Delta s'$	$\Delta s' = (s_0 - s_{fw}) + \alpha_r(s_r' - s_h)$	kJ/(kg·K)	3.8748
T_{0m}'	$T_{0m}' = Q_0'/\Delta s'$	K	689.82
ΔT_{0m}	$\Delta T_{0m} = T_{0m}' - T_{0m}$	K	-1.075
$\Delta(\Delta s)$	$\Delta(\Delta s) = \Delta s' - \Delta s$	kJ/(kg·K)	-0.0211
$\Delta\eta_{ri}/\eta_{ri}$	根据图10-10查取或计算	‰	-0.005 13
$\Delta q_0/q_0$	$\{\Delta T_{cs}/(T_{0m}-T_{cs}) - T_{cs}\Delta T_{0m}/[(T_{0m}-T_{cs})T_{0m}] - \Delta\eta_{ri}/\eta_{ri}\} \times 100\%$	‰	0.637
Δq_0		kJ/kWh	46.13

（5）改变背压对热耗率的影响计算。某 660MW 超超临界一次中间再热凝汽式汽轮机背压变化对热耗率的影响计算过程见表 10-11。由于背压的改变，将对中、低压缸内效率产生影响，即 $\Delta\eta_{ri}/\eta_{ri} \neq 0$，当背压由 0.0052MPa 升高到 0.008MPa 时，使整个机组内效率升高

表 10-11   **背压变化对热耗率的影响计算**

符号	计算说明或依据	单位	影响值
p_0	额定主蒸汽压力	MPa	28
t_0	额定主蒸汽温度	℃	600
h_0	主蒸汽焓，查表或计算	kJ/kg	3434.56
s_0	主蒸汽熵，查表或计算	kJ/(kg·K)	6.2863
p_h	额定高压缸排汽压力	MPa	5.51
t_h	额定高压缸排汽温度	℃	344.1
h_h	高压缸排汽焓，查表或计算	kJ/kg	3040.127
s_h	高压缸排汽熵，查表或计算	kJ/(kg·K)	6.3643
p_r	额定再热蒸汽压力	MPa	5.076
t_r	额定再热蒸汽温度	℃	620
h_r	再热蒸汽焓，查表或计算	kJ/kg	3712.77
s_r	再热蒸汽熵，查表或计算	kJ/(kg·K)	7.3056
p_c	额定排汽压力	MPa	0.0052
t_c	额定排汽温度	℃	33.6
h_c	排汽焓，查表或计算	kJ/kg	2332.45
s_c	排汽熵，查表或计算	kJ/(kg·K)	7.6315
p_{fw}	额定给水压力	MPa	32
t_{fw}	额定给水温度	℃	297.6
h_{fw}	给水焓，查表或计算	kJ/kg	1315.8

符号	计算说明或依据	单位	影响值
s_{fw}	给水熵，查表或计算	kJ/(kg·K)	3.1485
α_r	$\alpha_r = G_r^0 / G_8^0$	%	0.8053
Δp_r	$\Delta p_r = p_r^0 - p_h^0$	MPa	0.434
η_{ri}		%	92.33
Q_0	$Q_0 = (h_0 - h_{fw}) + \alpha_r(h_r - h_h)$	kJ/kg	3691.65
Δs	$\Delta s = (s_0 - s_{fw}) + \alpha_r(s_r - s_h)$	kJ/(kg·K)	3.8959
T_{0m}	$T_{0m} = Q_0 / \Delta s$	K	690.89
T_{cs}	$T_{cs} = t_c + 273.15$	K	306.75
T_c'	新排汽压力	MPa	0.008
h_c'	新排汽焓，查表或计算	kJ/kg	2377.84
s_c'	新排汽熵，查表或计算	kJ/(kg·K)	7.5969
Q_0'	$Q_0' = (h_0 - h_{fw}) + \alpha_r(h_r' - h_h)$	kJ/kg	3691.65
$\Delta s'$	$\Delta s' = (s_0 - s_{fw}) + \alpha_r(s_r' - s_h)$	kJ/(kg·K)	3.8959
T_{0m}'	$T_{0m}' = Q_0' / \Delta s'$	K	690.89
ΔT_{0m}	$\Delta T_{0m} = T_{0m}' - T_{0m}$	K	0
$\Delta(\Delta s)$	$\Delta(\Delta s) = \Delta s' - \Delta s$	kJ/(kg·K)	0
$\Delta\eta_{ri}/\eta_{ri}$	根据图 10-10 查取或计算	%	0.002 33
$\Delta q_0/q_0$	$\{\Delta T_{cs}/(T_{0m} - T_{cs}) - T_{cs}\Delta T_{0m}/[(T_{0m} - T_{cs})T_{0m}] - \Delta\eta_{ri}/\eta_{ri}\} \times 100\%$	%	1.83
Δq_0		kJ/kWh	132.8

0.216%，也即 $\Delta\eta_{ri}/\eta_{ri} = 0.0023$。

用同样方法，可以求出初始温度变化、再热蒸汽压力变化和给水温度变化相对于额定工况下热耗率（煤耗）的影响量。当把额定参数调整为基准参数时，就可以分析出煤耗量。

5. 回热系统对煤耗的影响

回热系统的设计主要是为了提高热机的循环热效率。运行中反映回热系统经济性的指标主要有加热器温升（加热度）、端差、抽汽管道压降、散热损失、给水走旁路和加热器投停等。

端差、抽汽管道压降、散热损失和少量给水走旁路设计值本身对煤耗的影响较小，其偏离值对煤耗的影响更小，在单元机组耗差计算中一般不考虑这些因素。但高压加热器切除（投用率）对煤耗的影响较大，因此在回热系统影响煤耗的因素中，仅考虑末级高压加热器给水温度（偏离设计值）对煤耗的影响。对于低压加热器，由于不易损坏、很少停用和偏离设计工况不大，故耗差计算中也可以不考虑其影响。

基准给水温度可由设计或鉴定试验求得；而影响煤耗系数也可用设计或鉴定试验求得或由等效焓降法算得。

6. 补水率对煤耗的影响

现在火电厂热力循环系统补水方式可分为两种：一种是将化学补水直接补入凝汽器；另一种是将化学补水直接补入除氧器，这种补水方式通常用于抽汽供热机组。对于直接补入凝汽器的补水方式，可以使化学补水在凝汽器实现初步除氧，当化学补水温度低于凝汽器排汽温度时，可以利用一部分排汽废热，从而改善凝汽器真空，减少被循环冷却水带走的热量，增加低位能抽汽，并通过抽汽逐级加热，减少高位能抽汽，能够提高汽轮机回热的经济性，其新蒸汽等效热降下降值 $\Delta h' = 0$。而将化学补水补入除氧器的方式，其新蒸汽等效热降 $\Delta h' \neq 0$。

新蒸汽等效热降下降值

$$\Delta h' = \alpha_{PS}[(h_{bs} - h_{cy})\eta_5^0 + \tau_1\eta_1^0 + \tau_2\eta_2^0 + \tau_3\eta_3^0 + \tau_4\eta_4^0] \tag{10-85}$$

式中　α_{ps}——实际运行中的补水份额，即补水量与主蒸汽流量之比；

　h_{bs}、h_{cy}——补水和除氧器水焓，kJ/kg；

　η_5^0——除氧器抽汽（四段抽汽）效率。

装置效率相对变化

$$\Delta\eta_{ri} = \frac{\Delta h'}{\Delta h + \Delta h'} \times 100 \tag{10-86}$$

对煤耗的影响值

$$\Delta b = b\Delta\eta_{ri} \quad (g/kWh) \tag{10-87}$$

由于第二种补水方式不经济，因此近几年投产的凝汽式机组均采用向凝汽器补水方式，供热机组按补水温度高低定向补入。

（三）机组供电效率

机组供电效率的表达式为

$$\eta_{cp}'' = \frac{1}{b_s} = \frac{3600P_e(1-\varphi)}{Q_{cp}} \tag{10-88}$$

式中　P_e——电功率，kW；

　Q_{cp}——机组热耗，kJ/kWh；

　φ——发电厂用电率，%。

厂用电率 φ 变化引起的煤耗变化为

$$\Delta b_s = \frac{\Delta\varphi}{\varphi}b_s \tag{10-89}$$

则关于厂用电率的耗差系数为 $\dfrac{1}{\varphi}$。

应用供电效率可以分析出厂用电率及其组成部分，如各风机功耗、磨煤机功耗、循环水泵功耗、凝结水泵功耗等对供电煤耗的影响。由于汽轮机侧和部分辅机耗差系数 k_{el}，大部分与负荷成函数关系，即 $k_{el} = f(N)$，因此在实际耗差计算当中主要考虑不同负荷下耗差系数的变化。

第十一章

汽轮机远程智能诊断

第一节 概　　述

随着大型汽轮机组朝着高参数、大容量、自动化方向的发展，整个系统变得越来越复杂，设备出现故障的频率也越来越高，故障的危害性也越来越大。引进型超临界机组近些年已在我国投入商业运行，由于其具有很高的发电热效率和很低的煤耗率，在电力生产中体现了一定的优越性。但是现阶段，我国的煤价居高不下，再加上"厂网分开，竞价上网"政策的实施，使电力市场竞争日益激烈。如何在竞争中取得有利位置，在安全的基础上最大限度地发挥机组性能，节约生产运行费用，降低成本，这就要求超临界机组的检修从传统的定期检修逐步过渡到状态检修。而状态监测及故障诊断是状态检修的核心，没有状态监测与故障诊断，就不可能实施真正的状态检修；但状态监测与故障诊断也是制约状态检修的瓶颈问题。建立和完善发电机组的故障诊断系统成了人们越来越关注的课题，对保证汽轮机组的安全运行具有十分重要的意义。

汽轮机是电力生产中的重要设备，其设备结构复杂、运行环境恶劣，汽轮发电机组的故障率高，一旦发生故障就会对社会产生很大的危害性。近年来随着火电厂单机容量的不断增大，特别是超临界和超超临界机组的投入，运行机组轴系也相应地越来越复杂，诱发机组振动的潜在因素也相应增加。振动问题在机组安全运行中的影响越来越大。目前，我国正逐渐对火电厂机组安装专用于汽轮机振动故障诊断的在线系统，大部分系统由于其通用性极强而缺乏针对性，很少有将汽轮机装置热力参数和机组振动数据结合起来诊断轴系振动故障的系统。但是在火电厂实际运行中，常常会遇到仅用振动参数分析无法解决的问题，需要热力参数一起辅助诊断；有时仅凭单一的振动数据故障诊断往往能分析出故障的种类，但是无法分析出故障的原因和发生故障的部位，这时也需要热力参数参与诊断；还有诊断出汽轮机通流部分的故障也必须要热力参数参与诊断。

由此可知，热力参数和振动参数结合起来诊断比起单一的仅依据振动信息诊断具有更完善的效果，因此开发一套集热力参数和振动参数相耦合的诊断系统对于确保超临界机组的安全经济运行具有重大意义。

状态监测与故障诊断技术是状态检修的支撑技术。为了在火电厂实施状态检修，其先决条件是对机组实行在线状态监测与故障诊断。测量技术、传感器技术、信号分析技术和计算机技术的发展为实现在线状态监测与故障诊断提供了可能。采用计算机对设备实施在线状态监测与故障诊断，不仅能及时了解设备当前的工作状况，进行报警监测，还可将设备在各种工作状态下的数据、信息进行存储、管理和分析，实现故障预报和早期诊断，并视情况指导和安排维修计划，变定期预防维修为预测维修，提高设备利用率，增加产值，减少人力、物力的浪费，在故障时还能高速瞬时地保存大量异常信息，以便进行事故追忆与分析。然而在线状态监测与故障诊断系统不具备真正的"自主"诊断功能，在诊断过程中需要一定的人工干预，因此，该系统只能算是故障诊断的辅助工具，真正进行故障诊断的还是诊断工程师和领域专家。为改变这种现状，可以从两方面加以改进：一方面进一步增强系统的"自主"诊断能力，使系统能够在完全"自主"或者极少干预的情况下完成征兆的提取和故障诊断；另一方面开发出基于互联网的汽轮机组远程监测分析和故障诊断系统，使远程系统可以在需要的情况下申请外地专家对设备故障进行异地会诊，从而提高诊断的正确性和实时性，同时还有利于诊断资源的共享和技术的推广。由此可知，一套基于互联网的、具有高度"自主智能"诊断能力的汽轮机远程状态监测分析与故障诊断系统还是非常有必要的。

火电厂汽轮机远程诊断的核心是在实时数据高效处理技术的基础上，通过数据挖掘实现设备特性知识的充分提取，进而实现火电机组的性能优化、安全可靠运行。汽轮机远程诊断把原来只有值班员了解的火电厂当前运行状况实时传播到远程诊断平台，为及时发现问题、解决问题、多层面总结经验创造了条件。总的来说，充分利用远程诊断系统中的海量数据，通过数据挖掘真正把诊断系统不断做深做细，是远程诊断系统真正发挥作用并获得较大收益的关键。分析各运行模式对火电机组经济性的影响，优化火电厂运行方式，是提高火电机组综合经济性的一个重要途径。

第二节　汽轮机组振动故障诊断技术

国外从 20 世纪 70 年代开始进行汽轮机组振动故障诊断技术的研究，以后陆续推出自己的汽轮机组的故障诊断系统，目前在这方面较为先进的研发机构有美国电力研究院（EPRI）、西屋公司、Bently 公司、Enterkird 公司、CSI 公司等。其代表性的产品有 Bently公司的 DM2000、MCM2000 系统；西屋公司在奥兰多诊断中心应用的汽轮机组故障诊断系统。国内故障诊断技术的研究从 20 世纪 80 年代初开始，主要应用在化工、电力、冶金等行业，科研则主要集中在高校进行，如西安交通大学、华中理工大学、清华大学、哈尔滨工业大学、东南大学及上海交通大学等。

一、汽轮机振动概述

振动是机器的固有属性，机器在实现运动传递或能量转换的过程中，有一部分能量损失并激起机器零部件振动。不同的振动激励源会产生不同的振动形式，因而不同类型机器在工作中产生的振动信号特征不尽相同，通过分析机器振动信号的类型和成分可以识别振动激励源，机器正常运行过程中，其产生的振动信号相对稳定。当某些零部件产生故障时，将产生具有一定特征的附加振动，使机器振动特性发生变化。通过分析比较振动信号变化便可以对故障作出判断识别，这是振动故障诊断技术的基本原理。振动形式主要分为：

（1）与转速相关的周期性振动（谐波振动）。

（2）与转速无关的周期性振动（准周期振动）。

（3）随机振动。

在汽轮机组典型振动激励源及其产生的振动类型中，与转速相关的周期性振动包括转子不平衡、不对中及发电机振动和油膜振荡等，与转速无关的周期性振动包括基础共振、缸体共振、管道内流体共振，而随机振动包括机组动/静部件碰磨、流体冲击引起的振动、凝汽器振动等。

1. 转子不平衡

转子不平衡是所有旋转机械最典型的故障。所谓转子不平衡，是指由于受材料材质、加工、装配、运行等多种因素的影响，转子上各个截面处的质量中心与几何中心不重合，存在一定的偏心。这种偏心使转子旋转时形成周期性离心力的干扰，在轴承上产生动荷载，使机器发生振动。在转子轴线方向上的偏心质量、偏心距离的大小和偏心的方向不尽相同，即各个截面的质量中心连线为一个空间曲线，与各个截面的几何中心连线不重合。当转子旋转时，各个截面的离心力构成空间连续力系，作用于转子上，形成连续的空间三维挠度曲线，而且该曲线以工频进行旋转，产生振动激励。

转子不平衡根据形成的原因不同可分为质量不平衡、热不平衡、转子热弯曲、部件脱落及部件结垢等。各种不平衡引起的振动有共性特点，即振动信号波形呈周期性变化，信号中以转频成分为主，包含一定的谐波成分，轴心轨迹为椭圆形，振动幅值和相位随转速变化而变化。但各种不平衡振动类型也有各自的特征：

（1）转子热弯曲。转子热弯曲一般发生在机组运行初期，由于蒸汽参数快速变化，造成转子受热不均匀，产生瞬时弯曲，引起质量分布变化。随着运行时间的延长，转子温度分布逐渐趋于均匀，热变形会逐渐恢复，转子中心达到初始平衡状态。因此，转子热弯曲引起的振动在机组运行初期会随负荷变化，但是比负荷变化滞后。

（2）转子初始弯曲。如果转子存在初始弯曲，即在静态下，转子各个截面的几何中心与转子两端支承轴承的中心线不重合，则在转子运行时会产生与质量不平衡特征相同的振动；但是初始弯曲使转子在低速旋转时也有较大振动，因此可以通过盘车时测量转子晃动进行判断。

（3）部件脱落。如果机组在运行过程中转子上的部件发生突然脱落，则在部件脱落瞬时产生一个很大的不平衡离心力，对转子系统产生瞬时冲击激励，使振动幅值和相位产生突然变化，经过一段时间后，振幅和相位趋于稳定。冲击激励的大小取决于脱落部件质量的大小。

（4）部件结垢。如果蒸汽质量不合格，机组在长期运行以后，可能在动、静叶表面上形成结垢，使转子质量分布发生变化；另外，由于结构导致通流条件变差，级间压力逐渐增加，机组效率下降，轴向推力增加。因此，机组振动幅值和相位发生变化，但是这种变化非常缓慢，往往需要经过数月甚至数年才能观察到明显变化。

2. 动、静部件碰磨

机组动、静部件碰磨是指在机组运行过程中，运动部件与静止部件发生碰撞和摩擦作用。汽轮机是在高温、高压条件下工作的高速旋转机械，而且为了提高效率，机组动、静部件之间的间隙很小。因此，机组在运行过程中，由于转子不平衡、转子热变形、转子和汽缸之间膨胀不均匀等因素都可能造成机组动、静部件之间发生碰磨故障，从而造成零部件损坏，影响机组正常工作。

机组动、静部件碰磨可能发生在轴向、径向，可能持续转动超过一周，也可能在一周中只是在部分角度处发生，简单归纳如下：

（1）碰磨造成转子动态特性变化。碰磨导致转子系统临界转速的增加，而且在碰磨条件下，转子振动中二倍频成分与转频成分的幅值比转子在临界转速时略大，达到最大值。

（2）碰撞造成的转子运动变化。碰磨是碰撞和摩擦的共同作用，其中碰撞产生瞬时冲击激励，激起机组的固有振动，振动信号中包含旋转产生的强迫振动和冲击产生的自由振动。由于碰磨点限制了转子的运动，使振动信号发生削波现象。

（3）摩擦造成的转子运动变化。碰磨过程中发生的动、静部件之间的摩擦效应会使动、静部件产生局部过热变形，造成转子热弯曲，产生附加不平衡振动切向摩擦力，从而使转子从正向进动变成反向进动，同时，切向摩擦力对转子产生一个扭转冲击，造成转子的扭转振动。此外，摩擦可能造成部件损坏，影响机组正常运行。

3. 转子不对中

汽轮机转子系统为多轴多支承系统，各个转子之间通过刚性联轴器连成一体。转子不对中是指各个转子的轴心之间存在偏差，有三种可能的偏差类型，即平行不对中、偏角不对中和组合不对中。造成转子不对中的原因包括装配不当、转子变形、机组结构变形、轴承座和基础下沉等。

转子存在不对中时，会在转子上作用一个预荷载，引起转子的横向和轴向振动。振动信号中往往包含突出的二倍频成分。当不对中程度较轻时，二倍频成分低于转频成分，转子轴心轨迹仍然以椭圆形为主；但当不对中程度较重时，二倍频成分逐渐增加，轴心轨迹可能变成香蕉形，甚至变换成 8 字形。

4. 油膜振荡

油膜振荡是高速滑动轴承的一种特有故障，它是油膜力产生的自激振动，转子发生油膜振荡时输入的能量很大，足以引起转子轴承系统零部件的损坏。涡动就是转子轴颈在轴承内做高速旋转的同时，还环绕某一平衡中心做公转运动。按激励方式不同，涡动可以是正向的与轴旋转方向相同，也可以是反向的与轴旋转方向相反。涡动角速度与转速可以是同步的，也可以是异步的。如果转子轴颈主要是由油膜力的激励作用引起涡动，则轴颈的涡动角速度近似为转速的 1/2，称为"半速涡动"。油膜振荡引起的半速涡动是正向涡动运动，运动机理可以从轴承中油流的变化来理解。

轴颈在轴承中做偏心旋转时，形成一个进口断面大于出口断面的油楔，如果进口处的油液流速不能马上下降，则轴颈从油楔中间隙大的地方带入的油量大于从间隙小的地方带出的油量。由于液体的不可压缩性，多余的油就要把轴颈推向前进，形成与轴旋转方向相同的涡动运动，涡动速度就是油楔本身的前进速度。

5. 蒸汽振荡

当汽轮机内的蒸汽间隙即转子与定子之间的径向间隙在圆周方向上分布不均匀时，流过间隙的蒸汽流量分布不均匀，间隙小的部位产生较大的推力，而间隙较大的部位则产生较小的推力，因此产生与转子轴心位移方向相反的横向力，作用于转子上，可能导致转子的涡动，诱发被称为"蒸汽振荡"的自激振荡现象。这种间隙不均匀的作用力与级间压力成正比，而与叶片长度成反比，因此在高压缸内容易发生。蒸汽振荡主要发生在叶片围带汽封、隔板汽封和轴封部位。特别是轴封部位，由于宽度大、蒸汽参数高，因此产生的作用力也比较大。

转子发生蒸汽振荡时表现出一些典型特征，包括：

（1）转子做正向涡动，涡动频率为转频的 0.6～0.9 倍。

（2）转子轴心轨迹呈椭圆形。

（3）当蒸汽振荡比较强烈时，可能诱发转子的结构共振，振动信号中包含对应转子一阶固有频率的较宽频带振动成分。

（4）蒸汽振荡与机组负荷有关，在一定的负荷下容易发生。

（5）当转子存在不平衡、不对中时，容易伴随发生蒸汽振荡现象。

二、汽轮机工作特性对机组振动的影响

汽轮机具有一些突出的工作特性，包括高温差、高压差、高转速、高应力等，由于发电过程的连续性，要求汽轮机具有长期连续稳定运行的能力，同时具有在变工况下稳定运行的能力。这些工作特点使机组运行中的振动特性非常复杂，受到机组各种可能运行条件的影响。

1. 机组结构对振动的影响

（1）结构复杂性的影响。汽轮机组机电系统的复杂性随机组容量的增加而增加，其结果是故障发生的概率也相应增加，同时故障模式也由简单的确定性模式逐渐转变成随机性模式，因此通过振动分析进行故障诊断的难度也相应增加。

（2）转子轴系结构变化的影响。随着机组容量的增大，往往使轴系转子数量增加、轴系长度加大，导致轴系弯振和扭振临界转速下降，结果造成转子更容易产生不平衡和不对中问题，也更容易产生油膜振荡现象。此外，由于转子扭转刚度和阻尼的下降，更加容易产生扭转振动。

（3）轴承结构的影响。当转子转速达到临界转速的倍数时，极易发生油膜振荡。机组容量加大导致转子长度加大，临界转速下降，因此油膜出现不稳定的可能性也相应增大。此外，滑动轴承结构形式、轴瓦结构参数长径比等都对轴承运行稳定性产生影响。

（4）轴承标高的影响。轴系处于静止状态时，各个支承轴承处的荷载分配与轴承的标高有关。如果标高设置不合理，可能使有些轴承荷载太大，有些轴承荷载太小，机组在运行中，转子动荷载可能发生变化。此外，受轴承座温度变化的影响，轴承标高也会产生变化，造成轴承的动荷载发生变化，荷载较小的轴承容易产生油膜振荡；反之，荷载较大的轴承容易产生烧瓦现象。

（5）动、静部件间隙的影响。大机组动、静部件间隙相对较小，因此动、静部件发生碰磨的可能性相应增加。

2. 机组运行参数对振动的影响

（1）主蒸汽状态的影响。主蒸汽参数偏离设计状态时，导致机组经济性下降，同时可能引发故障现象。机组运行时，如果主蒸汽温度长期高于额定温度，容易造成机组结构材料的高温蠕变，减少寿命。如果主蒸汽温度低于额定温度，在蒸汽压力保持额定值的条件下，排汽湿度增加，低压最末几级叶片工作在湿蒸汽区，容易产生汽蚀现象，造成疲劳裂纹，甚至断裂。机组在启动过程中，如果蒸汽温度不满足要求，可能造成转子胀差不符合规定，或者机组上、下缸温差过大，造成汽缸产生变形。

（2）凝汽器真空的影响。当凝汽器真空度维持在最佳值附近时，机组运行最为经济安全。如果真空度较低，则排汽压力和温度升高，可能造成汽缸变形，引起振动。如果真空度较高，则排汽系统的负荷过重，导致排汽可靠性下降，使末级动叶外蒸汽膨胀，扰乱排汽流场。

（3）电气扰动的影响。当电力系统发生单相短路、两相短路、三相短路，以及负荷不对称等故障时，在发电机内将产生交变电流，形成交变阻力矩，造成转子轴系扭振。当发电机内存在气隙不均匀、匝间短路等故障时，将引起转子的横向振动。

3. 机组变工况运行对振动的影响

（1）机组调峰的影响。调峰机组负荷经常发生变化，启动、停机频繁，蒸汽温度和压力变化范围大，零部件内温度场梯度大，交变热应力幅值大，因此容易产生疲劳裂纹、转子非均匀热变形、胀差不均匀、汽缸变形大等问题。此外，当机组处于低负荷运行状态时，由于低压缸蒸汽减少，末级叶片流量分配不均匀，凝汽器真空下降，因此引起低压缸变形和轴承位置变化。

（2）机组甩负荷的影响。在运行过程中，机组负荷从额定负荷突然下降到零负荷的状态称为甩负荷状态。甩负荷过程一般持续时间较短，期间汽轮机驱动力矩与发电机阻力矩失衡，可能给机组造成极大的事故隐患，包括机组超速造成转子机械部件产生过大的机械应力、调节级蒸汽温度急剧下降对零部件形成热冲击、通流部分蒸汽流量减少造成局部加热过快等。

（3）机组低频率运行的影响。机组运行的允许频率范围为 $50Hz\pm0.5Hz$，如果运行频率低于 $49.5Hz$，对于低压级叶片的影响最大，可能使长叶片进入共振区，造成叶片的断裂。

三、汽轮机组振动故障诊断技术的发展与现状

设备故障诊断技术的历史，可以追溯到 19 世纪产业革命时期，早期的诊断技术主要依赖于个体专家单纯依靠感官获取设备的状态信息，凭个体专家的经验做出的直接判断，这是最原始、最简单的诊断技术。20 世纪初，可靠性理论的产生和运用，使人们可以依赖事前对材料寿命的分析和评估及设备运行中对材料性能的部分检测来完成对设备的诊断。20 世纪中叶，真正意义上的诊断技术才逐渐开始，各种类型和性能的传感器和测振仪相继研制成功，并开始应用于科学研究和工程实践。20 世纪 60～70 年代，数字电路、电子计算机技术的发展、信号数字分析处理技术的提出，推动了振动检测技术在机械设备上的应用。70～80 年代，随着电子计算机技术、现代测试技术、信号处理技术、信号识别技术与故障诊断技术等现代科学技术的发展，设备的状态监测和故障诊断研究跨入系统化的阶段，并把实验室的研究成果逐步推广到核能设备、动力设备，以及其他各种大型的成套机械设备中去，进入了蓬勃发展的阶段。80 年代后，人工智能和专家系统、神经网络等开始发展，并在工程实践中得到运用，使设备维修技术达到智能化高度。此时，状态监测系统把体现机械动态特性的振动、噪声作为主要监测和分析的内容，但由于振动、噪声是快速随机性信号，不仅对测试系统要求高，而且在分析中要进行大量的数据处理。国内外在 80 年代用小型计算机或专用数字信号处理机作为主机完成机械动态特性的数据处理，该类主机不仅价格昂贵，而且对工作环境要求苛刻，因而通常采用离线监测与分析诊断的方式。90 年代以来，高档微机不断更新且价格迅速下降，适合数字信号处理的计算方法不断优化，使数据处理速度大大提高，为在工业现场直接应用状态监测技术创造了条件。美国西屋公司于 1976 年开始进行电厂在线计算机诊断研究工作，1980 年投入一个小型的电动机诊断系统，1981 年进行基于人工智能的电厂故障诊断专家系统的研究，1984 年应用于现场，后来发展成大型电厂在线监测诊断系统（AID），并建立了沃伦多故障运行中心（DOC），通过 DOC 可以看到分布在全美 20 多个电厂的数据信息（其中包括 2 个核电站）。Bently 公司在转子动力学、振动监测、旋转机械的故障机理方面有比较深入的研究，尽管在故障诊断方面起步较晚，但该公司开发的旋转机械故障诊断系统（ADRE）在电厂中得到广泛应用。而 IRD 公司在故障预防性维修技术方面处于国际领先地位，近年来实现了 Mpulse 联网机械状态监测系统和 Pm Power 旋转机械振动诊断系统，在美国 10 多个电厂（包括核电站）得到了应用。在欧洲和日本也有许多

公司从事故障诊断技术的研究、产品的开发及应用。瑞士 ABB 公司于 1971 年由 BBC 公司引入第一个计算机辅助数据采集系统（CADA），其后大力发展以计算机为前终端核心的"人机联系"（MMC）振动观察（vibro view）系统，并使用诊断软件精确诊断机器故障。日本三菱重工首先研制成了机械状态监测系统（machinery health monitoring system，MHMS）在多台核电站和商业热电站使用，后来又发展成带诊断规则描述，以及采用模糊逻辑分析确定置信因素功能的振动诊断专家系统。

我国在工业部门中开展状态监测和故障诊断技术研究的工作起步于 20 世纪 80 年代，在此之前从国外引进的大型机组，一般都购置了监测系统，而在自行研制的国产设备上，若选用国外的监测系统，由于价格异常昂贵而难以接受。

自 20 世纪 80 年代中后期以来，我国有关研究院所、高等院校和企业开始自行或合作研究旋转机械状态监测和设备故障诊断技术，并取得了很多新成果，从理论到应用都有了迅速的发展，至今已发展成为集数学、物理、力学、化学、电子技术、计算机技术、信息处理、人工智能等各种现代科学技术于一体的新兴交叉学科，并开发出相应的旋转机械状态监测和故障诊断系统。设备状态监测与故障诊断技术，已经从单凭直觉的耳听、眼看、手摸，发展到采用现代测量技术、计算机技术和信号分析技术的先进监测技术，诸如超声发射、红外测温等，层出不穷。人工智能、专家系统、模糊数学等新兴学科在机械状态监测技术中也找到了用武之地。在机械动态信号分析方法和应用技术上，新近的发展有采用空间域滤波的预处理、采用 Vold-Kalman 滤波的多阶信号分析技术、适于非平稳信号的基于 Wigner-Ville 分布分析、小波（Wavelet）变换方法、混沌分析方法、智能传感与检测技术，以及与 VXI 总线仪器平台相关的技术等。

现今，国内外较典型的状态监测方式主要有以下 3 种：

（1）离线定期监测方式。测试人员定期到现场用一个传感器依次对各测点进行测试，并用磁带机记录信号，数据处理在专用计算机上完成，或是直接在便携式内置微机的仪器上完成，这是当前利用进口监测仪器普遍采用的方式。采用该方式，测试系统较简单，但是测试工作较繁琐，需要专门的测试人员，由于是离线定期监测，不能及时避免突发性故障。

（2）在线检测离线分析的监测方式。也称主从机监测方式，在设备上的多个测点均安装传感器，由现场微处理器从机系统进行各测点的数据采集和处理，在主机系统上由专业人员进行分析和判断。这种方式是近年在大型旋转机械上采用的方式。相对离线定期监测方式，该方式避免了更换测点的麻烦，并能在线进行检测和报警，但是该方式需要离线进行数据分析和判断，而且分析和判断需要专业技术人员参与。

（3）自动在线监测方式。该方式不仅能实现自动在线监测设备的工作状态，及时进行故障预报，而且能实现在线数据处理和分析判断。由于能根据专家经验和有关准则进行智能化的比较和判断，中等文化水平的值班工作人员经过短期培训后就能使用。该方式技术先进，不需要人为更换测点，也不需要专门的测试人员，而且不需要专业技术人员参与分析和判断，但是其软、硬件的研制工作量很大。

四、汽轮机组故障诊断技术研究机理

1. 故障机理的研究

为了掌握故障的形成和发展过程，了解设备故障内在本质及其特征，建立合理的故障模式，其研究方法是依赖于相关的基础科学，建立相应的物理或数学模型，进行计算机仿真计算，是设备状态监测与故障诊断的基础。

2. 故障信息处理技术的研究

故障信息处理技术对正确诊断故障有十分重要的作用。故障信息处理技术包括故障信号的检测和分析处理两部分。检测的信号通常有振动、噪声、温度、压力、流量、电压等，分析处理就是对这些信号进行加工、变换、提取出对诊断有用的征兆。以快速傅里叶变换（FFT）为核心的经典信号分析处理方法在设备状态检测和故障诊断中发挥了巨大作用，它包括频谱分析、相关分析、相干分析、传递函数分析、细化谱分析、时间序列分析、倒频谱分析、包络分析等。

当设备出现故障或负荷、转速发生变化时，必须从时间和频率两方面进行分析。常用的频率分析方法有 Wigner-Ville 分布、短时傅氏变换、小波变换、全息谱分析。

3. 人工智能专家系统与神经网络的研究

人工智能主要研究如何利用计算机模拟人的智能，其目的是使计算机去做只有人才能做的智能任务，如推理、理解、决策、学习等。专家系统是人工智能的一个分支，是一个智能计算机程序，是利用知识和推理过程来解决那些需要大量人类专家知识才能解决的复杂问题。振动故障诊断专家系统知识的范围应包括以下 5 个方面，而这 5 个方面可作为今后建立机组振动故障自动诊断系统的基本框架。

(1) 振动信号数据处理。

(2) 故障部位的判定。

(3) 振动的变化特性。

(4) 振动与相关量的关系。

(5) 机组的结构分析。

4. 汽轮机远程故障诊断系统的开发与研究

汽轮机远程诊断建立方法：电厂 DCS 热力参数信号引入在线监测系统中，并把它存入设计好的振动数据库，以供振动及其他诊断模块使用、运行人员浏览参考。详细研究和分析各种挖掘算法，通过应用该系统在基于电厂机组 DCS 测点运行数据上的建模、挖掘应用。实现数据挖掘系统嵌入汽轮机组故障诊断系统，原来的系统成为基于数据挖掘的故障诊断系统，为故障诊断提供了丰富的诊断模型支持和参考，可以完善状态监测，并为最终实现状态检修提供有力的支持。建立多模块的故障诊断系统构架，将整个故障诊断系统分成数据处理模块、存储模块、显示模块和基于案例推理的故障诊断模块，并且用面向对象的编程语言实现，对于其他同类型的机组具有通用性。

开放的诊断知识库平台使汽轮机诊断知识能自动与设备的状态变化相关联，并且可以统一积累、共享，不断提升设备状态分析能力。

(1) 通过监测得到的大量机器状态数据，可以更充分地了解机器的性能，为改进设备设计、制造水平及产品质量提供有力的依据。

(2) 随时掌握设备运行状态的变化情况、各部分性能的劣化程度和机械性能的发展趋势，对设备状态变化情况做到心中有数，提高设备管理现代化水平。

(3) 提升预见故障的能力，变事后诊断为事前分析，有助于把故障消灭在萌芽状态，从而提高设备可靠性，减少设备隐患、紧急抢修和非正常停机，减少停机时间；一旦发生故障，能自动记录下故障过程的完整数据和信息，以便事后进行故障原因分析，缩短维修时间和费用，提高设备利用率，避免再次发生同类事故。

（4）从基于时间的预防性维护转向预见性的状态检修；通过对设备状态异常的原因和性质进行分析，采取适当措施，对设备状态实行在线调整，延长运行周期，为生产和维修决策提供科学依据。

（5）优化检修。预见故障的能力和设备状态的量化评估使企业的检修项目、检修策略优化、检修时间缩短和检修间隔延长都有据可依。检修优化和性能优化的融合，兼顾可靠性与经济性。

汽轮机的状态监测和故障诊断是一个新的研究领域，是国际上的一个研究热点。通过使用各种设备对汽轮机运行的过程状态参数进行信号的监测与分析，判断设备是否正常运行、是否存在潜在故障及预测故障发展趋势等问题，其发展与应用对火电厂的安全运行具有重要意义。如果能够准确地诊断和估计设备的故障及其发展变化，就可以制定最优维修策略，从而更好地进行汽轮机远程故障诊断。例如，某火电厂在机组大修后的启动过程中发生振动故障，1～5 号瓦的振动都变大，系统分析表明，1、2 号瓦的振动一倍频分量大，振动相位也有20°～60°的变化，初步诊断为机组热不平衡故障。由于系统没有引入热力参数，因此未能及时查找出具体故障的位置和原因。经过 7 天的停机检查，最后发现汽轮机低压缸喷水龙头安装方向不对，使喷水碰到了低压缸末级叶片。当机组暖机使排汽温度增加而通过喷水来降温时，就会产生一个热不平衡现象。如果此时有热力参数的加入，根据排汽温度变化的关联度就会很容易查出故障的原因。汽轮机所具有的热力参数测点众多，一个故障可能对应于多个热力参数测点与之关联。如果只靠人工分析，会缺少时效性，有时会产生偏差。这就迫切地需要新技术对机组的热力参数进行提取和研究，而数据挖掘技术在电力领域的应用越来越普遍，其优越性在不断地体现。

第三节　数据挖掘远程诊断系统

发电系统不可避免地会发生各种各样的事故，在对其进行事故分析时，往往由于缺少发生事故时的原始数据而找不到引发事故的真正原因，从而也难以找到有效的预防方法。火电厂系统运行时，存在着安全隐患，如果在事故发生后不能尽快分析出事故的原因所在，那么不但现有事故的损失无法弥补，而且系统还有爆发相同事故的可能性，加强实时数据的分析管理，则可通过对所监测的历史信息的分析找出事故症结所在，从而避免类似事故的再次发生。远程诊断作为电力系统及装备密集型行业的发展方向之一，已经成为越来越多的大型企业的必然选择，但随着机组接入量的增加及数据大量积累，基础数据利用率较低，数据挖掘技术已经必不可少。

一、数据挖掘

1. 数据挖掘的概念

数据挖掘（data mining，DM），又称数据库中的知识发现（knowledge discovery in database，KDD），是从大量、不完全、有噪声、模糊、随机的实际数据中，提取隐含在其中、人们不知道的、但又是潜在有用的信息和知识的过程。一般来说，数据挖掘是一个利用各种分析方法和分析工具在大规模海量数据中建立模型和发现数据间关系的过程，这些模型和关系可以用来做出决策和预测。它把人们对数据的应用从低层次的简单查询，提升到从数据中挖掘知识，提供决策支持。

2. 数据挖掘的功能

数据挖掘通过预测未来趋势及行为，做出前瞻的、基于知识的决策。数据挖掘的目标是从数据中发现隐藏的、有意义的知识。其具体功能有以下 7 个方面：

（1）概念描述。概念描述就是对某类对象的内涵进行描述，并概括这类对象的有关特征。具体的描述可分为特征性描述和区别性描述。

（2）关联分析。数据关联是数据中存在的一类重要的可被发现的知识，若两个或多个变量间存在着某种规律性，就称为关联。关联分析的目的就是找出数据中隐藏的关联网。

（3）分类和预测。所谓分类，就是首先根据数据属性特征，为每一种类别找到一个合理的描述或模型，即确定分类规则；再根据规则对数据进行分类。所谓预测，就是利用历史数据建立模型，再运用最新数据作为输入值，获得未来变化的趋势，或者评估给定样本可能具有的属性值或值的范围。

（4）聚类分析。聚类分析又称为无指导的学习，其目的在于客观地按被处理对象的特征分类，将有相同特征的对象归为一类。

（5）趋势分析。趋势分析又称为时间序列分析，它是从相当长的时间的发展中发现规律和趋势。

（6）孤立点分析。孤立点是指数据库中包含的一些与数据的一般行为或模型不一致的数据。对于某些应用，如欺诈检测，孤立点数据就更加有价值。

（7）偏差分析。偏差分析又称为比较分析，它是对差异和极端特例的描述，用于揭示事物偏离常规的异常现象。

3. 数据挖掘的常用技术

数据挖掘算法是数据挖掘技术的一部分，数据挖掘技术用于执行数据挖掘功能，一个特定的数据挖掘功能只适用于给定的领域。数据挖掘技术主要包含以下几种：

（1）聚类检测方法。聚类检测方法是最早的数据挖掘技术之一。在聚类检测技术中，不是搜寻预先分类的数据，也没有自变量和因变量之分，是无指导的知识发现或无监督的学习。聚类生成的组叫簇，簇是数据对象的集合。聚类检测的过程就是使同一个簇内的任意两个对象之间具有较高的相似性，不同簇的两个对象之间具有较高的相异性。用于数据挖掘的聚类检测方法有划分方法、层次方法、密度方法、网络方法和模型方法等。

（2）基于决策树方法的挖掘。首先利用信息熵来寻找数据库中具有最大信息量的字段，来建立决策树的一个节点，然后根据字段的不同取值建立树的分支，最后在每个分支子集中重复建立树的下层节点和分支，即建立决策树。通常用树形结构表示决策集合，这些决策集合是通过对数据集的分类来产生规则的。国际上最有影响力的决策树方法是 ID3 算法，其主要应用在分类规则的挖掘中。

（3）基于神经网络的挖掘。神经网络是模仿人脑神经网络的结构和某些工作机制而建立的一种计算模型。这种计算模型的特点是，利用大量的简单计算单元（即神经元）连成网络，来实现大规模并行计算。神经网络的工作原理是通过学习来改变神经元之间的连接强度。神经网络以 MP 模型（麦卡洛克-皮特斯模型）和 Hebb（赫布）学习规则为基础，建立了三大类（前馈式网络、反馈式网络和自组织网络）多种神经网络模型。神经网络的知识体现在网络连接的权值上，是一种分布式矩阵结构。神经网络的学习体现在神经网络权值的逐步计算上（包括反复迭代或累加计算）。神经网络的最大优点是能对复杂问题进行精确的预测，但神经网络难以理解，易受训练过度的影响，训练时间较长。

4. 数据挖掘软件的发展

数据挖掘软件要求用户对具体的算法和数据挖掘技术有相当的了解，还要负责大量的数据预处理工作。随着数据挖掘应用的发展，人们逐渐认识到数据挖掘软件需要和以下三个方面紧密结合：①数据库和数据仓库；②多种类型的数据挖掘算法；③数据清洗、转换等预处理工作。随着数据量的增加，需要利用数据库或者数据仓库技术进行管理，所以数据挖掘系统与数据库和数据仓库结合是自然的发展。现实领域的问题是多种多样的，一种或少数数据挖掘算法难以解决。挖掘的数据通常不符合算法的要求，需要有数据清洗、转换等数据预处理的配合，才能得出有价值的模型。随着这些需求的出现，又开发出了称为"工具集"的数据挖掘软件。此类工具集的特点是提供多种数据挖掘算法，包括数据的转换和可视化，由于此类工具并非面向特定的应用，是通用的算法集合，因此称为横向数据挖掘工具（horizontal data mining tools）。典型的横向数据挖掘工具有 IBM Intelligent Miner、SPSS Clementine、SAS Enterprise Miner、SGI MineSet、Oracle Darwin 等。随着横向数据挖掘工具的使用日渐广泛，人们也发现这类工具只有精通数据挖掘算法的专家才能熟练使用，如果对算法不了解，难以得出好的模型。因此，大量的数据挖掘工具研制者开始提供纵向数据挖掘解决方案（vertical solution），即针对特定的应用提供完整的数据挖掘方案。对于纵向数据挖掘解决方案，数据挖掘技术的应用多数还是为了解决某些特定的难题，而嵌入在应用系统中。

二、汽轮机远程诊断中心

汽轮机远程诊断中心作为新技术应用项目，是一个涵盖建筑、网络、通信、软件、诊断专业技术、专家、工作流程等多方面的综合工程。大型火电厂都已完成 TSI（热工仪表检测系统）和 TDM（旋转机械诊断监测管理系统）的建设，存储了多年的火电厂设备运行和维护数据，已具备海量数据挖掘的基础和条件。通过互联网/广域网互联分布在各地的行业用户关键机电装备，选取智能诊断系统作为远程诊断中心的核心诊断软件，将设备内各种传感器采集的信息抽取到远程诊断平台的中心数据库，进行分析、辨识、统计、计算和处理，完成汽轮机振动监测及故障诊断功能。

火电厂运行数据是指能反映火电厂运行状态的数据，通过对这些数据的监测和分析能够了解设备的性能、运行状况和健康状况，从而保证整个火电厂的正常稳定运行。在火电厂远程故障诊断中，需要对系统产生的大量的历史数据进行分析处理，才能对设备的运行做出正确的评估和预测。火电厂远程诊断系统可以高效地实现数据的录入、查询、统计等功能，但无法发现数据中存在的关系和规则，无法根据现有的数据预测未来的发展趋势。激增的数据背后隐藏着许多重要的信息，专业人员希望能够对其进行更高层次的分析，以便更好地利用这些数据。

远程诊断系统的效益首先来自于"用"好，数据挖掘可以利用现有的数据库、人工智能、统计学、知识库等相关知识，以积累下来的历史数据为研究对象，通过对数据的归类、分析、处理，从而找出隐藏其中的有用知识，为分析设备的不同运行工况下的监测数据分布情况提供数据基础。下面对常用的远程诊断系统做简单介绍。

（一）S8000 系统

1. 系统结构

S8000 系统由服务器 WEB8000 和现场监测分站 NET8000 构成。现场监测分站 NET8000 接受处理来自现场机组传感器的原始信号或二次仪表的输出信号，一台现场监测分站 NET8000 可以同时处理 4 个独立键相、24 路振动、12 路位移或过程量，通过与 DCS 通信，还可以获得最多 256 个工艺量。在完成信号的调理、采集后，现场监测分站 NET8000 通过企业内部网向服务器 WEB8000 发送需存储的数据。每台企业级服务器 WEB8000 最多可管理 64 台现场监测分站 NET8000。为了应对集团级用户的需要，每个中心级服务器 WEB8000 又可以管理 256 台企业级服务器 WEB8000。服务器 WEB8000 负责存储现场监测分站 NET8000 采集的历史数据、启停机数据，并将这些数据通过 WEB 方式提供给用户进行网络监测和浏览。

S8000 系统采用浏览器/服务器（brower/server，B/S 模式），客户端只需运行 IE 浏览器软件，而在服务器端安装 WEB 服务器软件和数据库管理系统。用户只要在客户端打开浏览器软件，登录相应网站即可了解机组运行信息，如机组的频谱、轴心轨迹、Bode（波德）图、Nyquist（奈奎斯特）图等。B/S 模式提供了跨平台、简单一致的应用环境，可实现开发环境和应用环境的分离，避免为多种不同的操作系统开发同一应用系统的重复工作，便于系统的扩展、维护及管理。S8000 旋转机械在线状态检测与分析系统过程诊断如图 11-1 所示。

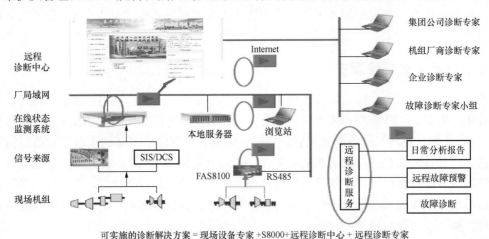

可实施的诊断解决方案 = 现场设备专家 +S8000+远程诊断中心 + 远程诊断专家

图 11-1 S8000 旋转机械在线状态检测与分析系统过程诊断示意图

S8000 旋转机械在线状态监测与分析系统为状态监测和设备管理、运行、维护人员提供了丰富、专业的机组状态分析图谱，相关人员通过该分析图谱可以方便地掌握机组运行的状态。

S8000 系统包含如下图谱：

（1）常规图谱。包括总貌图、综合分析图、单值棒图、多值棒图、波形频谱图、频谱图、多频谱图、振动趋势图、过程振动趋势图、轴心轨迹图、多轨迹图、全息谱图、三维全息谱图、全频谱图、轴心位置图、极坐标图、工艺量频谱瀑布图。

（2）启停机图谱。包括转速时间图、Nyquist 图、Bode 图、频谱瀑布图、级联图，如

图 11-2 所示。

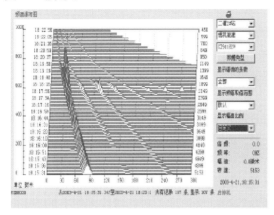 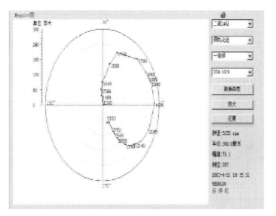

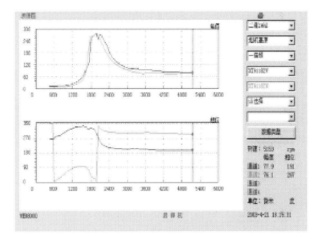

图 11-2　启停机图谱示意图

（3）列表、日记。包括振动参数列表、过程参数列表、振动报警日记、过程报警日记、系统日记、灵敏监测事件、厂级报表、机组报表、机组状态列表。

（4）诊断助手。包括专家系统、灵敏监测学习、单面动平衡、双面动平衡、故障诊断案例库、键相波形。

2. 系统远程诊断服务的内容

（1）机组运行状态评估。故障诊断专家小组，通过远程方式，针对 S8000 系统监测得到的数据对所服务的机组提供日常运行状态分析评估，并出具报告；报告内容包括机组运行状态分析依据、评估结论、下一步运行和处理的意见等。

（2）远程故障诊断。根据企业要求，对现场机组各种异常情况（如振动异常、温度异常、故障停机等），并针对 S8000 系统监测得到的数据，结合机组现场工艺与本周期内检查维修情况进行远程监测诊断，进行机组故障诊断分析，提供诊断分析报告，同时给出原则性处理意见。

（3）机组故障预警。针对 S8000 系统监测得到的数据，在监测期间机组出现振动异常时，通过电话或书面方式为企业提供故障早期预警服务，但不提供诊断分析评估报告及原则性处理意见。

（4）电话咨询。故障诊断专家小组通过电话方式，为企业提供有关机组故障诊断方面的优先咨询，如故障诊断理论咨询、故障处理办法咨询、现场操作注意事项咨询、检查维修方案策略咨询等。

（5）故障类型。包括轴弯曲、轴裂纹、轴承偏心、支撑松动、轴磁化、结构共振、转子-定子干摩擦、齿轮缺陷、滚动轴承缺陷、转子部件松动、油膜涡动、油膜振荡、喘振、其他疑难故障等。

（6）现场诊断服务。故障诊断专家小组针对 S8000 系统监测得到的数据，并结合机组现场工艺与本周期内检查维修情况，与企业诊断人员一起进行现场诊断，出具可实施的故障诊断方案，参与现场方案的实施直至故障消除。

（7）停机前的检维修指导。在机组停机检修前，故障诊断专家小组人员针对 S8000 系统监测得到的数据，并结合机组现场工艺与本周期内检查维修情况，进行机组停机前的现场检查维修指导，提供机组运行状态的分析报告及检修建议。

3. 系统故障诊断实例

系统振动趋势图如图 11-3 所示。

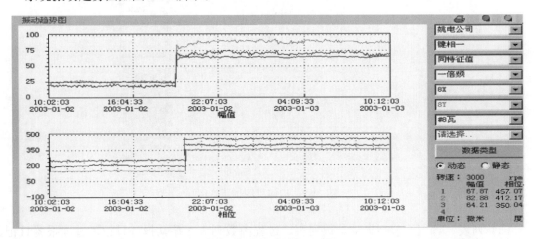

图 11-3　系统振动趋势图

如图 11-3 所示，2003 年 1 月运行中汽轮机组 8 号瓦振动突然增大，要求协助振动诊断。诊断人员查阅该时段的机组历史数据，针对这一故障的出现情况，认为：机组的振动是瞬时增加的，其表现的是 8 号瓦的轴振与瓦振同时增加，并且主要表现在一倍频的增大和相位的变化。考虑转子轴系的具体结构，初步判断是转子动不平衡所引起的，可能是叶片折断。在 1 月 25 日对汽轮机开盖检查，发现低压缸第 35 级第 2 静叶已经折断，叶片断面发生在叶高 103mm 处，断片质量约为 630g。

（二）iEM 系统

iEM 系统智能平台采用实时数据机器学习算法，通过"超球"建模技术对海量运行数据进行感知建模，对工业环境下的运行设备与系统进行在线的健康和性能感知，创造性地实现了用一个量化指标显示工业对象的在线状态，并自动对健康与性能的感知结果进行关联计算和期望值计算。iEM 系统智能平台改变了传统工业环境中的人机交互模式，通过机器学习算法，可实现更加简洁与智能的人机交互，赋予传统工业系统实现人工智能的潜能。

iEM系统采用"基于相似性原理"的数据挖掘建模技术，通过对设备实时/历史数据的相似性分析，利用"超球"建模技术量化成一条健康度曲线，当设备状态达到健康度曲线的预警监测线时报警，从而实现设备的早期故障预警。

1. 设备动态对象

iEM系统将设备的对象测点与选定的采样时间段生成采样值组，每一组采样值代表了设备过程对象的一个运行状态。从空间角度理解，设备模型的生成过程就是从设备历史数据中筛选关联状态点，从而构成设备运行状态"超球"的过程。

图11-4所示为设备动态模型生成过程。

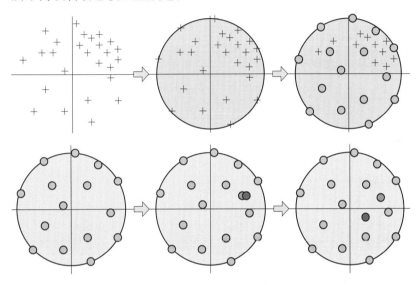

图11-4　设备动态模型生成过程

当iEM系统接收到现场设备采集的实时数据时，首先判断设备当前数据测点在动态模型"超球"中的位置，得到当前状态和模型状态之间的距离，从而进一步确定当前设备状态的相似度，利用相似度和模型内部各个参照点的坐标，就可以生成对这个运行状态的预测点。iEM系统即通过模型的实时计算预测值和现场设备的实时测量值之间的比较分析，实现故障早期预警及故障点的定位。

2. 模型监视

iEM系统通过健康度曲线反映设备运行状态，如图11-5所示，健康度曲线反映的是设备在该时间段内的运行、变化趋势。健康度曲线下方的虚线为安全监测线，它是依据建模历史数据计算出来的最低健康度阈值。

（三）远程诊断平台

远程诊断中心是利用现代信息技术和物联网技术，将分布于不同地域的发电企业的生产数据进行集中采集、存储和挖掘，在基于先进的"神经元网络技术"开发的核心诊断平台中，根据相关性原则建立诊断模型。采用机组正常运行期间的大量历史数据，对诊断模型进行训练。当设备、参数偏离正常运行工况时即报警，依托诊断专家，实现系统级、设备级、参数级的远程早期预警与故障诊断分析，为发电企业提供高质量、高水平的诊断服务。

远程诊断作为电力系统及装备密集型行业的发展方向之一，已经成为越来越多的大型企

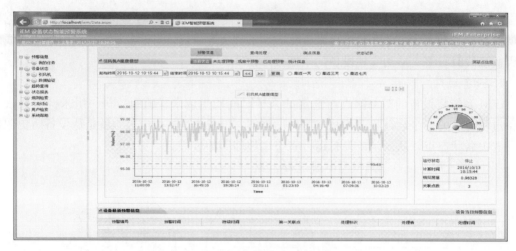

图 11-5 反映设备运行状态的健康度曲线图

业的必然选择。

1. 远程诊断平台特点

（1）远程诊断平台区别于传统的 DCS、SIS 基于固定限值的报警，达到设备故障的早期预警，实现风险预控，具有较强的创新性和实用性。

（2）根据相关性原则建立的诊断模型，计算准确、创建简单、便于扩展，应用范围广泛。

（3）创新技术服务和咨询方式，改变以往大批专家集中在现场分析研究的模式，实现"数据移动、人不移动"的设想，有效节省人力资源投入，提高工作效率。

（4）通过远程诊断，可实现在线技术监督，为生产运行、设备管理增加一道防线，与火电厂管理形成优势互补。

2. 故障诊断实例

案例 11-1 1 号机组 8 号轴承 y 向振动测点故障，图 11-6 所示为 8 号轴承 y 向相对振动趋势图。

事件情况：1 号机组 8 号轴承 y 向振动幅值异常波动，最大值达 $400\mu m$，后振动数值降到 $66\mu m$ 并保持稳定。

建议：热工检查振动测量系统，防止振动虚假信号导致机组跳机。

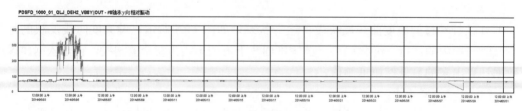

图 11-6 8 号轴承 y 向相对振动趋势图

案例 11-2 1 号机组 2 号轴承 x、y 向振动波动较大，图 11-7 所示为 2 号轴承 x 向相对振动趋势图。

事件情况：1 号机组 2 号轴承 x 向振动比前期 2 月明显增大，振动幅值最大达 $101\mu m$。

建议：运行中注意 1 号高压调节阀开度对 1、2 号轴承 x、y 向振动的影响，防止蒸汽

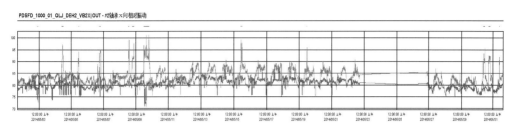

图 11-7 2 号轴承 x 向相对振动趋势图

流扰动引起 1、2 号轴承 x、y 向振动波动。

案例 11-3 远程诊断数据挖掘解决 1000MW 机组真空低，图 11-8 所示为凝汽器端差实际值趋势图。

事件情况：1 号机组启动后，B 凝汽器真空偏低，端差接近 9℃，A、B 凝汽器真空差值为 1kPa；而在 2016 年相同工况下，A、B 凝汽器真空差值为 2kPa 左右，凝汽器端差为 3～4℃。截取 1 号机组启动后相关参数运行曲线，见图 11-8（注：上部曲线代表实际运行值，下部曲线代表对应工况下的正常运行值，即期望值）。

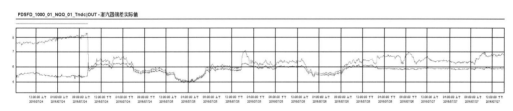

图 11-8 凝汽器端差实际值趋势图

原因分析：1 号机组 B 凝汽器进水压力升高约 0.05MPa，B 凝汽器进、出水压差增大约 0.02MPa，可见 B 凝汽器循环冷却水侧存在异常，引起 B 凝汽器真空偏低及端差偏高。

措施及建议：通过对设备的了解，初步判断为凝汽器水侧堵塞导致入口压力升高，循环冷却水流量减小，真空降低。建议对 B 凝汽器水室进行检查。结果验证：1 号机组停运期间维护人员打开凝汽器水侧，发现较多的填料碎片，并进行了清扫。

三、汽轮机远程诊断中心发展方向

尽管基于网络的汽轮机组远程振动故障诊断技术的研究，在理论研究和应用系统开发等方面都已取得一定的进展，但仍然难以满足现场要求，存在一些理论与应用问题需要进一步研究，如汽轮机转子寿命监视与诊断、振动和热力参数相结合故障诊断，汽轮机启停机监视与诊断，汽轮机设计、试验与实际应用数据挖掘等。在远程诊断方面，投入使用的情况和效果也不理想，主要还停留在数据存储管理和一般分析功能上，不能为运行和生产管理人员提供有效的诊断帮助，人工数据挖掘费时费力。因此，开展汽轮机组远程监测与故障诊断的研究，开发出真正能满足生产现场实际需要的系统，必须以数据挖掘为基础。

从火电厂汽轮机的设备特性和数据特性分析，可进行的数据挖掘应用研究有很多，如基于关联规则的传感器故障诊断、基于决策树挖掘的调节系统诊断、基于聚类挖掘的热力性能评估、基于序列挖掘算法的转子寿命管理、基于神经网络学习的机组远程监测预警。

第十二章

火电灵活性改造

第一节　火电灵活性改造的意义

随着电力体制改革的深入推进，能源结构转型步伐加快，特别是近几年我国可再生能源发展取得了显著成绩，水电、风电和太阳能发电的装机规模截至 2016 年年底分别达到 3.2 亿、1.3 亿 kW 和 4300 万 kW，均居世界第一位，可再生能源总发电量也位居世界第一。但是，在可再生能源持续发展的同时，一些地区弃风弃光等问题日益突出，2016 年，我国平均弃风率为 17%，平均弃光率为 20% 左右，消纳已经成为制约可再生能源发展的关键因素。

未来，新能源有望成为我国能源发展的主流，加快能源技术创新，挖掘火电机组调峰潜力，全面提高系统调峰和新能源消纳能力势在必行，而开展火电灵活性改造也是延展其生命周期的有效选择。火电灵活性改造之于火电领域是一场革命，更是对我国能源技术创新的一场严峻考验，如何"灵活"地开展火电灵活性改造是必须要攻克的课题。

所谓灵活就是机组具有更快的变负荷速率、更高的负荷调节精度及更好的一次调频性能；所谓深度，就是机组具有更宽的负荷调节范围，负荷下限从原来的 45% 下调至 30%，甚至更低。

火电机组深度调峰面临着很多问题，涉及锅炉、汽轮机、辅机、控制系统等多个方面，可谓牵一发而动全身，所以要以"一厂一策"为原则，针对机组自身的运行特性及调峰目标幅度，灵活地制定火电灵活性改造技术路线，以期实现火电机组在低负荷下的安全稳定运行。

目前，国内外较为成熟的火电灵活性改造技术有机组本体优化调整技术、等离子/微油助燃技术及热电联产机组涉及的热电解耦技术，其中热电解耦技术又包括抽汽改造、固体蓄热技术、热泵技术、电锅炉技术和电锅炉＋蓄热罐技术等多种方式。

事实上，火电灵活性改造与我国新能源发展不无关系。与新能源等电源相比，火电具有较好的调峰性能。当火电的规模被控制在一定范围内时，火电和新能源之间可形成协作关系，但当火电规模超过一定阈值时，两者之间就会发展成为竞争关系。这是由于，当新能源在电网中的比例逐渐扩大时，对调峰电源的需求也逐渐升高，而对于以煤炭为主要一次能源的国家而言，高调节性的火电厂就成为最为现实的可行选择，也即我国进行火电灵活性改造的原因。

当火电规模超过临界值时，新能源的扩张不可避免地会带来燃煤火电发电小时数的下降，例如，西北地区 2015 年的新能源装机比例与火电发电小时数同比下降均超过了全国平均水平。因此，我国在其他调峰电源供不应求的情况下，对现有燃煤火电进行灵活性改造，是目前支撑新能源发电最有效的策略之一。

国际上对火电厂的定义实际包含了所有以燃烧方式将化学能转换成热能，进而通过汽轮机带动发电机进行发电的电厂。而燃料除了常规的化石燃料如煤、油、天然气等之外，还包括生物质和垃圾等可再生能源燃料。因此，火电灵活性主要包括两个方面：

（1）负荷调整的灵活性。深度调峰（锅炉及汽轮机的低负荷运行）、机组快速启停、机组爬坡速率和热电联产机组的热电解耦。

（2）燃料的灵活性。火电厂燃料的可变性，包括煤、油、燃气等多种化石燃料，化石燃料与生物质燃料的掺烧，甚至包括完全的生物质、垃圾等多种可再生能源燃料。目前，丹麦的主要大型火电机组均实现了从传统煤粉锅炉向掺烧生物质，进而过渡到完全的生物质或垃圾等可再生能源燃料的转换。

第二节　火电厂灵活性改造措施

火电灵活性改造是一个复杂的系统工程，不仅取决于电厂的技术方案，而且还涉及管理、政策和运行等多方面内容。政策对未来火电灵活性改造项目的经济性起着决定性作用，因为火电灵活性改造项目的最终可行性和未来运行的可持续性的前提是，实施火电灵活性改造的电厂真正从深度调峰和快速启停中获得收益。

火电机组灵活性改造宜按照"整体策划、分步实施"的原则，降低改造的风险。整体策划是指在不同的深度调峰下，考虑运行参数小幅度降低对灵活性的适应性，优化调整试验和技术改造能达到的调峰深度，结合配套政策和技术实施的特点，确保灵活性改造取得经济效益最大化；分步实施是指结合当地的灵活性辅助服务政策，分阶段进行灵活性改造，满足不同的调峰深度，避免过度投资。

机组在灵活性改造前，宜先了解机组本身的特点、调峰能力，以及在灵活性调峰中出现的问题，下面从锅炉、汽轮机、电气方面通过运行优化，挖掘机组的调峰能力，改善或减轻机组在调峰中出现的问题，提高机组深度调峰运行的可靠性、经济性。

一、锅炉运行优化和控制措施

（1）优化入炉煤质结构，通过掺配高挥发分或高热值煤种，实现机组深度调峰和混煤掺烧的安全、经济运行。通过改变给煤系统的连接方式来实现掺配高挥发分或高热值煤种，对直吹式"双进双出"钢球磨煤机的机组，单台磨煤机对应的两个原煤斗分别上常规煤质和挥发分较高的调峰煤质。

（2）开展调峰煤种掺配优化试验。对于煤源结构多样化，调峰煤种数量较多的机组，进行调峰煤种掺配优化试验，选择合理的掺配煤种，提高锅炉低负荷工况的稳燃能力和经济性。

（3）调节煤粉细度。调峰前，采用调整动态分离器、煤粉折向挡板等手段调细煤粉细度，更换高热值、高挥发分煤种，加热空气预热器出口热一、二次风等方法来降低机组不投油稳燃负荷。

（4）宜开展一次风热态调平、标定试验，磨煤机入口风量标定试验，煤粉细度优化调整试验，磨煤机风量优化，二次风配风方式调整试验，燃尽风调整试验，深度调峰时磨煤机组合方式优化，提升锅炉的稳燃性能，减小低负荷工况主、再热蒸汽温度偏差，提高再热蒸汽温度，提高机组的运行安全性和经济性。

（5）加强积灰监测和吹灰优化。机组长期低负荷运行，对折焰角斜坡烟道、炉膛出口水平烟道、尾部受热面进行积灰监测和吹灰优化，防止垮灰引发的燃烧不稳及烟气分布不均带来的受热面局部超温。

（6）调整暖风器和低温省煤器组合运行方式。在调峰期间投入运行，提高送风、送粉温度，增加燃烧稳定性，同时提高空气预热器冷端综合温度，对空气预热器压差进行重点监视。

（7）优化脱硝系统运行方式，通过提高给水温度、调整调温挡板或烟气旁路挡板开度来提高脱硝入口烟气温度，保证脱硝系统全负荷投入，环保指标不超限。

（8）优化电除尘及输灰系统运行方式。根据机组负荷率，通过调整电除尘器电场电流极限、工作方式等方法进行及时调整，在确保粉尘浓度达标排放的前提下，降低除尘系统耗电率。同时优化输灰运行方式，减少输灰空气压缩机运行台数。

（9）优化脱硫运行方式。根据煤含硫量、发热量等参数将不同煤种上至不同原煤斗进行掺烧，通过 FGD 入口 SO_2 浓度确定浆液循环泵运行台数及磨煤机运行方式，以降低脱硫耗电率，SO_2 排放达标。

二、汽轮机运行优化和控制措施

（1）优化汽动给水泵运行方式。在深度调峰工况下，若配置两台汽动给水泵并联运行方式，每台给水泵流量较小且再循环调节阀全开，造成了给水泵功耗的浪费，深度调峰运行时宜停掉一台汽动给水泵，单泵运行，电动给水泵备用。

（2）在深度调峰工况下，给水量偏低，给水控制出现波动时干预不当容易造成非正常停机，适当降低保护定值，优化给水自动控制逻辑，避免给水系统振荡，必要时切除给水自动，采用人工调节。运行人员加强关注，及时做好各种预案，在给水控制出现问题时可及时将系统恢复稳定。

（3）降低变负荷率。机组负荷低于 50% 额定负荷时，宜减小变负荷速率。同时对 30%～50% 额定负荷区进行深度滑压优化试验，提高深度调峰情况下机组低负荷下的经济性。

（4）加强重要辅机运行参数监视。加强给水泵汽轮机 MEH 画面的监视，注意给水泵汽轮机调节阀开度，保证给水泵汽轮机转速指令与反馈偏差在合理范围内，四段抽汽压力满足不了给水泵汽轮机用汽，提前切换至辅助汽源供给水泵汽轮机备用汽源，切换前应充分疏水。

（5）开展在中、低负荷下基于高压调节汽阀节流和优化控制的 AGC 及一次调频试验，通过试验对调频阀位因子的功率及主蒸汽压力修正系数进行调整，以保证一次调频贡献率满足要求。

（6）监测汽轮机低压缸零出力投入和退出时汽轮机转子末级、次末级叶片温度变化情况，严格控制叶片温度不越限。

（7）提升供热的稳定性和灵活性。在低负荷下，应优先开展优化运行和调整满足用户供热要求，或提前与用户沟通低负荷减产或调整生产时间，不影响热用户安全生产。厂内多台机组供热系统互联，互为备用，优化机组供热负荷分配，提高机组供热的灵活性。

三、电气运行优化和控制措施

（1）加强发电机的定子绕组温度、冷却水温度、氢气温度、氢气压力、油压等重点指标的监视。

（2）加强发电机定子电流平衡度、负序电流、励磁电流、有功、无功等重要电气参数的监视。

（3）加强转子接地保护巡视检查，对发电机转子绝缘数据进行记录与分析。

（4）对励磁系统进行有针对性的巡视检查，检查励磁电流的均衡度等指标。

第三节　火电灵活性主要技术路线

机组低负荷运行时，会出现燃烧稳定性差、设备可靠性低、脱硝入口烟气温度低等问题。基于以上问题，实现机组深度调峰能力，需要有针对性地提出改造、优化技术路线。下面介绍几种典型的技术路线。

一、一次风管加热技术

在磨煤机分离器出口一次风管处设置蒸汽加热器，汽源来自汽轮机抽汽，提高一次风和煤粉混合物的气流温度 20～30℃，降低着火热，提高锅炉低负荷的稳燃能力。

加热系统包括与汽轮机相连的抽汽管道、磨煤机出口设置的加热器、经过重新设计的加热段煤粉管道、换热器汽侧出口管道及疏放水系统。系统流程为：汽轮机抽汽通过抽汽管道进入设置在磨煤机出口的换热器入口，经过逆向螺旋冲刷与一次风和煤粉混合物进行换热后，疏水返回凝结水系统，吸热后的一次风和煤粉混合物进入锅炉燃烧。一次风和煤粉混合物在被干燥的同时将蒸汽的热量带入锅炉，减少了燃料量；同时，提高了锅炉对煤种的适应性，提高了锅炉深度调峰工况下的煤粉稳燃能力。

图 12-1 所示为煤粉加热器结构，为提高换热效果，加热器内部为螺旋通道，蒸汽与一次风和煤粉混合物为逆向流动。

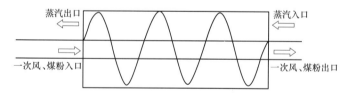

图 12-1　煤粉加热器结构示意图

对于蒸汽加热一次风和煤粉混合物的系统，可以有多种形式：一种是同级抽汽的蒸汽经各加热器逐级加热；另一种是同级抽汽的蒸汽被分成几级分别去各级加热器加热；也可以采用不同级抽汽灵活布置去各级加热器加热。

二、省煤器给水旁路技术

通过在省煤器进口联箱之前设置调节阀和连接管道，将部分给水短路直接引至下降管中，减少流经省煤器的给水量，从而减少省煤器从烟气中的传热量，以提高低负荷时 SCR 入口烟气温度的需求，如图 12-2 所示。其技术特点如下：

（1）系统布置简单，只需增加旁路及调节阀即可。

（2）省煤器出口工质温度升高较多，容易出现省煤器"沸腾"现象，混合不均匀容易对水动力产生影响。

（3）调节温升有限，能够提升 SCR 入口烟气温度 10℃ 左右。

改造范围主要包括：冷热水混合器、调节阀、截止阀、止回阀，新增原给水管道至下降管之间的给水管道、管道支吊架、其他疏水设置等。

三、低压缸零出力技术

低压缸做功能力占整个汽轮机的 40% 左右，如果在供热期进入低压缸的蒸汽全部用于供热，能显著提高机组的灵活性调峰能力。

低压缸零出力技术是在供热期采用可完全密封的液压蝶阀切除低压缸原进汽管道进汽，将该部分蒸汽用来供热；同时，通过新

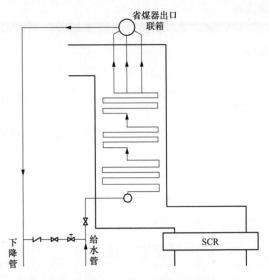

图 12-2　省煤器给水旁路原理图

增旁路管道通入少量的冷却蒸汽，用于带走低压转子转动产生的鼓风热量，使低压缸在高真空条件下"空转"运行，实现低压缸"零出力"，从而大幅度减少冷源损失，显著降低发电功率。该技术在保障供热需求或提高机组供热能力的情况下，可提高机组的电调峰能力和供

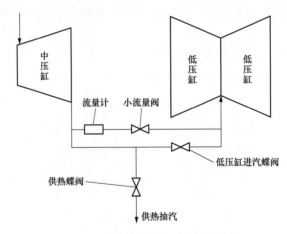

图 12-3　低压缸零出力原理示意图

热经济性，具有显著的社会效益、环保效益。低压缸零出力原理如图 12-3 所示。其技术特点如下：

（1）电负荷调节灵活。能够实现供热机组抽汽、凝汽与低压缸零出力运行方式不停机灵活切换，在保障供热的前提下，满足电负荷灵活调节要求。

（2）投资及运维费用大大降低。仅对机组更换了中压连通管蝶阀和增加部分管道及设备，所以投资及运维费用大大降低。

（3）存在的风险。从现有国内的研究和经验来看，低压缸零出力本质上打破了对低压末级动叶最小冷却流量的传统认识，存在叶片动应力、水蚀等影响机组安全运行的风险，因此

必须对叶片强度进行校核，消除风险，严密监测机组运行状态，并制定完善的平滑切换控制策略。

国内华能临河 330MW 机组、国电延吉 200MW 机组、国电投开封 600MW 机组先后进行了低压缸零出力改造。

第十三章

汽轮机节能新技术探讨

随着科学技术的发展，汽轮机性能研究技术趋于成熟，近几年来汽轮机节能新技术主要体现在汽轮机通流部分效率优化设计、二次再热及配套优化等技术。

第一节　汽轮机通流部分效率优化技术

汽轮机通流部分效率直接决定了汽轮机组运行的经济性，近年来，国内主要制造厂对其新投产的汽轮机通流部分进行优化设计，同时对效率偏低的在役汽轮机组通流部分进行优化改造，主要优化内容有调节级级段气动优化、叶片叶型优化、本体结构优化和汽封优化。

一、调节级级段气动优化

目前，在已投产的机组中，喷嘴配汽式汽轮机高压缸效率明显低于节流配汽式汽轮机，其中调节级焓降偏大和效率偏低是导致此现象的主要原因，因此，对调节级级段进行气动优化设计是解决此问题的关键，具体采取的优化措施如下：

（1）优化喷嘴室压力损失。

（2）优化调节级入口流场均匀度。

（3）优化调节级型线。

（4）优化调节级焓降。

（5）优化调节级面积、喷嘴只数分布，提高级后压力。

（6）优化调整高压隔板通流部分面积，减少与 THA 工况设计点的偏离。

哈尔滨汽轮机厂在对调节级级段气动优化设计中增加了过渡腔室，如图 13-1 所示。

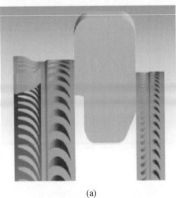 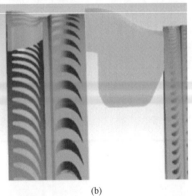

(a)　　　　　　　　　　　　　(b)

图 13-1　调节级级段气动优化设计

(a) 优化设计 A；(b) 优化设计 B

调节级过渡腔室可以起到以下作用：

（1）掺混作用，削弱部分进汽产生的蒸汽不均匀性，降低对叶片的激振力。

（2）优化型线，针对调节级和压力级的不同高度差，给出不同的优化设计，降低掺混涡流损失，提高效率。

（3）适当增加轴向距离，进一步提升气动效率。

通过采取以上优化措施，可提高汽轮机调节级效率，降低调节级做功比例，最终可以有效提升汽轮机的高压缸效率，同时保证汽轮机在低负荷下的运行效率。

二、叶片叶型优化

在增加通流级数的同时，汽轮机的叶片叶型优化技术也备受关注。其主要新技术如下：

（1）可控涡典型级叶片。叶型大幅度降低，相对叶高提升，二次流损失大大降低。

（2）新型小焓降叶片。为灵活设计汽轮机通流级数提供了技术基础，如图 13-2 所示。

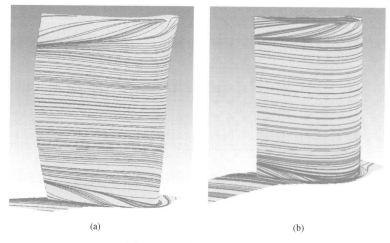

（a）　　　　　　　　　　　　　　　　　（b）

图 13-2　叶片叶型优化设计
（a）优化前；（b）优化后

（3）变反动度叶片。变反动度使叶片级均处在最佳的气动状态，提高了汽缸的整体通流效率。

（4）3D 弯扭马刀型叶片。是新开发的高效宽负荷叶型，在最大程度上降低了各工况下的叶型损失，可以实现机组变负荷运行时保持较高通流部分效率的目标。不同型线叶片的设计比较如图 13-3 所示。

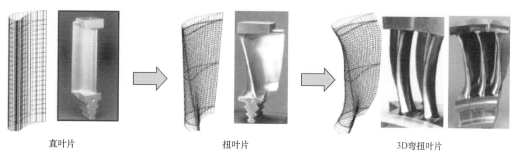

直叶片　　　　　　　　　　　扭叶片　　　　　　　　　　3D弯扭叶片

图 13-3　不同型线叶片的设计比较

三、本体结构优化

汽轮机本体结构优化技术主要包括汽缸进、排汽结构优化技术，低压缸整体内缸优化技术、预扭装配式隔板安装技术和热压弯头式连通管优化技术。

（1）汽缸进、排汽结构优化技术。采用三维 CFD 仿真软件进行分析优化，确定流道型线，提升机组进、排汽结构性能；实现减速扩压，降低周向不均匀性，从径向/切向导流到轴向，尽量提高周向均匀性，降低损失和对叶片的激振，最终达到提高汽轮机运行经济性和安全性的目的。汽缸进、排汽结构优化如图 13-4～图 13-8 所示。

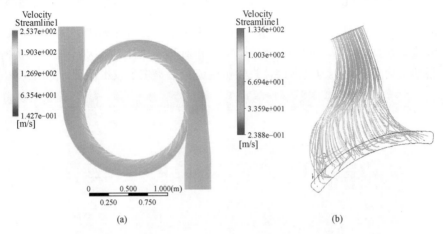

(a) (b)

图 13-4 高压蜗壳进汽优化技术

（a）高压蜗壳进汽流线图；（b）优化后高压进汽流线图

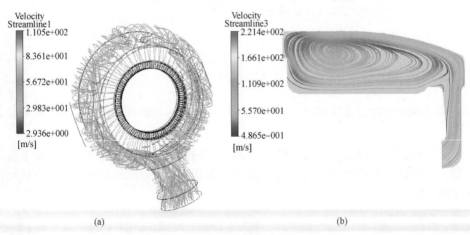

(a) (b)

图 13-5 高压缸排汽优化技术

（a）高压缸排汽缸流线图；（b）高压缸排汽纵剖面流线图

（2）低压缸整体内缸优化技术。采用球铁整体铸造，缸体结构刚度好，变形量小，可有效控制汽缸漏汽；落地式内缸、轴承箱，稳定性好；配套新型排汽导流环，有效回收蒸汽排汽动能损失。

（3）预扭装配式隔板安装技术。已被广泛地应用于各种类型汽轮机的制造，采用预扭装

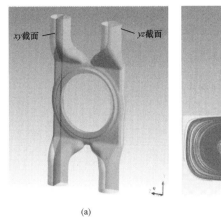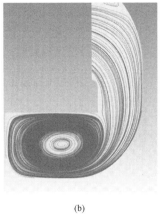

图 13-6　中压蜗壳进、排汽优化技术

（a）中压缸进汽结构图；（b）中压排汽纵剖面流线图

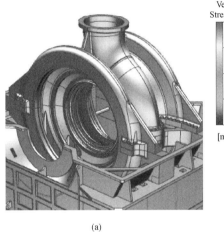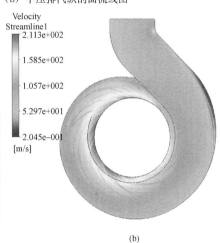

图 13-7　低压蜗壳进汽优化技术

（a）低压缸 360°蜗壳进汽结构图；（b）低压缸 360°蜗壳进汽流线图

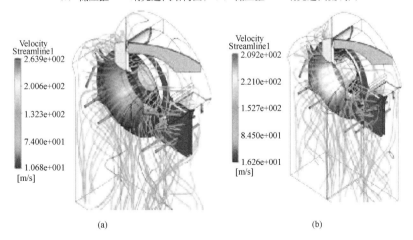

图 13-8　低压蜗壳进汽优化技术

（a）低压缸排汽结构图；（b）低压缸 360°蜗壳进汽流线图

配式隔板，不再进行焊接，因此不存在由于焊接和焊接后进行热处理带来的叶片变形，从而更好地保证叶片通流部分的精度，提高机组效率。预扭装配式隔板（静叶栅）的围带与围带、叶根与叶根之间有接触紧力，能够保持相互连接的稳定性。

预扭装配式隔板与焊接隔板的比较如图 13-9 所示。

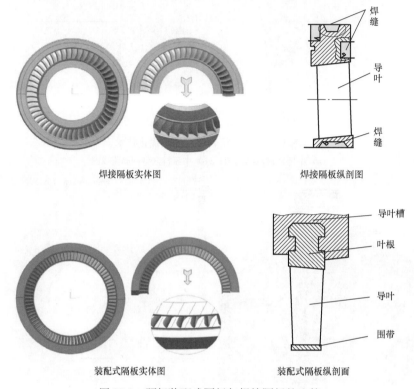

焊接隔板实体图　　　　　　　　　　焊接隔板纵剖图

装配式隔板实体图　　　　　　　　　装配式隔板纵剖面

图 13-9　预扭装配式隔板与焊接隔板的比较

（4）热压弯头式连通管优化技术。改造前的连通管水平管端与垂直管端是直角连接，增加了在管道内的流动阻力，采用热压弯头结构代替 90°直管（即虾腰、导流叶栅结构改为热压弯头），对法兰密封结构进行优化，可增加压力平衡补偿器，去除导流叶栅，解决了导流叶栅易脱落的问题，并减小了流动阻力。

第二节　二次再热及关键技术的应用

根据朗肯循环原理分析，提高汽轮机初参数（汽轮机入口蒸汽的压力和温度）和循环平均吸热温度，可以提高热力循环效率，受材料技术发展的影响，700℃耐高温镍基合金材料目前处于挂炉试验阶段，进入广泛的工程应用还需要相当长的时间。与一次再热相比，二次再热是在一次再热的基础上，保留高压缸，增设超高压缸，增加 1 级再热循环，提高发电循环的平均吸热温度，从而提高机组发电效率。采用二次再热技术是国内今后一段时间内发展超超临界机组的较佳选择。

与一次再热技术相比，在设计最终给水温度基本接近的情况下（第一级高压抽汽压力设计值接近），二次再热机组平均吸热温度提高约 29℃。一次再热与二次再热机组朗肯循环图对比如图 13-10 所示。

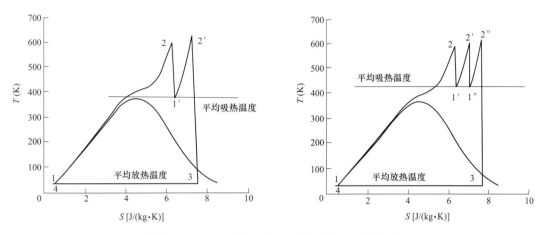

图 13-10　一次再热与二次再热机组朗肯循环图对比

目前，我国已有 660MW 和 1000MW 等级超超临界二次再热机组相继投产，其主要性能指标与一次再热机组对比见表 13-1。

表 13-1　　　　　　　　　　　　一次再热、二次再热机组热效率对比

项目名称	单位	1000MW 超超临界机组	660MW 超超临界机组
一次再热机组热效率	％	49.28	48.83
二次再热机组热效率	％	51.06	50.52
热效率提升	％	1.78	1.68

由于二次再热机组系统增加了超高压缸，一次再热蒸汽和二次再热蒸汽分别进入超高压缸和高压缸做功，设备及系统更加复杂。因此，最大限度地发挥二次再热机组的经济性优势涉及很多关键性问题。例如：

（1）系统复杂化。二次再热机组增加一个超高压缸，汽缸更多、轴系更长，对避免振动和轴瓦温度方面的设计和制造精度提出了更高的要求。汽轮机负荷调节系统也更加复杂。

（2）初参数更高。提高主蒸汽压力，给汽轮机的超高压缸通流部分设计，以及阀门、内外缸的强度、中分面密封等带来一定的难度。

（3）再热温度。当再热温度提高到 620℃ 时，目前再热管道采用的材料已经不能满足要求，中压转子要采用新的材料和更有效的冷却方法，并带来新材料的订货、价格、工艺技术准备、性能的掌握与经验的积累等一系列问题。

（4）一次再热压力最佳值。为获得最佳的循环效率，一次再热压力与主蒸汽压力应有最佳比值。若一次再热压力过高，一方面新蒸汽做功不足；另一方面一次再热过热度小。若二次再热压力过高，一方面一次再热蒸汽做功不足，导致高压缸排汽温度过高，锅炉和管道设计难度加大；另一方面二次再热过热度小。相关文献研究表明，一次再热压力最佳约为主蒸汽压力的 31％。

（5）二次再热压力最佳值。为获得最佳的循环效率，二次再热压力与一次再热压力应有最佳比值，排汽湿度与再热压力具有正相关关系，当二次再热压力增加时，排汽湿度增加，

影响低压缸做功，因此二次再热压力又不能太高。为了把排汽湿度控制在一个合理的范围，适当地选取了一个折中的二次再热压力。相关文献研究表明，最佳二次再热压力约为一次再热压力的 28%。

（6）抽汽过热度。初参数提高后，部分回热抽汽过热度会增加，从而导致机组循环㶲效率下降。目前有以下两种主流解决方案：

1）增设外置式蒸汽冷却器。利用回热抽汽的过热度，在抽汽进入回热加热器之前释放一部分热量，根据与主水流的位置关系，外置式蒸汽冷却器的布置有串联和并联两种。

2）增设抽汽背压式汽轮机（EC-BEST）。通过增设一台高参数、大功率的抽汽背压式汽轮机来代替常规设计的给水泵汽轮机，并用其带部分回热抽汽。从再热前抽汽到 BEST 汽轮机并设置回热抽汽，蒸汽在逐级做功之后，分级别引到相应的加热器，可有效降低相应各级的回热抽汽过热度。

参 考 文 献

[1] 大唐国际发电股份有限公司．大型火电机组经济运行及节能优化．北京：中国电力出版社，2012.

[2] 西安热工研究院．发电企业节能降耗技术．北京：中国电力出版社，2012.

[3] 中国电力企业联合会科技服务中心、华中科技大学能源与动力工程学院．热力系统节能．北京：中国电力出版社，2008.

[4] 李春曦，蔡天水，叶学民．660MW 二次再热机组回热系统节能减排研究．汽轮机技术，2014（5）.

[5] 谷雅秀，王生鹏，杨寿敏，等．超超临界二次再热发电机组热经济性分析．热力发电，2013（9）.

[6] 陈珍．超临界 600MW 等级汽轮机高中压整体内缸研究．热力透平，2016，45（3）.

[7] 刘翔，方曹明，范浩杰，等．二次再热超超临界机组㶲分析．锅炉技术，2016（3）.

[8] 王月明，牟春华，姚明宇，等．二次再热技术发展与应用现状．热力发电，2008（46）.

[9] 孙奉仲，史月涛．大型汽轮机运行．北京：中国电力出版社，2005.

[10] 李青，高山，薛彦廷．火电厂节能减排手册—节能技术部分．北京：中国电力出版社，2013.

[11] 李青，刘学冰，张兴营，何国亮．火电厂节能减排手册—节能监督部分．北京：中国电力出版社，2013.

[12] 赵毅，杨寿敏．发电企业节能降耗技术．北京：中国电力出版社，2010.

[13] 高岩松，王凤良．多参数约束的汽轮发电机组远程振动诊断知识库研究．汽轮机技术，2017，59（5）：375-377.

[14] 夏静，史恒惠，李海军．远程诊断技术在发电厂设备故障分析中的应用．电力安全技术，2016，18（11）：9-11.

[15] 范文进．运行数据远程诊断系统．机械工程师，2016（3）：183-184.

[16] 邓彤天，洪宇．汽轮机故障诊断专家系统与调速振荡诊断分析系统的研究方法．汽轮机技术，2015，57（5）：391-392＋395.

[17] 熊伟．基于 Petri 网的远程智能故障诊断方法研究．华北电力大学，2014.

[18] 翁浩，高金吉．旋转机械振动信号压缩小波基优化选取方法．振动．测试与诊断，2013，33（3）：437-444＋527.

[19] 李犇，孙国民，兴成宏．远程诊断汽轮机机组摩碰故障．石油和化工设备，2013，16（3）：53-54.

[20] 沈克伟．大型汽轮机组远程振动监测系统研究．华北电力大学，2013.

[21] 王庆锋，高金吉．过程工业动态的以可靠性为中心的维修研究及应用．机械工程学报，2012，48（8）：135-143.

[22] 侯志花．汽轮机组振动故障远程诊断系统研究．华北电力大学（河北），2010.

[23] 李宏仁．基于远程支持系统的汽轮机转子震动故障预测与诊断方法研究．哈尔滨工程大学，2010.

[24] 赵宗林．面向火力发电厂的远程故障诊断系统研究．华北电力大学（河北），2010.

[25] 何青，李红，何子睿．基于 CAN 总线远程振动监测系统研究．振动、测试与诊断，2009，29（4）：398-400＋475.

[26] 孙燕平，黄葆华．基于发电集团生产信息网的远程振动监测与诊断系统研究．电站系统工程，2009，25（3）：55-57.

[27] 严可国．大型汽轮发电机组故障诊断方法及监测保护系统研究．华北电力大学（北京），2009.

[28] 张健．基于 J2EE 设计模式的汽轮机远程监控系统的研究与实现．华北电力大学（北京），2009.

[29] 高金吉．石化设备以可靠性为中心的智能维修系统．中国设备工程，2008（1）：2-4.

[30] 张利华, 王德坚, 张磊. 汽轮机设备检修. 北京: 中国电力出版社, 2015.

[31] 王品刚, 王树民, 夏利. 绥中电厂800MW机组节能环保升级改造创新实践. 北京: 中国电力出版社, 2015.

[32] 周良茂, 杨建宏, 赵新源. 大型汽轮机性能老化的试验研究. 热力发电, 1997 (2).

[33] 杨宇, 史进渊, 邓志成, 汪勇. 汽轮机性能试验的系统修正中抽汽压力和焓修正的研究. 汽轮机技术, 第54卷 第5期 2012, 54 (4).

[34] 王雪莲, 张炳文, 文振忠. 电厂冷端系统最优循环水量的确定. 汽轮机技术, 2012 (10): 375-378.

[35] 李青, 高山, 薛彦廷. 火力发电厂节能技术及其应用. 北京: 中国电力出版社, 2007 (08).

[36] 李建新, 李文林. 200MW供热机组双机单塔运行的节能分析. 动力与电气工程, 2016 (19).

[37] 唐家裕, 付林, 狄洪发. 不同类型供热机组负荷优化的研究. 东北电力技术, 2007 (08): 10-13.

[38] 王攀, 王泳涛, 王宝玉. 汽轮机冷端优化运行和最佳背压的研究与应用. 汽轮机技术, 2016 (02).

[39] 孙伟鹏, 江泳. 汽轮机冷端优化运行试验及最佳背压的求取方法. 发电设备, 2011 (05).

[40] 包劲松, 孙永平. 1000MW汽轮机滑压优化试验研究及应用. 中国电力, 2012 (12).

[41] 王凯, 周永茂, 吕炜, 左川, 刘双白, 黄葆华. 典型供热电厂热电匹配优化节能研究. 华北电力技术, 2012 (12).

[42] 孙兴平, 周震海, 康松. 关于凝汽式机组负荷优化分配算法的讨论, 中国电力, 2001 (08).

[43] 靖长财, 张伟, 刘四海. 1000MW超超临界机组回热系统加热器运行经济性分析. 电站辅机, 2013 (06).

[44] 程东涛, 卢建军, 陈恺. 变频调速循环水泵的应用及运行优化研究. 电站系统工程, 2014 (11).

[45] 杨海生, 陈伟刚. 不同运行工况下给水加热器端差特性的计算分析. 汽轮机技术, 2012 (08).

[46] 王巍, 董辉, 王晓放, 董爱华, 武君, 杨振海. 带疏冷段低压加热器特性分析. 汽轮机技术, 2013 (06).

[47] 高秀志, 谢果. 低压给水加热器变工况优化热力计算方法. 东方汽轮机, 2014 (12).

[48] 张志岩. 电厂回热系统优化运行. 节能技术, 2003 (02).

[49] 朱庆玉. 高压加热器常见泄漏原因及优化运行. 东北电力技术, 2006 (07).

[50] 缪国钧, 葛晓霞. 电厂循环水系统的优化运行. 汽轮机技术, 2011 (06).

[51] 马立恒, 王运民. 火电厂凝汽式汽轮机冷端运行优化研究. 汽轮机技术, 2010 (04).

[52] 刘吉臻, 王玮, 曾德良, 常太华, 柳玉. 火电机组定速循环水泵的全工况运行优化. 动力工程学报, 2011 (09).

[53] 范鑫, 秦建明, 李明, 付晨鹏. 超临界600MW汽轮机运行方式的优化研究. 动力工程学报, 2012 (05).

[54] 刘文毅, 杨勇平, 杨志平. 耗差分析与运行指标考核系统的开发应用. 内蒙古电力技术, 2005 (04).

[55] 李晓金, 曹洪涛, 张春发. 火电机组耗差分析系统的实现方式和数学模型的分析研究. 华北电力技术, 2003 (08).

[56] 严俊杰, 邢秦安, 等. 火电厂热力系统经济性诊断理论及应用. 西安: 西安交通大学出版社, 2000.

[57] 李青, 赵元胜. 高压变频器在火力发电厂的节能应用. 广西电力技术, 2003 (02).

[58] 颜佳兴, 何翔, 马达夫. MGS4060A双进双出筒式磨煤机煤粉特性和级配优化研究. 电站系统工程, 2008 (03).

[59] 程友良, 丁丽瑗, 胡宏宽. 风机出口加装导流板对空冷单元的影响. 动力工程学报, 2014 (17).

[60] 贾红慧. 风机管网系统存的问题及解决办法. 节能技术, 2003 (06).

[61] 温庭栋, 马素霞. 离心式风机导流器调节的经济性分析. 太原理工大学学报, 2002 (04).

[62] 王新元. 300MW火电机组磨煤机分离器改造优化. 青海电力, 2011 (04).

［63］解其林 . MPS 中速磨煤机旋转式煤粉分离器的改造及应用 . 中国电力，2005（03）.

［64］蒋蓬勃 . 钢球磨煤机运行性能的试验研究与优化 . 电站系统工程，2016（05）.

［65］林树彪 . 磨煤机钢球材质及优化配比试验研究 . 山西电力，2016（02）.

［66］宋绍伟 . 磨煤机钢球最佳级配技术应用研究 . 节能技术，2012（01）.

［67］刘启亮 . 双进双出磨煤机运行优化 . 发电设备，2013（06）.

［68］梁国柱 . MTZ3573 型钢球磨煤机应用高铬球的经济性分析 . 广西电力，2016（08）.

［69］袁敏，王荣 . 600MW 机组中速磨煤机喷嘴环改造 . 电力学报，2013（08）.

［70］徐远鹏 . MPS-89N 磨煤机旋转喷嘴改造节能性能分析 . 电站辅机，2009（06）.

［71］靖东平 . 600MW 机组宽工况脱硝烟气旁路技术方案应用分析 . 电站辅机，2016（09）.

［72］何君 . 630MW 机组湿法脱硫增压风机增设烟气旁路的实践 . 环境科学与技术，2013（06）.

［73］丁学亮，叶学民，李春曦 . 轴流风机叶片切割后的性能及静力结构特性 . 动力工程学报，2015（09）.

［74］李海浩，赵鹏飞，张德富，李筱婷 . 600MW 火电机组引风机和增压风机合并改造分析 . 华电技术，2014（06）.

［75］顾伟，刘述军 . 1000MW 机组引增合一改造的应用和分析 . 电力与能源，2015（08）.

［76］付喜亮，赵志宏，曾红芳 . 火电厂引风机与脱硫增压风机合并改造 . 内蒙古电力技术，2015（02）.

［77］王凯，李书元 . 新材料钢球及钢球级配技术在电站锅炉上的应用 . 山东电力技术，2010（06）.

［78］林万超 . 火电厂热系统节能理论 . 西安：西安交通大学出版社，1994.

［79］李勤道 . 热力发电厂热经济性计算分析 . 北京：中国电力出版社，2009.

［80］郑体宽 . 热力发电厂 . 北京：中国电力出版社，2008.

［81］刘凯 . 汽轮机试验/电力试验技术丛书 . 北京：中国电力出版社，2005.

［82］严俊杰，邢秦安，林万超 . 火电厂热力系统经济性诊断理论及应用 . 西安：西安交通大学出版社，2000.

［83］吴季兰 . 汽轮机设备及系统 . 2 版 . 北京：中国电力出版社，2010.

［84］肖增弘 . 火电机组汽轮机运行技术 . 北京：中国电力出版社，2008.

［85］张宏伟，石奇光，罗婷，翟淑伟，杨燕玲 . 锅炉喷水减温对电厂管道系统热效率的影响分析 . 华东电力，2011，39（02）：282-286.

［86］吴昊，石奇光，李磊，陈经豪，颜雪琴，赵政庆 . 利用火电厂管道热效率反平衡方法分析汽轮机旁路内漏 . 动力工程学报，2010，30（02）：110-114.

［87］吴昊，石奇光，丁家峰，李磊，陈经豪，赵政庆 . 300MW 机组除氧器内漏的热经济性分析 . 上海电力学院学报，2009，25（04）：337-341.

［88］王文欢，刘祺福，石奇光，潘卫国 . 不同负荷下燃煤电厂管道效率变化特性的研究 . 华东电力，2009，37（06）：1045-1048.

［89］石奇光，潘卫国，王文欢，任建兴 . 火电厂热平衡新导则特点及主要指标分析 . 中国电力，2008（08）：66-70.